全国优秀教材二等奖

“十三五”职业教育国家规划教材

机械制造工艺

新世纪高职高专教材编审委员会 组编
主　编 孔凡杰 牛同训
副主编 刘温聚 陈洪玉
王鹏飞 张保生
主　审 解先敏

大连理工大学出版社

图书在版编目(CIP)数据

机械制造工艺 / 孔凡杰，牛同训主编. -- 3 版. -- 大连 ：大连理工大学出版社，2019.9(2022.12 重印)
新世纪高职高专机电类课程规划教材
ISBN 978-7-5685-2079-9

Ⅰ. ①机… Ⅱ. ①孔… ②牛… Ⅲ. ①机械制造工艺－高等职业教育－教材 Ⅳ. ①TH16

中国版本图书馆 CIP 数据核字(2019)第 122466 号

大连理工大学出版社出版

地址:大连市软件园路 80 号　邮政编码:116023

发行:0411-84708842　邮购:0411-84708943　传真:0411-84701466

E-mail:dutp@dutp.cn　URL:http://dutp.dlut.edu.cn

辽宁虎驰科技传媒有限公司印刷　　大连理工大学出版社发行

幅面尺寸:185mm×260mm　印张:17.5　字数:443 千字

2011 年 3 月第 1 版　2019 年 9 月第 3 版

2022 年 12 月第 7 次印刷

责任编辑:刘　芸　责任校对:吴媛媛

封面设计:张　莹

ISBN 978-7-5685-2079-9　定　价:51.80 元

前言

《机械制造工艺》(第三版)是"十三五"职业教育国家规划教材、"十二五"职业教育国家规划教材,是在省级精品课程"机械制造工艺学基础"配套教材建设的基础上,结合山东工业职业学院以及相关高职高专院校教学改革、课程改革的经验编写而成的职业专门能力培养教材。本教材获首届全国教材建设奖全国优秀教材二等奖。本教材依据现代机械加工典型岗位(群)对学生知识、素质和能力的培养要求,以机械加工工艺规程设计能力培养为基点,融机械制造生产中的机床、刀具、夹具等知识和机械制造工艺编制技能为一体,知识传授与技术技能培养并重,形成了任务驱动和教、学、做为一体的教材新体系。

本教材内容的组织从制造企业的生产过程入手,引入了产业发展最新的工艺和技术,以制造技术为核心,以制造工艺为主线,充分体现了工学结合的高职人才培养特色,有利于培养学生的实践能力和工程素质。教材在编写过程中主要进行了以下几个方面的尝试和改革:

1. 为了更好地突出职业核心能力培养的要求,针对高职学生的特点和职业(岗位)需求,对热加工、机械加工精度和表面质量的内容进行了较大幅度的改编和精简。

2. 贯彻先进的教学理念,以技能训练为主线,以相关知识为支撑,较好地处理了理论教学与技能训练的关系,切实落实"知识传授与技术技能培养并重"的教学指导思想。

3. 采用现行国家标准,编入了新技术、新设备、新材料、新工艺的相关内容,并对现代制造技术进行了介绍,以期缩短学校教育与企业需要的距离,更好地满足产业升级对人才的需求。

4.在“厚基础、重能力、练技能、求创新”的整体思路指导下，将教材内容整合序化为六个学习情境，每个学习情境均包含从企业实际生产中精选出的任务。在完成各项任务的引领下，根据高职学生培养目标的要求，坚持“以工作过程为导向”，加强了教材的针对性，突出了对学生实际应用技能的培养。

5.为适应“互联网＋职业教育”的发展需求，深化课堂教学模式改革，教材配套开发了课程标准、电子教案、PPT课件以及动画、实操录像等形式多样的数字化资源，以便于教师开展线上、线下混合式教学模式改革。其中动画和实操录像以微视频的形式呈现，用移动设备扫描书中的二维码，即可观看学习。

本教材共分为六个学习情境：学习情境一为轴类零件机械加工工艺路线拟定，通过阶梯轴和空心轴两个任务综合分析了轴类零件机械加工工艺过程的拟定方法；学习情境二为套筒类零件机械加工工艺编制，分析了轴承套和内梯形沟槽台阶孔套这两个典型零件，制定了套筒类零件机械加工工艺规程；学习情境三为箱体支架类零件机械加工工艺路线拟定，通过对车床主轴箱的加工工艺分析，解决了箱体支架类零件机械加工工艺编制的一些共性问题；学习情境四为异形类零件机械加工工艺规程制定，通过对连杆这一典型实例的分析，解决了异形类零件机械加工工艺规程制定问题；学习情境五为圆柱齿轮机械加工工艺规程制定，分析了直齿圆柱齿轮的工艺特点，制定了其机械加工工艺规程；学习情境六为装配工艺规程制定，分析了向心球轴承的装配过程，介绍了装配工艺方面的共性问题。教材在每个学习情境的最后都附有任务自测，以满足高职院校机械类和近机类专业学生的学习要求。

本教材由山东工业职业学院孔凡杰、牛同训任主编，山东工业职业学院刘温聚、陈洪玉、王鹏飞及许昌职业技术学院张保生任副主编，山东新华医疗器械股份有限公司陈万忠、山东冶金机械厂有限公司戴爱国任参编。具体编写分工如下：孔凡杰编写学习情境一；牛同训编写学习情境四；刘温聚编写学习情境五；陈洪玉编写学习情境六；王鹏飞编写学习情境三；张保生编写学习情境二的任务一；陈万忠、戴爱国编写学习情境二的任务二并提供了全书的任务案例，校核了加工工艺规程。全书由孔凡杰负责统稿和定稿。山东工业职业学院解先敏审阅了全书并提出了许多宝贵的意见和建议，在此深表感谢！

在编写本教材的过程中，我们得到了潍柴动力股份有限公司郭虹部长、淄柴动力股份有限公司王令伟主管和山东工业职业学院李士军教授等人的关心和支持，在此表示感谢！另外，教材中参考、引用和改编了国内外出版物中的相关资料以及网络资源，在此对这些资料的作者表示诚挚的谢意！请相关著作权人看到本教材后与出版社联系，出版社将按照相关法律的规定支付稿酬。

限于编者水平，教材中仍可能存在疏漏之处，恳请广大读者批评指正，并将意见和建议及时反馈给我们，以便下次修订时改进。

编 者

2019 年 8 月

所有意见和建议请发往：dutpgz@163.com

欢迎访问职教数字化服务平台：http://sve.dutpbook.com

联系电话：0411-84707424 84706676

学习情境一

轴类零件机械加工工艺路线拟定

学习目标

1. 掌握金属切削的基本原理及机械加工工艺规程的相关知识。
2. 掌握外圆表面加工方法及其正确选用。
3. 培养学生团结协作、严谨求实、绿色环保、爱岗敬业、安全意识、创新意识等职业素养。
4. 能够设计中等复杂程度的轴类零件的机械加工工艺规程。

任务一　阶梯轴的机械加工工艺规程制定

任务描述

图 1-1 所示为某减速机制造企业生产的、年产量为 870 余件的阶梯轴(减速机输出轴)零件图。试编制该零件的机械加工工艺规程,并填写工艺文件。

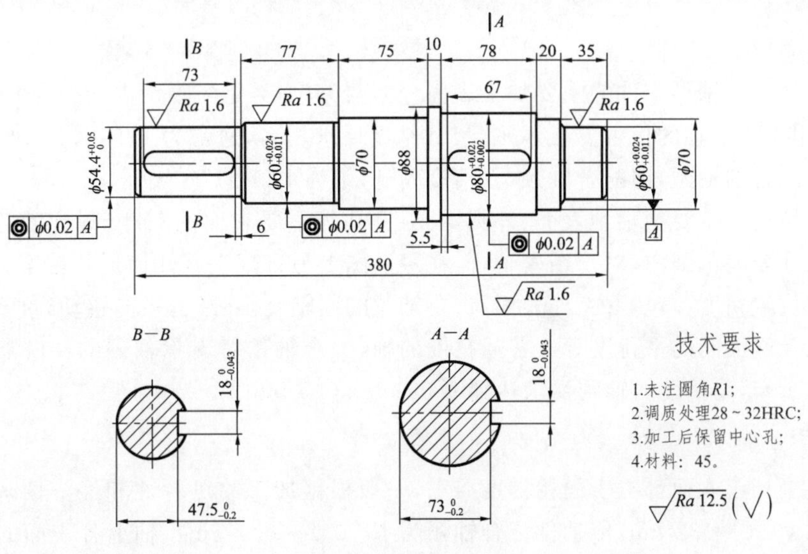

图 1-1　阶梯轴零件图

任务分析

1. 轴类零件的功用

轴类零件是机械加工中经常遇到的零件之一；在机器中，其主要用来支承传动零件(如齿轮、带轮等)，并传递运动与扭矩，如机床主轴；有时也用来装卡工件，如心轴。

2. 轴类零件的结构特点

轴类零件是回转体零件，其长度大于直径，通常由内、外圆柱面，圆锥面，螺纹，花键，键槽，横向孔和沟槽等表面构成。按其结构特点不同可分为光轴、阶梯轴、空心轴和异形轴(包括曲轴、半轴、凸轮轴、偏心轴、十字轴和花键轴等)四类，如图 1-2 所示。按轴的长度和直径的比例不同可分为刚性轴($L/d \leqslant 12$)和挠性轴($L/d > 12$)两类。

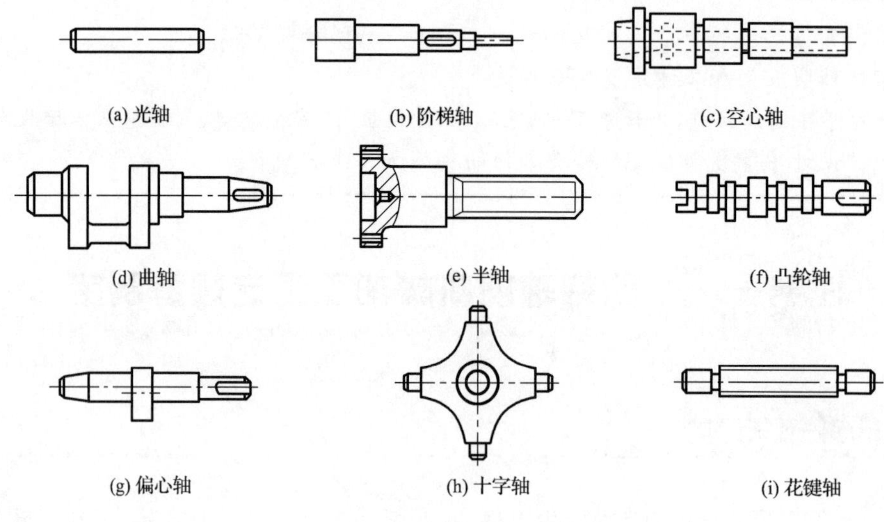

图 1-2 轴类零件的种类

3. 轴类零件的主要技术要求

(1)加工精度

①尺寸精度 轴类零件的主要加工表面分为两类：一类是与轴承内圈配合的外圆轴颈，即支承轴颈，用于确定轴的位置并支承轴，尺寸精度要求较高，通常为 IT7～IT5 级；另一类为与各类传动件配合的轴颈，即配合轴颈，其精度稍低，常为 IT9～IT6 级。

②形状精度 主要指轴颈表面、外圆锥面、锥孔等重要表面的圆度、圆柱度。其误差一般应限制在尺寸公差范围内；对于精密轴，需在零件图上另行规定其几何形状精度。

③相互位置精度 包括内、外表面，重要轴颈的同轴度，外圆的径向跳动，重要端面对轴线的垂直度以及端面间的平行度等。普通精度的轴，配合轴颈对支承轴颈的径向圆跳动一般为 0.01～0.03 mm，高精度的轴则要求达到 0.001～0.005 mm。

(2)表面粗糙度

轴的各个加工表面都有表面粗糙度要求，一般根据加工的可行性和经济性来确定。支承轴颈常为 Ra 1.6～0.2 μm，传动件配合轴颈为 Ra 3.2～0.4 μm。轴上各表面的表面粗糙度(Ra)要求见表 1-1。

表 1-1　　轴上各表面的表面粗糙度(*Ra*)要求

表面项目		表面粗糙度/μm	
		一般要求轴	精密轴
支承轴颈	滑动轴承	0.2	0.1～0.05
	滚动轴承	0.4	0.4
与传动件配合轴颈		0.8～0.4	0.4～0.2
重要定位配合面		0.8～0.4	0.4～0.05
一般表面		6.3～1.6	3.2～0.8

4. 轴类零件的材料、毛坯及热处理

(1)材料

对于承载不大或不太重要的轴,可选用 Q235、Q255 等普通非合金钢;但最常用的材料为 45 钢,并根据其工作条件选取不同的热处理规范,可得到较好的切削性能及综合力学性能。40Cr 钢等合金结构钢适用于中等精度且转速较高的轴类零件,这类钢经调质和表面淬火处理后,具有较高的综合力学性能。轴承钢 GCr15 和弹簧钢 65Mn 经调质和表面高频淬火后再回火,表面硬度可达 50～58HRC,具有较好的耐疲劳性能和耐磨性能,多用来制造较高精度的轴。

20CrMnTi、18CrMnTi、20Mn2B、20Cr 等钢中含有铬、锰、钛和硼等元素,经正火和渗碳、淬火处理可获得较硬的表面、较软的芯部。因此,其耐冲击、韧性好,可用来制造高速、重载条件下工作的轴类零件,但其主要缺点是热处理变形较大。

中碳合金氮化钢 38CrMoAlA 的氮化温度比淬火温度低,经调质和表面氮化后,变形很小,且其硬度也很高,具有很高的芯部强度、良好的耐磨性和耐疲劳性能,多用来制造精度要求较高的轴。

(2)毛坯

一般轴类零件常选用圆棒料和锻件毛坯;大型轴或结构复杂的轴(如曲轴)有时也采用铸件毛坯。毛坯经过加热锻造后,可使金属内部纤维组织沿表面连续、均匀分布,获得较高的抗拉、抗弯及抗扭强度。

(3)热处理

轴的锻造毛坯在机械加工前,均需安排正火或退火处理,使钢材内部晶粒细化,消除锻造应力,降低材料硬度,改善切削加工性能。

调质处理一般安排在粗车之后、半精车之前,以获得良好的综合力学性能。

表面淬火处理一般安排在精加工之前,这样可以纠正淬火引起的局部变形。

精度要求高的轴,在局部淬火或粗磨之后,还需进行低温时效处理。

5. 阶梯轴的技术要求分析

图 1-1 所示阶梯轴主要由外圆表面和键槽组成。其中精度要求较高的表面有四处:$\phi60^{+0.024}_{+0.011}$ mm 外圆两处、$\phi80^{+0.021}_{+0.002}$ mm 外圆一处和 $\phi54.4^{+0.05}_{0}$ mm 外圆一处;各表面的表面粗糙度均为 Ra 1.6 μm。其几何精度要求是:

(1)两个 $\phi60^{+0.024}_{+0.011}$ mm 的同轴度公差为 $\phi0.02$ mm。

(2)$\phi54.4^{+0.05}_{0}$ mm 与 $\phi60^{+0.024}_{+0.011}$ mm 的同轴度公差为 $\phi0.02$ mm。

(3)$\phi80^{+0.021}_{+0.002}$ mm 与 $\phi60^{+0.024}_{+0.011}$ mm 的同轴度公差为 $\phi0.02$ mm。

其他要求有:

(1)加工后保留两端中心孔。

(2)调质处理28～32HRC。

(3)材料为45钢。

任务准备

知识点一：金属切削的基础知识

1. 切削运动和加工表面

为了切除多余的金属，刀具和工件之间必须有相对运动，即切削运动。切削运动可分为主运动和进给运动，如图1-3所示。

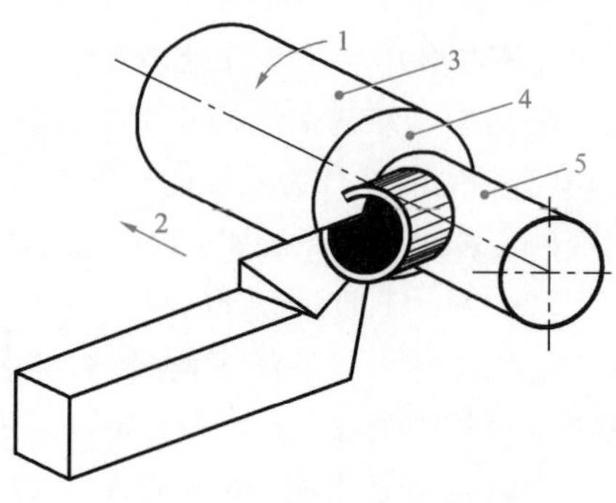

图1-3 切削运动和加工表面

1—主运动；2—进给运动；3—待加工表面；4—过渡表面；5—已加工表面

(1)主运动

主运动是指直接切除工件上多余的金属层，使之转变为切屑，从而形成工件新表面的运动。通常，主运动速度最大，消耗机床功率最大。在切削运动中，主运动一般只有一个，它可以由工件完成(如车削)，也可以由刀具来完成(如钻削、镗削)；可以是旋转运动(如车削)，也可以是直线运动(如刨削)。

(2)进给运动

进给运动是指不断地把切削层投入切削的运动。它是配合主运动将切削层连续不断地或重复地切成切屑，以形成已加工表面的运动。进给运动可以是间歇的(如刨削)，也可以是连续的(如车削)。机床上的进给运动可由一个或多个组成，个别情况如拉削，则没有进给运动。进给运动通常消耗功率较少、速度较小。

切削运动

(3)工件上的加工表面

在切削加工过程中，工件上的金属层不断地被刀具切除而变成切屑，同时在工件上形成新表面。在新表面的形成过程中，工件上有三个不断变化着的表面：

①待加工表面　工件上有待切除金属层的表面。

②已加工表面　工件上经刀具切除金属层后产生的新表面。

③过渡表面　工件上正在切削的表面。它是待加工表面和已加工表面之间的过渡表面。

2. 切削要素及其选择

切削要素包括切削用量三要素和切削层的几何参数。

(1)切削用量三要素

切削用量三要素是指切削速度 v_c、进给量 f 或进给速度 v_f、背吃刀量 a_p，其数值大小反映了切削运动的快慢和刀具切入工件的深浅，是用于调整机床的工艺参数。

①切削速度 v_c　指切削刃上选定点相对于工件主运动的瞬时线速度(m/min)。

当主运动为旋转运动时，如车削、镗削等，切削速度为

$$v_c=\frac{\pi dn}{1\ 000} \tag{1-1}$$

式中　d——实现主运动的刀具或工件的最大直径，mm；

n——主运动的转速，r/min。

当主运动为往复运动时，如刨削，其切削速度为平均速度(m/min)，即

$$v_c=\frac{2Ln_r}{1\ 000} \tag{1-2}$$

式中　L——往复运动行程长度，mm；

n_r——主运动每分钟的往复次数，str/min。

由于磨削加工时的切削速度较高，所以磨削速度的单位通常使用 m/s。

②进给量 f(进给速度 v_f)　指刀具在进给运动方向上相对于工件的位移量。可用刀具或工件每转或每行程的位移量来表示。若主运动是旋转运动，则 f 的单位为 mm/r；若主运动是往复直线运动，则 f 的单位为 mm/str。

对于多齿刀具，如麻花钻、铣刀等，还有每齿进给量 f_z(mm/z)。它是刀具每旋转一周时每个刀齿相对于工件在进给运动方向的位移量。进给速度 v_f、f、f_z 三者之间有如下关系：

$$v_f=fn, f=zf_z \tag{1-3}$$

式中　z——刀具的齿数。

③背吃刀量 a_p　刀具切削刃与工件的接触长度在由主运动方向和进给运动方向所组成的平面的法线方向上测量的值称为背吃刀量 a_p。

车削外圆时，背吃刀量 a_p 为

$$a_p=\frac{d_w-d_m}{2} \tag{1-4}$$

式中　d_w——待加工表面的直径，mm；

d_m——已加工表面的直径，mm。

钻孔时的背吃刀量 a_p 为

$$a_p=\frac{d_m}{2} \tag{1-5}$$

圆周铣削

车削外圆时的切削层

式中　d_m——麻花钻的直径，mm；

圆周铣削时的背吃刀量 a_p 是指铣刀刀齿与工件的实际接触长度(图 1-4)。

(2)切削层的几何参数

切削时切削刃正在切削的金属层称为切削层，其几何参数是指切削层厚度 h_D、切削层宽度 b_D 和切削层横截面积，如图 1-5 所示。切削层参数对切削过程中切削力的大小、刀具的载荷和磨损、零件加工的表面质量和生产率都有决定性的影响。

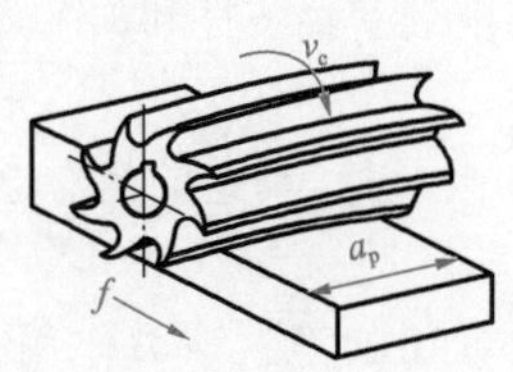

图 1-4　圆周铣削的切削用量

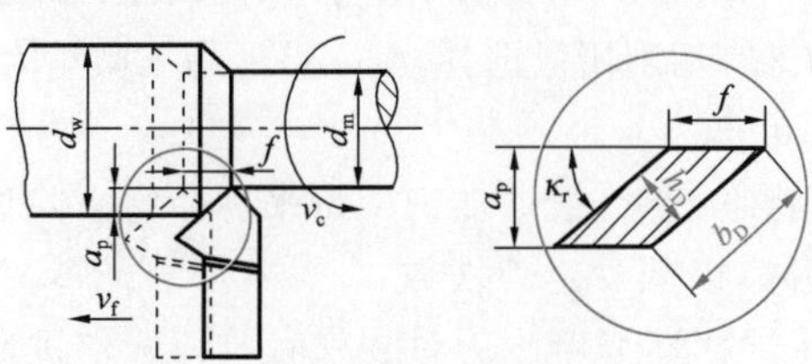

图 1-5　车削外圆时的切削层参数

①切削层厚度 h_D　相邻两过渡表面之间的垂直距离(mm)。车削外圆时,有

车削外圆

$$h_D = f\sin\kappa_r \tag{1-6}$$

式中　κ_r——车刀的主偏角。

②切削层宽度 b_D　刀具主切削刃与工件的接触长度(mm)。车削外圆时,有

$$b_D = a_p/\sin\kappa_r \tag{1-7}$$

③切削层横截面积 A_D　切削层在垂直于切削速度截面内的面积(mm^2)。车外圆时,有

$$A_D = fa_p = h_D b_D \tag{1-8}$$

(3)切削用量的选择原则

要提高生产率,应尽量增大切削用量三要素(v_c、f 和 a_p),但会受到切削力、切削功率、刀具耐用度和加工表面粗糙度等许多因素的限制。确定切削用量的原则是:能达到零件的质量要求(主要指表面粗糙度和加工精度),并在工艺系统强度和刚性允许条件下,即在充分利用机床功率和发挥刀具切削性能的前提下选取一组最大切削用量。加工条件和加工要求不同,切削用量各参数对切削过程规律的影响也不同,故切削用量三要素(v_c、f、a_p)增大的次序和程度应有所区别。主要考虑以下方面:

①生产率　v_c、f、a_p 增大,切削时间缩短。当加工余量一定时,减小背吃刀量 a_p 后,走刀次数增多,切削时间成倍延长,生产率成倍降低。因此,一般情况下尽量优先增大 a_p,以减少走刀次数。

②机床功率　当背吃刀量 a_p 和切削速度 v_c 增大时,均使切削功率成正比增大。此外,增大背吃刀量 a_p 使切削力增大较多,而增大进给量 f 使切削力增大较少,消耗功率也较少,因此,在粗加工时,应尽量增大进给量 f。

③刀具耐用度　在切削用量参数中,对刀具耐用度影响最大的是切削速度 v_c,其次是进给量 f,影响最小的是背吃刀量 a_p。过高的切削速度和过大的进给量,会由于经常磨刀、装卸刀具而增加费用、提高加工成本。优先增大背吃刀量 a_p,不只是为了达到高的生产率,相对于 v_c 和 f 来说对发挥刀具切削性能、降低加工成本也是有利的。

④表面粗糙度　在较理想的条件下,大切削速度 v_c 能降低表面粗糙度值。而在一般的条件下,增大背吃刀量 a_p 对切削过程产生的积屑瘤、鳞刺、加工硬化和残余应力的影响并不显著,故提高背吃刀量对表面粗糙度影响较小。因此,影响加工表面粗糙度的主要是进给量 f。

综上所述,合理选择切削用量时,首先应选择一个尽量大的背吃刀量 a_p;其次应选择一个大的进给量 f;最后根据已确定的 a_p 和 f,并在刀具耐用度和机床功率允许条件下选择一个合理的切削速度 v_c。

(4)切削用量的选择方法

选择粗加工的切削用量时,以提高生产率为主,但也应考虑经济性和加工成本;半精加工和精加工的切削用量选择,应以保证加工质量为前提,并兼顾切削效率经济性和加工成本。

①粗车

- 背吃刀量:根据加工余量多少而定。除留给下道工序的余量外,其余的粗车余量尽可能一次切除,以减少走刀次数。
- 进给量:当背吃刀量 a_p 确定后,选定进给量 f 时,要计算切削力。该力作用在工件、机床和刀具上,即在不损坏刀具的刀片和刀杆、不超出机床进给机构强度、不顶弯工件和不产生

振动等条件下，选取一个最大的进给量 f 值。按上述原则可利用计算方法或查阅资料来确定进给量。

● 切削速度：在背吃刀量 a_p 和进给量 f 选定后，再根据合理的刀具耐用度，就可确定切削速度 v_c。生产中经常按实践经验和有关手册资料选取切削速度。

● 校验机床功率：选定了切削用量后，尚需校验机床功率是否足够。

②半精车、精车

● 背吃刀量：半精车的余量较小，为 1～2 mm；精车余量更小。半精车、精车背吃刀量的选择原则上取一次切除的余量数。但当使用硬质合金刀具时，考虑到刀尖圆弧半径与刃口圆弧半径的挤压和摩擦作用，背吃刀量不宜过小，一般应大于 0.5 mm。

● 进给量：半精车和精车的背吃刀量较小，产生的切削力不大，故增大进给量对加工工艺系统的强度和刚性影响较小，主要受到表面粗糙度的限制。在已知的切削速度（预先假设）和刀尖圆弧半径条件下，根据加工要求达到的表面粗糙度可以利用计算方法或查阅资料确定进给量。

● 切削速度：半精车、精车的背吃刀量和进给量较小，切削力对工艺系统强度和刚性影响较小，消耗功率较少，故切削速度主要受刀具耐用度限制。切削速度可利用计算方法或查阅资料确定。

3. 刀具切削部分的组成和定义

虽然金属切削刀具的种类很多，形状和尺寸差别很大，但它们的切削部分都可以近似看成一把外圆车刀的切削部分。如图 1-6 所示，车刀由切削部分和夹持部分两部分组成。前者用于切削，后者用来安装。

图 1-6　外圆车刀

(1)前刀面 A_γ

前刀面是指切屑被切下后，从刀具切削部分流出所经过的表面。

(2)后刀面 A_α

后刀面即主后刀面，是指在切削过程中，刀具上与零件的过渡表面相对的表面。

外圆车刀

(3)副后刀面 A'_α

副后刀面是指在切削过程中，刀具上与零件的已加工表面相对的表面。

(4)主切削刃 S

主切削刃是指前刀面与主后刀面的交线，切削时承担主要的切削工作。

(5)副切削刃 S'

副切削刃是指前刀面与副后刀面的交线，也起一定的切削作用，但不明显。

(6)刀尖

刀尖是指主切削刃与副切削刃相交之处；刀尖并非绝对尖锐，而是一段过渡圆弧或直线。

4. 刀具的几何角度及其选用

(1)定义刀具角度的参考系

刀具角度是确定刀具切削部分几何形状和刀具切削性能的重要参数。为了确定刀具切削部分的几何角度，需要引入几个参考平面，建立假想的参考平面坐标系，简称参数系。

在不考虑进给运动的影响、假定车刀刀尖与机床主轴轴线等高、刀杆中心线垂直于进给运动方向的情况下所建立的参考系称为静止参考系。它由基面 P_r、切削平面 P_s 和主剖面 P_o（正交平面）组成，是刀具制造、测量、刃磨和在工作图中标注角度的基准。

①基面 P_r　通过切削刃上的某一选定点并垂直于该点的切削速度方向的平面。根据上面的假定条件可知，基面平行于车刀的安装底面和刀杆轴线。

②切削平面 P_s　通过切削刃上的选定点并与该点的过渡平面相切的平面，该点的切削速度矢量在该平面内。切削平面也可认为是过切削刃上选定点的切线并与基面相垂直的平面。

③主剖面 P_o（正交平面）　通过切削刃上选定点，同时垂直于基面 P_r 和切削平面 P_s 的平面。

由 P_r、P_s、P_o 组成的刀具标注角度参考系称为主剖面参考系（图 1-7），是目前生产中应用最广的参考系。

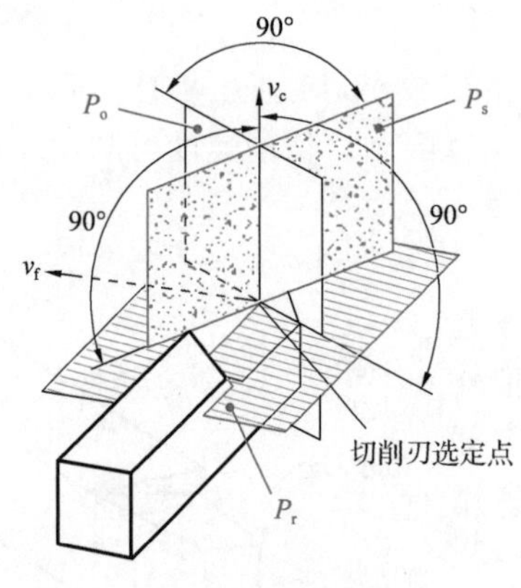

图 1-7　主剖面参考系

主剖面参考系

(2)刀具的标注角度

刀具的标注角度是刀具设计、制造、刃磨和测量的依据。车刀的基本标注角度有 5 个，如图 1-8 所示。

①在基面 P_r 内测量的角度

- 主偏角 κ_r：主切削刃 S 在基面 P_r 内的投影与进给运动方向 v_f 之间的夹角。
- 副偏角 κ_r'：副切削刃 S' 在基面 P_r 上的投影与进给运动方向 v_f 反方向之间的夹角。

②在正交平面 P_o 内测量的角度

- 前角 γ_o：通过切削刃上选定点的主剖面内，前刀面 A_γ 与基面 P_r 之间的夹角。当前刀面高于基面时，前角为负；当前刀面低于基面时，前角为正。
- 后角 α_o：通过切削刃上选定点的主剖面内，后刀面 A_α 与切削平面 P_s 之间的夹角。其正负规定如图 1-8 所示，但在加工过程中，一般刀具不允许 α_o 为负值。

③在切削平面 P_s 内测量的角度

刃倾角 λ_s：即主切削刃 S 与基面 P_r 之间的夹角。当刀尖位置是切削刃的最高处时，刃倾角为正；反之，当刀尖处于切削刃上最低位置时，刃倾角取负值；当主切削刃与基面平行时，刃倾角为 0°。

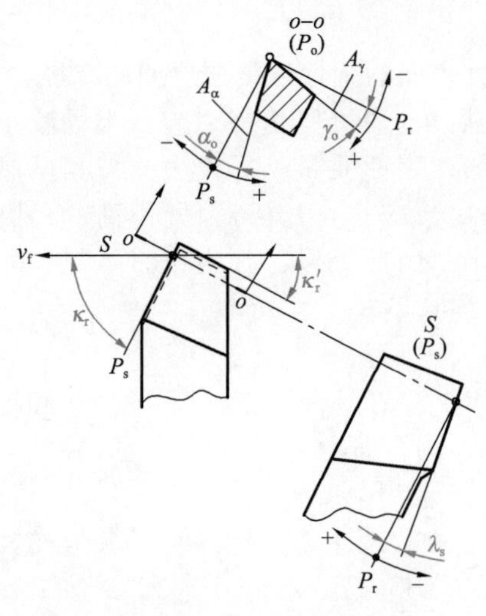

图 1-8　车刀的基本标注角度

(3)刀具的工作角度

在实际切削加工过程中，刀具安装位置的变化和进给运动的影响会使参考平面坐标系的位置发生变化，从而导致刀具实际角度与标注角度不同。刀具在工作过程中的实际切削角度称为工作角度。

通常情况下，进给运动在合成切削运动中所起的作用很小。因此，在一般安装条件下，可以用标注角度来代替其工作角度。这样，在大多数场合下，不必进行工作角度的计算。只有在进给运动和刀具安装对工作角度产生较大影响时，才需计算其工作角度。

(4)刀具几何角度的合理选择

①前角　前角主要影响切削过程中的变形和摩擦，同时也影响刀具的强度。增大前角，可减小切削变形和摩擦，由此引起切削力变小、切削热减少，故加工表面质量高；但会使刀具强度降低，热传导变差。因此，过大的前角不仅不能发挥优点，反而使刀具耐用度降低而影响切削。

前角的选择需由工件材料、刀具材料和加工工艺要求决定。在刀具强度许可条件下，尽量选用大的前角。

● 工件材料：切削钢材等塑性材料时，由于切削力集中在离主切削刃较远处，所以为减小塑性变形，应该也有可能选取较大的前角。工件材料塑性越大，前角应越大；工件材料的强度和硬度越高，前角应越小。切削铸铁等脆性材料时，情况与上述相反，故应选取较小的前角。

但不论加工何种材料，对于不同的刀具材料，前角都有一个合理的数值(范围)，见表 1-2。

表 1-2　不同刀具材料加工时的前角取值

非合金钢 R_m/GPa	前　角		
	高速钢	硬质合金	陶瓷
≤0.784	25°	12°~15°	10°
>0.784	20°	12°~15°	10°

加工有色金属时，前角较大，可达 $\gamma_o=30°$；加工铸铁和钢时，硬度和强度越高，前角越小；加工高锰钢、钛合金等难加工材料时，为提高刀具的强度和导热性能，选用较小前角，$\gamma_o<10°$；加工淬硬钢时，选用负前角，$-10°<\gamma_o<0°$。

● 刀具材料：高速钢的抗弯强度和冲击韧度高于硬质合金，故其前角可比硬质合金刀具的大；陶瓷刀具的脆性高于前两者，故其前角最小。

● 加工要求：粗加工时，尤其是工件表面有硬皮、不连续、形状误差较大时，前角取较小值；

精加工时，前角可取较大值。

②后角　大后角可以减少主后刀面与过渡表面的弹性恢复层之间的摩擦，减轻刀具磨损，但会引起刀具强度降低，散热条件变差。增大后角，还可使切削刃钝圆半径减小，当进给量很小时，避免或减轻切削刃的挤压，有助于提高加工表面质量。后角大的刀具虽然耐用度较高，但每次重磨磨去的刀具体积较大，故可重磨的次数减少，刀具寿命并不高；而且由于径向磨损量大，所以每次重磨后，刀具径向尺寸显著减小。因此，对铰刀、内拉刀等定尺寸精加工刀具，不宜采用大的后角。

后角的选择方法是：

- 粗加工时，切削力大，毛坯常出现硬皮和较大的形状误差，引起的冲击和振动较猛烈，为保证切削刃的强度，后角应取较小值；精加工时，为保证已加工表面质量，后角可取得稍大些。例如在切削 45 钢时，粗车取 $\alpha_o=4°\sim7°$；精车取 $\alpha_o=6°\sim10°$。
- 加工塑性和韧性大的金属材料时，工件已加工表面的弹性恢复大；为减轻摩擦，后角应取较大值。如切削低碳钢时，粗车取 $\alpha_o=8°\sim10°$；精车取 $\alpha_o=10°\sim12°$。加工脆性金属时，切削力集中在主切削刃附近；为了保证刀具强度，一般选较小的后角。如切削铸铁时，取 $\alpha_o=6°\sim8°$。
- 用硬质合金刀具切削淬硬钢和高硅铸铁等高强度、高硬度材料时，一般都采用负前角，使刀具有足够强度。为使刀具足够锋利，此时应选用较大的后角，一般取 $\alpha_o=12°\sim15°$。
- 高速钢刀具的后角可比同类型的硬质合金刀具稍大一些(一般大 $2°\sim3°$)。

③主偏角　主偏角小，则刀头强度高，散热条件好，加工表面粗糙度值小，主切削刃的作用长度长，其切削负荷小；但其负面效应是背向力大，会因切削厚度和切屑厚度小而导致断屑效果差。如果主偏角较大，所产生的影响则与上述情况相反。

主偏角的选择原则是：

- 若工艺系统刚性足够，则选较小的主偏角，以提高刀具的耐用度；若工艺系统刚性不足，则应选较大的主偏角，以减小背向力。车细长轴时，常取 $\kappa_r\geqslant90°$。
- 当加工工件材料的强度、硬度很高时，为提高刀具的强度和耐用度，一般取较小的主偏角。例如切削冷硬铸铁和淬硬钢时，常取 $\kappa_r=15°$。加工一般材料时，主偏角可取得大一些。
- 加工阶梯轴时，常取 $\kappa_r=90°$。为缩短刀具种类和换刀时间，通常可采用一把 45°弯头车刀同时完成端面、外圆和倒角加工。

④副偏角　影响加工表面粗糙度和刀具强度。通常在不产生摩擦和振动条件下，应选取较小的副偏角。

⑤刃倾角　其主要功用是：

- 影响排屑方向：当刃倾角分别为零、正值、负值时，切屑流向不同。有些刀具如车刀、镗刀、铰刀和丝锥等，常利用改变刃倾角 λ_s 来获得所需的切屑流向。
- 影响切削刃强度：在切削有间断或冲击振动时，选择负 λ_s 能提高刀头强度、保护刀尖；许多大前角刀具常配合选用负刃倾角来增强刀具的强度。当刃倾角由正值变至负值时，刃口将从受弯变为受压，且在切入工件时，避免刀尖首先受到冲击。
- 影响切削刃的锋利性：增大刃倾角将导致切削刃钝圆半径减小，从而使切削刃变得锋利。在微量精车、精刨时，用大刃倾角刀具可切下很薄的切削层。生产中常通过采用大刃倾角来提高刀具锋利性。

刃倾角 λ_s 主要根据刀具强度、排屑方向和加工条件来选择，可参考表 1-3 选择。

表 1-3　　刃倾角数值的选用

λ_s/(°)	0～5	5～10	−5～0	−10～−5	−15～−10	−45～−30	−75～−45
应用范围	精车钢、车细长轴	精车有色金属	精车钢和灰口铸铁	精车余量不均匀钢	断续车削钢和灰口铸铁	带冲击切削淬硬钢	大刃倾角刀具薄切削

5. 刀具材料及其选用方法

(1)刀具材料应具备的性能

刀具切削部分在高温下工作承受较大的压力、摩擦力、冲击力和振动力等，为保证切削的正常进行，刀具材料必须具备以下性能：

①高的硬度和耐磨性　刀具要从工件上切除多余的金属材料，其硬度必须高于工件材料的硬度，一般刀具材料的常温硬度都在 62HRC 以上。耐磨性表示其抗机械摩擦和磨料磨损的能力，是刀具材料的力学性能、组织结构和化学成分的综合反映。通常，刀具材料的硬度越高，耐磨性越好。

②足够的强度和韧性　为了承受切削过程中的压力冲击和振动，避免崩刃和折断，刀具材料必须有足够的抗弯强度和冲击韧度。

③高的耐热性和化学稳定性　耐热性是指刀具材料在高温下保持其硬度、耐磨性、强度和韧性的能力。耐热性越好，允许的切削速度越高，抵抗切削刃变形的能力越强。耐热性是评价刀具材料性能的主要指标之一。化学稳定性是指刀具材料在高温下不易与工件材料和周围介质发生化学反应的能力。化学稳定性越好，刀具的磨损越慢。

④良好的工艺性　要求刀具材料具有良好的可加工性、可磨削性和热处理性能等。

⑤较好的经济性　刀具材料应价格低廉、资源丰富等。

(2)常用刀具材料

刀具材料的种类比较多，有工具钢(包括非合金工具钢、合金工具钢和高速钢)、硬质合金、陶瓷、超硬材料(金刚石和立方氮化硼)等。

①非合金工具钢　是碳质量分数为 0.7%～1.3%的优质非合金钢，淬火后硬度为 60～65HRC，其热硬性差，在 200～500 ℃时即失去原有硬度；淬火后易变形和开裂，不宜制造复杂刀具。常用于制造低速、简单的手工工具，如锉刀、锯条等。常用牌号有 T10A 和 T12A。

②合金工具钢　在非合金工具钢中加入少量的 Cr、W、Mn、Si 等合金元素，以提高其热硬性和耐磨性，并能减小热处理变形，耐热温度为 300～400 ℃。用以制造形状复杂、要求淬火变形小的刀具，如铰刀、丝锥、板牙等。常用牌号有 9SiCr 和 CrWMn。

③高速钢　含 W、Cr、Mo、V 等合金元素较多的高合金工具钢。它允许的切削速度比非合金工具钢和合金工具钢高 1～3 倍，所以被称为高速钢；热处理后的常温硬度可达 62～66HRC，刃磨时能够获得锋利的刃口，故又有“锋钢”之称。高速钢的耐热性(500～600 ℃)和耐磨性虽低于硬质合金，但强度和韧度高于硬质合金，工艺性较硬质合金好，价格也比硬质合金低。目前高速钢除以条状刀坯直接刃磨切削刀具外，还广泛地用于制造形状较为复杂的刀具，如麻花钻、铣刀、拉刀、齿轮刀具和其他成形刀具等。

根据用途不同，高速钢可分为普通高速钢和高性能高速钢；按制造方法不同，又可分为熔炼高速钢和粉末冶金高速钢。

普通高速钢碳质量分数为 0.7%～0.9%，热稳定性为 615～620 ℃，综合性能好，适于制造各种复杂刀具。其常用牌号有：

● W18Cr4V(W18)：综合性能较好，可用于制造各种复杂刀具。其缺点是碳化物分布不均匀，影响薄刃和小截面刀具的耐用度。该型号高速钢在国内曾一度普遍使用，目前已日渐减少，在国外由于 W 较贵，所以也很少使用。

- W6Mo5Cr4V2(M2)：与 W18 相比，其抗弯强度提高了约 30%，冲击韧度提高了约 70%，且热塑性也有所改善，主要用于制造热轧麻花钻和齿轮滚刀及承受冲击力较大的插齿刀、刨齿刀等。

高性能高速钢是在普通高速钢的基础上适当增加 C、V 的含量，并加入 Co、Al 等合金元素，提高其热稳定性和耐热性，所以又称为高热稳定性高速钢。在 630～650 ℃时也能保持 60HRC 的硬度。主要用来加工不锈钢、耐热钢、高温合金和高强度钢等难加工材料。其典型牌号有钴高速钢 W2Mo9Cr4VCo8(M42)和含铝超硬高速钢 W6Mo5Cr4V2Al(501)等。

粉末冶金高速钢是由超细的高速钢粉末通过粉末冶金的方式制作的刀具材料。其强度、韧度和耐磨性都有较大程度的提高，可以切削各种难加工材料，适于制造各种精密刀具和形状复杂的刀具，但价格也较高。

④硬质合金　以 WC、TiC 等高熔点的金属碳化物粉末为基体，以 Co 或 Ni、Mo 等为黏结剂，用粉末冶金的方法烧结而成。其硬度高达 87～92HRA(相当于 70～75HRC)，热硬性很高，在 850～1 000 ℃高温时，仍能保持良好的切削性能。硬质合金刀具的切削速度比高速钢刀具高 5～10 倍，但它的抗弯强度仅为高速钢的 1/4～1/2，冲击韧度比高速钢低数倍至数十倍。

硬质合金是目前最主要的刀具材料之一，在我国，绝大多数的车刀、端铣刀、深孔钻等刀具均已采用硬质合金，但它不易制成形状较复杂的整体刀具，因此目前还不能完全取代高速钢刀具。

常见硬质合金的种类按金属碳化物不同，可分为以下几种：

- 钨-钴类硬质合金(YG)：由 WC 和 Co 组成。这类合金的韧度较好，抗弯强度较高，热硬性稍差，适应于加工铸铁、有色金属及合金等脆性材料，也可加工非金属材料。常用的牌号有 YG3、YG6、YG8、YG3X、YG6X 等。牌号中的数字代表含钴质量分数(百分数)，X 表示细晶粒合金。含钴越多，韧度与强度越高，而硬度和耐磨性越低。故 YG8 用于粗加工，YG3 用于精加工，YG6 用于半精加工。细晶粒合金耐磨性稍高，且切削刃可磨得更锋利，用于脆性材料的精加工，如用 YG6X 制成的车刀，加工零件的表面粗糙度为 Ra 0.1～0.2 μm，耐用度比高速钢高 7～8 倍。

- 钨-钛-钴类硬质合金(YT)：由 WC、TiC 和 Co 组成。因 TiC 的熔点和硬度都比 WC 高，故这类合金的热硬性比 YG 类高，耐磨性亦较好，适于加工非合金钢等塑性材料。常用牌号有 YT5、YT14、YT15、YT30。牌号中的 T 表示 TiC，数字表示其质量分数(百分数)。含 TiC 量越多，热硬性越高，相应的含钴量越少，韧度越差。因此，YT30 常用于精加工，YT5 用于粗加工。

- 钨-钛-钽(铌)类硬质合金(YW)：在 YT 类合金中，加入 TaC 或 NbC 而组成。这类合金的韧性和抗黏附性较高，耐磨性亦较好，适应范围广，既能切削铸铁，又能切削钢材，特别适于加工各种难加工的合金钢，如耐热钢、高锰钢、不锈钢等，故又称为通用硬质合金。常用牌号有 YW1 和 YW2。前者用于半精加工和精加工，后者用于半精加工和粗加工。

以上三类合金的主要成分都为 WC，所以又称为 WC 基硬质合金。

- 碳化钛基硬质合金(YN)：以 TiC 为主体，Ni 和 Mo 为黏结剂并添加少量其他碳化物的合金。其优点是硬度、耐磨性、耐热性和抗氧化能力均较高，切削速度可达 300～400 m/min。我国的常用牌号为 YN10、YN05。前者用于非合金钢、合金钢、工具钢及淬硬钢等连续表面的精加工；后者用于低、中碳钢、铸铁、铸钢和合金铸铁的精加工。

根据国际标准化组织(ISO)标准，硬质合金可分为 P、M、K 三大类：

● P:适于加工长切屑的黑色金属(钢、铸钢),以蓝色为标志。其代号有 P01、P10、P20、P30、P40、P50 等,数值越大,耐磨性越低而韧度越高。精加工可选用 P01,半精加工可选用 P10、P20,粗加工可选用 P30。YT、YN 类硬质合金属于这一类。

● M:适于加工长切屑或短切屑的金属材料,以黄色为标志。其代号有 M10、M20、M30、M40 等,数值越大,耐磨性越低而韧度越高。精加工可选用 M10,半精加工可选用 M20,粗加工可选用 M30。YW 类硬质合金属于这一类。

● K:适于加工短切屑的金属或非金属材料,以红色为标志。其代号有 K01、K10、K20、K30、K40 等,数值越大,耐磨性越低而韧度越高。精加工可选用 K01,半精加工可选用 K10、K20,粗加工可选用 K30。YG 类硬质合金属于这一类。

(3)其他刀具材料

①涂层刀具　是在韧度较好的硬质合金或高速钢刀具基体上,涂覆一薄层耐磨性高的难熔金属化合物而获得的。

高速钢刀具表面物理气相沉积(PVD)TiN 涂层是在较低温度下进行的,其硬度可达 80HRC 以上,刀具的耐磨性有较大提高,耐用度可提高 2～10 倍。

硬质合金刀具常用的涂层材料有 TiC、TiN、Al_2O_3 等,通常采用化学气相沉积法(CVD)。与非涂层刀具相比,涂层硬质合金刀具可降低切削力和切削温度,大幅度提高刀具的耐磨性并改善加工表面的质量。TiC 的硬度比 TiN 高,抗磨损性能好,对于会产生剧烈磨损的刀具,TiC 涂层较好。TiN 与金属的亲和力小,湿润性能好,在容易产生黏结的条件下,TiN 涂层较好。在高速切削产生大量热量的场合,以采用 Al_2O_3 涂层为好,因为 Al_2O_3 在高温下有良好的热稳定性能。

涂层硬质合金刀片可用于各种钢材和铸铁的粗加工、半精加工、精加工和高速精加工,其耐用度至少可提高 1～3 倍;且加工材料的硬度愈高,涂层刀具的效果愈好。但涂层刀具不适于切削高温合金、钛合金、有色金属及某些非金属材料,不能采用焊接结构,不能重磨。目前,在工业发达国家中,涂层刀片已占可转位硬质合金刀片的 50%以上。

②陶瓷　主要成分是 Al_2O_3,加入少量添加剂,经高压压制烧结而成。它的硬度、耐磨性和热硬性均比硬质合金好,用陶瓷材料制成的刀具,适于加工高硬度的材料。刀具硬度为 93～94HRA,在 1 200 ℃的高温下仍能继续切削。陶瓷与金属的亲和力小,用陶瓷刀具切削不易黏刀和产生积屑瘤,工件切削加工后表面粗糙度小,加工钢件时的刀具寿命是硬质合金的 10～12 倍。但陶瓷刀具性脆,抗弯强度与冲击韧度低,一般用于钢、铸铁以及高硬度材料(如淬火钢)的半精加工和精加工。

我国的陶瓷刀具牌号有 AM、AMF、AT6、SG3、SG4、LT35、LT55 等。

③金刚石　可分为天然金刚石和人造金刚石两类。它有很高的硬度和耐磨性,硬度高达 10 000HV,是目前最硬的刀具材料之一。它与金属的摩擦因数小,抗黏结能力强,而且切削刃非常锋利,刃部表面粗糙度数值很小,因此,加工表面质量很高。但其耐热性差,切削温度不得超过 800 ℃;强度低、韧性差,对振动很敏感;与铁的亲和力很强、不适于加工黑色金属材料。

人造金刚石主要用于制作磨具和磨料,作为刀具材料时,多用于在高速下精车或镗削有色金属及非金属材料。尤其是用它切削加工硬质合金、陶瓷、高硅-铝合金及耐磨塑料等高硬度、高耐磨性的材料时,具有很大的优越性。

④立方氮化硼　是 20 世纪 70 年代才发展起来的一种新型刀具材料,立方氮化硼的硬度很高(可达到 9 000HV),并具有很高的热稳定性(1 300～1 400 ℃),它最大的优点是高温(1 200 ～1 300 ℃)时也不易与铁族金属起反应。因此,能胜任淬火钢、冷硬铸铁的粗车和精车,同时还能高速切削高温合金、热喷涂材料、硬质合金及其他难加工材料。

6. 金属切削过程的基本规律及其应用

(1)切削变形和切屑

①切削过程　当刀具刚与工件接触时，接触处的压力使工件产生弹性变形，刀具与工件间的相对运动使得在工件材料与刀具切削刃逼近的过程中材料的内应力逐渐增大，当剪切应力 τ 达到屈服点 τ_s 时，材料就开始滑移而产生塑性变形，如图 1-9 所示。OA 线表示材料各点开始滑移的位置，称为始滑移线($\tau=\tau_s$)，随着滑移变形的继续进行，剪切应力逐渐增大，直到点 4 位置，此时其流动方向与刀具前刀面平行，不再沿 OM 线滑移，故称 OM 为终滑移线($\tau=\tau_{max}$)。OA 与 OM 间的区域称为第Ⅰ变形区。

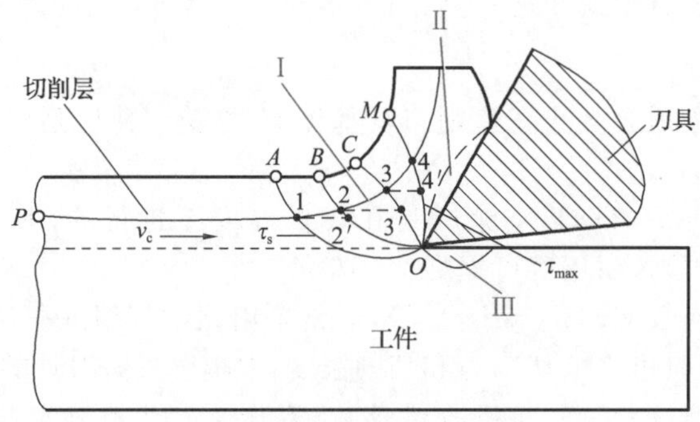

图 1-9　切削过程中的三个变形区

切屑沿前刀面流出时还需要克服前刀面对切屑的挤压而产生的摩擦力，切屑受到前刀面的挤压和摩擦，继续产生塑性变形，切屑底面的这一层薄金属区称为第Ⅱ变形区。

第Ⅰ变形区和第Ⅱ变形区是相互关联的，第Ⅱ变形区内前刀面的摩擦情况与第Ⅰ变形区内金属滑移方向有很大关系，当前刀面上的摩擦力大时，切屑排除不通畅，挤压变形加剧，使第Ⅰ变形区的剪切滑移增大。

零件已加工表面受到切削刃钝圆部分和后刀面的挤压、回弹与摩擦，产生塑性变形，导致金属表面的纤维化和加工硬化。零件已加工表面的变形区域称为第Ⅲ变形区。

②切屑类型　工件材料、切削条件不同，切削过程中的变形程度也不同，因而所产生的切屑种类也就不同。归纳起来，可分为以下四种类型(图 1-10)。

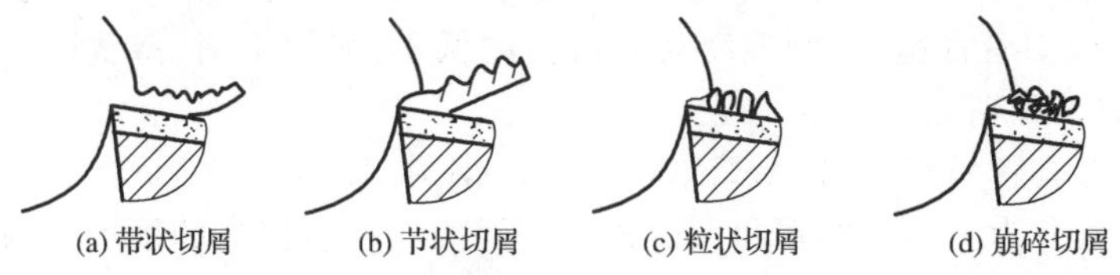

图 1-10　切屑类型

- 带状切屑：这是常见的一种切屑形态，如图 1-10(a)所示。其外观呈绵延的长带状，底层光滑，外表面呈毛茸状，无明显的裂纹。加工塑性金属材料时，当切削厚度较小、切削速度较高、刀具前角较大时，往往产生这类切屑。形成带状切屑时，切削过程较平稳，切削力波动较小，已加工表面的表面粗糙度值较小。

- 节状切屑：又称为挤裂切屑，如图 1-10(b)所示。其外表面呈锯齿形，内表面上有时有裂纹。在加工塑性金属材料且切削速度较低、进给量大以及刀具前角较小的情况下多半会出现这种切屑。此时，切削过程剪切应变较大，切削力波动大，切削过程不平稳，加工表面质量较差。

● 粒状切屑：也称为单元切屑，如图 1-10(c)所示。在切削塑性材料时，当整个剪切面上的应力超过零件材料的强度极限时，裂纹将扩展到整个面上，则切屑被分成梯形的粒状切屑。这种切屑比较少见，在产生节状切屑的条件下，进一步减小刀具前角，切削速度大幅度下降，并显著增大进给量，即可产生这种切屑。此时切削力波动更大，已加工表面粗糙。

● 崩碎切屑：崩碎切屑发生在加工铸铁等脆性材料时，其形状不规则，加工表面凹凸不平，如图 1-10(d)所示。零件材料越硬脆，刀具前角越小，切削厚度越大，越易产生这类切屑。形成崩碎切屑时切削力波动大，已加工表面粗糙，且切削力集中在切削刃附近，切削刃容易损坏，故应力求避免。提高切削速度、减小切削厚度、适当增大前角，可使切屑成针状或片状。

(2)积屑瘤

①积屑瘤的产生　在采用中速或低速切削塑性金属材料且能形成带状切屑的情况下，往往会在刀具前刀面上黏结一些工件材料而形成一个楔形硬块，其硬度通常为工件材料硬度的 2～3.5 倍，这一楔块被称为积屑瘤(图 1-11)。

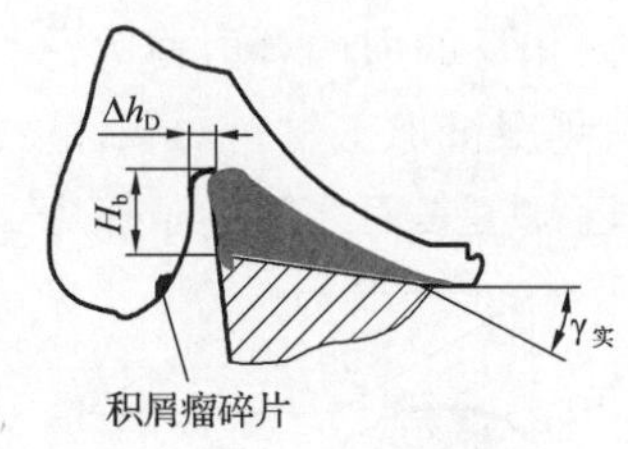

图 1-11　积屑瘤

对于积屑瘤的成因，目前尚有不同的解释。通常认为，切削塑性金属材料时，出现滞流层以后，切屑的滞流层和相邻的上层金属之间产生相对滑移。在一定的条件下，切削时所产生的温度和压力使得刀具前刀面与切屑底部滞流层之间的外摩擦力大于内摩擦力，则滞流层的金属与切屑分离而黏结到前刀面上形成第一层积屑瘤。此后形成的切屑在其底部又产生了新的滞流层，并最终堆积在第一层积屑瘤上。如此反复，积屑瘤便不断长大。当积屑瘤达到一定的高度后，由于刀具前刀面的实际形状发生变化，切屑与前刀面的接触条件和受力情况发生变化，积屑瘤便不再继续长大。

积屑瘤

②积屑瘤对切削过程的影响

● 增大刀具前角：当积屑瘤黏附在前刀面上时，可使刀具的实际前角增大，有利于减小切削变形和切削力。当积屑瘤达到最大高度时，刀具实际前角 $\gamma_{实}$ 可达 30°左右。

● 增大切削厚度：积屑瘤的前端伸出切削刃外高度 H_b，导致切削层厚度增大了 Δh_D，造成工件过切，影响了尺寸精度。

● 影响刀具的耐用度：积屑瘤包围着切削刃，并覆盖了刀具的部分前刀面，它可以代替切削刃进行切削，刀具的磨损减轻，提高了刀具耐用度。

● 影响加工表面的表面粗糙度：由于积屑瘤的形状不规则，所以切削刃上各点积屑瘤的伸出量各不相同，即各点的过切量不相等，从而使得表面粗糙度显著增大；同时，积屑瘤周期性地再生和脱落，导致切削力大小变化及振动产生，也会增大表面粗糙度；此外，脱落的积屑瘤碎片还有可能黏附在工件已加工表面上，使已加工表面粗糙不平。因此，精加工时要避免产生积屑瘤。

③影响积屑瘤的因素及控制措施

● 切削速度：切削速度是通过切削温度影响积屑瘤的。以 45 钢为例，在切削速度小于 3 m/min 和大于 60 m/min 时，摩擦因数都较小，故不易形成积屑瘤。在切削速度为20 m/min 左右时，切削温度约为 300 ℃，产生的积屑瘤高度达到最大值。

● 进给量：进给量增大，增大了刀具与切屑的接触长度，从而具备形成积屑瘤的基础。若适当降低进给量的值，则可削弱积屑瘤的生成基础。

● 刀具前角:前角增大,切削力减小,切削温度下降,减小了积屑瘤的生成可能性。实践表明,前角增大到35°时,一般不产生积屑瘤。

提高刀具刃磨质量,使摩擦因数减小,可达到抑制积屑瘤的作用。

● 切削液:采用润滑良好的切削液可减少或减缓积屑瘤的生成。

● 工件材料:对工件材料进行正火或调质处理,以提高其强度和硬度,降低其塑性,也可达到抑制积屑瘤的目的。

(3)切削力和切削功率

①切削力 是指工件材料抵抗刀具切削所产生的阻力。为了切除毛坯上的多余金属,刀具必须克服金属材料各种变形抗力和摩擦阻力。这些分别作用于刀具和工件上的大小相等、方向相反的力的合力称为总切削力 F,它来源于三个方面:克服被加工材料对弹性变形的抗力;克服被加工材料对塑性变形的抗力;克服切屑对前刀面的摩擦力和刀具后刀面对过渡表面与已加工表面之间的摩擦力。

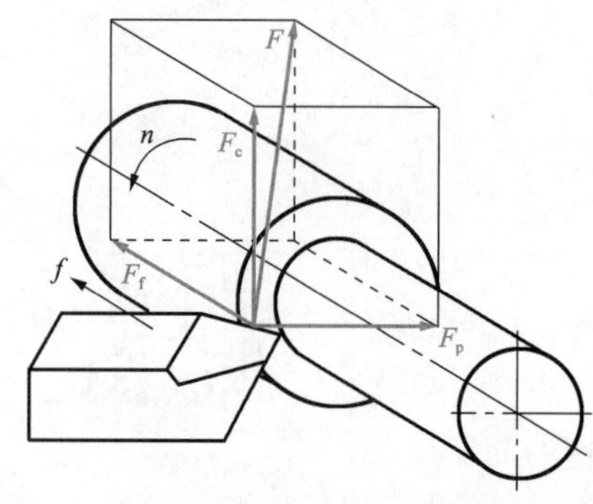

图 1-12 切削力的分解

为了方便应用,通常将总切削力 F 分解为相互垂直的三个分力:F_c、F_p 和 F_f(图 1-12)。

● 切削力 F_c:垂直于基面,并与切削速度方向一致,又称为切向力。它是各分力中最大而且消耗功率最多的一个分力,是计算机床动力、刀具和夹具强度的依据,也是选择刀具几何形状和切削用量的依据。

● 背向力 F_p:作用在基面内,并与刀具纵向进给方向相垂直,又称为径向力。它作用在机床、零件刚性最弱的方向上,使刀架后移和零件弯曲,容易引起振动,影响加工质量。

● 进给力 F_f:作用在基面内,并与刀具纵向进给方向平行,又称为轴向力。它作用在进给机构上,是设计和校验进给机构的依据。

这三个切削分力与总切削力有如下关系:

$$F=\sqrt{F_c^2+F_p^2+F_f^2} \tag{1-9}$$

各切削分力可通过测力仪直接测出,也可运用建立在试验基础上的经验公式来计算。

②切削功率 P_m 是三个切削分力消耗功率的总和,单位为 kW,但在车外圆时,背向力所消耗的功率为零,进给力 F_f 消耗的功率很小,一般可忽略不计。因此,切削功率 P_m 的计算公式为

$$P_m \approx P_c=\frac{F_c v_c}{60}\times 10^{-3} \tag{1-10}$$

式中,切削力和切削速度的单位分别为 N 和 m/min。

在设计机床时,应根据切削功率 P_c 确定机床电动机功率 P_E(kW),即

$$P_E=\frac{P_c}{\eta_m} \tag{1-11}$$

式中 η_m——机床传动效率,一般取 0.75~0.85。

③影响切削力的主要因素

● 工件材料:工件材料的硬度或强度越高,其变形抗力越大,切削力越大。例如,高碳钢的切削力大于中碳钢。在切削强度和硬度相近的材料时,塑性和韧性越大的材料,切削力越大。

这是因为材料的塑性越大，切削时的塑性变形和加工硬化越显著，切屑与刀具间的摩擦力越大，所以切削力也就越大。

● 刀具角度：在切削同一种金属材料时，增大刀具前角可以使切削轻快，切削力小。为了防止工件的弯曲和振动，在切削细长轴类零件时，刀具常选用较大的主偏角。

● 切削用量：切削用量中对切削力影响较大的是背吃刀量 a_p 与进给量 f。a_p 与 f 增大，都会使切削层面积增大，从而使变形抗力和摩擦力增大。但 a_p 与 f 对切削力的影响程度不相同，a_p 增大 1 倍，切削力也增大 1 倍；而 f 增大 1 倍，切削力只能增大 68%～80%。故在切除相同余量的条件下，增大 f 比增大 a_p 更为有利。

此外，切削液、刀具磨损等因素对切削力也有不同程度的影响。

(4)切削热和切削温度

①切削热　在金属切削过程中所消耗的变形功和摩擦功，绝大部分都转化成了热能，因而产生了大量的切削热。与切削过程的三个变形区相对应，切削热也有三个来源：切屑变形所产生的热量是切削热的主要来源；切屑与刀具前刀面之间的摩擦所产生的热量；工件与刀具后刀面之间的摩擦所产生的热量。

切削热通过切屑、工件、刀具以及周围的介质传散，其中，周围介质带走的热量很少(干切时约占 1%)。各部分传热的比例取决于零件材料、切削速度、刀具材料及几何角度、加工方式以及是否使用切削液等。表 1-4 列出了车削和钻削时切削热的传散比例。

表 1-4　切削热由切屑、刀具、工件和介质传出的百分比　%

加工方法	散热渠道			
	切屑	刀具	工件	介质
车削	50～86	40～10	9～3	1
钻削	28	14.5	52.5	5

切削热传入工件将引起工件受热变形，从而影响加工精度。特别是加工薄壁零件、细长零件和精密零件时，热变形的影响更大。磨削淬火钢件时，磨削温度过高，往往使零件表面产生烧伤和裂纹，影响零件的耐磨性和使用寿命。

传入刀具的切削热比例虽不大，但由于刀具的体积小、热容量小，因而温度很高。高速切削时，切削温度可达 1 000 ℃，使刀具的强度和硬度减弱，加速了刀具的磨损。

②切削温度　在切削过程中，刀具、工件、切屑接触处的温度并不相同。当温度达到稳定状态时，把刀具前刀面与切屑接触面上的平均温度称为切削温度。切削温度的高低取决于切削热的产生和传散情况。影响切削温度的主要因素有以下几个方面：

● 切削用量：切削速度 v_c 对切削热的影响最大，进给量 f 次之，背吃刀量 a_p 最小。这是因为：当 v_c、f、a_p 增大时，材料的切除率随之提高，消耗于变形和摩擦的功率必然增大，产生的切削热也就相应增加。v_c 的增大使刀、屑间的摩擦热也随之增多。但是，切削速度的增大将导致切削层金属变形的减小以及由切屑带走的变形热和摩擦热的比率增大。综合这两方面的影响，切削温度仍将有明显上升。从大量的切削试验中得知：切削速度提高 1 倍，切削温度将上升 20%～33%。当进给量增大时，切屑的平均变形将减小，而且刀具、切屑接触长度加长，改善了散热条件。因此，当进给量增大 1 倍时，切削温度仅上升 10%左右。当 a_p 增大 1 倍时，主切削刃的作用长度也增长了 1 倍，从而显著地改善了散热条件，最终使切削温度仅上升了 3%左右。

● 刀具角度：前角的大小直接影响切削过程中的变形和摩擦，增大前角，可减少切屑变形现象，产生的切削热少，切削温度低。但当前角过大（>15°）时，会使刀具的散热条件变差，反而不利于切削温度的降低。减小主偏角，主切削刃参与切削的长度增大，散热条件变好，可降低切削温度。其他几何角度对切削温度影响很小。

● 工件材料：工件材料的强度、硬度和热导率对切削温度影响很大。材料的强度、硬度越高，加工硬化能力越强，则总切削力越大，产生的切削热越多，切削温度就越高。热导率越小，则由于散热条件差，温度升高。例如：低碳钢的强度、硬度低，导热率大，因此产生热量少、热量传散快，故切削温度低；高碳钢的强度、硬度高，但导热率接近中碳钢，因此生热多，切削温度高。

● 其他因素：刀具产生磨损后，会引起切削温度增高。干切削也会引起切削温度剧增，浇注切削液可利用切削液的润滑冷却作用来降低切削温度，可降低切削温度 10～100 ℃。

7. 刀具的磨损和刀具耐用度

(1)刀具磨损的形式

刀具磨损的形式分为正常磨损和非正常磨损（破损）两类。当刀具磨损到一定程度而不能继续使用或破损时，则称为刀具失效。

当刀具设计合理、制造和刃磨合格、使用正确时，刀具主要因正常磨损而钝化。通常按照磨损部位不同而分为以下三种磨损形式。

①前刀面磨损　在加工塑性金属时，采取较高的切削速度和较大的切削厚度（不使用切削液）的情况下，切屑会在前刀面上逐渐磨出一个凹窝，如图 1-13(a)所示。这种凹窝被称为月牙洼，这种磨损形式常被称为月牙洼磨损。月牙洼与切削刃之间有一条小狭边。随着切削时间的增加，这个小狭边由于月牙洼的逐渐扩展而变窄，刀刃的强度大为削弱，容易引起切削刃的破坏。前刀面的磨损量通常以月牙洼的最大深度 KT 来表示。

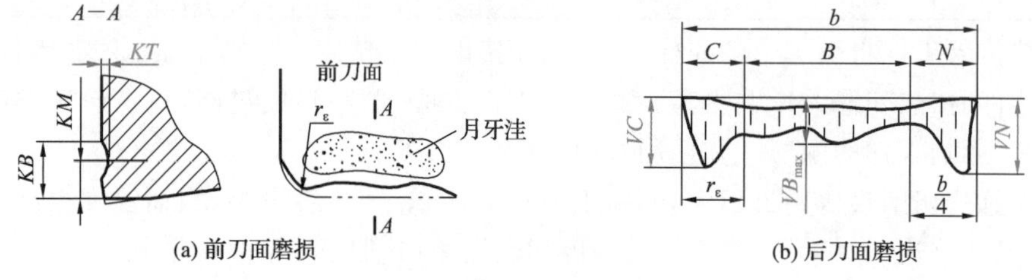

图 1-13　车刀典型磨损形态

②后刀面磨损　切削塑性金属或切削脆性金属时，在切削速度较低和切削厚度较小的情况下，常常在刀具后刀面产生磨损，如图 1-13(b)所示。这是由于在上述切削条件下，加工表面和刀具后刀面间存在着强烈的摩擦，在后刀面邻近切削刃处，因其散热条件和强度较差被磨出了沟痕。靠近刀尖部分（C 区）磨损较大。其磨损的最大宽度为 VC，发生在靠近工件外表面处（N 区）。这是受毛坯表面硬皮或上道工序的加工硬化层等的影响，同时也使与这部分材料接触的切削刃及后刀面上产生较大的磨损。这个区域的磨损宽度以 VN 表示。只有中间部分（B 区）磨损较为均匀，以 VB 表示其磨损宽度，称为刀具后刀面中区平均磨损值。

③前、后刀面同时磨损　切削塑性金属工件时，在一定的切削条件下，常常会同时出现前刀面磨损和后刀面磨损。

刀具的非正常磨损主要是指刀具的脆性破损，包括崩刃、碎断、剥落、裂纹破损和塑性流动等，其主要原因是刀具材料选择不合理，刀具结构和制造工艺或刀具几何参数不合理，切削用量选择不当，刀具刃磨或使用操作不当等。

(2)刀具磨损的原因

①磨粒磨损　工件表面或切屑底层存在氧化物、碳化物等的微小硬质点，其硬度往往超过刀具材料的硬度。在切削过程中，这些硬质点可在刀具的前刀面或后刀面上刻划出沟痕而造成磨损，这是一种机械擦伤所造成的磨损。使用各种刀具材料在各种切削速度的条件下，都可能发生这种磨损。

②黏结磨损　在高温高压的作用下，切屑与前刀面、工件表面和后刀面之间，由于吸附膜被挤破，而形成活性分子表面的接触，当接触面之间达到原子间距离时，就发生了黏结。刀具材料和工件材料在相对运动中，黏结点不断被剪切破裂。由于刀具表面结构缺陷等原因，破裂可能发生在刀具体内，刀具材料的颗粒被工件表面或切屑带走，从而造成了刀具的磨损。黏结磨损在较低或较高的切削温度下都可能发生。黏结磨损程度主要取决于刀具材料和工件材料分子之间的亲和作用。

③扩散磨损　在高温高压的作用下，工件或切屑与刀具紧密接触的表面形成摩擦副。摩擦副中的金属元素在固体状态下互相扩散，改变了刀具材料和工件材料的化学成分，使其强度和硬度减弱，使刀具磨损加剧。例如，当切削温度达到 800 ℃及以上时，硬质合金中的 Ti、Co、W、C 等元素扩散到切屑底层；而切屑底层中的 Fe 元素扩散到硬质合金表层，使硬质合金刀具表层组织脆化，加速了刀具的磨损。

扩散磨损是加剧磨损的原因之一，它常常和黏结磨损同时产生。硬质合金刀具前刀面上月牙洼磨损就是由扩散磨损和黏结磨损共同造成的。

④氧化磨损　当切削温度高达 700～800 ℃时，空气中的氧与硬质合金中的 Co、TiC、WC 等发生氧化作用，产生疏松脆弱的氧化物（如 Co_3O_4、CoO、WO、TiO_2 等），很容易被切屑和工件带走，这样造成刀具的磨损称为氧化磨损或化学磨损。

⑤相变磨损　当切削温度超过刀具材料的相变温度时，其金相组织就要发生变化，使得硬度减小，从而加剧磨损。试验表面，当切削温度达到 650～700 ℃时，高速钢 W18Cr4V 发生相变，其表面硬度降低而迅速被磨损。相变磨损是工具钢刀具被迅速磨损的主要原因。

(3)刀具的磨损过程

刀具的磨损过程如图 1-14 所示，可分为以下三个阶段。

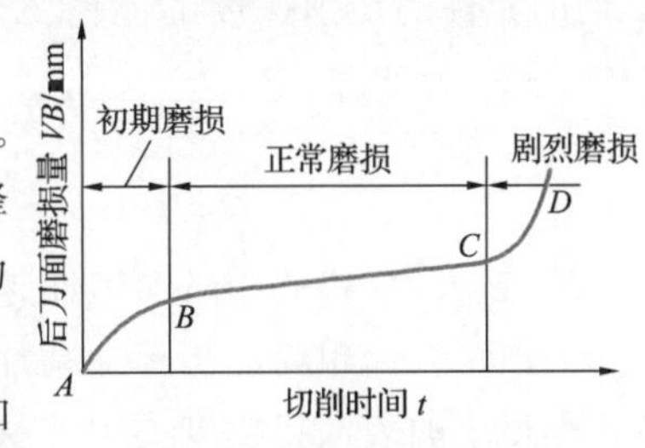

图 1-14　刀具的磨损过程

①初期磨损阶段（*AB* 段）　因新刃磨的刀具切削刃锋利，刀具表面凹凸不平，故接触面积小，作用在刀具上的应力大，刀具磨损较快。

②正常磨损阶段（*BC* 段）　经过初期磨损后，切削刃和工件接触压力降低了，故磨损量的增加也缓慢下来，其磨损宽度随时间增长而均匀地增加。刀具有效工作期间就是这个阶段。

③剧烈磨损阶段（*CD* 段）　在这一阶段里，切削刃明显变钝，切削力和切削温度都明显地增加，如刀具还继续使用，不但不能保证加工质量，而且使刀具材料消耗增加，甚至使刀具破损或报废。

(4)刀具磨钝标准

在切削加工中，刀具磨损到一定的限度后，就不能继续使用了；否则将会降低工件的尺寸精度和表面质量，同时增加刀具材料的消耗及加工成本。国内外都规定，将当刀具磨损达到正常磨损阶段结束前的某一后刀面磨损量 VB 值作为刀具的磨损限度，即磨钝标准。ISO 统一规定，将 1/2 背吃刀量处后刀面上测定的磨损带宽度 VB 作为刀具的磨钝标准。

但在实际生产中，也常根据切削过程中突然发生的一些现象来判断刀具是否磨钝：用高速钢切削钢料时，若在加工表面上出现光亮带，则说明参加工作的切削刃上某一部分被磨损而变钝；切屑的颜色有变化或发出不正常的切削声音，说明切削刃的切削部分被磨损而钝化了；振动加大，已加工表面质量变差等。

(5)刀具耐用度

刃磨后的刀具自开始切削直到达到磨钝标准为止的切削时间称为刀具耐用度，以 T 表示。刀具的耐用度越长，两次刃磨或更换刀具之间的实际工作时间越长。粗加工时，多以切削时间表示刀具耐用度。目前硬质合金焊接车刀的耐用度约为 60 min，高速钢钻头的耐用度为 80～120 min，硬质合金端铣刀的耐用度为 120～180 min，齿轮刀具的耐用度为 200～300 min。

刀具耐用度与刀具寿命有着不同的含义。刀具寿命表示一把新刀从投入切削起到报废为止总的切削时间，其中包括该刀具多次重磨。因此，刀具寿命等于该刀具的重磨次数(包括新开刀刃)与刀具耐用度之积。

8. 工件材料的切削加工性

(1)工件材料的切削加工性的衡量指标

工件材料的切削加工性是指在一定切削条件下，对工件材料进行切削加工的难易程度。其好坏往往是相对于另一种材料来说的，切削加工的具体条件不同，衡量工件材料的切削加工性指标也不同。常用表达材料切削加工性的指标主要有如下几种：

①刀具耐用度指标(切削速度指标)　即在一定的刀具耐用度条件(一般材料取 $T=60$ min，难加工材料取 $T=30$ min)下，切削某种材料所允许的切削速度。允许的切削速度越高，工件材料的切削加工性越好。一般常用该材料的允许切削速度 v_t 与 $R_m=637$ MPa 的 45 钢的允许的切削速度的比值 K_v(相对加工性)来表示。取 $T=60$ min，则 v_t 写为 v_{60}；以 45 钢的 v_{60} 为基准，记为 $(v_{60})_j$，则

$$K_v=\frac{v_{60}}{(v_{60})_j} \tag{1-12}$$

K_v 越大，材料的相对加工性越好。

②加工表面粗糙度指标　精加工时，常以表面粗糙度数作为衡量切削加工性的指标。容易获得很小的表面粗糙度的工件材料，其切削加工性好；反之，则切削加工性差。从这项指标出发，低碳钢的切削加工性不如中碳钢，纯铝的切削加工性不如硬铝。

③切削力或切削温度指标　在相同的切削条件下，加工某种材料时产生的切削力小或切削温度低，则这种材料的切削加工性好；反之，则切削加工性差。从这项指标出发，铜、铝及其合金的加工性比钢料好，灰口铸铁的加工性比冷硬铸铁好。

④切屑控制或断屑的难易指标　在自动线上或自动机床上，常以切屑控制或断屑的难易程度作为衡量材料切削加工性的指标。切屑容易控制或容易断屑的工件材料，其切削加工性好；反之，则切削加工性差。

常见工件材料的切削加工性可分为 8 级，见表 1-5。

表 1-5　　常见工件材料的切削加工性分级

等级	名称及种类		相对加工性 K_v	代表性材料
1	很容易切削材料	一般有色金属	>3.0	5-5-5 铜-铅合金、9-4 铝-铜合金、铝-镁合金
2	容易切削材料	易切削钢	2.5～3.0	15Cr 退火钢，R_m＝350～450 MPa 自动机床加工用钢，R_m＝400～500 MPa
3		较易切削钢	1.6～2.5	30 正火钢，R_m＝450～560 MPa
4	普通材料	一般钢及铸铁	1.0～1.6	45 钢、灰口铸铁
5		稍难切削材料	0.65～1.0	2Cr13 调质钢，R_m＝850 MPa 85 钢，R_m＝900 MPa
6	不易切削材料	较难切削材料	0.5～0.65	45Cr 调质钢，R_m＝1 050 MPa 65Mn 调质钢，R_m＝950～1 000 MPa
7		难切削材料	0.15～0.5	50CrV 调质钢，1Cr18Ni9Ti 钢，某些钛合金
8		很难切削材料	<0.15	某些钛合金，铸造镍基高温合金

(2)改善工件材料的切削加工性的主要途径

①调整工件材料的化学成分　这是改善工件材料的切削加工性的根本措施。但考虑到工件材料的切削加工性往往与其使用性能相矛盾，因此在调整工件材料的化学成分以改善工件材料的切削加工性时，只能在不影响材料使用性能的前提下，改善工件材料的切削加工性。在钢中加入一些元素，如 S、P、Pb、Ca 等，可得到切削加工性较好的“易切钢”。加工“易切钢”时，切削力小，刀具耐用度高，容易断屑，已加工表面质量好。

②采用适当的热处理方法　例如，对高碳钢进行球化退火可以降低硬度，对低碳钢进行正火可以降低塑性，都能够改善切削加工性。又如，铸铁件在切削加工前进行退火可降低表层硬度，特别是白口铸铁，在高温下长时间退火，变成可锻铸铁，能使切削加工较易进行。

③选择切削加工性好的毛坯　例如，低碳钢冷拉后，塑性大大降低，切削加工性好；锻造毛坯余量不均匀，且有硬皮，切削加工性差，如能改为热轧毛坯，则切削加工性好得多。

④其他方面　例如，合理选择刀具材料、几何角度、切削用量和切削液等。

9. 切削液

(1)切削液的作用

切削液的主要作用包括以下四个方面：

①冷却作用　切削液浇注到切削区域后，通过切削液的传导、对流和汽化，将切削区内切屑、刀具和工件上的热量带走，以降低切削温度，提高刀具耐用度和工件的加工质量。切削液的冷却作用取决于其热导率、比热容、汽化热、汽化速度、流量和流速等，因此水溶液的冷却效果远远高于油类，乳化液介于二者之间。

②润滑作用　切削液浸透到刀具与切屑、工件表面之间形成润滑膜，从而减轻了刀具前刀面与切屑、后刀面与工件之间的摩擦。润滑效果主要取决于切削液的浸透性、润滑膜的形成能力及其强度。切削液的润滑性能对抑制鳞刺和积屑瘤、减小加工表面的表面粗糙度和刀具磨损、提高刀具耐用度都有显著作用。

③清洗作用　切削液能够冲走切削过程中黏附在工件、刀具和机床表面的细屑和磨粒，从而起到清洗作用，防止刮伤加工表面和机床导轨面。清洗作用的强弱取决于切削液的浸透性、流动性和使用压力，对于精密加工、磨削加工和自动线加工尤为重要。

④防锈作用　切削液中加入亚硝酸钠、磷酸三钠、三乙醇胺和石油磺酸钡等防锈添加剂，

可使金属表面生成保护膜，从而防止工件、机床和刀具受周围介质及切削液本身的腐蚀。

(2)切削液的种类

常用的切削液有水溶液、乳化液、切削油和极压切削液等。

①水溶液　其主要作用是冷却。主要有电解水溶液和表面活性水溶液。电解水溶液在水中加入各种电解质，能浸透到表面油薄膜内部起冷却作用，用于磨削、钻孔、粗车等；表面活性水溶液在水中加入皂类、硫化蓖麻油等表面活性物质，以增强其润滑作用，用于精车、精铣和铰孔等。

②乳化液　是用水和油混合而成的液体，常用于代替动、植物油。生产中使用的乳化液是由乳化剂加水配制而成的。浓度低的乳化液含水比例高，主要起冷却作用，适用于粗加工和磨削使用；浓度高的乳化液主要起润滑作用，适用于精加工。

③切削油　切削油的润滑作用高于水溶液和乳化液，冷却作用却低于前两者。切削油的主要成分是矿物油，少数采用矿物油和动、植物油的复合油。

④极压切削液　由于矿物油在高温、高压下润滑性能欠佳，所以常加入极压添加剂，以改善其在高温、高压下的润滑条件。常用的极压添加剂有 S、Cl、P 等的化合物。加入极压添加剂的切削油称为极压切削油。

(3)切削液的选用

①按刀具材料选用　高速钢刀具耐热性差，粗加工时切削液的主要作用是降低其切削温度，应选用冷却效果好的切削液，如 3%～5%的乳化液或水溶液。因精加工时提高加工质量是主要目的，故宜选用润滑性能较好的极压切削油或高浓度的极压乳化液。

硬质合金刀具耐热性好，一般不使用切削液。如确有必要，可采用低浓度乳化液或水溶液，但必须连续充分地供应；否则，刀片会因受热不均匀而产生较大的内应力，甚至出现裂纹。

②按工件材料选用　加工钢材等塑性金属材料，需加切削液；加工铸铁等脆性材料，一般不用加切削液。但精加工铸铁及铜、铝等有色金属及其合金时，为获得较好的表面粗糙度，可选用 10%～20%的乳化液，加工铸铁时还可选用煤油。加工难加工材料时，通常要选用极压切削油或极压乳化液。

③按加工方法选用　半封闭状态下的切削，如钻孔、铰孔、攻螺纹、拉削等，刀具工作条件较差，切削液一般选用极压乳化液或极压切削油，起冷却润滑和冲洗切屑的作用。磨削加工时，切削区温度很高，产生的细小磨屑还会黏附到工件表面破坏磨削表面的质量，因此要求切削液具有一定的冷却性能、清洗性能和防锈性能，故常选用乳化液。

知识点二：机械加工工艺过程的基本知识

1. 生产过程与工艺过程

(1)生产过程

一台机器通常由很多个零件组成。我们把由原材料变为成品的过程称为生产过程。生产过程有狭义和广义之分：广义的生产过程是指从生产准备开始到产品制造出来为止的全过程；狭义的生产过程仅指从原材料投入开始到产品制造出来为止的生产过程。生产过程可分为以下部分：

①基本生产过程　是指对构成产品实体的劳动对象直接进行工业加工的过程。例如机械

制造企业的铸造、机械加工和装配等,基本生产过程是企业的主要生产活动。

②辅助生产过程　是指为保证基本生产过程的正常进行而从事的各种辅助生产活动的过程。例如为基本生产提供动力、工具和维修等。

③生产技术准备过程　是企业正式生产前所进行的一系列生产技术上的准备工作过程,包括产品设计、工艺设计、工装设计与制造等。

④生产服务过程　是指为保证生产活动顺利进行而提供的各种服务性工作过程。例如供应工作、运输工作和检验工作等。

(2)工艺过程

工艺过程是指直接改变生产对象的形状、尺寸、相对位置及性质,使之变为半成品或成品的过程。例如铸造生产过程中有铸造工艺过程,此外还有锻造工艺过程、焊接工艺过程、热处理工艺过程、装配工艺过程等。工艺过程是生产过程中最重要的部分。

2. 机械加工工艺过程的基本概念

零件的机械加工工艺过程由许多工序组合而成,每道工序又由安装、工位、工步和走刀组成。

由一个或一组工人,在一个工作地点或一台机床上,对一个或同时对几个工件所连续完成的那一部分工艺过程称为工序。工序是工艺过程的基本组成部分,又是生产计划、质量检验、经济核算的基本单元,也是确定设备负荷、配备工人、安排作业及工具数量等的依据。

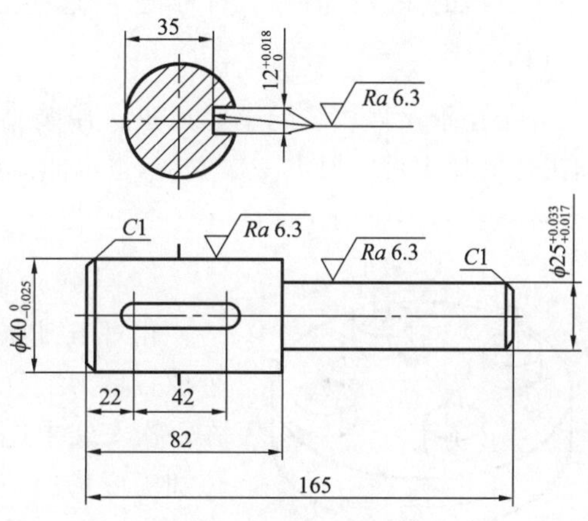

图 1-15　阶梯轴

划分工序的主要依据是:工作地或设备是否变动以及工作是否连续,若有变动或不连续,则构成了另一道工序。例如,如图 1-15 所示的阶梯轴,当加工数量较少时,其工艺过程及工序的划分见表 1-6,由于加工不连续,和机床变换而分为 5 道工序。当加工数量较多时,其工艺过程及工序的划分见表 1-7,共有 7 道工序。

表 1-6　单件小批生产的工艺过程

工序号	工序名称	工序内容	工　步	安　装	设　备
10	锻造	锻造毛坯	—	—	—
20	车	车端面,打中心孔	(1)车一端面; (2)钻中心孔; (3)掉头车另一端面,保证总长; (4)钻中心孔	2	卧式车床
30	车	粗、精车外圆,倒角	(1)车大外圆; (2)倒角; (3)掉头车小外圆; (4)倒角	2	卧式车床
40	铣	铣键槽,去毛刺	(1)铣键槽; (2)锉刀去毛刺	1	立式铣床
50	检	检验	检验各处尺寸	—	—

表 1-7 大批大量生产的工艺过程

工序号	工序名称	工序内容	工　步	安　装	设　备
10	锻造	锻造毛坯	—	—	—
20	铣	铣端面,打中心孔	(1)两端同时铣端面,保证总长; (2)两端同时钻中心孔	1	铣端面打中心孔机床
30	车	粗、精车大外圆,倒角	(1)车大外圆; (2)倒角	1	卧式车床
40	车	粗、精车小外圆,倒角	(1)车小外圆; (2)倒角	1	卧式车床
50	铣	铣键槽	铣键槽	1	立式铣床
60	钳	去毛刺	钳工锉刀去毛刺	—	钳工台
70	检	检验	检验各处尺寸	—	—

可见,生产规模不同,工序的划分及每道工序所包含的加工内容也不同。

在零件的加工工艺过程中,有一些工序并不改变零件形状、尺寸和表面质量,但却直接影响工艺过程的完成,如检验、打标记等,这些工序被称为辅助工序。

(1)安装

安装是指工件或装配单元通过一次装夹后所完成的那一部分工艺过程。在同一道工序中,工件的加工可能只需一次安装,也可能需要多次安装。例如表 1-6 中的工序 20、30 均有两次安装,表 1-7 中的工序均只有一次安装。

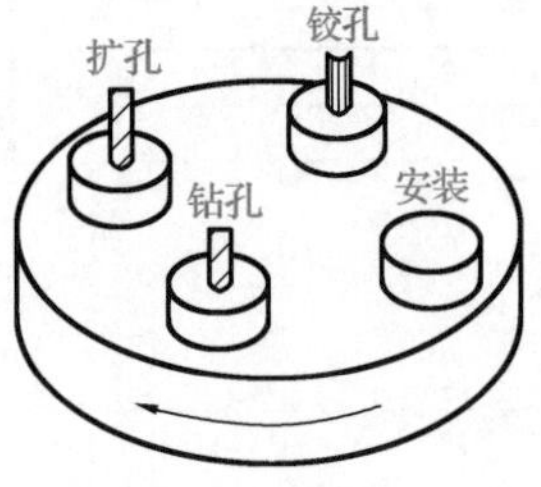

图 1-16　多工位加工

(2)工位

相对于刀具或设备的固定部分,工件在机床上所占据的每一个位置称为工位。如图 1-16 所示为在三轴钻床上利用回转夹具,在一次安装中连续完成钻孔、扩孔、铰孔等工艺过程。采用多工位加工可减少安装次数,缩短辅助工序时间,提高了效率。

采用多工位夹具、回转工作台或在多轴机床上加工时,工件在机床上一次安装后,就要经过多工位加工。

(3)工步

在一个工序中,当工件的加工表面、切削刀具和切削用量中的切削速度与进给量均保持不变时所完成的那部分工序内容,称为工步。例如,如图 1-15 所示的阶梯轴,按表 1-6 中的工序 20、30 均加工 4 个表面,所以各有 7 个工步。表 1-7 中的工序 50 只有一个工步。

多工位加工

构成工步的因素有加工表面、刀具和切削用量,它们中的任一因素改变后,一般就变成了另一工步。但在一次安装中,有多个相同的工步,通常被视为一个工步。例如,如图 1-17 所示零件上 4 个 ϕ15 mm 孔的钻削加工,可以写成一个工步:钻 4×ϕ15 mm 孔。

在机械加工中,有时会出现用几把不同的刀具同时加工一个工件的几个表面的工步,称为复合工步,如图 1-18 所示。有时,为提高生产率,在铣床上用组合铣刀铣平面的情况,可视为一个复合工步。

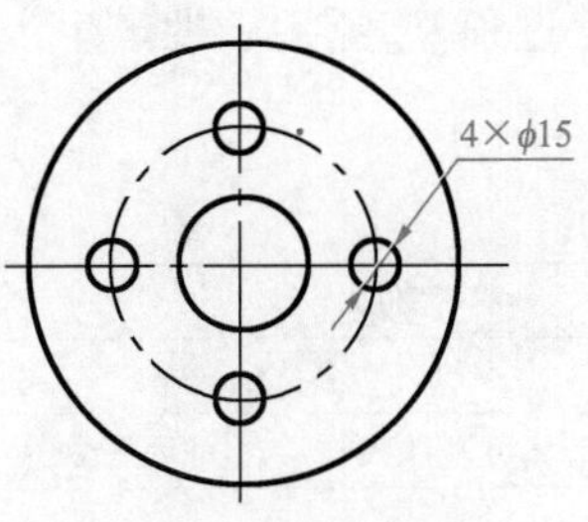

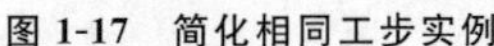
图 1-17　简化相同工步实例

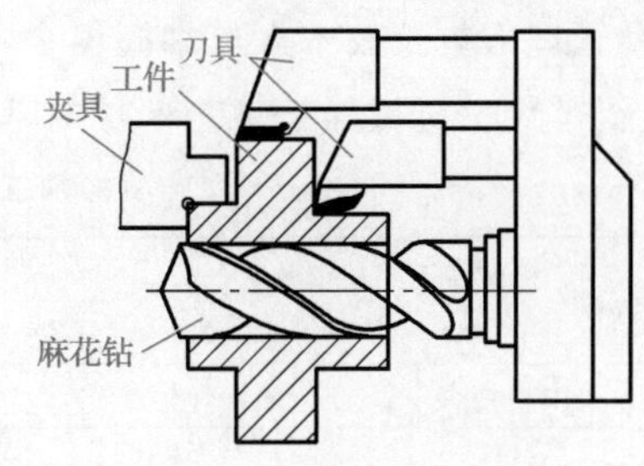

图 1-18　复合工步实例

(4)走刀

在一个工步内,若被加工表面需切去的金属层厚度大,则可分为几次来切削,每切削一次为一次走刀。一个工步内可包含一次或数次走刀。

3. 工艺规程的基本概念

为了保证产品质量、提高生产率和经济效益,把根据具体生产条件拟定的较合理的工艺过程,用图表或文字的形式写成文件,就是工艺规程。它是生产准备、生产计划、生产组织、实际加工及技术检验等的重要技术文件,是进行生产活动的基础资料。

根据生产过程中工艺性质的不同,工艺规程又可以分为毛坯制造、机械加工、热处理及装配等。

4. 工艺规程的种类和作用

通常,机械加工工艺规程被填写成表格(卡片)的形式。我国各机械制造厂使用的机械加工工艺规程表格的形式不尽一致,但其基本内容是相同的。机械加工工艺规程通常有以下三种:

(1)机械加工工艺过程卡片

机械加工工艺过程卡片主要列出了零件加工所经过的整个路线(工艺路线)以及工装设备和工时等内容。由于各工序的说明不够具体,故一般不能直接指导工人操作,而多用于生产管理方面。在单件小批生产中,通常不编制其他较详细的工艺文件,而是以这种卡片指导生产。机械加工工艺过程卡片的基本格式见表 1-8。

表 1-8　　机械加工工艺过程卡片

<table>
<tr><td colspan="2" rowspan="2">(厂名)</td><td colspan="4" rowspan="2">机械加工工艺过程卡片
代号________</td><td colspan="2">产品型号</td><td></td><td>零(部件)图号</td><td colspan="2"></td><td colspan="3">(页 码)</td></tr>
<tr><td colspan="2">产品名称</td><td></td><td>零(部件)名称</td><td colspan="2"></td><td colspan="3">共(　)页第(　)页</td></tr>
<tr><td colspan="2">材料牌号</td><td></td><td>毛坯种类</td><td></td><td>毛坯外形尺寸</td><td></td><td colspan="2">每个毛坯可制件数</td><td></td><td>每台件数</td><td></td><td>备注</td><td></td></tr>
<tr><td rowspan="2">工序号</td><td rowspan="2">工序名称</td><td colspan="4" rowspan="2">工　序　内　容</td><td rowspan="2">车间</td><td rowspan="2">工段</td><td rowspan="2">设备</td><td colspan="3" rowspan="2">工　艺　装　备</td><td colspan="2">工时</td></tr>
<tr><td>准终</td><td>单件</td></tr>
<tr><td></td><td></td><td colspan="4"></td><td></td><td></td><td></td><td colspan="3"></td><td></td><td></td></tr>
<tr><td></td><td></td><td colspan="4"></td><td></td><td></td><td></td><td colspan="3"></td><td></td><td></td></tr>
<tr><td></td><td></td><td colspan="4"></td><td></td><td></td><td></td><td colspan="3"></td><td></td><td></td></tr>
<tr><td></td><td></td><td colspan="4"></td><td></td><td></td><td></td><td colspan="3"></td><td></td><td></td></tr>
<tr><td></td><td></td><td></td><td></td><td></td><td></td><td></td><td></td><td></td><td></td><td rowspan="2">设计(日期)</td><td>审核(日期)</td><td>标准化(日期)</td><td>会签(日期)</td></tr>
<tr><td></td><td></td><td></td><td></td><td></td><td></td><td></td><td></td><td></td><td></td><td></td><td></td><td></td></tr>
<tr><td>标记</td><td>处数</td><td>更改文件号</td><td>签字</td><td>日期</td><td>标记</td><td>处数</td><td>更改文件号</td><td>签字</td><td>日期</td><td></td><td></td><td></td><td></td></tr>
</table>

(2)机械加工工艺卡片

机械加工工艺卡片是指以工序为单位,详细说明零件工艺过程的工艺文件。它用来指导工人生产,帮助管理人员及技术人员掌握整个零件加工过程,广泛用于批量生产的零件和单件小批生产的重要零件。机械加工工艺卡片的基本格式见表 1-9。

表 1-9 **机械加工工艺卡片**

(厂名)	机械加工工艺卡片 代号______	产品型号		零(部件)图号		(页 码)
		产品名称		零(部件)名称		共( )页第( )页

材料牌号		毛坯种类		毛坯外形尺寸		每个毛坯可制件数		每台件数		备注	

工序	装夹	工步	工序内容	同时加工零件数	切削用量				设备名称及编号	工艺装备名称及编号			技术等级	工时定额/min	
					背吃刀量/mm	切削速度/(m·min⁻¹)	每分钟转速或往复次数	进给量/(mm·r⁻¹)或(mm·dst⁻¹)		夹具	刀具	量具		准终	单件

										设计(日期)	审核(日期)	标准化(日期)	会签(日期)	
标记	处数	更改文件号	签字	日期	标记	处数	更改文件号	签字	日期					

(3)机械加工工序卡片

机械加工工序卡片是用来具体指导工人操作的一种最详细的工艺文件。在这种卡片上,要画出工序简图,注明该工序的加工表面及应达到的尺寸精度和表面粗糙度要求、工件的安装方式、切削用量、工装设备等内容。在大批大量生产时都要采用这种卡片,其基本格式见表 1-10。

表 1-10 **机械加工工序卡片**

(厂名)	机械加工工序卡片 代号______	产品型号		零(部件)图号		(页 码)
		产品名称		零(部件)名称		共( )页第( )页

(工序图)	车 间	工序号	工序名称	材料牌号
	毛坯种类	毛坯外形尺寸	每毛坯可制件数	每台件数
	设备名称	设备型号	设备编号	同时加工件数
	夹具编号	夹具名称	切削液	
	工位器具编号	工位器具名称	工序工时	
			准终	单件

工步号	工步内容	工艺装备	主轴转速/(r·min⁻¹)	切削速度/(m·min⁻¹)	进给量/(mm·r⁻¹)	背吃刀量/mm	进给次数	工步工时	
								机动	辅助

										设计(日期)	审核(日期)	标准化(日期)	会签(日期)	
标记	处数	更改文件号	签字	日期	标记	处数	更改文件号	签字	日期					

(4)机械加工工艺规程的主要作用

①工艺规程是生产准备工作的依据　在新产品投入生产以前,必须根据工艺规程进行相关的技术准备和生产准备工作。例如,原材料及毛坯的供给,工艺装备(刀具、夹具、量具)的设计、制造及采购,机床负荷的调整,作业计划的编制,劳动力的配备等。

②工艺规程是组织生产的指导性文件　生产计划和调度、工人的操作、质量的检查等都应以工艺规程为依据。按照工艺规程进行生产,有利于稳定生产秩序,保证产品质量,获得较高的生产率和较好的经济性。

③工艺规程是新建和扩建工厂或车间时的原始资料　根据生产纲领和工艺规程可以确定生产所需的机床和其他设备的种类、规格和数量,车间面积,生产工人的工种、等级及数量,投资预算及辅助部门的安排等。

④便于积累、交流和推广行之有效的生产经验　已有的工艺规程可供以后制定类似零件的工艺规程时参考,以缩短制定工艺规程的时间和工作量,也有利于提高工艺技术水平。

5. 机械加工工艺规程的设计步骤

(1)分析零件图和产品装配图。

(2)选择毛坯的制造方法和形状。

(3)拟定工艺路线。

(4)确定各工序的加工余量和工序尺寸。

(5)确定切削用量和工时定额。

(6)确定各工序的设备,刀、夹、量具和辅助工具。

(7)确定各主要工序的技术要求及检验方法。

(8)填写工艺文件。

6. 生产纲领与生产类型

(1)生产纲领

企业在计划期内应当生产的产品产量和进度计划称为该产品的生产纲领。企业的计划期常定为一年,因此,生产纲领常被理解为企业一年内生产的产品数量,即年产量。机器中某一种零件的生产纲领除了生产该机器所需的该种零件的数量外,还包括一定的备品和废品,因此,零件的生产纲领是指包括备品和废品在内的年产量。零件的生产纲领的计算公式为

$$N=Qn(1+\alpha)(1+\beta) \tag{1-13}$$

式中　N——零件的生产纲领,件/年;

Q——产品的生产纲领,台/年;

n——每台产品中该零件的数量,件/台;

α——零件的备品率,%;

β——零件的废品率,%。

(2)生产类型

生产类型是指企业或车间、工段、班组、工作地生产专业化程度的分类。根据产品的大小和特征、生产纲领、批量及其投入生产的连续性,生产类型可分为单件生产、成批生产及大量生产三种,见表 1-11。

①单件生产　是指生产的产品品种很多,同一产品的产量很小,各个工作地的加工对象经常改变,而且很少重复生产。例如新产品试制、重型机械和专用设备的制造等均属于单件生产。

②成批生产　是指一年中分批轮流生产几种不同的产品，每种产品均有一定的数量，工作地的生产对象周期性地重复。例如机床、电动机等均属于成批生产。每次投入或产出的同一产品或零件的数量称为批量。按照批量的大小，成批生产可分为小批、中批和大批生产三种。

③大量生产　是指生产的产品数量很大，大多数工作地长期只进行某一工序的生产。例如汽车、摩托车、柴油机等的生产均属于大量生产。

小批生产的工艺特点接近单件生产，常将两者合称为单件小批生产；大批生产的工艺特点接近大量生产，常合称为大批大量生产。

生产类型的划分除了与生产纲领有关外，还应考虑产品的大小及复杂程度（表 1-11）。

表 1-11　　生产类型与生产纲领的关系

生产类型		零件生产纲领/(件·年$^{-1}$)			工作地每月担负的工序数
		重型机械或重型零件(>100 kg)	中型机械或中型零件(10～100 kg)	小型机械或轻型零件(<10 kg)	
单件生产		≤5	≤10	≤100	不作规定
成批生产	小批生产	5～100	10～200	100～500	20～40
	中批生产	100～300	200～500	500～5 000	10～20
	大批生产	300～1 000	500～5 000	5 000～50 000	1～10
大量生产		>1 000	>5 000	>50 000	1

(3)各生产类型的主要工艺特点

不同的生产类型具有不同的工艺特点，即在毛坯制造、机床及工艺装备的选用、经济效益等方面均有明显区别。表 1-12 列出了各种生产类型的主要工艺特点。

表 1-12　　各种生产类型的主要工艺特点

工艺特点	单件小批生产	中批生产	大批大量生产
工件的互换性	一般配对制造，缺乏互换性，广泛用钳工修配	大部分有互换性，少数用钳工修配	全部有互换性，某些精度较高的配合件用分组选择法装配
毛坯的制造方法及加工余量	铸件，用木模手工造型；锻件，采用自由锻工艺。毛坯精度低，加工余量大	部分铸件用金属模造型；部分锻件采用模锻。毛坯精度中等；加工余量中等	铸件广泛采用金属模机器造型；锻件广泛采用模锻以及其他高生产率的毛坯制造方法。毛坯精度高，加工余量小
机床设备	采用通用机床。按机床种类及大小采用“机群式”排列	部分通用机床和部分高生产率机床。按加工零件类别分工段排列	广泛采用高生产率的专用机床及自动机床。按流水线形式排列
夹具	多用标准附件，极少采用专用夹具，靠划线及试切法达到精度要求	广泛采用专用夹具，部分靠划线法达到精度要求	广泛采用高生产率夹具及调整法达到精度要求
刀具与量具	采用通用刀具和万能量具	较多采用专用刀具及专用量具	广泛采用高生产率刀具和量具
对工人的要求	需要技术熟练的工人	需要一定熟练程度的工人	对操作工人的技术要求较低，对调整工人的技术要求较高
工艺规程	有简单的工艺规程	有工艺规程，对关键零件有详细的工艺规程	有详细的工艺规程

续表

工艺特点	单件小批生产	中批生产	大批大量生产
生产率	低	中	高
成本	高	中	低
发展趋势	箱体类复杂零件采用加工中心加工	采用成组技术、数控机床或柔性制造系统等进行加工	在计算机控制的自动化制造系统中加工，并可能实现在线故障诊断、自动报警和加工误差自动补偿

需要说明的是，随着科技的进步和市场需求的变化，生产类型的划分正在发生深刻的变化。传统的大批大量生产往往不能适应产品及时更新换代的需要，而单件小批生产的生产能力又跟不上市场的急需。因此，各种生产类型都朝着生产过程柔性化的方向发展，多品种、中小批的生产方式已成为当今社会的主流。

7. 制定工艺规程的原则

制定工艺规程的原则是，在一定的生产条件下，以最少的劳动量和最低的成本，在规定的期间内，可靠地加工出符合图样及技术要求的零件。在制定工艺规程时，应注意以下问题：

(1)技术上的先进性

在制定工艺规程时，要了解当时国内外本行业工艺技术的发展水平，通过必要的工艺试验，积极采用适用的先进工艺和工艺装备。

(2)经济上的合理性

在一定的生产条件下，可能会出现几种能保证零件技术要求的工艺方案。此时应通过核算或相互对比，选择经济上最合理的方案，使产品的能源、原材料消耗和成本最低。

(3)有良好的劳动条件

在制定工艺规程时，要注意保证工人在操作时有良好而安全的劳动条件。因此在工艺方案上要注意采取机械化或自动化措施，尽量将工人从笨重、繁杂的体力劳动中解放出来。

此外，由于工艺规程是直接指导生产和操作的重要文件，所以在编制时还应做到正确、完整、统一和清晰，所用术语、符号、计算单位和编号都要符合相应标准。

8. 制定工艺规程所需的原始资料

在制定工艺规程时，通常应具备下列原始资料：

(1)产品的全套装配图和零件的工作图。

(2)产品验收的质量标准。

(3)产品的生产纲领。

(4)产品零件毛坯生产条件及毛坯图等资料。

(5)工厂现有的生产条件。为了使制定的工艺规程切实可行，一定要考虑现场的生产条件，因此要深入生产实际，了解毛坯的生产能力及技术水平、加工设备和工艺装备的规格及性能、工人的技术水平以及专用设备及工艺装备的制造能力等。

(6)国内外新技术、新工艺及其发展前景。工艺规程的制定既应符合生产实际，又不能墨守成规，要研究国内外有关先进的工艺技术资料，积极引进适用的先进工艺技术，不断提高工艺水平,以便在生产中取得最大的经济效益。

(7)有关的工艺手册及图册。

技能点一:车削外圆

轴类零件是回转体零件,其长度大于直径,加工表面主要有内、外圆柱面及圆锥面等,其中外圆表面的常用加工方法是车削、磨削和光整加工。

在车床上利用车刀对工件进行切削加工的方法称为车削,是机械加工中最基本、最常用的加工方法。车削加工时,工件的回转运动是主运动,刀具的移动是进给运动。车削外圆表面的工艺具有以下特点:

(1)由于在一次装夹中可以车出回转体类零件上较多的表面,所以较容易保证各加工表面的相互位置精度,如轴类零件各段轴颈间的同轴度、盘类零件外圆与端面间的垂直度及与内孔的同轴度等。

(2)车刀结构简单,制造、刃磨容易,装夹方便,故加工成本低,因此,车削是一般外圆表面最常用的加工方法。

(3)车削应用范围广,除了经常用于车外圆、端面、孔、切槽和切断等加工外,还用于车螺纹、锥面和成形表面。其加工的材料范围较广,可车削黑色金属、有色金属和某些非金属材料,特别是适于有色金属零件的精加工。

1. 车床类型及其应用

(1)普通车床

普通车床应用得较多,所占的比例较大,代表型号是CA6140(图1-19)。其主要特点是通用性强,加工范围广(图1-20),但生产率低,因此适用于单件小批加工。

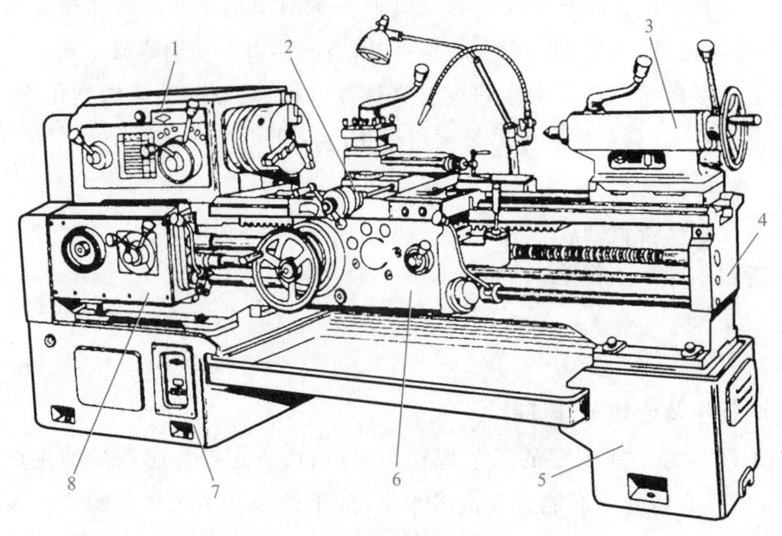

CA6140卧式车床

图1-19 CA6140卧式车床

1—主轴箱;2—刀架;3—尾座;4—床身;5、7—床腿;6—溜板箱;8—进给箱

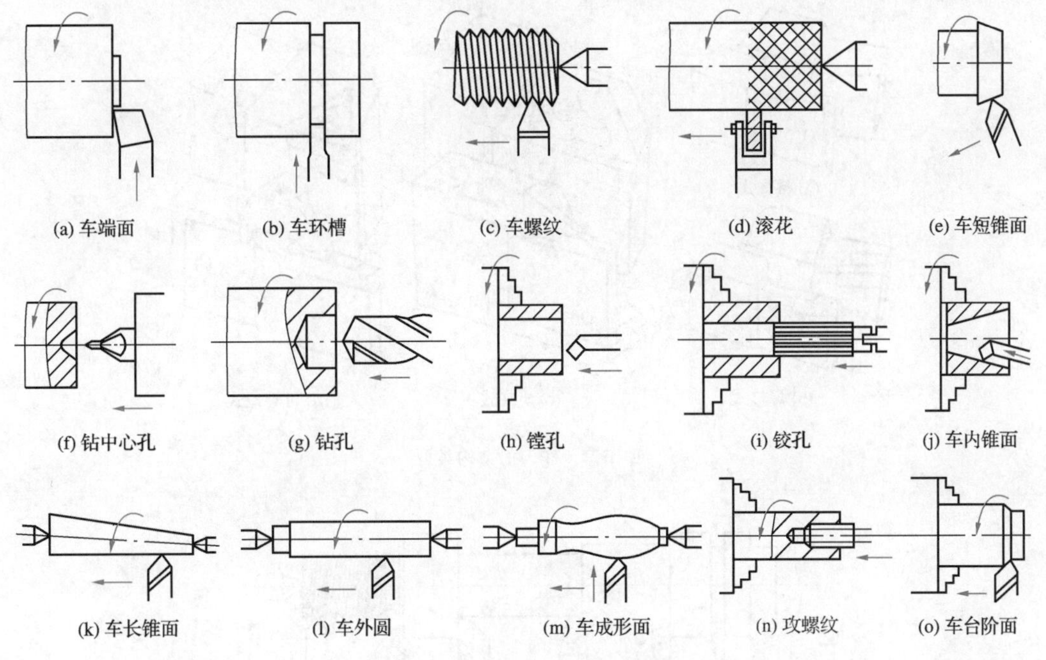

图 1-20　卧式车床所能加工的典型表面

(2)六角车床

由于该车床的回轮或转塔刀架能安装较多数量的刀具,并有轴向、径向定距切削装置,所以它适于加工较复杂的回转类零件,生产率明显高于普通车床,适用于较大批量加工较复杂的中小型零件。

(3)自动、半自动车床

这两类车床自动化程度高,生产率也高。但是由于在每种零件加工前需要设计、制造专用靠模、凸轮等自动控制元件,调整也较复杂费时,生产准备周期长,所以适用于大批大量生产。

(4)立式车床

该车床适于加工直径大而长度短的大型盘、套筒类零件,在重型机械制造部门应用较多。

(5)数控车床

该车床不仅具有加工过程自动化、效率高的特点,而且具有更换加工对象只需改变其控制程序即可的特点。因此,该车床与一般自动、半自动车床相比具有很大的灵活性和适应性。数控车床已得到了较广泛的应用;但由于该车床技术复杂、造价高,故仅适用于中小批加工形状较复杂的回转体类零件。

2. 车刀的类型及其应用

车刀的种类非常多,按其结构来分一般有高速钢整体式车刀、硬质合金焊接式车刀、硬质合金(陶瓷)机夹式车刀以及可转位式车刀四种,如图 1-21 所示;按其用途一般可分为外圆车刀、内孔车刀、端面车刀、切断车刀和成形车刀等。常用车刀及其用途如图 1-22 所示。

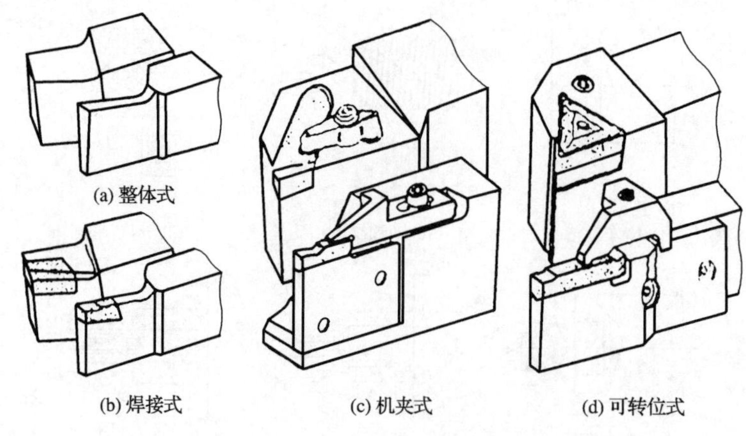

图 1-21 车刀的结构类型

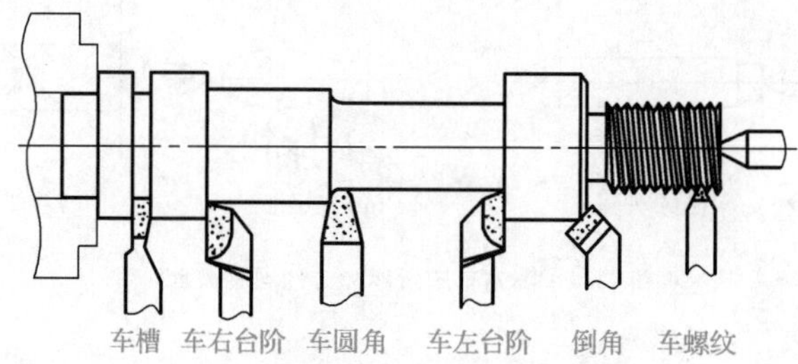

图 1-22 常用车刀及其用途

3. 工件在车床上的装夹和车床附件的应用

(1)三爪卡盘装夹

三爪卡盘又称为三爪自定心卡盘,如图 1-23 所示,是车床上最常用的夹具。所谓自定心,是指在平面螺纹驱动下,能保证三个卡爪同步径向移动,可自动定心且夹紧迅速,但定位精度不高(通常为 0.05～0.15 mm),夹紧力较小。适用于快速夹持截面为圆形、等边三角形、正六边形的轴类和中小型盘类工件。

三爪卡盘安装反爪

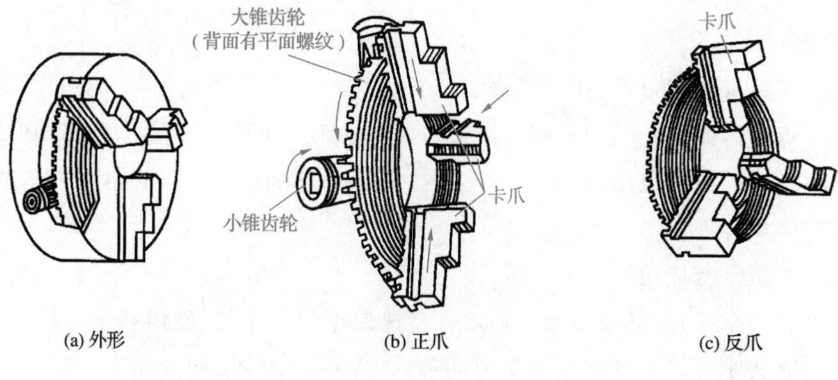

图 1-23 三爪卡盘

(2)四爪卡盘装夹

四爪卡盘的外形如图 1-24 所示。其每个卡爪都可单独移动,夹紧可靠。但由于工件不能自动定心,所以需要用划线盘、百分表等配合找正工件加工部位中心,操作费时,装夹效率低。该卡盘常用于装夹形状特殊的轴类和盘类中小型单件小批零件(图 1-25)。四爪卡盘的夹紧力比三爪卡盘大,也用于装夹较重的圆形截面工件。

四爪卡盘

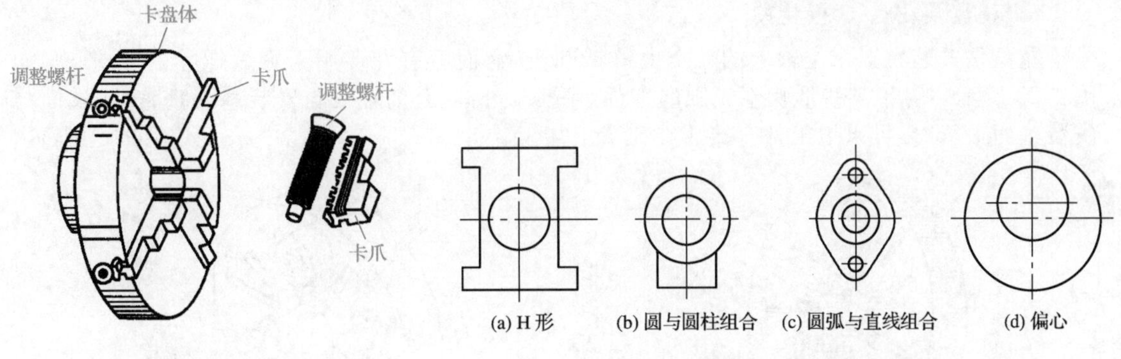

图 1-24　四爪卡盘

图 1-25　四爪卡盘装夹工件截面形状

(3)顶尖装夹

在车床上加工长度较长或工序较多的轴类工件时,往往要采用顶尖装夹。其有两种方式:一种是左端卡盘装夹,右端顶尖支承,传递转矩较大,用于外圆表面的粗车和半精车。另一种是两端都用顶尖支承(图 1-26),需用卡箍和拨盘来传递转矩,主要用于精车;其特点是用两顶尖支承加工出的各段外圆表面间有较高的同轴度。

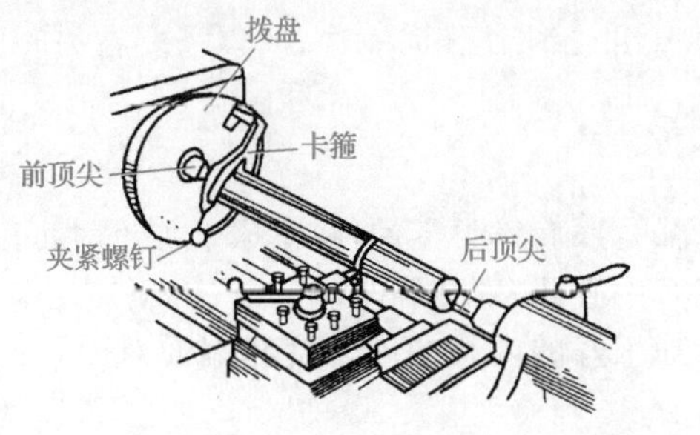

用两顶尖装夹工件

图 1-26　用两顶尖装夹工件

顶尖的结构形式有两种:一种是固定顶尖,另一种是回转顶尖,如图 1-27 所示。固定顶尖刚性好,定心精度高,但与工件安装中心孔之间存在滑动摩擦,因而发热量大,容易“烧坏”顶尖或工件中心孔,故只适用于磨床等加工精度高而相对速度较低的场合,此时工件中心孔内要添加润滑脂以减轻摩擦。回转顶尖在顶尖与套筒之间安装有滚动轴承,工件中心孔与顶尖之间无滑动摩擦,因此能够在很快的转速下正常工作;其缺点是存在装配误差,或者轴承磨损,加工精度降低。

顶尖头部都带有 60°尖端,与工件上的中心孔配合支承工件;其尾部带有莫氏锥柄,以便安装到车床主轴和尾座套筒的莫氏锥孔中。

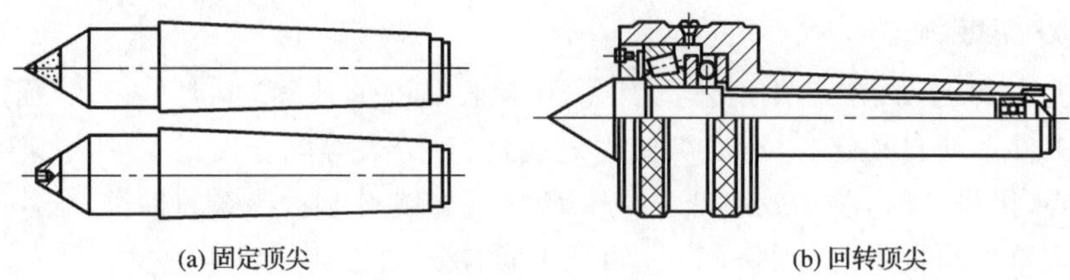
(a) 固定顶尖　(b) 回转顶尖

图 1-27　顶尖

(4)花盘及花盘-弯板装夹

花盘是安装在车床主轴上的一个大铸铁圆盘,盘面上有许多用于穿放螺栓的 T 形槽,如图 1-28 所示。对于某些形状不规则的零件,当要求外圆、孔的轴线与安装基面垂直,或端面与安装基面平行时,可以把工件直接压在花盘上加工。

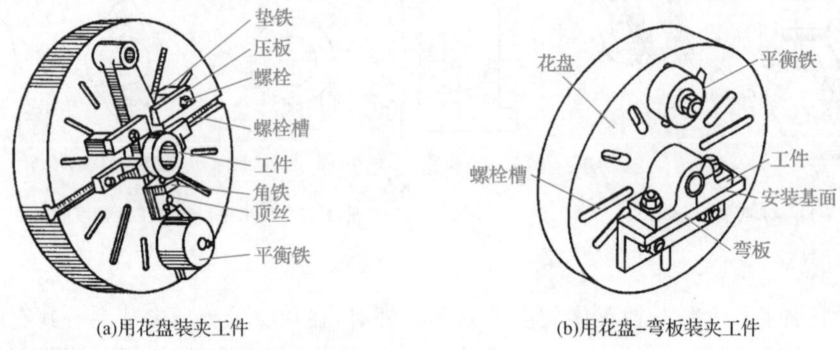

(a)用花盘装夹工件　(b)用花盘-弯板装夹工件

图 1-28　花盘及花盘-弯板装夹工件

而对于某些形状不规则的零件,当要求孔的轴线与安装面平行或端面与安装基面垂直时,可用花盘-弯板装夹工件。

用花盘或花盘-弯板装夹工件时,由于重心往往偏向一边,所以需要在另一边加平衡铁,以降低旋转时的振动。

(5)心轴装夹

某些形状较复杂或同轴度要求较高的盘、套筒类零件,在车床上加工时可以利用已经精加工过的内孔,采用心轴装夹。心轴上带有中心孔,安装到车床的前、后顶尖之间,与加工阶梯轴的外圆和端面一样,容易保证外圆与已加工好的内孔的同轴度和端面对内孔的垂直度。常用心轴的结构如图 1-29 所示。

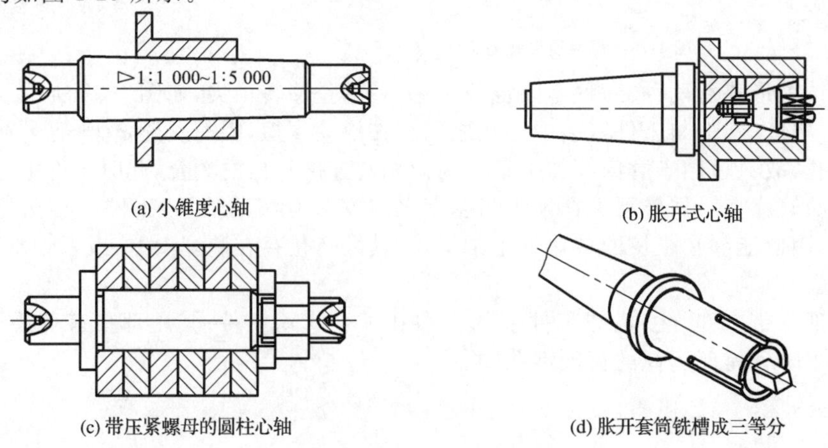

(a) 小锥度心轴　(b) 胀开式心轴

(c) 带压紧螺母的圆柱心轴　(d) 胀开套筒铣槽成三等分

图 1-29　常用心轴的结构

(6)中心架和跟刀架的应用

加工长径比大于20的细长轴时,为防止轴受切削力的作用而产生弯曲变形,往往需要使用中心架或跟刀架。

①中心架　用压板和螺栓固定在车床导轨上,调整三个可调支承爪使其与工件外圆接触,从而起到支承作用。其主要应用有两个方面,如图1-30所示。

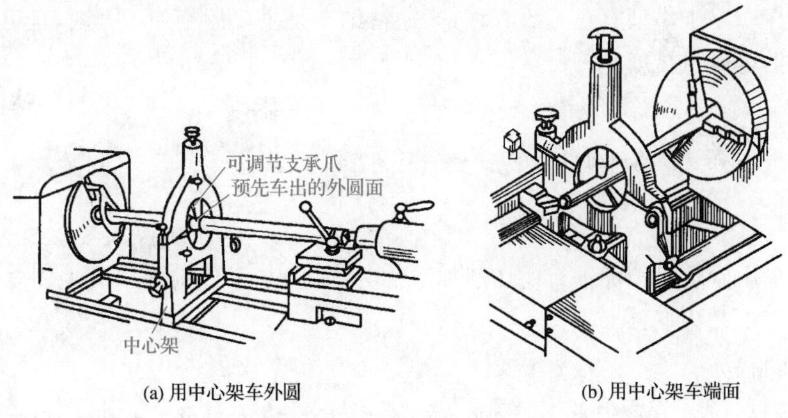

(a) 用中心架车外圆　　(b) 用中心架车端面

图1-30　中心架及其应用

②跟刀架　安装在刀架拖板上,并跟随刀架一起移动,它只有两个可调支承爪支承工件,主要用来防止切削时的背向力所引起的工件变形,如图1-31所示。跟刀架只能用于不带台阶的细长光轴的加工。

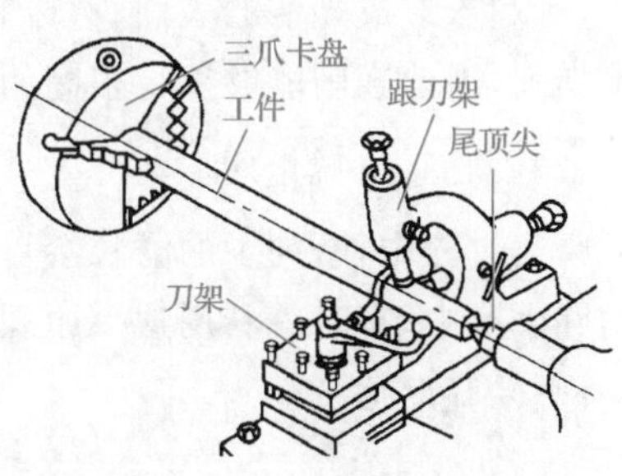

图1-31　跟刀架及其应用

4. 车削外圆表面的工艺应用

车削外圆表面的工艺范围很广,按其达到的精度和表面粗糙度不同,可分为粗车、半精车、精车和精细车四种。

(1)粗车

粗车的目的是尽快切除多余材料,使其接近工件的形状和尺寸。其特点是采用大背吃刀量、较大的进给量及中等或较低的切削速度以提高生产率。粗车后应留有半精车或精车的加工余量。粗车的尺寸精度可达IT12～IT11级,表面粗糙度为Ra 12.5 μm。对于要求不高的非功能性表面,粗车可作为最终加工;而对于要求高的加工表面,粗车则作为后续工序的预加工工序。

(2)半精车

半精车是在粗车的基础上进行的。其背吃刀量和进给量均较粗车时小,可进一步提高外圆表面的尺寸精度、形状和位置精度及表面质量。半精车可作为中等精度表面的终加工,也可作为高精度外圆表面磨削或精车前的预加工。半精车尺寸精度可达IT10～IT9级,表面粗糙度为Ra 6.3～3.2 μm。

(3)精车

精车一般作为较高精度外圆表面的终加工,其主要目的是达到零件表面的加工要求。为此,要求使用高精度车床,选择合理的车刀几何角度和切削用量。采用的背吃刀量和进给量比半精车还小,为避免产生积屑瘤,常采用高速精车或低速精车。精车后的尺寸精度可达IT8～IT7级,表面粗糙度一般为 Ra 1.6 μm。

(4)精细车

精细车的尺寸精度可达IT6～IT5级,表面粗糙度为 Ra 0.8 μm。一般作为高精度外圆表面的终加工工序。对于小型有色金属零件,高速精细车是主要的精加工方法,且可获得比加工黑色金属更低的表面粗糙度。

技能点二:磨削外圆

1. 概述

在磨床上采用砂轮对工件进行的切削加工称为磨削,是零件精加工的主要方法之一。磨削主要具有以下工艺特点:

(1)加工质量好

磨粒上锋利的切削刃能够切下一层很薄的金属,切削厚度可以小到数微米;残留面积的高度小,有利于形成光洁的表面;磨床有较高的精度和刚度,并有实现微量进给的机构,可以实现微量切削,因此磨削能够获得很高的加工精度和较小的表面粗糙度。

(2)砂轮有自锐作用

磨削过程中,磨钝了的磨粒会自动脱落而露出新鲜锐利的磨粒,被称为砂轮的自锐能力。在实际生产中,有时就利用这一原理进行强力磨削,以提高磨削加工的生产率。

(3)磨削区域温度高

磨削时的切削速度为一般切削加工的10～20倍,磨粒多为负前角切削,挤压和摩擦较严重,磨削时滑擦、刻划和切削三个阶段所消耗的能量绝大部分转化为热量。而砂轮本身的传热性很差,大量的磨削热在短时间内传散不出去,在磨削区形成瞬时高温,有时高达800～1 000 ℃;大部分磨削热将传入工件,降低零件的表面质量和使用寿命。

因此,在磨削过程中,需要向磨削区加注大量的切削液以起冷却、润滑作用,不仅可降低磨削温度,还可以冲掉细碎的切屑和碎裂及脱落的磨粒,避免堵塞砂轮空隙,提高砂轮的寿命。

(4)影响工件加工精度

磨削加工的背向力大,容易使工件产生水平方向的弯曲变形,直接影响工件的加工精度。例如纵磨细长轴的外圆时,会因工件的弯曲而产生腰鼓形变形。

2. 砂轮的工作特性与磨削过程

(1)砂轮的工作特性

砂轮的工作特性是指磨料、粒度、结合剂、硬度、组织、砂轮的形状和尺寸等。各种不同特性都有其不同的适用范围。

①磨料　可分为普通磨料(包括刚玉系和碳化物系两大类)和超硬磨料(包括人造金刚石、立方氮化硼等)。常见磨料的特点及应用范围见表1-13。

表 1-13　常见磨料的特点及应用范围

类别	磨料名称及代号	特　点	应用范围
氧化物系	棕刚玉 A	棕褐色，韧性好，硬度较高，价格低廉	适用于磨削非合金钢、合金钢、铸铁、硬青铜等，应用较广泛
	白刚玉 WA	白色，硬度比棕刚玉高，韧性较棕刚玉低。棱角锋利，自锐性好，磨削产生热量比棕刚玉低	适用于磨削淬火钢、高速钢、螺纹、齿轮及薄壁零件等
	单晶刚玉 SA	浅黄色或白色，硬度和韧性都比白刚玉高。颗粒呈球状，耐磨性好，切削能力较强	适用于磨削不锈钢和高钒高速钢等
	铬刚玉 PA	玫瑰红或粉红色，韧性比白刚玉高，硬度与白刚玉相近，磨削工件表面粗糙度较低	适用于淬火钢、合金钢刀具的刃磨及螺纹工件、量具和仪表零件的精密磨削
	微晶刚玉 MA	颜色与棕刚玉近似，磨粒由许多微小晶体组成，韧性好，强度高	适用于磨削不锈钢、非合金钢、轴承钢和特殊球墨铸铁材料，还可用于重负荷和精密磨削
碳化物系	黑碳化硅 C	黑色，有光泽，硬度比刚玉类高，韧性低，导热性好，自锐性好，棱角锋利	适用于磨削强度低的脆性材料，如铸铁、青铜、黄铜及玻璃、陶瓷、皮革、橡胶、塑料、宝石、玉器等材料的磨削、研磨和切割
	绿碳化硅 GC	绿色，硬度仅次于氮化硼和金刚石，韧性低，棱角锋利，自锐性好，价格较贵	除与黑碳化硅用途相同外，主要用于硬质合金刀具刃磨、螺纹磨削，还适用于加工宝石、玉石及贵重金属、半导体的切割、研磨等
超硬磨料	立方氮化硼 CBN	棕黑色，立方晶系结构的氮化硼，用人工方法制成，其硬度略低于金刚石	可磨削高性能高速钢、不锈钢、耐热钢等难加工材料
	人造金刚石 MBD	白色、黑色，硬度最高，但耐热性较差	磨削硬质合金、陶瓷、光学玻璃、半导体材料等；一般不宜磨削钢铁材料

从表 1-13 可以看出，磨削抗拉强度较高的材料，宜选用韧性较大的刚玉类磨料；磨削抗拉强度较低的材料时，宜选用脆性较大而硬度较高的碳化物系磨料。

②粒度　表示磨粒颗粒的大小。粒度有两种表示方法：筛分法、光电沉降仪法或沉降管粒度仪法。筛分法是以网筛孔尺寸来表示的。微粉是以沉降时间来测定的。粗磨粒按 GB/T 2481.1—1998 规定分为 F4～F220 共 26 个号，粒度号越小，磨粒越粗，见表 1-14。微粉规定分为 F230～F1200 共 11 个号，粒度号越大，磨粒相应也越细，见表 1-15。

表 1-14　磨料粒度号

粒度号	筛孔尺寸		粒度号	筛孔尺寸		粒度号	筛孔尺寸	
	mm	μm		mm	μm		mm	μm
F4	4.75	—	F20	1.00	—	F70	—	212
F5	4.00	—	F22	—	850	F80	—	180
F6	3.35	—	F24	—	710	F90	—	150
F7	2.80	—	F30	—	600	F100	—	125
F8	2.36	—	F36	—	500	F120	—	106
F10	2.00	—	F40	—	425	F150	—	75
F12	1.70	—	F46	—	355	F180	—	75.63
F14	1.40	—	F54	—	300	F220	—	63.53
F16	1.18	—	F60	—	250			

表 1-15 微粉粒度号

粒度号	粒度中值/μm	粒度号	粒度中值/μm	粒度号	粒度中值/μm
F230	53.0±3.0	F360	22.8±1.5	F800	6.5±1.0
F240	44.5±2.0	F400	17.3±1.0	F1000	4.5±0.8
F280	36.5±1.5	F500	12.8±1.0	F1200	3.0±0.5
F320	29.2±1.5	F600	9.30±1.0		

注:用光电沉降仪检测。

粒度的选择原则包括:

● 加工精度要求高时,选用较细粒度。因为粒度细,同时参加切削的磨粒数多,工件表面上残留的切痕较小,所以表面质量高。

● 当磨具和工件接触面积较大或磨削深度较大时,应选用粗粒度磨具。因为粒度粗的磨具和工件间的摩擦小,发热也较小。例如磨平面时,用砂轮端面磨削比用圆周面磨削的磨具粒度要粗些。

● 粗磨时粒度应比精磨时粗,以提高生产率。

● 切断和磨沟工序应选用粗粒度、组织疏松、硬度较高的砂轮。

● 磨削软金属或韧性金属时,砂轮表面易被切屑堵塞,所以应选用粒度粗的砂轮。磨削硬度高的材料,应选较粗粒度。

● 成形磨削时,为了较好地保持砂轮形状,宜选用较细粒度。

● 高速磨削时,为了提高磨削效率,粒度要比普通磨削时细 1~2 个粒度号,因粒度细,故单位工作面积上的磨粒增多,每颗磨粒受力相应减小,不易钝化。

不同粒度磨具的应用范围见表 1-16。

表 1-16 不同粒度磨具的应用范围

粒　度	应用范围
F14 以粗	用于荒磨或重负荷磨削、磨皮革、磨地板、喷砂、打锈等
F14~F30	用于磨钢锭、铸铁打毛刺、切断钢坯及钢管、粗磨平面、磨大理石及耐火材料
F30~F46	用于一般平面磨、外圆磨、无心磨、工具磨等磨床上粗磨淬火钢件、黄铜及硬质合金等
F60~F100	用于精磨,各种刀具的刃磨、螺纹磨、粗研磨、珩磨等
F100~F220	用于刀具的刃磨、螺纹磨、精磨、粗研磨、珩磨等
F150~F1000	用于精磨、螺纹磨、齿轮精磨、仪器仪表零件精磨、精研磨及珩磨等
F1000 以细	用于超精磨、镜面磨、精研磨与抛光等

③结合剂　主要作用是将磨粒黏结在一起,使其成为具有一定形状和强度的磨具。目前普通砂轮常用结合剂见表 1-17。

表 1-17　　普通砂轮常用结合剂的名称、代号、性能及应用范围

名称及代号	性　能	应用范围
陶瓷结合剂 V	化学性能稳定，耐热，抗酸碱，气孔率大，磨耗小，强度高，能较好地保持外形，应用广泛。含硼的陶瓷结合剂的强度高，结合剂的用量少，可相应增大磨具的气孔率	适用于内圆，外圆，无心，平面，成形及螺纹磨削，刃磨，珩磨及超精磨等。适于加工各种钢材、铸铁、有色金属及玻璃、陶瓷等磨削。适于大气孔率砂轮
树脂结合剂 B	结合强度高，具有一定弹性，高温下容易烧毁，自锐性好、抛光性较好、不耐酸碱。可加入石墨或铜粉制成导电砂轮	适于荒磨、切割和自由磨削，如薄片砂轮、高速、重负荷、低表面粗糙度磨削，打磨铸、锻件毛刺等砂轮及导电砂轮
橡胶结合剂 R	强度高，比树脂结合剂更富弹性，气孔率较小，磨粒钝化后易脱落。缺点是耐热性差（150 ℃），不耐酸碱，磨时有臭味	适于精磨、镜面磨削砂轮与超薄型片状砂轮，轴承、叶片、钻头沟槽等用抛光砂轮及无心磨导轮等

④硬度　磨具的硬度是指磨具表面上的磨粒在切削力的作用下，从结合剂中脱落的难易程度。磨粒易脱落的，磨具的硬度低；反之，则硬度高。应注意不要把磨具的硬度与磨粒自身的硬度混同起来。影响磨具硬度的主要因素是结合剂的多少；结合剂数量多，磨具的硬度就高。此外，在磨具制造过程中，成形密度、烧成温度和时间都会影响磨具硬度。磨具硬度等级见表 1-18。

表 1-18　　磨具硬度等级（GB/T 2484—2018）

磨具硬度	硬度由软到硬																		
硬度代号	A	B	C	D	E	F	G	H	J	K	L	M	N	P	Q	R	S	T	Y
硬度等级	超软				很软			软			中			硬				很硬	超硬

磨具硬度选择的最基本原则是：保证磨具在磨削过程中有适当的自锐性，避免磨具过大的磨损，保证磨削时不产生过高的磨削温度。

- 工件硬度较高时，磨具的硬度应较低；反之，应选较硬的磨具。因工件硬度高时，磨削时磨粒承受压力大而易变钝，故选较软砂轮可及时产生自锐，保持砂轮的磨削性能。工件硬度较低时，磨粒钝化慢，为使磨粒不致在变钝前就脱落，应选较硬砂轮。但当工件硬度较低而韧性又大时，由于切屑容易堵塞砂轮，所以应选粒度较粗而硬度较低的砂轮。
- 一般粗磨比精磨时选较硬砂轮；内圆磨时，砂轮与工件接触面积比外圆磨时大，易使工件发热，砂轮应选软一些，但当内孔直径小时砂轮速度较低，砂轮自锐性好，可选稍硬砂轮；高速磨时，砂轮自锐性差，故砂轮硬度应低 1～2 级。
- 成形磨时，为保持砂轮形状，应选较硬砂轮；磨不连续表面，因受冲击作用，故磨粒易脱落，可选较硬砂轮。
- 导热性差，工件易烧伤时（如高速钢刀具、轴承、薄壁零件等），应选较软砂轮。
- 砂轮与工件接触面积大时，应选软一些的砂轮，例如用砂轮端面磨平面应比外圆磨砂轮软些。
- 精磨时，表面质量要求高，应选较软砂轮；低表面粗糙度磨削往往选用超软砂轮。

⑤组织　磨具的组织是指磨具中磨粒、结合剂和气孔三者之间的体积比例关系。磨粒所占体积百分比越大，气孔越小，则磨具的组织越紧密；反之，气孔越大，组织越疏松。

磨具组织表示方法有两种：一是在磨具体积中磨粒所占体积的百分比，也就是用通常所说的磨粒率来表示；一是用磨具中气孔的数量和大小，也就是用气孔率来表示。通常以磨粒率表示磨具的组织号，见表 1-19。

表 1-19 磨具的组织号(以磨粒率表示)(JB/T 8339—2012)

组织号	0	1	2	3	4	5	6	7	8	9	10	11	12	13	14
磨粒率/%	62	60	58	56	54	52	50	48	46	44	42	40	38	36	34
适用范围	重负荷磨削,成形、精密磨削,间断磨削及自由磨削,加工硬脆材料等				无心磨、内圆磨、外圆磨和工具磨,淬火钢工件磨削及刀具刃磨等				粗磨和磨削韧性大、硬度不高的工件,机床导轨和硬质合金刀具磨削,适于磨削薄壁、细长工件或砂轮与工件接触面大以及平面磨削等					磨削热敏性较大的钨-银合金、磁钢、有色金属以及塑料、橡胶等非金属材料	

组织号大,即磨粒率小,组织疏松,砂轮不易被堵塞,切削液和空气能带入磨削区以降低磨削温度。但组织号大,砂轮磨耗快,寿命短,砂轮不易保持形状,降低磨削精度。组织号小,组织紧密,容纳切屑困难,容易烧伤工件。

- 磨硬度低而韧性大的材料时,磨具易被磨屑堵塞,必须选用组织疏松些的磨具。
- 成形磨削和精密磨削时,应选紧密些的组织,以保证砂轮型面的成形性和获得较高的精度。
- 在高速重负荷磨钢坯时,为了保证磨具有足够的强度和较长的寿命,一般采用最紧密的组织。
- 磨钢球时,为保证钢球的几何形状,宜选用组织紧密的砂轮。

⑥砂轮的形状和尺寸　为了适应不同的加工要求,砂轮可制成不同的形状。同样形状的砂轮还可制成多种不同的尺寸。常用砂轮的名称、代号、断面形状和用途见表 1-20。

表 1-20 常用砂轮的名称、代号、断面形状和用途

名　称	代号	断面形状	用　途
平形砂轮	1		外圆磨、内圆磨、平面磨、无心磨、工具磨
薄片砂轮	41		切断、切槽
筒形砂轮	2		端磨平面
碗形砂轮	11		刃磨刀具、磨导轨
碟形 1 号砂轮	12a		磨齿轮、磨铣刀、磨铰刀、磨拉刀
双斜边砂轮	4		磨齿轮、磨螺纹
杯形砂轮	6		磨平面、磨内圆、刃磨刀具

(2)磨削过程

砂轮工作表面的磨粒数很多,相当于一把密齿刀具。根据统计规律,不同粒度和硬度的砂轮,每平方厘米的磨粒数为 60～1 400 颗。但是,在磨削过程中,仅有一部分磨粒起切削作用,另一部分磨粒只在工作表面刻划出沟痕,还有一部分磨粒仅与工件表面滑擦。根据砂轮的特性及工作条件不同,有效磨粒占砂轮表面总磨粒数的 10%～50%。磨削过程大致分为三个阶段,如图 1-32 所示。

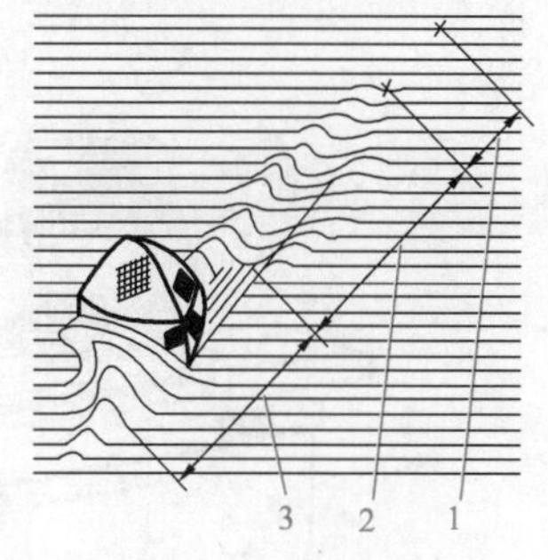

图 1-32　磨削过程

1—滑擦阶段;2—刻划阶段;3—切削阶段

①滑擦阶段　磨粒与工件开始接触,此时法向切削力很小,由于磨削系统的弹性变形,所以磨粒未能进入工件而仅在工件表面产生摩擦,工件表层产生热应力。此阶段又称为弹性变形阶段。

②刻划阶段　随着磨粒切入量增大,法向磨削力增大,磨粒已逐渐刻划进入工件,使该部分材料向两旁隆起,工件表面形成刻痕,但磨削前刀面上未有切屑流出。此时,工件表面不仅有热应力,而且有由于弹、塑性变形所产生的应力。除磨粒与工件之间摩擦外,更主要的是材料内部发生摩擦、弹性变形所产生的应力。此阶段影响工件表面粗糙度,可能产生表面烧伤、裂纹等缺陷。

③切削阶段　当磨粒切削已达到一定深度、法向磨削力增至一定程度后,被切材料处也已达一定温度,此部分材料沿剪切面滑移而形成切屑,并沿磨粒前刀面流出,在工件表层也产生热应力和变形应力。

在磨削过程中,一些在表面上凸出且锋利的磨粒,在挤压摩擦作用下,切下一定厚度的金属;而较钝的磨粒仅起表面刻划作用;凸出低且钝化的磨粒,或两相邻磨粒中靠后的磨粒只产生摩擦作用。磨粒切下的切屑非常细小(重负荷磨削除外),一般分为带状切屑、碎片状切屑和熔融的球状切屑。

3. 外圆磨床及其应用

常用外圆磨床包括普通外圆磨床、万能外圆磨床和无心外圆磨床等。万能外圆磨床增设了内圆磨头,且砂轮架和工件头架的下面均装有转盘,能围绕自身的铅垂轴线旋转一定角度。因此,万能外圆磨床除了可磨削外圆和锥度较小的外锥面外,还可磨削内圆和任意角度的内、外锥面,也能磨阶梯轴的轴肩和端面,可获得 IT7～IT6 级精度、表面粗糙度为 *Ra* 1.25～0.08 μm。M1432A 万能外圆磨床的外形如图 1-33 所示。

4. 工件的装夹方式

(1)用两顶尖装夹工件

用两顶尖装夹工件是一种常用的装夹方法(图 1-34),工件两端中心孔的锥面分别支承在两顶尖(5 和 8)的锥面上,形成工件外圆的轴线定位,夹紧来自尾座顶尖的顶紧力,头架上的拨盘和拨杆带动夹头和工件旋转。磨床采用的顶尖都是固定在头架和尾座的锥孔内的,是不旋转的。因此只要工件中心孔和顶尖的形状和位置正确,装夹合理,就可以使工件的旋转轴线始终固定不变,从而获得很高的圆度和同轴度。

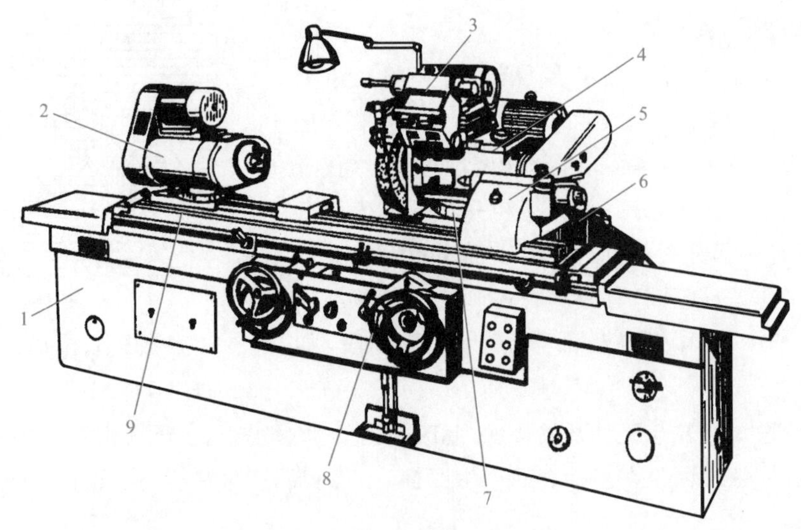

图 1-33 M1432A 万能外圆磨床的外形

1—床身；2—头架；3—内圆磨头；4—砂轮架；5—尾座；6—工作台偏转刻度尺；7—转台；8—横向进给手轮；9—工作台

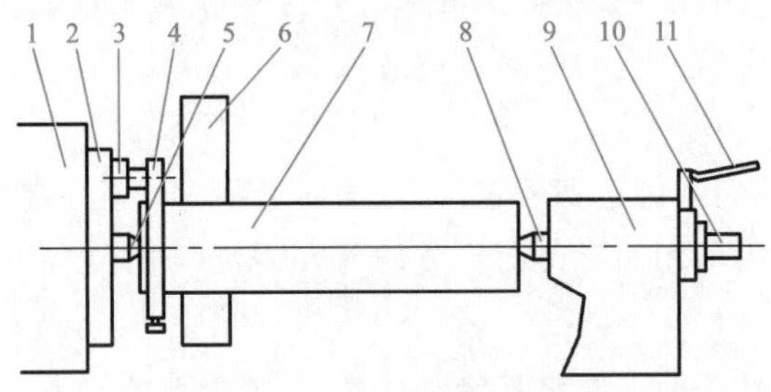

图 1-34 用两顶尖装夹工件

1—头架；2—拨盘；3—拨杆；4—夹头；5—头架顶尖；6—砂轮；7—工件；8—尾座顶尖；9—尾座；10—工件顶紧压力调节把手；11—扳动手柄

两顶尖装夹工件的特点是：定位精度高，装卸工件方便、迅速。

(2)用卡盘或心轴装夹工件

如一些零件端面不能留中心孔，则可以用三爪卡盘来装夹圆柱工件，如图 1-35(a)所示；用四爪卡盘来装夹及找正外形不规则的工件，如图 1-35(b)所示；对以内孔定位来磨削外圆的盘、套筒类零件常采用心轴装夹，如图 1-35(c)所示。

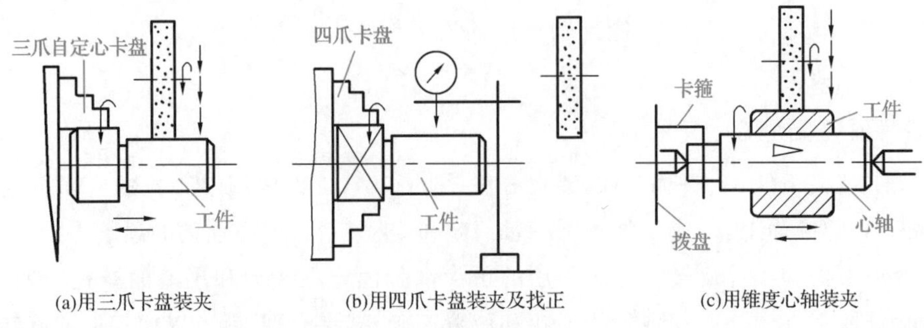

(a)用三爪卡盘装夹 (b)用四爪卡盘装夹及找正 (c)用锥度心轴装夹

图 1-35 用卡盘或心轴装夹工件

用四爪卡盘装夹工件时应注意：

①检查卡盘与头架主轴的同轴度，有误差必须找正。

②找正时，装夹力适当小些，目测工件摆动情况，用铜棒轻敲工件到大致符合要求，再用百分表准确找正，将跳动量控制在 0.05 mm 左右。

5. 外圆磨削的基本方法

(1)纵磨法

磨削时，工件做低速转动(圆周进给)并和工作台一起做直线往复运动(轴向进给)，每一轴向行程或往复行程终了时，砂轮按要求的磨削深度做一次径向进给 f_r(图 1-36)，每次的 f_r 很小，磨削余量要在多次往复行程中磨去。这种轴向往复的磨削方法称为纵磨法。

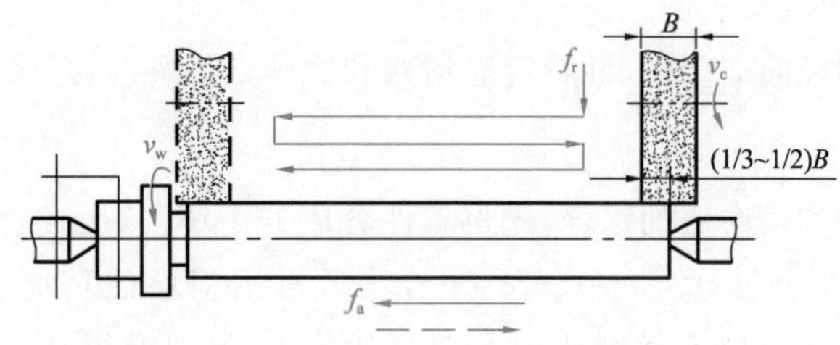

图 1-36　纵磨法

砂轮在工件做往复运动时，超越工件两端的长度一般取(1/3～1/2)B(B 为砂轮的宽度)。

纵磨法具有以下特点：

①运动　磨削时砂轮做旋转运动和径向进给运动；工件做旋转运动和轴向往复运动。

②工作表面　在砂轮整个宽度上，磨粒的工作情况不同。砂轮的端面边角(轴向进给方向前面部分)起主要切削作用，负责切除工件的大部分余量，而砂轮宽度上大部分磨粒与已磨削表面接触，切削工作大大减轻，主要起减小工件表面粗糙度的作用。

③磨削质量　由于砂轮的大部分磨粒担负磨光作用，且背吃刀量小，切削力小，磨削温度低，故工件尺寸精度高，表面粗糙度低。如适当延长"光磨"时间，则可进一步提高加工质量。

④磨削效率　由于磨削深度小，需多次走刀才能磨去工件余量，机动时间长，所以其生产率比较低。

⑤适用范围　在日常生产中，轴向磨削法具有很大的通用性，可以用同一个砂轮加工长度不同的各种工件，而且磨削质量好，所以应用广泛。由于切削力小，所以适于加工细长工件；由于效率低，所以在单件小批生产或精磨时采用这种加工方法。

(2)横磨法

磨削时，砂轮以极低的速度连续或断续向工件做径向进给运动，工作台无轴向往复运动，如图 1-37 所示。当砂轮的宽度 B 大于工件磨削长度时，砂轮可径向切入磨削，磨去全部加工余量。

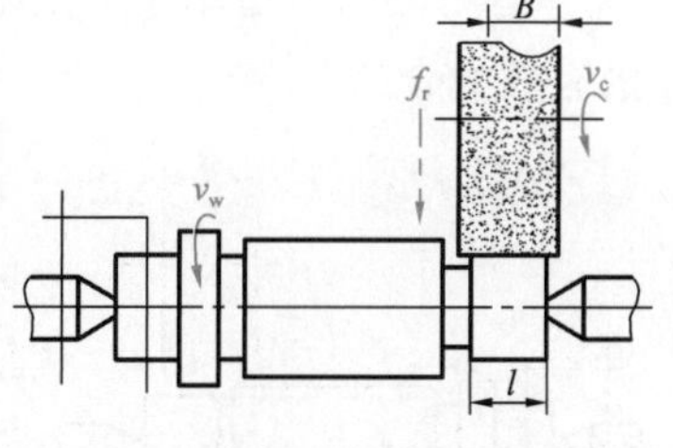

图 1-37　横磨法

与纵磨法相比，横磨法具有以下特点：

①运动　磨削时砂轮做旋转运动和径向进给运动；工件做旋转运动。

②工作表面　在砂轮整个宽度上，磨粒的工作情况基本相同，磨粒负荷基本一致。

③磨削质量　由于无轴向进给，所以磨粒在工件表面留下重复磨痕，砂轮表面的形态（修整痕迹）会“复制”到工件表面上，降低工件的表面粗糙度和形状精度，一般为 Ra 0.32～0.16 μm。另一方面，砂轮整个表面连续做径向切入，排屑困难，砂轮易堵塞和磨钝；同时，磨削热大，散热差，工件易烧伤和发热变形，这也降低了磨削质量。

④磨削效率　砂轮整个宽度上的磨粒都起切削作用，能连续地做径向进给，在一次磨削循环中，可分为粗、精、光磨，因此生产率比较高。

⑤适用范围　由于生产率高，所以适于成批生产。横磨法受到砂轮宽度的限制，适用于磨削长度较短的外圆表面、两边有台阶的轴颈。此外，可根据成形工件的几何形状将砂轮外圆修整成成形表面，直接磨出成形表面。

⑥修整砂轮　采用径向磨削法，砂轮容易堵塞和磨钝，因此应经常修整砂轮。

(3)混合磨法

混合磨法是纵磨法和横磨法的综合，先将工件分成若干小段，用径磨法逐段进行粗磨，如图 1-38(a)所示，留精磨余量 0.03～0.04 mm，然后再用横磨法精磨工件至要求尺寸，如图 1-38(b) 所示。这种方法既有横磨法生产率高的优点，又兼有纵磨法加工精度高的优点。采用混合磨法磨削时，相邻两段间应有 5～15 mm 的重叠，以保证各段外圆能够衔接好。

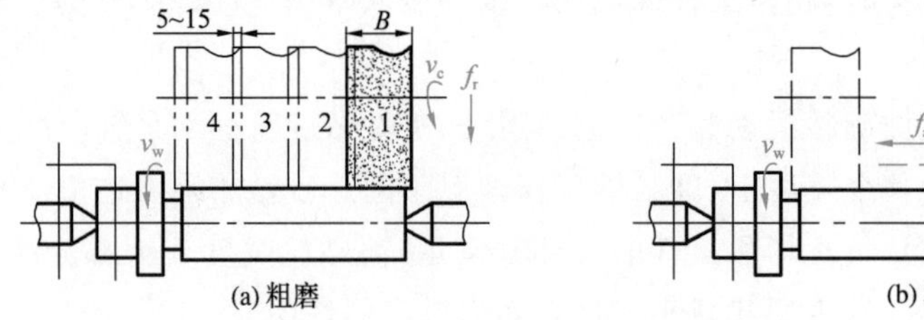

图 1-38　混合磨法

混合磨法具有以下特点：

①运动　径磨时砂轮做旋转运动、径向进给运动，工件做轴向分段进给运动；横磨时，砂轮做旋转运动、径向进给运动，工件做旋转运动、轴向往复运动。

②工作表面　砂轮的整个宽度以及砂轮的端面边角。

③磨削质量　轴向精磨后尺寸精度高，表面粗糙度低。

④磨削效率　效率较高。

⑤适用范围　适用于磨削余量大且刚度较好的工件，当加工表面长度是砂轮宽度的 2～3 倍时较为合适。

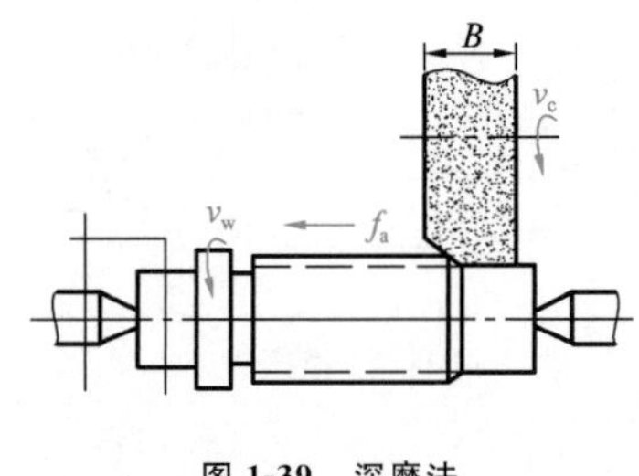

图 1-39　深磨法

(4)深磨法

深磨法是一种高效率的磨削方法，将砂轮磨成阶梯状，采用较大的磨削深度，较小的轴向进给量，在一次轴向进给中将工件的全部磨削余量切除，如图 1-39 所示。

深度磨削法具有以下特点：

①运动　砂轮做旋转运动、径向进给运动，工件做旋转运

动、轴向进给一次。

②工作表面　砂轮的整个宽度以及砂轮的端面边角。

③磨削质量　阶梯砂轮改善了砂轮的受力状态,可使表面磨削精度稳定地达到 IT7 级,表面粗糙度为 Ra 0.8 μm 左右。

④磨削效率　效率高,是高效磨削方法。

⑤适用范围　适用于大批大量生产。

深度磨削时应注意:机床应具有良好的刚度,较大的功率;选用较小的轴向进给量;磨削时要锁紧尾座,防止工件脱落;磨削时要注意充分冷却。

6. 无心磨削

无心磨削主要有无心外圆磨削和无心内圆磨削。无心磨削可以对工件的内、外圆柱面及内、外圆锥面等进行磨削,还能磨削螺纹及其他形面,是一种能适应大批大量生产的高效磨削方法。无心外圆磨削的加工精度可达 IT7～IT6 级;圆度可达 0.000 5～0.001 mm,表面粗糙度可达 Ra 0.2～0.08 μm。

(1)无心磨削的原理

无心磨削就是将工件不定中心自由地置于磨削轮与导轮之间,并以托板支承所进行的磨削。无心外圆磨削如图 1-40 所示。磨削时工件放在两个砂轮之间,下方用托板托住,不用顶尖支承,因此称为无心磨削。

两个砂轮中,较小的一个是用橡胶结合剂做的,磨粒较粗,以 0.16～0.5 m/s 的速度回转,称为导轮;另一个是用来磨削工件的砂轮,以 30～40 m/s 的速度回转,称为磨削轮。导轮轴线相对于工件轴线倾斜一个角度 α,以使导轮与工件接触点的线速度 $v_{导}$ 分解为两个速度,一个是沿工件圆周切线方向的 $v_{工}$,另一个是沿工件轴线方向的 $v_{通}$,因此,工件一方面做旋转圆周进给运动,另一方面做轴向进给运动。工件从两个砂轮间通过后,即完成外圆磨削。导轮倾角增大时,工件纵向进给速度增大,生产率提高,但工件表面粗糙度值增大。通常精磨时取 $\alpha=1°30'\sim2°30'$;粗磨时取 $\alpha=2°30'\sim4°$。

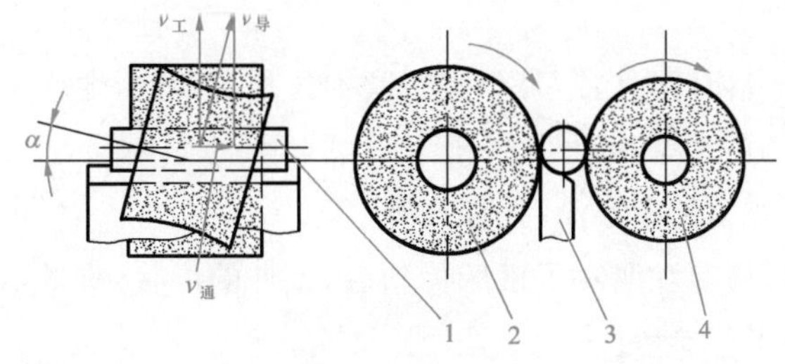

无心外圆磨削

图 1-40　无心外圆磨削

1—工件;2—磨削轮;3—托板;4—导轮

为了使工件与导轮保持线接触,应将导轮母线修整成双曲线形。

(2)无心磨削的方法

常用无心磨削的方法有贯穿磨削法和切入磨削法,见表 1-21。

表 1-21 常用无心磨削的方法

磨削方法	磨削表面特性	简　图	说　明
贯穿磨削法	细长轴	前导板 磨削轮 后导板 工件 导轮 托架	导轮倾角为 1°30′～2°30′，当工件弯曲度大需多次磨削时为 3°～4°，工件中心应低于砂轮中心，工件直线通过。注意正确调整导板、托架
	同轴同径不连续外圆面	磨削轮 工件 导轮	工件较短，磨削重心在磨削轴颈外，工件要靠在一起，形成一个整体，贯穿磨削
切入磨削法	台阶轴外圆	工件 磨削轮 挡销 导轮	导轮倾角为 15′～30′，工件在很小的轴向力作用下贴靠挡销，修整导轮及磨削轮，使其形状和尺寸与工件相对应。导轮进给或导轮与磨削轮同时进给

(3)无心磨削的特点

①外圆磨削工件两端不打中心孔，不用顶尖支承工件。由于工件不定中心，所以磨削余量相对减小。

②外圆磨削不能磨轴向带槽沟的工件，磨削带孔的工件时，不能纠正孔的轴线位置，工件的同轴度较低。

③内圆磨削一般情况下只能加工可放于滚柱上滚动的工件，特别适于磨削套圈等薄壁工件。磨套筒类零件由于零件自身外圆为定位基准，因此不能修正内、外圆间的原有同轴度误差。

④无心磨削的机动时间与上、下料时间重合，易于实现磨削过程自动化，生产率高。

⑤在无心磨削过程中，工件中心的位置变化取决于工件磨削前的原始误差、工艺系统刚性、磨削用量及其他磨削工艺参数(如工件中心高、托板高等)。

⑥无心磨削工件运动的稳定性、均匀性取决于机床传动链，工件的形状、质量，导轮及支承的材料、表面形态，磨削用量及其他工艺参数。

⑦无心磨削机床的调整时间较长，对调整机床的技术要求也较高，不适用于单件小批生产。

技能点三:外圆表面的光整加工

光整加工是指研磨、超精加工、抛光等加工方法，是在工件表面已精加工的基础上的继续加工，其目的是达到更高的加工精度(IT6 级以上)和更好的表面质量。

1. 研磨

一般小批的外圆研磨是在车床上用研具加研磨剂手工进行的，如图 1-41 所示。研具工作面形状与工件加工面形状对应，研具材料要比工件软些，以便在压力作用下，使部分磨粒嵌入研具工作面表层，产生对工件加工面的切削作用。常用研具材料有铸铁、青铜等。研磨剂由极细的磨料和研磨液组成。研磨液用煤油加机油或植物油，再加入适量化学活性较强的油酸、脂肪酸等配制而成。

研磨机理为微量切削加化学氧化等综合作用，其工艺特点如下：

(1)研磨与其他光整加工方法相比，除磨粒的微量切削作用外，还有油酸或脂肪酸的化学氧化作用，产生的切削力更小，切削热更少，研磨过程中工件中几乎不受切削力和切削热的不利影响，因此能达到很高的尺寸精度(IT5 级以上)、很小的表面粗糙度(Ra 0.01～0.16 μm)，此外，研磨还可以提高加工表面的形状精度。

(2)由于研磨过程中工件与研具间位置不是固定的，而是随机的，所以研磨不能提高加工表面的相互位置精度。

(3)研磨与高质量磨削相比生产率低，但不需要精密、复杂、昂贵的设备，且方法简单，容易保证加工质量。

为了提高研磨效率，较大批量零件的研磨可在半自动研磨机上进行。

2. 超精加工

超精加工是指在超精机上用磨头进行的加工方法，如图 1-42 所示。

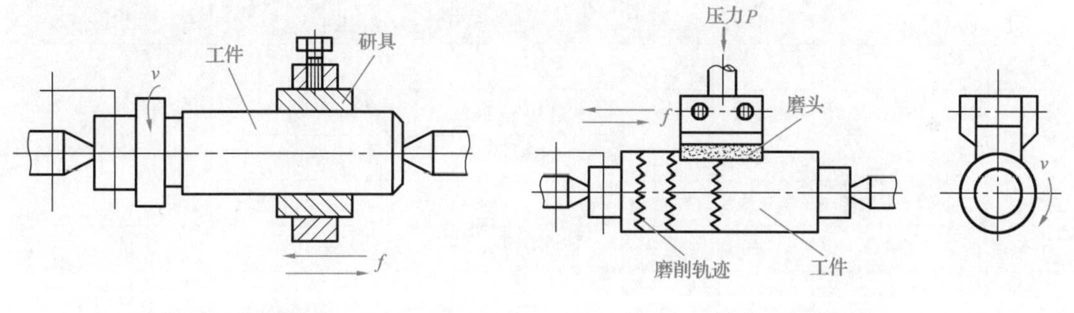

图 1-41　外圆研磨　　图 1-42　超精加工

加工时工件做低速转动(v=0.2 m/s 左右)，磨头在沿工件轴向做较低频率(6～25 Hz)和较小幅度(3～6 mm)往复运动的同时，还沿着工件轴向做缓慢(0.1～0.15 mm/r)的进给运动。这三种运动的复合再加上组成磨头的磨条磨料极细，对工件表面压力很小，且能做到充分冷却润滑，所以不仅切削余量极小，切削力极小，切削温度不高，且在工件表面产生的切削痕迹是很细密复杂的交叉网纹，故超精加工能获得很小的表面粗糙度，但不能提高形状精度和位置精度。与研磨相比，超精加工工艺特点如下：

(1)超精机床为半自动加工机床，不仅工人劳动强度比手工研磨低，且一人可兼管几台机床，生产率也较高。

(2)基于超级光磨磨头的结构特点，与研磨相比，它更适于直径和长度尺寸较大的外圆表面的超精加工。

3. 抛光

抛光是指用涂有抛光膏的高速旋转的弹性抛光轮对工件表面进行光整加工的方法。抛光膏由磨粒和油脂混合而成，其作用与研磨剂相同。弹性抛光轮可分别用毛毡、皮革、帆布、绸布等叠加而成。抛光的机理包括附着在抛光轮表面的磨粒对工件表面的微量切削作用，抛光轮表面纤维在离心力作用下对工件表面的甩打、滚压和强烈摩擦作用(抛光轮速度可达 30～40 m/s)，使工件表层金属出现极薄的塑流层，对不平处起到填平作用，从而获得高质量的加工表面，表面粗糙度可达 *Ra* 0.08～1.25 μm。由于抛光一般为手工操作，工件与抛光轮的位置是随机的，故去除余量不甚均匀，加工精度不高。主要用于加工精度要求不高而表面要求光洁的工件，提高零件的疲劳强度、耐蚀性或进行表面装饰等。也常用于形状复杂且不宜采用其他方法加工的立体成形面的光整加工，如飞机叶片叶身的最后加工等。

为了解决手工抛光生产率低、工人劳动强度大等问题，近年来出现的液体抛光、电解抛光等新工艺得到越来越多的应用。

技能点四：外圆表面加工方法的选择

外圆表面的精度、表面粗糙度等技术要求和材料硬度、生产类型等条件不同，所采用的加工方案也不同，外圆表面的加工方案见表 1-22。

表 1-22　　外圆表面的加工方案

序号	加工方案	经济尺寸公差等级/级	加工表面粗糙度 *Ra*/μm	适用范围
1	粗车	IT12～IT11	50～12.5	适用于淬火钢以外的各种常用金属、塑料件
2	粗车→半精车	IT10～IT8	6.3～3.2	
3	粗车→半精车→精车	IT8～IT7	1.6～0.8	
4	粗车→半精车→精车→滚压或抛光	IT7～IT6	0.2～0.025	
5	粗车→半精车→磨削	IT7～IT6	0.8～0.4	主要用于淬火钢，也可用于未淬火钢，但不宜加工有色金属
6	粗车→半精车→粗磨→精磨	IT6～IT5	0.4～0.1	
7	粗车→半精车→粗磨→精磨→超精加工	IT6～IT5	0.1～0.012	
8	粗车→半精车→精车→精细车	IT6～IT5	0.4～0.025	主要用于要求较高的有色金属的加工
9	粗车→半精车→精车→精磨→超精磨	IT5 以上	<0.025	极高精度的钢或铸铁的外圆面的加工
10	粗车→半精车→精车→精磨→研磨	IT5 以上	<0.1	

任务实施

1. 阶梯轴的机械加工工艺过程卡片

阶梯轴的机械加工工艺过程卡片见表 1-23。

表 1-23　　阶梯轴的机械加工工艺过程卡片

工序号	工序名称	工序内容	工艺装备
10	下料	锯床下料 ϕ90 mm×400 mm	锯床
20	热处理	调质处理 28～32HRC	
30	检	检查	拉伸试验机
40	车	夹左端，车右端面，见平即可。钻中心孔 B2.5，粗车右端各部，ϕ88 mm 处见圆即可，其余均留精加工余量 3 mm	C620
50	车	调头转夹工件，车端面保证总长 380 mm，钻中心孔 B2.5，粗车外圆各部，留精加工余量 3 mm，与工序 30 加工部分相接	C620
60	精车	夹左端，顶右端，精车右端各部，其中 $\phi60^{+0.024}_{+0.011}$ mm×35 mm、$\phi80^{+0.021}_{+0.002}$ mm×78 mm 处分别留磨削余量 0.5 mm	C620
70	精车	调头，一夹一顶精车另一端各部，其中 $\phi54.4^{+0.05}_{0}$ mm×85 mm、$\phi60^{+0.024}_{+0.011}$ mm×77 mm 处分别留磨削余量 0.5 mm	C620
80	检	检查	
90	磨	用两顶尖装夹工作，磨削 $\phi60^{+0.024}_{+0.011}$ mm 两处，$\phi80^{+0.021}_{+0.002}$ mm 至图样要求尺寸	M1350
100	磨	调头，用两顶尖装夹工作，磨削 $\phi54.4^{+0.05}_{0}$ mm×85 mm 至图样要求尺寸	M1350
110	检	检查	
120	划线	划两处键槽线	划线平台
130	铣	铣 $18^{0}_{-0.043}$ mm 键槽两处，去毛刺	X52K、组合夹具
140	检验	按图样检查各部尺寸	
150	入库	涂油入库	

2. 工艺分析

(1)该轴的结构比较典型，代表了一般传动轴的结构形式，其加工工艺过程具有普遍性。在加工工艺流程中，也可以采用粗车加工后进行调质处理的方法。

(2)图样中键槽未标注对称度要求，但在实际加工中应保证±0.025 mm 的对称度。这样便于与齿轮的装配，键槽对称度的检查可采用偏摆仪及量块配合完成，也可采用专用对称度检具进行检查。

(3)阶梯轴各部同轴度的检查，可采用偏摆仪和百分表结合进行检查。

拓展提高

1. 中心孔的型号与选用

(1)中心孔的型号和尺寸

①A 型中心孔　A 型中心孔的形式如图 1-43 所示，其尺寸由表 1-24 给出。

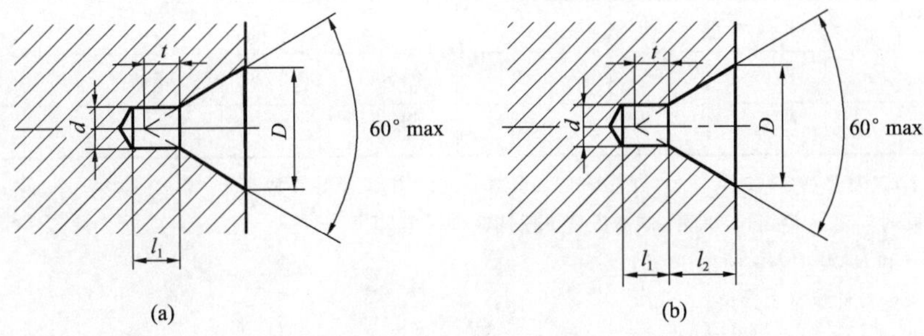

图 1-43　A 型中心孔的形式

表 1-24　A 型中心孔的尺寸

d	D	l_2	t (参考尺寸)	d	D	l_2	t (参考尺寸)
(0.50)	1.06	0.48	0.5	2.50	5.30	2.42	2.2
(0.63)	1.32	0.60	0.6	3.15	6.70	3.07	2.8
(0.80)	1.70	0.78	0.7	4.00	8.50	3.90	3.5
1.00	2.12	0.97	0.9	(5.00)	10.60	4.85	4.4
(1.25)	2.65	1.21	1.1	6.30	13.20	5.98	5.5
1.60	3.35	1.52	1.4	(8.00)	17.00	7.79	7.0
2.00	4.25	1.95	1.8	10.00	21.20	9.70	8.7

注：1. 尺寸 l_1 取决于中心钻的长度 l_1，即使中心钻重磨后再使用，此值也不应小于 t 值；

2. 表中同时列出了 D 和 l_2 尺寸，制造厂家可任选其中一个尺寸；

3. 括号内的尺寸尽量不选用。

②B 型中心孔　B 型中心孔的形式如图 1-44 所示，其尺寸由表 1-25 给出。

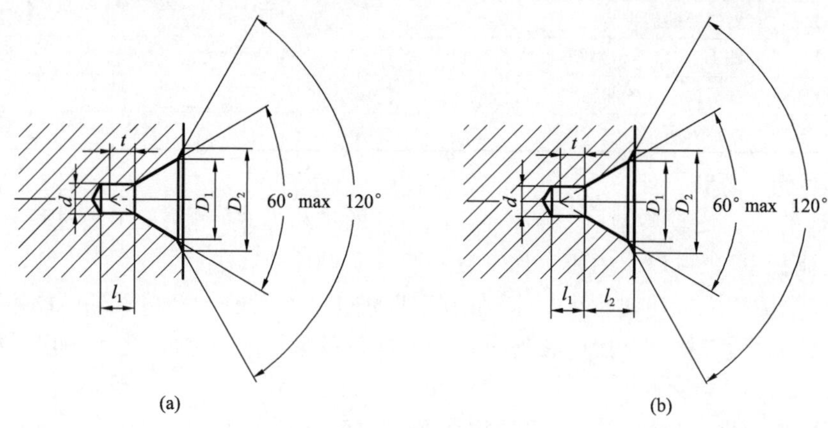

图 1-44　B 型中心孔的形式

表 1-25　B 型中心孔的尺寸

d	D_1	D_2	l_2	t (参考尺寸)	d	D_1	D_2	l_2	t (参考尺寸)
1.00	2.12	3.15	1.27	0.9	4.00	8.50	12.50	5.05	3.5
(1.25)	2.65	4.00	1.60	1.1	(5.00)	10.60	16.00	6.41	4.4
1.60	3.35	5.00	1.99	1.4	6.30	13.20	18.00	7.36	5.5
2.00	4.25	6.30	2.54	1.8	(8.00)	17.00	22.40	9.36	7.0
2.50	5.30	8.00	3.20	2.2	10.00	21.20	28.00	11.66	8.7
3.15	6.70	10.00	4.03	2.8					

注：1. 尺寸 l_1 取决于中心钻的长度 l_1，即使中心钻重磨后再使用，此值也不应小于 t 值；

2. 表中同时列出了 D_2 和 l_2 尺寸，制造厂家可任选其中一个尺寸；

3. 尺寸 d 和 D_1 与中心钻的尺寸一致；

4. 括号内的尺寸尽量不选用。

③C 型中心孔　C 型中心孔的形式如图 1-45 所示，其尺寸由表 1-26 给出。

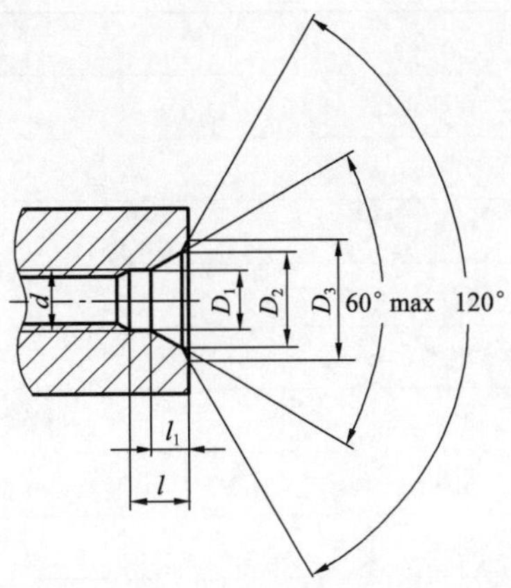

图 1-45　C 型中心孔的形式

表 1-26　C 型中心孔的尺寸

d	D_1	D_2	D_3	l	l_1（参考尺寸）	d	D_1	D_2	D_3	l	l_1（参考尺寸）
M3	3.2	5.3	5.8	2.6	1.8	M10	10.5	14.9	16.3	7.5	3.8
M4	4.3	6.7	7.4	3.2	2.1	M12	13.0	18.1	19.8	9.5	4.4
M5	5.3	8.1	8.8	4.0	2.4	M16	17.0	23.0	25.3	12.0	5.2
M6	6.4	9.6	10.5	5.0	2.8	M20	21.0	28.4	31.3	15.0	6.4
M8	8.4	12.2	13.2	6.0	3.3	M24	26.0	34.2	38.0	18.0	8.0

(2)中心孔的选用

上述三种中心孔的选用原则是：当零件加工后对中心孔是否保留无具体要求时，选用 A 型中心孔；要求保留中心孔的选用 B 型；需要将零件固定在轴上的中心孔应选用 C 型。

2. 经济加工精度

加工精度是根据使用要求决定的，航空航天上的零件要求有很高的精度，而拖拉机上的零件可能要求比较低。零件的成本是跟加工精度密切相关的，IT7 级精度应该是比较高的精度了，再往上如 IT6 级、IT5 级、IT4 级就是更高的精度，每增加一个精度等级，加工的难度会呈几何级增长，对加工机床和工具的要求就会更高，也要求工人有较高的加工水平。举例来说，IT7 级精度用一般的机床和工具就可以达到，但 IT6 级就要用磨床，而 IT5 级就要用数控机床和精磨，甚至手工研磨了，IT4 级就更难了。每增加一个精度等级，可能会多几道工序，多用好几台更好的机床，多用很多技术工人，因而零件的成本就会增加很多。

各种加工方法（车、铣、刨、钻、镗、铰等）所能达到的加工精度和表面粗糙度都具有一定范围。所谓加工经济精度，是指正常加工条件下（采用符合质量标准的设备、工艺装备和标准技术等级工人，不延长加工时间）所能保证的加工精度和表面粗糙度。

各种机床和加工方法的经济精度（尺寸精度和表面粗糙度）用统计方法确定，通常可从有关工艺资料或有关手册上查得。例如，回转表面车削的经济精度见表 1-27。

表 1-27　　回转表面车削的经济精度

加工表面	加工方法	经济精度/级
圆柱孔	粗车	IT12～IT11
	半精车	IT10～IT8
	精车	IT8
	精密车	IT7～IT6
	金刚车	IT6
圆锥孔	粗车	IT9
	精车	IT7
外圆柱面	粗车	IT12～IT11
	半精车或一次车	IT10～IT8
	精车	IT7～IT6
	精密车或金刚车	IT6～IT5

3. 安全生产

生产必须安全，安全才能生产。在机械制造过程中，应重视以人为本，友好的安全生产环境应从规划、设计起，贯穿产品的整个生产周期。

(1)工业安全的重要性

工业安全的重要性日益引起关注，主要表现在以下两个方面：一是尽管现代社会的发展依赖于工业与科学技术的发展，但是现代社会也要求工业企业必须满足安全性的要求；二是现代工业企业的数量越来越多，规模越来越大，技术越来越复杂，一旦发生事故，其连带危害也越来越严重。因此工业安全问题不仅工业企业关注，而且也成为整个社会所关注的重要问题。

(2)工业企业安全性评价

通常用引起不良后果的事件出现的可能性来评价工业企业的安全性。所谓不良后果，一般从以下几个方面进行衡量：人员死亡；人员伤残；设备与厂房毁坏；生产损失，如工时损失、材料损失、延误工期等；环境污染。

在进行工厂规划设计、制造工艺设计、日常运行管理时，对各种方案的评价与抉择都必须充分考虑其安全性。

(3)工业系统的危险性因素

工业系统中典型的危险性因素或称不安全因素主要表现在以下几个方面：

①系统过载；

②系统长期负载运行造成损坏；

③系统本身的可靠性差；

④系统的维修不善；

⑤人机误差(机器在人机控制方面失当造成人为的误差)；

⑥人员缺乏技术培训，素质偏低；

⑦管理不善；

⑧环境不好。

由工业系统的危险性因素分析可知，工业系统的安全性主要取决于工业系统本身与系统的运转操作过程。这两方面都表明工业系统的安全性在相当大的程度上与人的操作密切相关。人的失误是最重要的危险性因素，工业企业在努力提高系统本身的安全性的同时，应充分重视安全教育，所有员工都要树立起“安全第一”的观念，懂得并严格执行有关安全技术与安全操作规程。

任务二　CA6140 车床主轴的机械加工工艺路线拟定

任务描述

图 1-46 所示为 CA6140 车床主轴，年产量约为 350 条，试编制其机械加工工艺卡片。

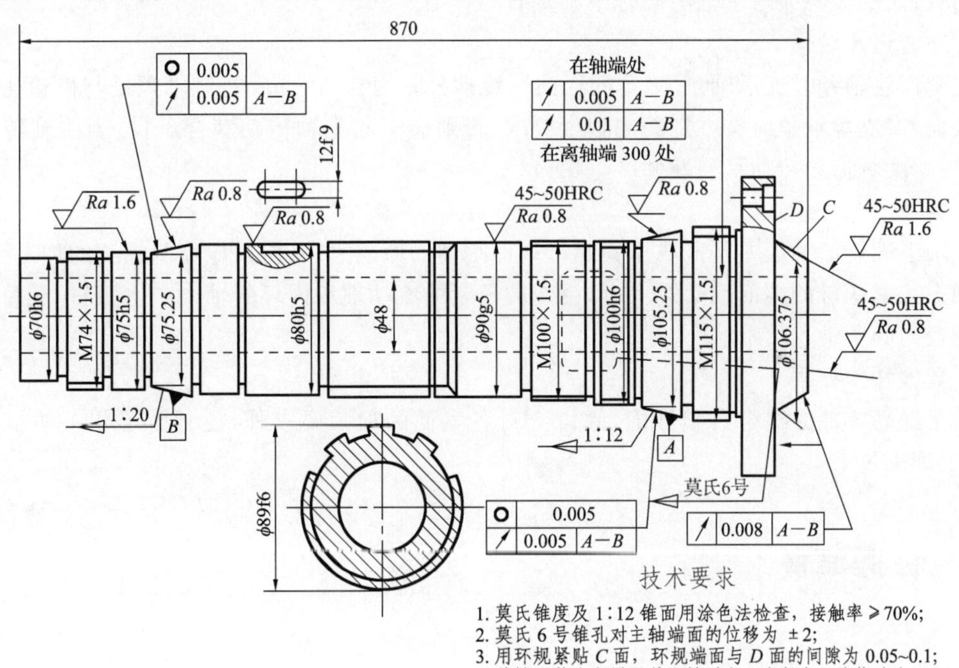

图 1-46　CA6140 车床主轴

任务分析

由图 1-46 可知，该主轴呈阶梯状，其上有安装支承轴承与传动件的圆柱、圆锥面，安装滑动齿轮的花键，安装卡盘及顶尖的内、外圆锥面，连接紧固螺母的螺旋面，通过棒料的通孔等。主轴各主要部分的作用及技术要求分别是：

1. 支承轴颈

主轴两个支承轴颈 A、B 的圆度公差为 0.005 mm，径向跳动公差为 0.005 mm；而支承轴颈 1∶12 锥面的接触率≥70%；表面粗糙度为 Ra 0.4 μm；支承轴颈尺寸精度为 IT5 级。因为主轴支承轴颈是用来安装支承轴承的，是主轴部件的装配基准面，所以它的制造精度直接影响到主轴部件的回转精度。

2. 端部锥孔

主轴端部内锥孔（莫氏 6 号）对支承轴颈 A、B 的跳动在轴端面处公差为 0.005 mm，离轴端面 300 mm 处圆跳动公差为 0.01 mm，锥面接触率≥70%；表面粗糙度为 Ra 0.4 μm；硬度要求 45～50HRC。该锥孔是用来安装顶尖或工具锥柄的，其轴线必须与两个支承轴颈的轴线严格同轴，否则会使工件或工具产生同轴度误差。

3. 端部短锥和端面

头部短锥 C 和端面 D 对主轴两个支承轴颈 A、B 的径向圆跳动公差为 0.008 mm；表面粗糙度为 Ra 0.8 μm。它是安装卡盘的定位面。为保证卡盘的定心精度，该圆锥面必须与支承轴颈同轴，而端面必须与主轴的回转中心垂直。

4. 空套齿轮轴颈

空套齿轮轴颈对支承轴颈 A、B 的径向圆跳动公差为 0.005 mm。该轴颈是与齿轮孔相配合的表面，对支承轴颈应有一定的同轴度要求，否则会引起主轴传动啮合不良，当主轴转速很快时，还会影响齿轮传动平稳性并产生噪声。

5. 螺纹

主轴上螺旋面的误差是造成压紧螺母端面跳动的原因之一，所以应控制螺纹的加工精度。当主轴上压紧螺母的端面跳动过大时，会使被压紧的滚动轴承内环的轴线产生倾斜，从而引起主轴的径向圆跳动。

6. 其他技术要求

为了提高零件的综合力学性能，除以上对各表面的加工要求外，还制定了相关的材料选用、热处理等要求。

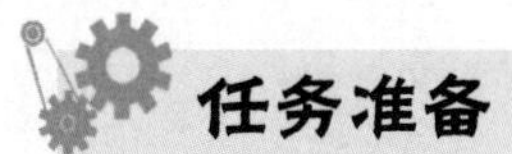

任务准备

技能点：轴类零件次要表面的加工

轴类零件上除了外圆、内孔等主要表面外，通常还会存在一些沟槽、键槽等次要表面。这些次要表面除了具备特定的功能外，对零件的结构工艺性和加工过程往往具有很大的影响。沟槽的加工方法主要是车削，键槽则通过铣削来加工。

1. 车削沟槽

(1)直槽

宽度不大的直槽可以采用刀头宽度等于槽宽的切断刀一次进刀直接车出，如图 1-47(a)所示；较宽的直槽则可分几次横向进刀来完成，但必须在槽的两侧和底部留有精车余量，最后再根据槽的轴向位置、宽度和深度精车成形，如图 1-47(b)所示。

(2)挡圈槽

轴上挡圈槽的深度和轴向位置都有较高的要求，车削时多采用对刀样板(图 1-48)来确定其轴向位置，槽底直径则采用中拖板上的刻度盘来控制。

(a) 窄槽　(b) 宽槽

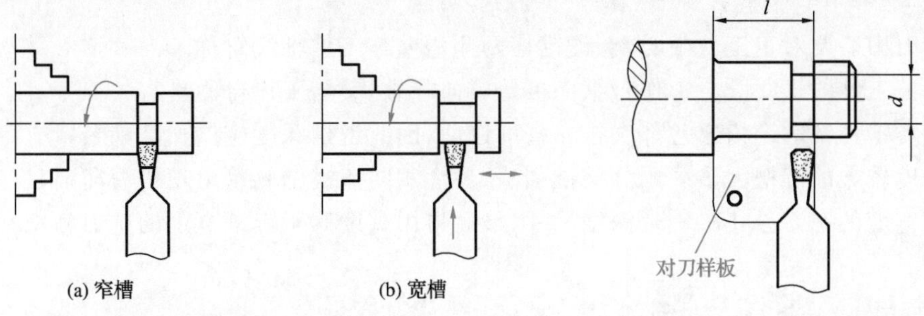

图 1-47　直槽的车削

图 1-48　用对刀样板车挡圈槽

(3)梯形槽

车床上常加工的梯形槽是 V 带轮的轮槽。车削较小的梯形槽时，一般采用成形车刀来完成；较大的梯形槽都是先车出直槽，再用梯形刀直进或左右切削法来完成的。

(4)其他沟槽

其他沟槽主要有 45°沟槽(砂轮越程槽)、外圆端面沟槽等，其相应的车刀刀头形状和车削方法如图 1-49 所示。通常采用以小拖板进刀车削成形。

(a) 45° 沟槽　(b) 外圆端面沟槽

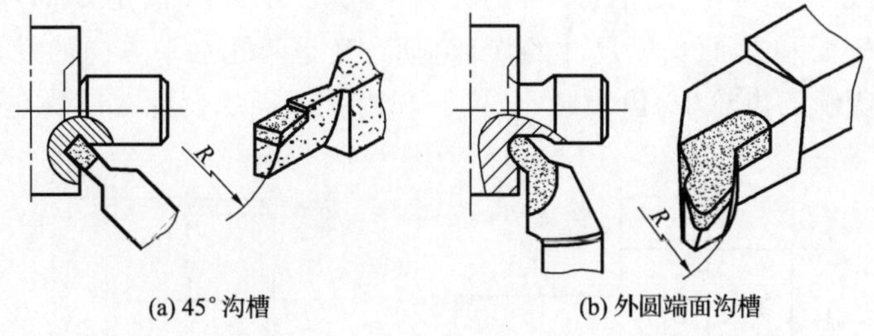

图 1-49　两种沟槽的车削方法及车刀

2. 铣削键槽

(1)铣削方式

封闭式键槽(两端都不开口)多在立式铣床上用键槽铣刀铣削；敞开式键槽则多在卧式铣床上用三面刃铣刀来铣削，如图 1-50 所示。

(a) 在立式铣床上铣削封闭式键槽　(b) 在卧式铣床上铣削敞开式键槽

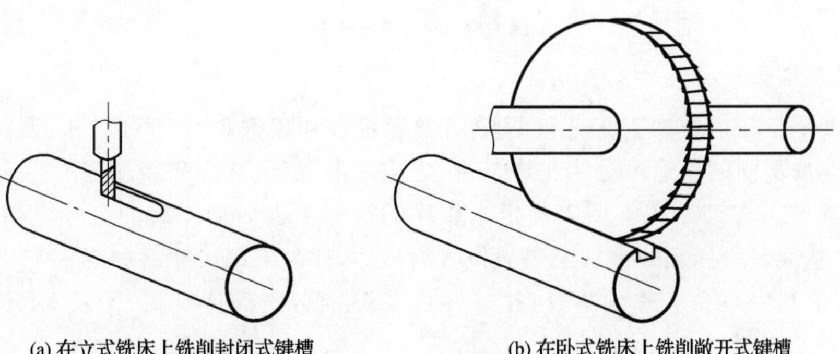

图 1-50　铣削键槽

由于键槽铣刀是双齿对称的螺旋铣刀，铣削过程中径向力相互平衡，并且其齿数少、强度高、易排屑，所以切削平稳，不会产生“让刀”现象，槽宽尺寸和表面质量容易保证，因此在立式铣床上铣削键槽时应尽量使用键槽铣刀。

(2)铣削键槽的注意事项

①铣刀中心要对正工件中心，保证键槽两侧槽壁与工件轴线对称。

②保证工件的轴线既与工作台纵向进给方向一致，又与工作台面平行。

③轴类工件铣削键槽通常都安排在磨削以前，因此铣槽深度应增加磨削余量。

④深度较大的键槽大多采用分层铣削法，要注意防止键槽侧壁出现接刀印痕；应选用直径小于键槽宽度的铣刀分几次铣到深度尺寸，最后再用宽度等于键槽宽度的铣刀精铣。

知识点一：定位基准及其选择

制定机械加工工艺规程时，基准的选择是否合理直接影响零件加工表面的尺寸精度和相互位置精度。同时对加工顺序的安排也有重要影响。基准选择不同，工艺过程也将随之改变。

1. 基准的概念及其分类

基准是指零件上用以确定其他点、线、面位置所依据的点、线、面。基准根据功用不同，可以分为设计基准和工艺基准两大类。

(1)设计基准

设计基准是指设计图样上采用的基准。如图 1-51(a)中的 A 面是 B 面和 C 面高度尺寸的设计基准；D 面为 E 面和 F 面长度尺寸的设计基准，又是两孔水平方向的设计基准。

如图 1-51(b)所示的齿轮中，齿顶圆、分度圆和内孔直径的设计基准均是孔的轴线。

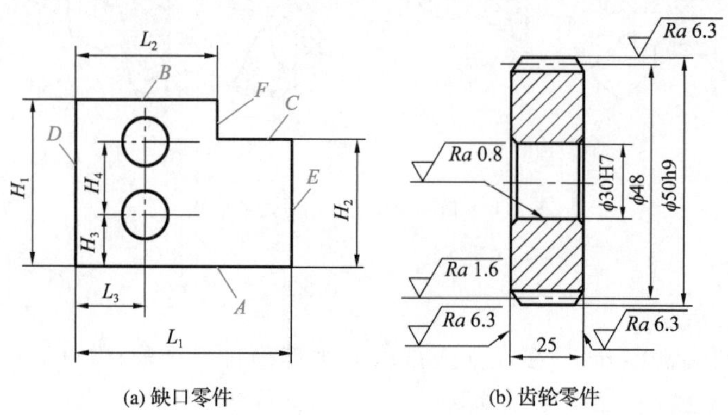

图 1-51 设计基准分析

(2)工艺基准

工艺基准是指在机械加工工艺过程中用来确定被加工表面加工后尺寸、形状、位置的基准。工艺基准按不同的用途可分为工序基准、定位基准、测量基准和装配基准。

①工序基准　在工序图上用来确定本工序的被加工表面加工后的尺寸、形状、位置的基准，称为工序基准。所标定的被加工表面位置的尺寸，称为工序尺寸。如图 1-52 所示，通孔为加工表面，要求其中心线与 A 面垂直，并与 B 面及 C 面分别保持距离 L_1 及 L_2，因此表面 A、表面 B 和表面 C 均为本工序的工序基准。

②定位基准　定位基准是指工件上与夹具定位元件直接接触的点、线或面，在加工中用于定位时，它使工件在工序尺寸方向上获得确定的位置。如图 1-53 所示的零件的内孔套在心轴上加工 ϕ40h6 外圆时，内孔中心线即定位基准。定位基准是由技术人员编制工艺规程时确定的。作为定位基准的点、线、面在工件上不一定存在，但必须由相应的实际表面来体现，如图 1-53 中内孔中心线由内孔面来体现。这些实际存在的表面称为定位基准面。如图 1-51(b)所示的齿轮，加工齿形时是以内孔和一个端面作为定位基准的。

③测量基准　测量已加工表面尺寸及位置的基准，称为测量基准。图 1-53 所示的零件，当以内孔为基准(套在检验心轴上)去检验 ϕ40h6 外圆的径向圆跳动和端面 B 的端面圆跳动时，内孔即测量基准。

④装配基准　装配时用以确定零件在机器中位置的基准，如图 1-53 所示零件的 ϕ40h6 外圆及端面 B。

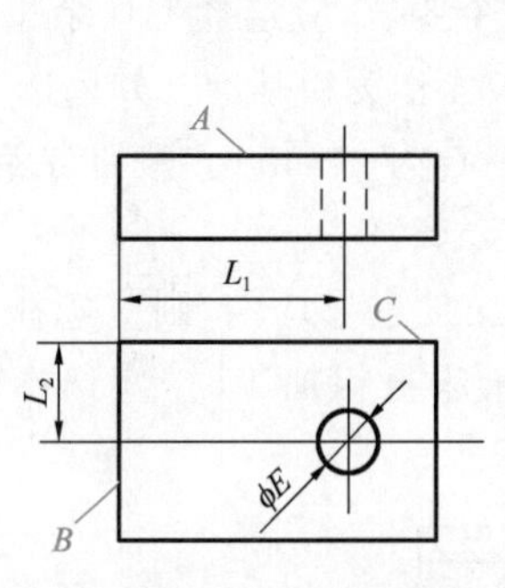

图 1-52　工序基准分析

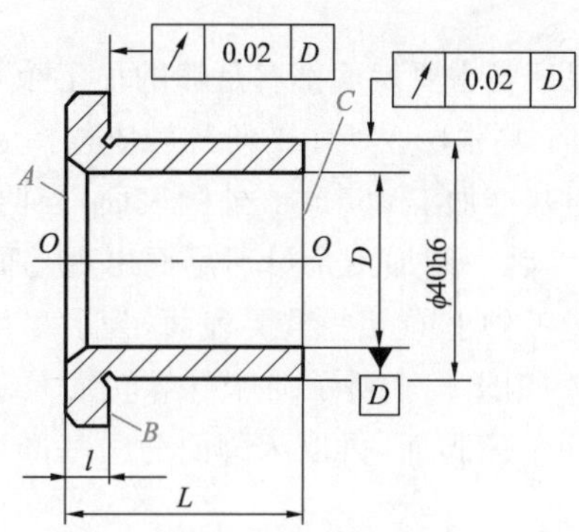

图 1-53　定位基准分析

2. 定位基准的选择

定位基准不仅影响工件的加工精度，而且对同一个被加工表面所选用的定位基准不同，其工艺路线也可能不同。因此，选择工件的定位基准是十分重要的。机械加工的最初工序只能用工件毛坯上未经加工的表面作为定位基准，这种定位基准称为粗基准。用已经加工过的表面作为定位基准的称为精基准。在制定零件机械加工工艺规程时，总是先考虑选择怎样的精基准定位把工件加工出来，然后考虑选择什么样的粗基准定位，把作为精基准的表面加工出来。

(1)粗基准的选择

用毛坯上未曾加工过的表面作为定位基准，则该表面称为粗基准。选择粗基准时，主要考虑两个问题：一是保证加工面与不加工面之间的相互位置精度要求；二是合理分配各加工面的加工余量。具体选择时参考下列原则：

①对于同时具有加工表面和不加工表面的零件　为了保证不加工表面与加工表面之间的位置精度，应选择不加工表面作为粗基准。

如图 1-54(a)所示零件的毛坯，在铸造时毛坯孔和外圆面难免有偏心。加工时，如果采用不加工的外圆面作为粗基准装夹工件，用三爪卡盘夹住外圆面进行加工，则加工面与不加工面外圆面同轴，可以保证壁厚均匀，但是加工面的加工余量不均匀。如果采用该零件的毛坯孔作为粗基准装夹工件(直接找正装夹，用四爪单动卡盘夹住外圆面，按毛坯孔找正)进行加工，则加工面与该面的毛坯孔同轴，加工面的加工余量是均匀的，但是加工面与不加工面(外圆面)不同轴，即壁厚不均匀，如图 1-54(b)所示。

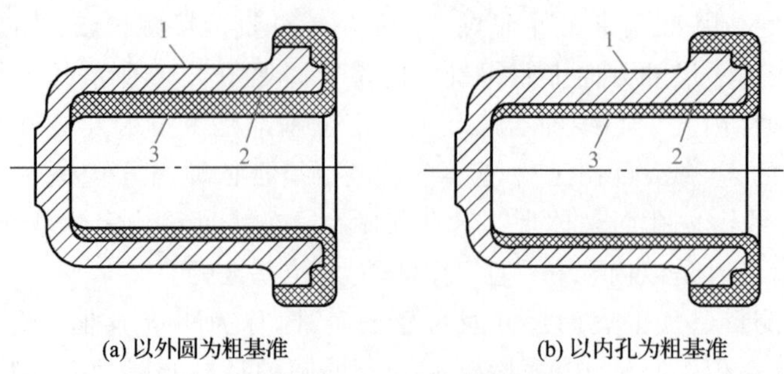

图 1-54 两种粗基准选择对比

1—外圆面;2—加工面;3—毛坯孔

②对于有多个被加工表面的工件　选择粗基准时,应考虑合理分配各加工表面的加工余量。

● 应保证各主要表面都有足够的加工余量。为满足这个要求,应选择毛坯余量最小的表面作为粗基准,如图 1-55 所示的阶梯轴应选择 ϕ55 mm 外圆表面作为粗基准。如果选 ϕ108 mm 外圆表面为粗基准加工 ϕ55 mm 外圆表面,当两个外圆表面偏心为 3 mm 时,则加工后的 ϕ55 mm 外圆表面,将因一侧加工余量不足而出现毛面,使工件报废。

● 对于工件上的某些重要表面,为了尽可能使其表面加工余量均匀,则应选择重要表面作为粗基准。如图 1-56 所示的床身导轨面是重要表面,车床床身粗加工时,应选择导轨面作为粗基准先加工床脚面,再以床脚面为精基准加工导轨面。

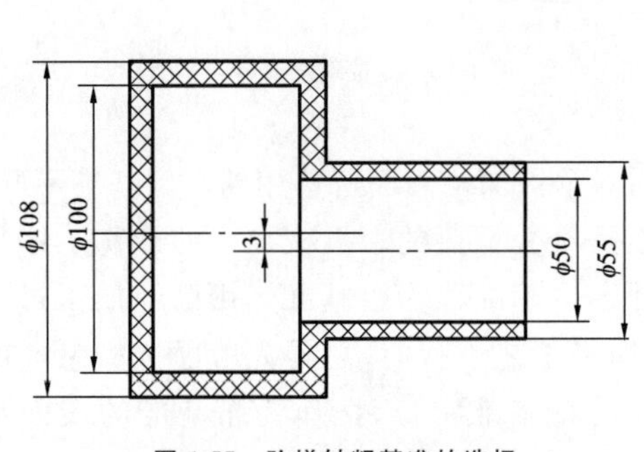

图 1-55 阶梯轴粗基准的选择

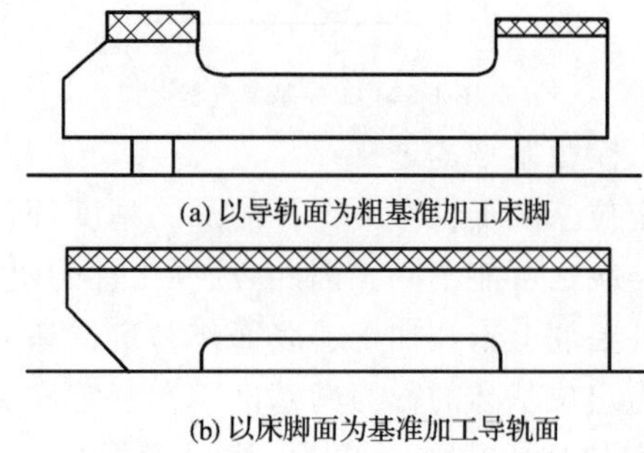

图 1-56 床身加工粗基准的选择

③粗基准应避免重复使用　在同一尺寸方向上,粗基准通常只能使用一次。因为毛坯表面粗糙且精度低,重复使用将产生较大的误差。

④选择作为粗基准的平面　应平整,没有浇冒口或飞边等缺陷,以便定位可靠,夹紧方便。

(2)精基准的选择

利用已加工的表面作为定位基准的表面称为精基准。精基准的选择应从保证零件加工精度出发,兼顾夹具结构简单的要求。选择精基准一般应按照如下原则选取:

①基准重合原则　应尽可能选择零件设计基准为定位基准,以避免产生基准不重合误差。如图 1-57(a)所示零件,A 面、B 面均已加工完毕,钻孔时若选择 B 平面作为精基准,则定位基准与设计基准重合,尺寸(30±0.15)mm 可直接保证,加工误差易于控制,如图 1-57(b)所示;若选择 A 面作为精基准,则尺寸(30±0.15)mm 是间接保证的,产生基准不重合误差。影响尺寸精度的因素除与本工序钻孔有关的加工误差外,还有与前道工序加工 B 面有关的加工误差,如图 1-57(c)所示。

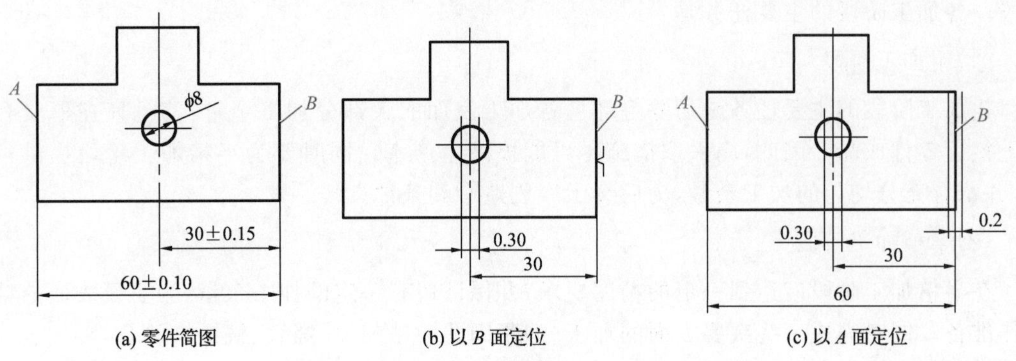

图 1-57　基准重合原则

②基准统一原则　应采用同一组基准定位加工零件上尽可能多的表面，这就是基准统一原则。这样做可以简化工艺规程的制定工作，减少夹具设计、制造的工作量和成本，缩短生产准备周期；由于减少了基准转换，所以便于保证各加工表面的相互位置精度。例如加工轴类零件时，采用两中心孔定位加工各外圆表面，就符合基准统一原则。箱体类零件采用一面两孔定位，齿轮的齿坯和齿形加工多采用齿轮的内孔及一端面为定位基准，均属于基准统一原则。

③自为基准原则　某些要求加工余量小而均匀的精加工工序，选择加工表面本身作为定位基准，称为自为基准原则。如图 1-58 所示的导轨面磨削，在导轨磨床上，用百分表找正导轨面相对于机床运动方向的正确位置，然后加工导轨面以保证导轨面加工余量均匀，满足对导轨面的质量要求，还有浮动镗刀镗孔、珩磨孔、无心磨外圆等也都是自为基准的实例。

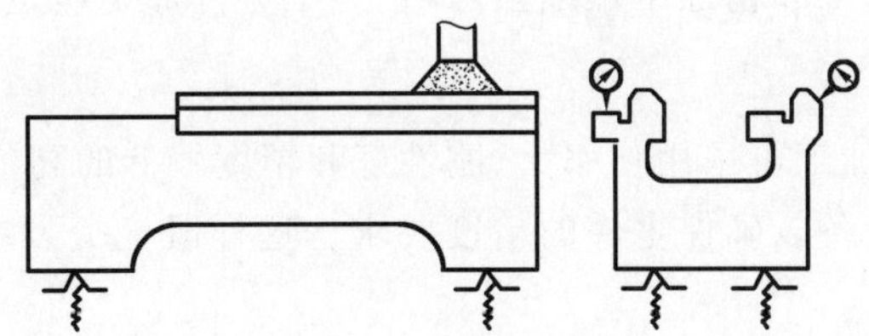

图 1-58　自为基准的实例

④互为基准原则　当对工件上两个相互位置精度要求很高的表面进行加工时，需要用两个表面互相作为基准，反复进行加工，以保证位置精度要求。例如要保证精密齿轮的齿圈跳动精度，在齿面淬硬后，先以齿面定位磨内孔，再以内孔定位磨齿面，从而保证位置精度。

此外，所选精基准应保证工件安装可靠，夹具设计简单、操作方便。

注意

基准选择的各项原则有时是互相矛盾的；选用时必须根据实际条件和生产类型来综合考虑，从而达到定位精度高、夹紧可靠、夹具结构简单、操作方便的目的。

知识点二：加工阶段的划分

1. 加工阶段的划分方法

当零件的加工质量要求较高时，都应划分加工阶段。一般划分为粗加工、半精加工和精加工三个阶段。当零件要求的精度较高及表面粗糙度较小时，还应增加光整加工和超精密加工阶段。各加工阶段的主要任务是：

(1)粗加工阶段

粗加工阶段的主要任务是切除毛坯上各加工表面的大部分加工余量，使毛坯在形状和尺寸上接近零件成品。因此，应采取措施尽可能提高生产率。同时要为半精加工阶段提供精基准，并留有充分均匀的加工余量，为后续工序创造有利条件。

(2)半精加工阶段

在半精加工阶段应达到一定的精度要求，并保证留有一定的加工余量，为主要表面的精加工作准备。同时完成一些次要表面的加工(如紧固孔的钻削、攻螺纹、铣键槽等)。

(3)精加工阶段

精加工阶段的主要任务是保证零件各主要表面达到图纸规定的技术要求。

(4)光整加工和超精密加工阶段

对精度(IT6 级以上)及表面粗糙度($<Ra\ 0.2\ \mu m$)要求很高的零件，需安排光整加工和超精密加工阶段。其主要任务是减小表面粗糙度或进一步提高尺寸精度和形状精度。

2. 划分加工阶段的主要原因

(1)保证加工质量

工件粗加工时切除金属较多，产生较大的切削力和切削热，同时也需要较大的夹紧力，在这些力和热的作用下，工件会产生较大的变形，加工质量很差。划分加工阶段后，粗加工造成的加工误差可通过半精加工和精加工逐渐消除，达到了零件加工质量要求。

(2)合理使用设备

划分加工阶段后，粗加工可采用功率大、刚性好和精度较低的高效率机床以提高效率。而精加工则可采用高精度设备以确保零件的精度要求。这样既充分发挥了设备的各自特点，也做到了设备的合理使用。

(3)便于安排热处理工序

划分加工阶段有利于在各阶段间合理地安排热处理工序。例如，某些轴类零件在粗加工后安排调质，在半精加工后安排表面淬火，最后进行精加工。这样不仅容易满足零件的性能要求，而且淬火引起的变形又可通过精加工工序予以消除。

(4)及早发现毛坯缺陷，避免浪费

划分加工阶段便于在粗加工后及早发现毛坯的缺陷，及时决定报废或修补，以免继续加工而造成浪费。精加工安排在最后，有利于防止或减少表面的损伤。

在拟定零件的工艺路线时，一般都要遵循划分加工阶段这一原则，但在具体应用时要灵活掌握，不能绝对化。例如对于精度和表面质量要求较低而工件刚性足够、毛坯精度较高、加工余量小的工件，可不划分加工阶段。又如对一些刚性好的重型零件，由于装夹吊运很费时，所以往往不划分加工阶段而在一次安装中完成粗、精加工。

还需指出的是，将工艺过程划分成几个加工阶段是对整个加工过程而言的，不能单纯从某一表面的加工或某一工序的性质来判断。例如工件的定位基准在半精加工阶段甚至在粗加工阶段就需要加工得很准确，而在精加工阶段中也经常需要安排钻孔类的粗加工工序。

知识点三:加工顺序的安排

1. 机械加工工序的安排

(1)基准先行

零件加工一般多从精基准的加工开始,再以精基准定位加工其他表面。因此,被选为精基准的表面应安排在工艺过程起始工序先进行加工,以便为后续工序提供精基准。例如轴类零件应先加工两端中心孔,然后再以中心孔为精基准,粗、精加工所有外圆表面。齿轮加工则应先加工内孔及基准端面,再以内孔及端面为精基准,粗、精加工齿形表面。

(2)先粗后精

精基准加工好以后,整个零件的加工工序应是粗加工工序在前,相继为半精加工、精加工及光整加工。按先粗后精的原则先加工精度要求较高的主要表面,即先粗加工再半精加工各主要表面,最后再进行精加工和光整加工。在对重要表面精加工之前,有时需要对精基准进行修整,以利于保证重要表面的加工精度。例如主轴的高精度磨削时,精磨和超精磨削前都必须研磨中心孔;精密齿轮磨齿前,也要对内孔进行磨削加工。

(3)先主后次

根据零件的功用和技术要求,先将零件的主要表面和次要表面分开,然后先安排主要表面的加工,后加工次要表面。因为主要表面往往要求精度较高,加工面积较大,容易出废品,应放在前阶段进行加工,以减少工时的浪费;次要表面加工面积小,精度也一般较低,又与主要表面有位置要求,应在主要表面加工之后进行加工。

(4)先面后孔

零件上的表面必须先进行加工,然后再加工孔。例如箱体、底座、支架等类零件,平面的轮廓尺寸较大,用其作为精基准加工孔,比较稳定可靠,也容易加工,有利于保证孔的精度。如果先加工孔,再以孔为基准加工平面,则比较困难,加工质量也受影响。

2. 热处理工序的安排

热处理可以提高材料的力学性能,改善金属的切削性能以及消除残余应力。在制定工艺路线时,应根据零件的技术要求和材料的性质,合理地安排热处理工序。按照目的不同,热处理可分为预备热处理和最终热处理。

(1)预备热处理

①正火、退火　目的是消除内应力,改善加工性能,为最终热处理做准备。一般安排在粗加工之前,有时也安排在粗加工之后。

②时效处理　以消除内应力、减小工件变形为目的。一般安排在粗加工之前,对于精密零件,要进行多次时效处理。

③调质　对零件淬火后再高温回火能消除内应力,改善加工性能并能获得较好的综合力学性能。一般安排在粗加工之后进行。对一些性能要求不高的零件,调质也常作为最终热处理。

(2)最终热处理

常用的最终热处理有淬火、渗碳淬火、渗氮等,其主要目的是提高零件的硬度和耐磨性,常安排在精加工(磨削)之前进行,其中渗氮的热处理温度较低,零件变形很小,也可以安排在精加工之后。

3. 检验工序的安排

检验工序一般安排在粗加工后,精加工前;送往外车间前、后;重要工序和工时长的工序前、后;零件加工结束后,入库前。

4. 其他工序的安排

(1)表面强化工序

表面强化工序如滚压、喷丸处理等,一般安排在工艺过程的最后。

(2)表面处理工序

表面处理工序如发蓝、电镀等,一般安排在工艺过程的最后。

(3)探伤工序

探伤工序如X射线检查、超声波探伤等,多用于零件内部质量的检查,一般安排在工艺过程的开始。磁力探伤、荧光检验等主要用于零件表面质量的检验,通常安排在该表面加工结束以后。

(4)平衡工序

平衡工序包括动、静平衡,一般安排在精加工以后。

在安排零件的工艺过程中,不要忽视去毛刺、倒棱、防锈和清洗等辅助工序。在铣键槽、齿面倒角等工序后应安排去毛刺工序。零件在装配前都应安排清洗工序,特别是在研磨等光整加工工序之后,更应注意进行清洗工序,以防止残余的磨料嵌入工件表面,加剧零件在使用中的磨损。

任务实施

一、CA6140 车床主轴工艺路线的拟定

1. 定位基准的选择

主轴主要表面的加工顺序在很大程度上取决于定位基准的选择。轴类零件本身的结构特征和主轴上各主要表面的位置精度要求都决定了以轴线为定位基准是最理想的。这样既基准统一,又使定位基准与设计基准重合。一般多以外圆为粗基准,以轴两端的顶尖孔为精基准。具体选择时还要注意以下事项:

(1)当各加工表面间相互位置精度要求较高时,最好在一次装夹中完成各个表面的加工。

(2)粗加工或不能用两端顶尖孔定位(如加工主轴锥孔)时,为了提高工件加工时工艺系统的刚度,可只用外圆表面定位或用外圆表面和一端中心孔作为定位基准。在加工过程中,应交替使用轴的外圆和一端中心孔作为定位基准,以满足相互位置精度要求。

(3)主轴是带通孔的零件,在通孔钻出后将使原来的顶尖孔消失。为了仍能用顶尖孔定位,一般均采用带有顶尖孔的锥堵或锥度心轴,如图 1-59 所示。当主轴孔的锥度较大(如铣床主轴)时,可采用锥度心轴;当主轴锥孔的锥度较小(如 CA6140 车床主轴)时,可采用锥堵。

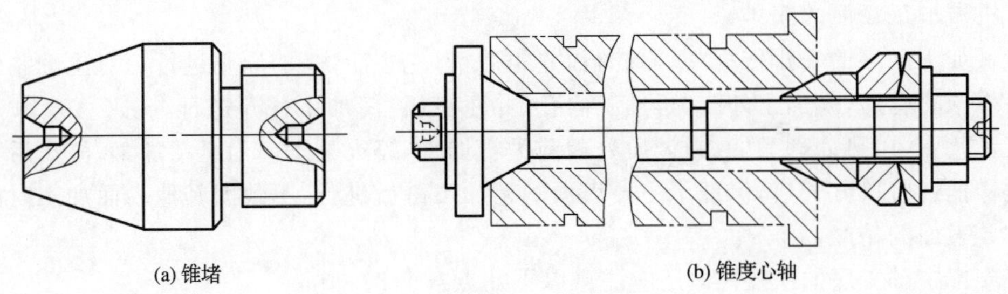

图 1-59　锥堵与锥度心轴

使用的锥度心轴和锥堵应具有较高的精度并尽量减少其安装次数。

锥堵和锥度心轴上的中心孔既是其本身制造的定位基准，又是主轴外圆精加工的基准，因此必须保证锥堵或锥度心轴上的锥面与中心孔有较高的同轴度。若为中小批生产，则工件在锥堵上安装后一般中途不更换。若外圆和锥孔需反复多次互为基准进行加工，则在重装锥堵或锥度心轴时，必须按外圆找正，或重新修磨中心孔。

从以上分析来看，主轴加工工艺过程中选择定位基准需要这样考虑安排：工艺过程一开始就以外圆作为粗基准铣端面、钻中心孔，为粗车准备了定位基准，而粗车外圆则为钻深孔准备了定位基准；此后，为了给半精加工、精加工外圆准备定位基准，又先加工好前、后锥孔，以便安装锥堵，即可用锥堵上的两个中心孔作为定位基准；最后，在磨锥孔前磨好轴颈表面，目的是将支承轴颈作为定位基准。上述定位基准选择兼顾各道工序，也体现了互为基准原则。

2. 加工阶段的划分

根据粗、精加工分开原则来划分加工阶段极为重要。这是由于主轴毛坯余量较大且不均匀，当切除大量金属后，会引起内应力重新分布而变形。因此，主轴加工通常以主要表面加工为主线，划分为三个阶段：粗加工阶段，包括粗车各外圆、钻中心通孔等；半精加工阶段，包括半精车各外圆及两端锥孔、精车中心通孔等；精加工阶段，包括粗、精磨各外圆或锥孔。其他次要表面适当穿插在各个阶段进行。各阶段的划分大致以热处理为界，将整个加工过程按粗、精加工划分为不同的阶段，这是制定工艺规程的一个原则，目的是保证加工质量和降低生产费用。对于一般精度的主轴，精磨为最终工序。对于精密主轴，还应有光整加工阶段。

3. 热处理工序的安排

在主轴加工的整个工艺过程中，应安排足够的热处理工序，以保证主轴力学性能及加工精度要求，并改善工件加工性能。

一般在主轴毛坯锻造后，首先安排正火处理，以消除锻造内应力、细化晶粒，从而改善加工时的切削性能。

在粗加工阶段，经过粗车、钻孔等工序，主轴的大部分加工余量被切除。粗加工过程中切削力和发热都很大，在力和热的作用下，主轴产生很大内应力，通过调质处理可消除内应力，代替时效处理，同时可以得到所要求的韧性，因此粗加工后应安排调质处理。

半精加工后，除重要表面外，其他表面均已达到设计尺寸。重要表面仅剩精加工余量，这时可对支承轴颈、配合轴颈、锥孔等安排淬火处理，使之达到设计的硬度要求，保证这些表面的耐磨性，而后续的精加工工序可以消除淬火变形。

4. 机械加工顺序的安排

机械加工顺序的安排依据“基面先行，先粗后精，先主后次”的原则进行。对主轴零件一般是准备好中心孔后，先加工外圆，再加工内孔，并注意粗、精加工分开进行。在CA6140车床主轴加工工艺中，以热处理为标志，调质处理前为粗加工，淬火处理前为半精加工，淬火后为精加工。这样把各阶段分开后，保证了主要表面的精加工最后进行，不致因其他表面加工时的应力影响主要表面的精度。

在安排主轴工序的次序时，还应注意以下几点：

(1)深孔加工应安排在调质以后、外圆粗车或半精车之后进行。因为调质处理变形较大，所以若深孔产生弯曲变形将难以纠正，不仅影响以后机床使用时棒料的通过，而且会引起主轴高速旋转的不平衡。此外，深孔加工还应安排在外圆粗车或半精车之后，以便有一个较精确的轴颈作为定位基准，保证孔与外圆同心，使主轴壁厚均匀。若仅从定位基准方面考虑，希望始终用中心孔定位，避免使用锥堵，那么深孔加工以安排到最后为好，但深孔加工是粗加工，发热量大，破坏外圆加工精度，因此深孔加工只能在半精加工阶段进行。

(2)外圆表面加工时应先加工大直径外圆，然后加工小直径外圆，以免一开始就降低了工件的刚度。

(3)主轴上的花键、键槽等次要表面的加工一般应安排在外圆精车或粗磨之后，精磨外圆之前进行。因为如果在精车前就铣出键槽，那么一方面，在精车时将因断续切削而产生振动，既影响加工质量，又容易损坏刀具；另一方面，键槽的尺寸要求也难以保证。这些表面加工也不宜安排在主要表面精磨后进行，以免破坏主要表面的精度。

(4)主轴上螺纹表面加工宜安排在主轴局部淬火之后进行，以免由于淬火后的变形而影响螺纹表面和支承轴颈的同轴度。

综上所述，主轴主要表面的加工顺序安排如下：

外圆表面粗加工(以顶尖孔定位)→外圆表面半精加工(以顶尖孔定位)→钻通孔(以半精加工过的外圆表面定位)→锥孔粗加工(以半精加工过的外圆表面定位，加工后配锥堵)→外圆表面精加工(以锥堵顶尖孔定位)→锥孔精加工(以精加工外圆面定位)。

5. 主轴锥孔的磨削

主轴的前端锥孔是安装顶尖或定位心轴的定位基准，它的质量直接影响到车床的质量，所以主轴锥孔磨削是轴加工的关键工序。

对主轴前端锥孔，除对其本身精度、接触面积有较高要求外，对它的中心线与轴的支承轴颈的同轴度也有较严格的要求。为了满足同轴度的要求，轴的锥孔磨削工序一般选支承轴颈为定位基准。

单件小批生产时，可在一般磨床上进行加工。尾端夹持在四爪卡盘上，前端用中心架支承在前锥附近的精密外圆上，经过严格校正后方可进行加工。这种方法辅助时间长，生产率低，质量不稳定。成批生产时大多采用专用夹具进行加工。

如图1-60所示，夹具由底座、支架及浮动夹头三部分组成，两个支架固定在底座上，作为工件定位基准面的两段轴颈放在支架的两个V形块上，V形块镶有硬质合金，以提高耐磨性，并减少工件轴颈的划痕，工件的中心高应正好等于磨头砂轮轴的中心高，否则将会使锥孔母线呈双曲线，影响内锥孔的接触精度。后端的浮动夹头用锥柄装在磨床主轴的锥孔内，工件尾端插于弹性套内，用弹簧将浮动夹头外壳连同工件向左拉，通过钢球压向镶有硬质合金的锥柄端面，限制工件的轴向窜动。采用这种连接方式，可以保证工件支承轴颈的定位精度不受内圆磨床主轴回转误差的影响，也可减小机床本身振动对加工质量的影响。

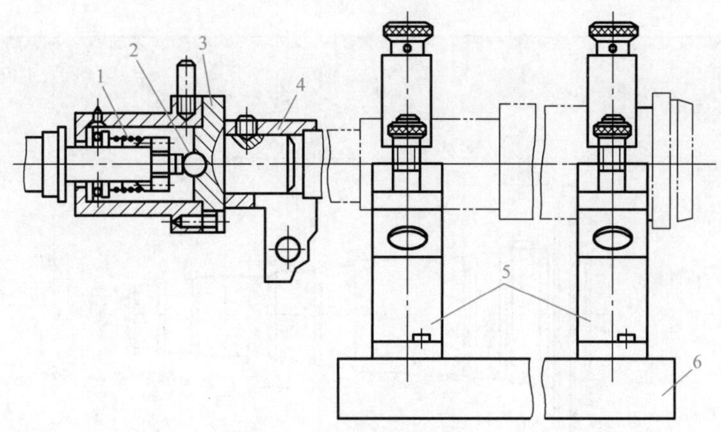

图 1-60　磨主轴锥孔夹具

1—弹簧；2—钢球；3—浮动夹头；4—弹性套；5—支架；6—底座

二、CA6140 车床主轴的加工工艺过程与检验

1. CA6140 车床主轴的加工工艺过程

在对主轴的结构特点和技术要求进行分析后，即可根据生产批量、设备条件并结合轴类零件的加工特点来考虑主轴的加工工艺过程。表 1-28 列出了 CA6140 车床主轴的加工工艺过程：生产类型，大批生产；材料牌号，45 钢；毛坯种类，模锻件。

表 1-28　大批生产 CA6140 车床主轴的加工工艺过程

工序号	工序名称	工序内容	工序简图	定位基准	设　备
1	备料				
2	锻造	模锻			立式精锻机
3	热处理	正火			
4	锯头				
5	铣端面钻中心孔			毛坯外圆	铣端面打中心孔机床
6	粗车外圆			顶尖孔	多刀半自动车床
7	热处理	调质：220～240HBS			
8	车大端各部	车大端外圆、短锥、端面及台阶		顶尖孔	卧式车床

续表

工序号	工序名称	工序内容	工序简图	定位基准	设备
9	车小端各部	仿形车小端各部外圆	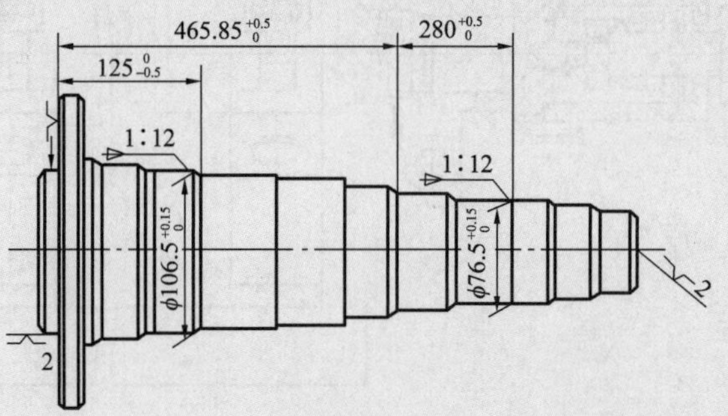 465.85 $^{+0.5}_{0}$ 280 $^{+0.5}_{0}$ 125 $^{0}_{-0.5}$ 1∶12 1∶12 ϕ106.5 $^{+0.15}_{0}$ ϕ76.5 $^{+0.15}_{0}$ 2 2	顶尖孔	仿形车床
10	钻深孔	钻 ϕ48 mm 通孔	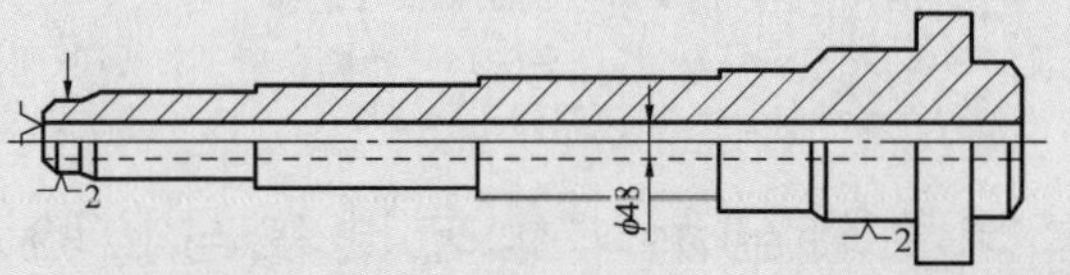 ϕ48 2 2	两中心架支承轴颈	深孔钻床
11	车小端锥孔	车小端锥孔(配1∶20锥堵,涂色法检查接触率≥50%)	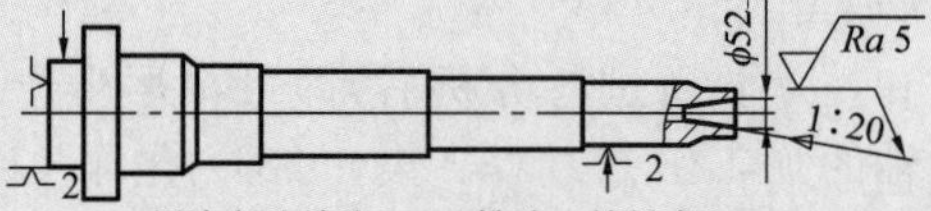 ϕ52 $^{0}_{-0.2}$ Ra 5 1∶20 2 2 用涂色法检查1∶20锥孔，接触率≥50%	两端支承轴颈	卧式车床
12	车大端锥孔	车大端锥孔(配莫氏6号锥堵,涂色法检查接触率≥30%)、外短锥及端面	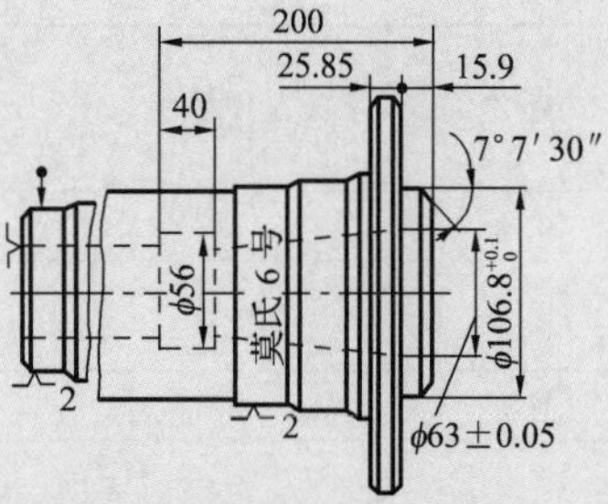 200 25.85 15.9 40 7°7′30″ ϕ56 莫氏6号 ϕ106.8 $^{+0.1}_{0}$ ϕ63±0.05 2 2 用涂色法检查莫氏6号锥孔，接触率≥30%	两端支承轴颈	卧式车床
13	钻孔	钻大头端面各孔	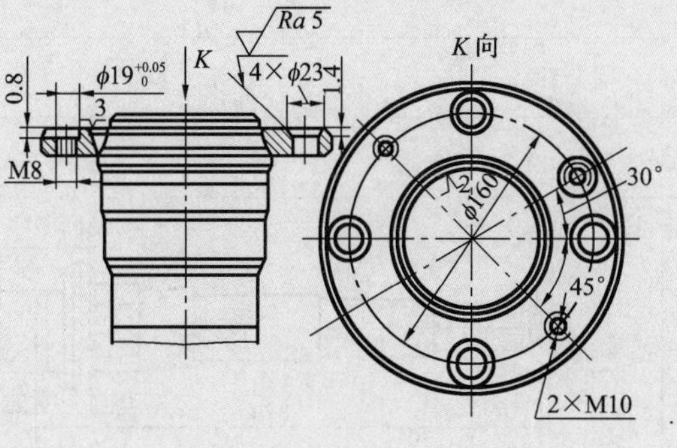 Ra 5 K K向 0.8 ϕ19 $^{+0.05}_{0}$ 4×ϕ23 4 3 M8 ϕ160 2 30° 45° 2×M10	大端内锥孔	摇臂钻床

续表

工序号	工序名称	工序内容	工序简图	定位基准	设　备
14	热处理	局部高频淬火（ϕ90g5、短锥及莫氏 6 号锥孔）			高频淬火设备
15	精车外圆	精车各外圆并切槽、倒角	465.85；237.85$_{-0.5}^{0}$；112.1$_{0}^{+0.5}$；38；11.49$_{+0.05}^{+0.20}$；279.9$_{-0.3}^{0}$；Ra 5 (√)；10；32；46；4×0.5；4×1.5；8；8；3；4×0.5；110；106.4$_{+0.1}^{+0.3}$；4×1；3；30；44；(35)；4×1；4×0.5；4×0.5；2；2；ϕ115.4h8；ϕ89.4h8；ϕ80.4h8；ϕ76.5；ϕ77.9h8；ϕ75.75；ϕ75.4h8；ϕ74$_{-0.2}^{0}$；ϕ70.4h8	锥堵顶尖孔	数控车床
16	粗磨外圆	粗磨 ϕ75h5、ϕ90g5、ϕ105h5 外圆	Ra 2.5 (√)；2；2；ϕ90.4h8；212；720；ϕ75.25h8	锥堵顶尖孔	组合外圆磨床
17	粗磨大端锥孔	粗磨大端内锥孔（重配莫氏 6 号锥堵，涂色法检查接触率>40%）	Ra 1.25；莫氏 6 号；2；2；1；1；ϕ63.15±0.05 用涂色法检查莫氏 6 号锥孔，要求接触率>40%	前支承轴颈及 ϕ75h5 外圆	内圆磨床
18	铣花键	铣 ϕ89f6 花键	滚刀中心；2；2；Ra 2.5；14$_{-0.11}^{-0.06}$；115$_{+0.06}^{+0.20}$；E；Ra 2.5；Ra 5；36°；ϕ81.14；ϕ89.4h8	锥堵顶尖孔	花键铣床

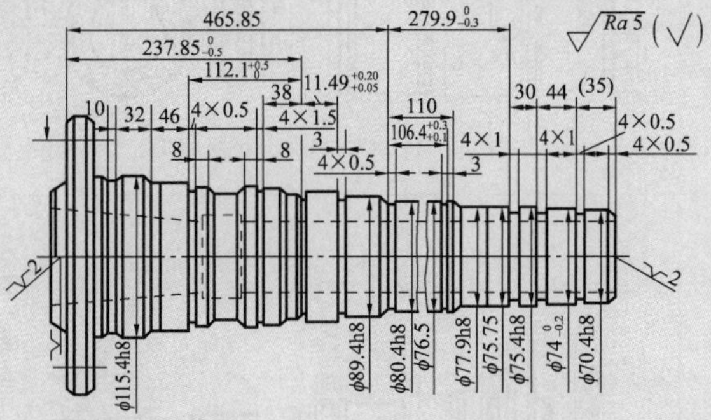

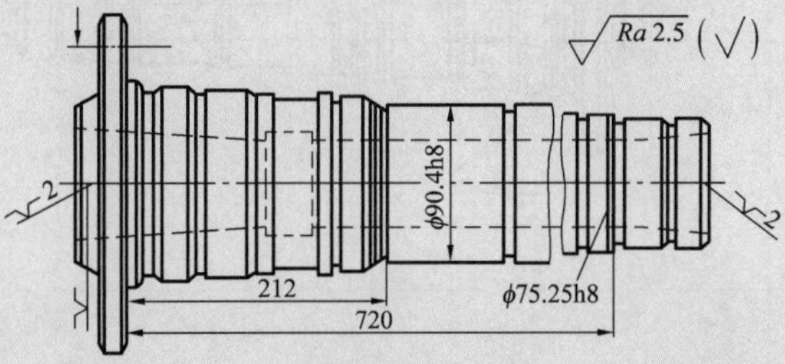

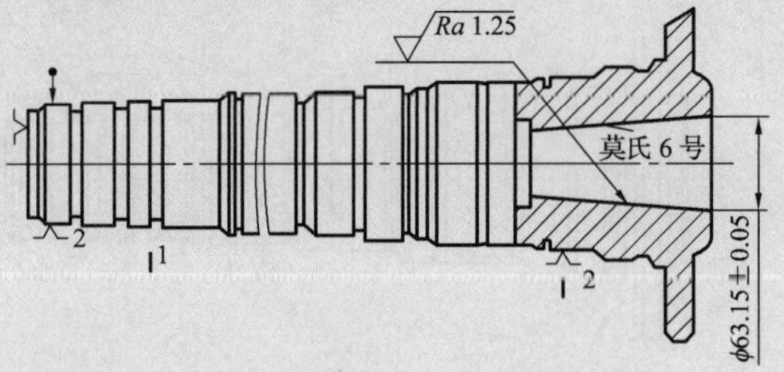

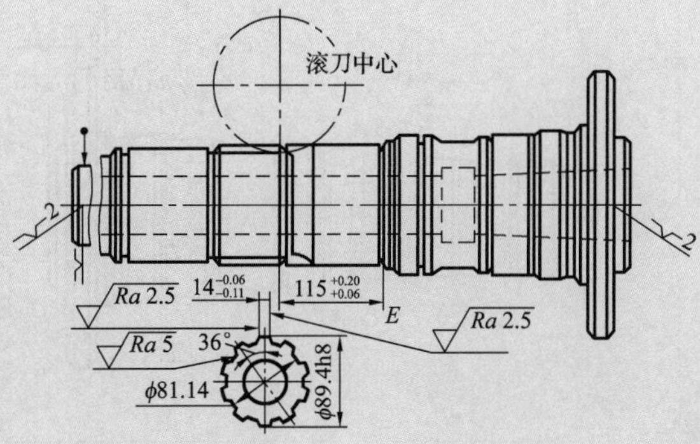

续表

工序号	工序名称	工序内容	工序简图	定位基准	设 备
19	铣键槽	铣 12f9 键槽	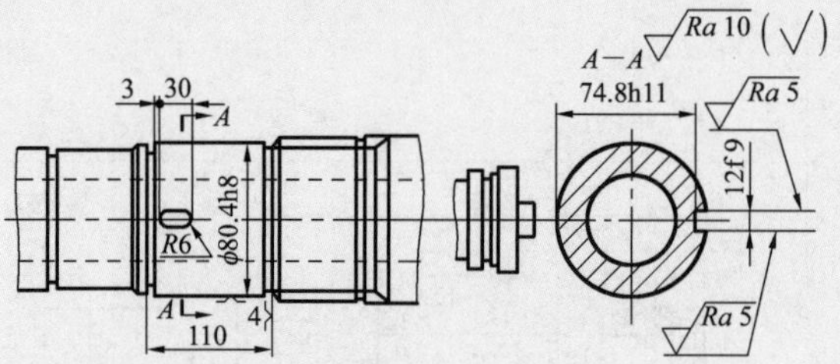	ϕ80h5 及 M115 mm 外圆	立式铣床
20	车螺纹	车三处螺纹（与螺母配车）	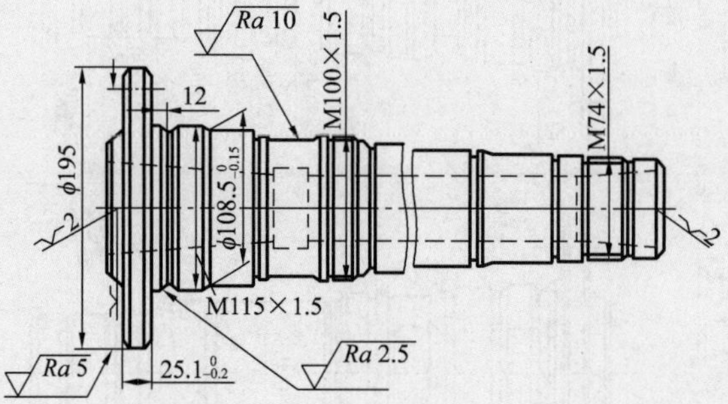	锥堵顶尖孔	卧式车床
21	精磨外圆	精磨各外圆及两端面	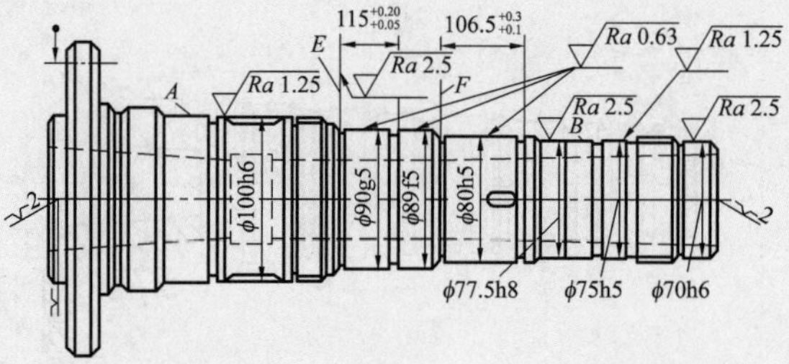	锥堵顶尖孔	外圆磨床
22	粗磨外锥面	粗磨两处 1∶12 外锥面	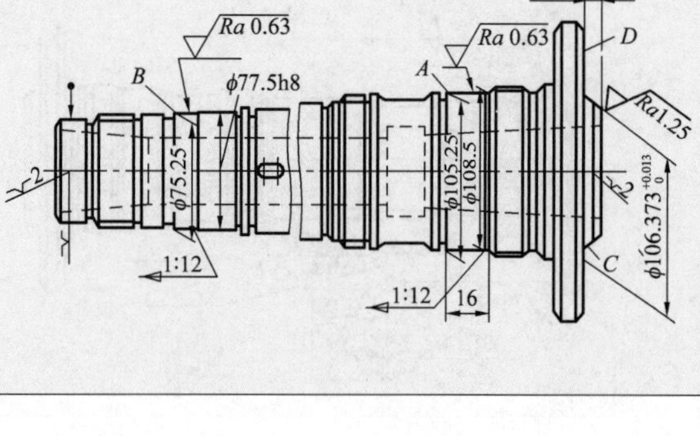	锥堵顶尖孔	专用组合磨床

续表

工序号	工序名称	工序内容	工序简图	定位基准	设　备
23	精磨外锥面	精磨两处1∶12外锥面、D端面及短锥面	16; Ra 0.63; D; A; B; Ra 0.63; Ra 1.25; 2; ϕ75.25; ϕ77.5h8; ϕ105.25; ϕ108.5; 2; ϕ106.373$^{+0.013}_{0}$; C; 1:12; 1:12; 16	锥堵顶尖孔	专用组合磨床
24	精磨大端锥孔	精磨大端莫氏6号内锥孔(卸锥堵,涂色法检查接触率≥70%)	ϕ80h5; ϕ100h6; 莫氏6号; Ra 0.63; ϕ63.348; 2; 2	前支承轴颈及ϕ75h5外圆	专用主轴锥孔磨床
25	钳工	端面孔去锐边倒角,去毛刺			
26	检验	按图样要求全部检验		前支承轴颈及ϕ75h5外圆	专用检具

2. 轴类零件的检验

(1)加工中的检验

自动测量装置通常作为辅助装置安装在机床上。这种检验方式能在不影响加工的情况下,根据测量结果主动地控制机床的工作过程,如改变进给量、自动补偿刀具磨损、自动退刀、自动停车等,使之适应加工条件的变化,防止产生废品,故又称为主动检验。主动检验属于在线检测,即在设备运行、生产不停顿的情况下,根据信号处理的基本原理,掌握设备运行状况,对生产过程进行预测预报及必要调整。在线检测在机械制造中的应用越来越广。

(2)加工后的检验

通常在专用检验夹具上进行检验,如图1-61所示。单件小批生产中,尺寸精度一般用外径千分尺检验;大批大量生产时,常采用光滑极限量规检验,长度大而精度高的工件可用比较仪检验。表面粗糙度可用表面粗糙度样板进行检验;要求较高时则用光学显微镜或轮廓仪检验。圆度误差可用千分尺测出的工件同一截面内直径的最大差值之半来确定,也可用千分表借助于V形铁来测量,若条件许可,可用圆度仪检验。圆柱度误差通常用千分尺测出同一轴向剖面内最大值与最小值之差的方法来确定。主轴相互位置精度检验一般以轴两端顶尖孔或工艺锥堵上的顶尖孔为定位基准,在两支承轴颈上方分别用千分表测量。

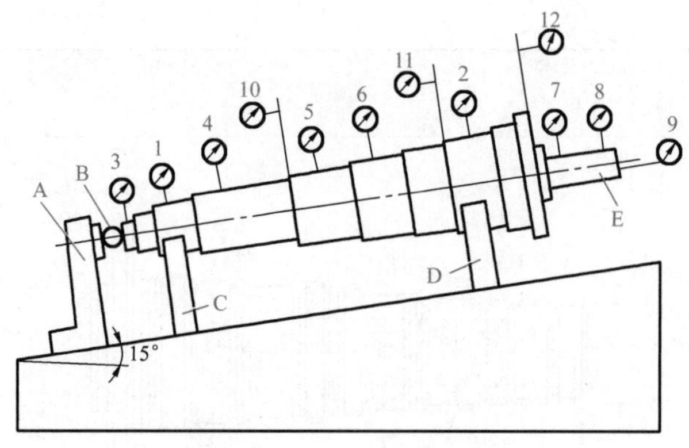

图 1-61 主轴专用检验夹具

A—挡铁；B—钢球；C—可调 V 形块；

D—V 形块；E—检验芯棒；1～12—千分表

一、螺纹的加工方法

螺纹作为一种特定的成形面，其应用非常广泛，可用于连接、紧固、传动和调节。螺纹的加工方法很多，常用的有车螺纹、攻螺纹和套螺纹、铣螺纹、滚压螺纹及磨螺纹。

1. 车螺纹

(1)螺纹车刀及其安装

螺纹车刀(图 1-62)的几何形状的特点是：切削部分形状应与螺纹轴向剖面的形状相符。如普通螺纹车刀的刀尖角为 60°，而英制螺纹车刀的刀尖角为 55°，同时刀尖角与刀杆的轴线应对称。

螺纹车刀如果具有径向前角 γ_p，则切削顺利；但有了径向前角 γ_p，又会影响牙型的准确性。因此对精度要求不高的螺纹可采用带径向前角的车刀，但精度要求较高的螺纹车刀的径向前角最好为 0°。为使切削顺利和保证螺纹的加工质量，精车螺纹时也可采用带径向前角的螺纹车刀，但必须根据径向前角 γ_p 的大小对刀尖角 ε_r 进行修正。高速钢螺纹车刀的顶刃后角 α_p 可取 4°～6°，侧刃后角 α_0 可取 3°～5°；硬质合金螺纹车刀的顶刃后角 α_p 可取 3°～5°，侧刃后角 α_0 可取 2°～4°。

螺纹车刀的安装正确与否，对螺纹的精度将产生一定的影响。若装刀有偏差，则即使车刀的刀尖角刃磨得十分准确，加工后的螺纹仍会产生牙型误差，因此要求装刀时注意以下几点：

①刀尖应与工件轴线等高，否则影响实际工作前角的大小，从而影响到牙型角。

用样板安装螺纹车刀

②左、右刀刃要对称，否则车出螺纹牙型不正(俗称倒牙)。

③刀杆安装时不宜伸出太长，以免切削时引起振动。

因此，车螺纹时一般用样板进行对刀(图 1-63)。

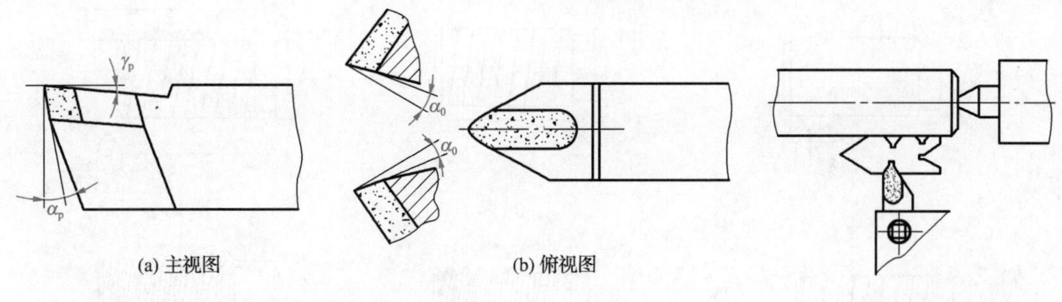

(a) 主视图　(b) 俯视图

图 1-62　螺纹车刀

图 1-63　用样板安装螺纹车刀

(2)车床的调整

为了在车床上车出螺距合乎要求的螺纹，车削时必须保证工件(主轴)旋转一周，车刀纵向移动的距离等于工件一个螺距值的传动关系。这就是说，如果车螺纹的螺距和车床丝杠的螺距是已知的，则车床主轴和丝杠必须保证一定的转速比。在普通车床中，这个转速比关系在设计进给箱和挂轮时已考虑进去，只要正确调整机床就可以变换出来。调整机床包括以下内容：

①调整运动关系，使得机床的进给系统保证工件(主轴)每旋转一周，车刀移动量等于被车螺纹的螺距或导程。在卧式车床上车螺纹时，一般无须计算，可直接按车床铭牌变换手柄位置和搭配交换齿轮，即可得到所需要的运动关系。

②调整运动件的间隙，使机床操纵灵活而误差又最小。如变换齿轮啮合的松紧(宜保持齿侧间隙为 0.10～0.15 mm)以及大、中、小拖板配合的松紧。拖板配合紧了，操作不灵活；松了，切削时容易振动或产生扎刀现象。车精密的传动螺纹时还要注意主轴轴向窜动和径向跳动以及丝杠的轴向窜动等。

(3)普通螺纹的车削

车削螺纹时，一般分为粗车、精车两次车削。若螺纹精度要求不高，则粗车刀和精车刀可以不分，一次车削完成。

①粗车螺纹　正确安装螺纹车刀；开车，使车刀与工件表面轻微接触，记下径向刻度数值，向右退出车刀，如图 1-64(a)所示；车螺纹时，按下开合螺母，用正车进行第一次走刀，切出螺纹线，如图 1-64(b)所示；用钢尺或螺距规检验螺距，如图 1-64(c)所示；当螺距符合要求时，可以增大吃刀深度，按第一次走刀方法继续车削，直至留有 0.2 mm 精车余量为止，如图 1-64(d)～图 1-64(f)所示。

普通螺纹的车削加工

②精车螺纹　精车螺纹的方法基本上与粗车相同。若换装了精车刀，则在车第一刀时，必须先对刀，使刀尖对准工件上已切出的螺纹槽中心，然后再开始车削。车削螺纹的具体操作过程如下：开车，使车刀与工件轻微接触，记下刻度盘读数，向右移出车刀；合上开合螺母，在工件上车出螺旋线，横向退刀后停车；开反车使车刀退到工件右端，停车，用钢尺检查螺距是否正确；利用刻度盘调整切深，开车切削。

车削进刀方式有直进法、左右切削法和斜进法三种。螺距较小时，可用直进法。粗车较大螺距螺纹时，可用斜进法。一般多用左右切削法，即在每次径向进刀的同时，使用小拖板轴向左右进刀。

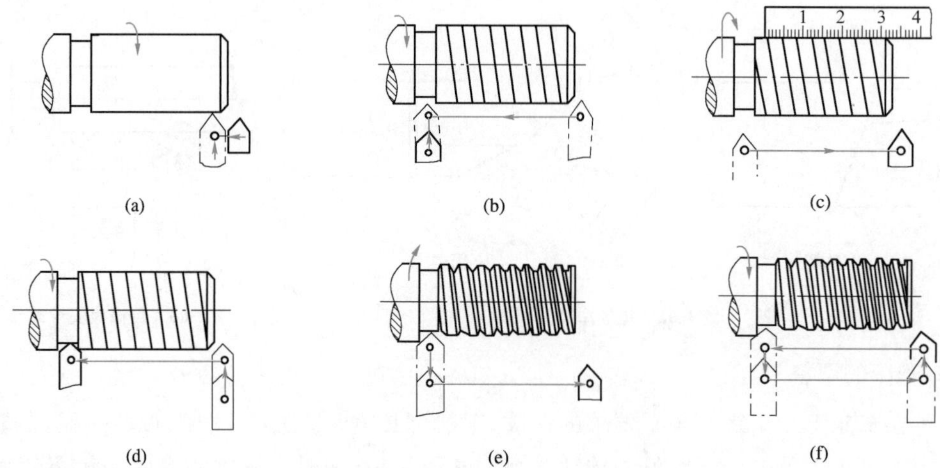

图 1-64 普通螺纹的车削加工

(4)"乱扣"及其避免

车削螺纹时,车刀的移动是靠开合螺母与丝杠的啮合而带动拖板刀架的,一条螺纹槽要经过多次走刀才能完成。如果退刀时打开开合螺母,将大拖板摇回到起始位置,那么闭合开合螺母再次走刀时,就有可能发生车刀刀尖不在前一刀所车出的螺旋槽内,而是偏左或偏右,以至把螺纹车坏,这种现象称为"乱扣"。

车螺纹时是否会"乱扣",主要决定于车床上丝杠螺距与工件螺距的比值是否为整数。若为整数,就不会"乱扣";若不为整数,就会发生"乱扣"现象。车螺纹时,先检查一下车床丝杠的螺距是否是工件螺距的整倍数。如果不是,为避免"乱扣",可采用退刀时开反车,不抬起开合螺母的倒顺车法。

(5)车削螺纹的应用

车螺纹的最高精度可达 4~6 级,表面粗糙度为 Ra 3.2~0.8 μm。车螺纹的生产率较低,加工质量取决于工人技术水平及机床和刀具的精度。但因车螺纹刀具简单,机床调整方便,通用性广,故在单件小批生产中得到广泛应用。

2. 攻螺纹和套螺纹

攻螺纹和套螺纹主要用于加工精度要求低、直径较小的普通螺纹。常用于加工 M16 以下的普通螺纹,最大一般不超过 M52。

(1)攻螺纹

用丝锥在零件内孔表面上加工出内螺纹的方法称为攻螺纹。对于小尺寸的内螺纹,攻螺纹几乎是唯一的加工方法。

①丝锥　攻螺纹所用的刀具为丝锥,其结构如图 1-65 所示。从外形看,丝锥似纵向开有沟槽(形成切削刃和容屑槽)、头部带有锥度(切削部分)的螺杆。攻螺纹前需按要求尺寸加工出螺纹底孔。

②加工方法　单件小批生产时,由操作者用手用丝锥在钳工台上手工攻螺纹(图 1-66)。当零件批量较大时,可在车床、钻床或攻螺纹机上用机用丝锥攻螺纹,此时丝锥与机床需用安全夹头(图 1-67)来连接。

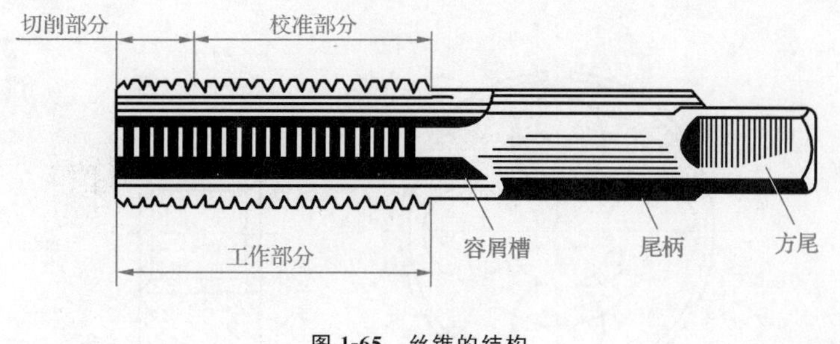

图 1-65　丝锥的结构

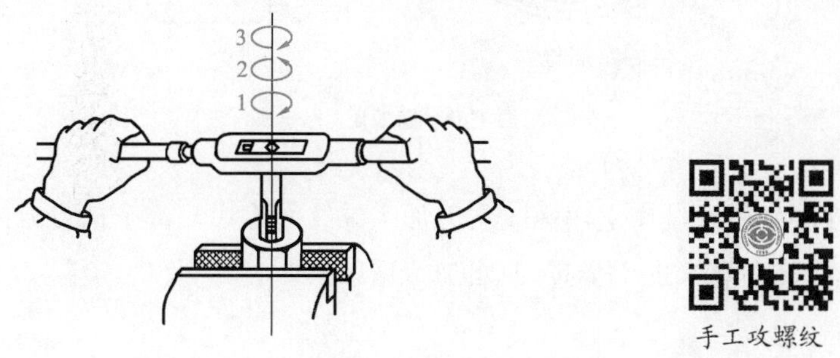

图 1-66　手工攻螺纹

手工攻螺纹

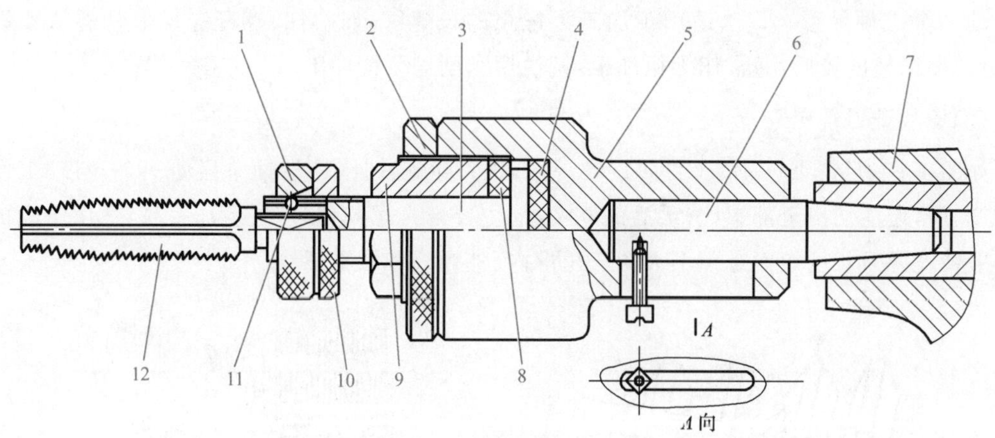

图 1-67　攻螺纹用安全夹头

1—压紧螺母；2、10—锁紧螺母；3—摩擦杆；4、8—尼龙垫片；5—工具体；6—柄部；7—尾架；9—调节螺塞；11—钢球；12—丝锥

(2)套螺纹

用圆板牙在圆柱面上加工出外螺纹的方法称为套螺纹。套螺纹时，受圆板牙结构尺寸的限制，螺纹直径一般为 1～50 mm。

如图 1-68 所示，圆板牙的基本结构是一个螺母，在端面上钻出几个排屑孔以形成刀刃，两端磨出切削锥，中间部分为校准齿。圆板牙的廓形因属于内表面，故很难磨制，因此圆板牙的加工精度一般较低。

套螺纹可分为手工与机动两种，手工套螺纹可以在机床或钳工台上完成，而机动套螺纹需要在车床或钻床上完成。

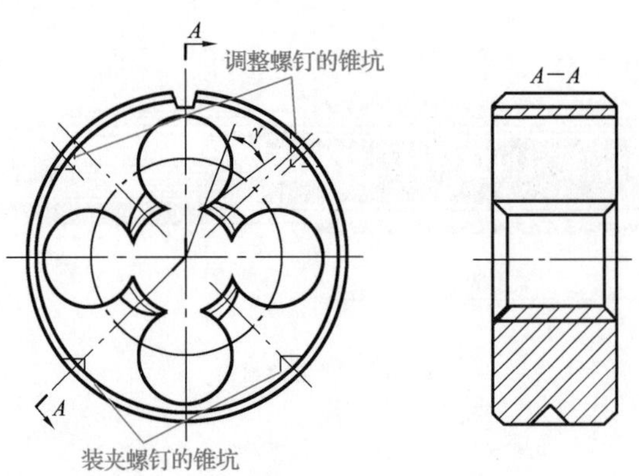

图 1-68 圆板牙

3. 铣螺纹

铣螺纹是指在专门螺纹铣床上用螺纹铣刀加工螺纹的方法。由于铣刀刀齿多、转速高、切削量大，所以铣螺纹比车螺纹生产率高，但它加工精度较低。

(1)盘状铣刀铣螺纹

如图 1-69 所示，加工时，铣刀轴线对工件轴线的倾斜角等于螺纹升角 ψ，工件旋转一周，铣刀移动一个工件导程。该法适用于加工大螺距的长螺纹，如丝杠、螺杆等梯形外螺纹和蜗杆等；但其加工精度较低，通常作为粗加工，铣后用车削进行精加工。

(2)梳状铣刀铣螺纹

如图 1-70 所示，加工时，工件每旋转一周，铣刀除旋转外，还沿轴向移动一个导程，工件旋转 1.25 周，便能切出全部螺纹(最后的 0.25 周主要修光螺纹)。该法生产率高，适用于成批加工一般精度并且长度短而螺距不大的三角形内、外螺纹和圆锥螺纹。

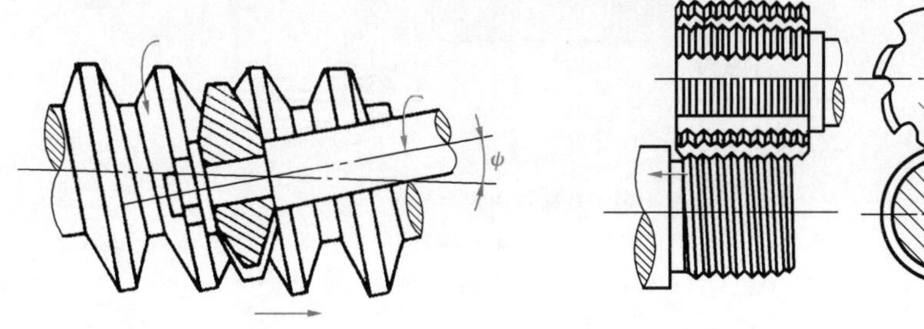

图 1-69 盘状铣刀铣螺纹　　图 1-70 梳状铣刀铣螺纹

(3)旋风铣刀铣螺纹

旋风铣刀铣螺纹如图 1-71 所示，是指利用装在特殊旋转刀盘上的多把硬质合金刀头(一般为 1～4 把)或梳刀，从工件上高速铣出螺纹的方法。其生产率高，一般是盘形铣刀铣螺纹的 2～8 倍；加工长度大、不淬硬的外螺纹，如丝杠、螺旋送料杆、大模数蜗杆、注塑机螺杆等长工件；也可加工大直径(ϕ32 mm 以上)的内螺纹，如滚珠丝杠螺母、梯形丝杠螺母、环形槽等；尤其适于加工无退刀槽、有长键槽和平面的螺纹件。

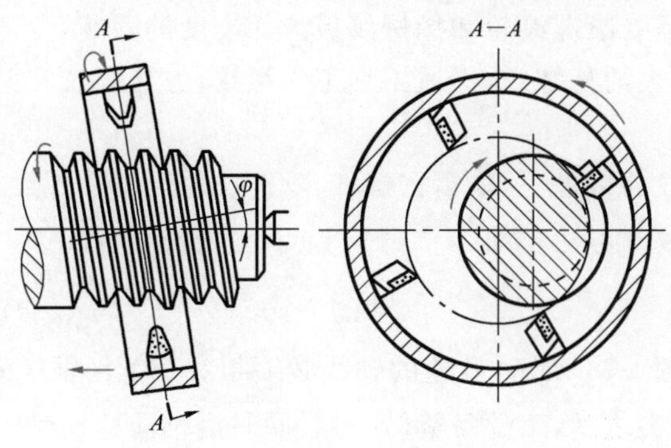

图 1-71　旋风铣刀铣螺纹

4. 滚压螺纹

液压螺纹属于无屑加工。被加工坯件表层金属在滚螺纹轮或搓螺纹板的挤压力作用下产生塑性变形,形成螺纹,从而达到加工目的。

(1)搓螺纹

用搓螺纹板在搓螺纹机上加工螺纹称为搓螺纹,如图 1-72 所示。两块搓板都带有螺纹齿形,其截面形状与待搓螺纹牙型相符,上搓板为动板,下搓板固定不动为静板,动板做平行于静板的往复直线运动。工件在两板之间被挤压和滚动,当动板移动时,坯料表面便挤压出螺纹。

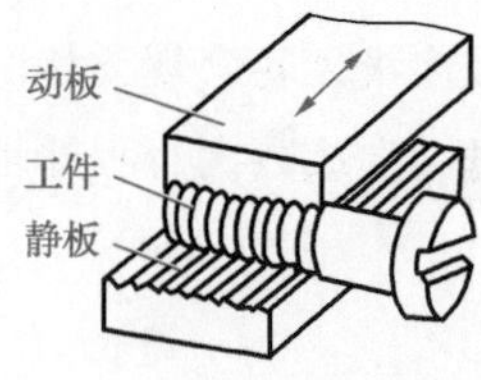

图 1-72　搓螺纹

搓螺纹可加工直径为 3～24 mm、螺纹长度小于 120 mm 的螺钉、双头螺栓、木螺钉、自攻螺钉等。

(2)滚螺纹

用滚螺纹轮在滚螺纹机上加工螺纹称为滚螺纹,如图 1-73 所示。工件放在两个带有螺纹齿形的滚轮之间的支承板上,两滚轮等速转动,其中一轮轴心固定,一轮做径向进给运动,工件在滚轮摩擦力带动下旋转,表面受径向挤压而形成螺纹。

滚螺纹的生产率低于搓螺纹,但精度高于搓螺纹。这是因为滚螺纹轮热处理后可在螺纹磨床上精磨,而搓螺纹板热处理后精加工困难。

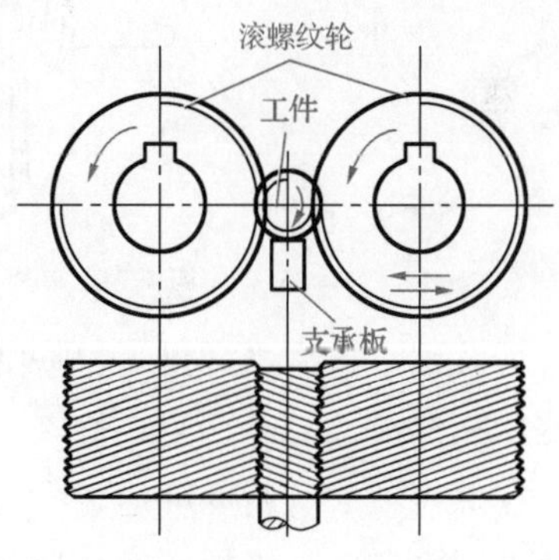

图 1-73　滚螺纹

滚压螺纹适用于直径为 3～80 mm、螺纹长度小于 120 mm 的双头螺栓、螺钉、锥形螺纹、蜗杆、丝锥等的加工。

(3)滚压螺纹的特点

①滚压螺纹与切削螺纹相比,主要优点是提高了螺纹的强度。

②切削加工的螺纹纤维组织是被割断的,而滚压螺纹的纤维组织是连续的,从而提高了其剪切强度。

③螺纹滚压后,表面变形强化,表面粗糙度值降低,可提高螺纹的疲劳强度。

④滚压螺纹比切削螺纹的生产率高。滚螺纹每分钟可加工 10～60 件,搓螺纹比滚螺纹效率更高,每分钟可加工 120 件。滚压螺纹加工精度可达 3～6 级,表面粗糙度可达 Ra 0.8～0.2 μm。

⑤液压螺纹的缺点是受滚螺纹轮和搓螺纹板齿面硬度的限制，只适于加工硬度不高、塑性好、中小直径和齿高不太大的外螺纹，不适于加工内螺纹、方牙螺纹和薄壁零件上的螺纹。

5. 磨螺纹

磨螺纹用于淬硬螺纹的精加工，如精密螺杆、丝锥、滚螺纹轮、螺纹量规等。磨螺纹需用螺纹磨床，磨前用车、铣螺纹等方法粗加工。对于小尺寸的精密螺纹，也可不经粗加工直接磨出。

(1)单片砂轮磨螺纹

单片砂轮磨螺纹如图 1-74 所示，砂轮的轴线必须相对于工件轴线倾斜螺纹升角 ψ，工件安装在螺纹磨床的前、后顶尖之间，工件每旋转一周，同时沿轴向移动一个导程；砂轮高速旋转的同时，周期性地进行横向进给，经一次或多次行程完成加工。

该法适用于不同齿形、不同长径比的螺纹工件，机床调整和砂轮修整比较方便，并且背向力小，工件散热条件好，加工精度高。

(2)多线砂轮磨螺纹

多线砂轮磨螺纹如图 1-75 所示，利用多线砂轮选用缓慢的工件转速和较大的横向进给，经过一次或数次行程即可完成加工。

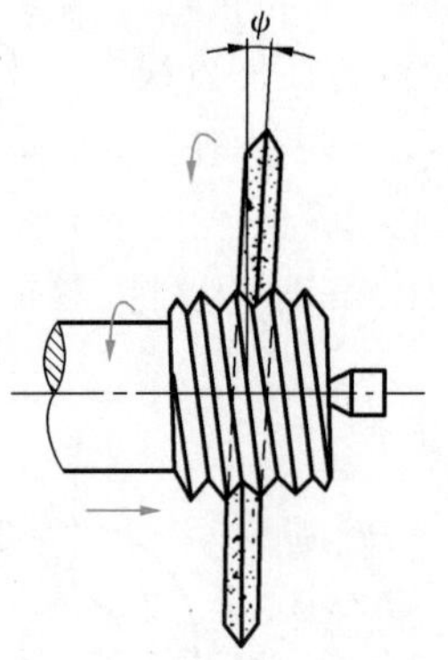

图 1-74　单片砂轮磨螺纹

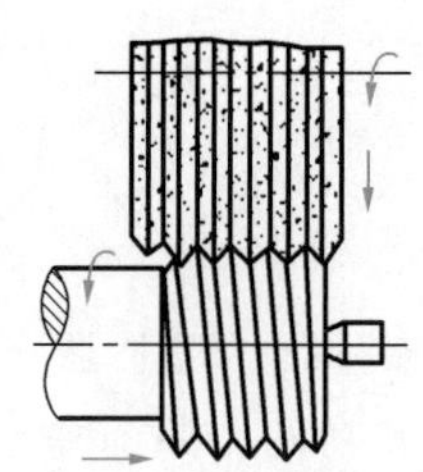
图 1-75　多线砂轮磨螺纹

该法生产率高，但加工精度低，砂轮修整复杂；适用于成批生产牙型简单、精度较低、刚性好的短螺纹。

磨螺纹加工精度可达 3～4 级，表面粗糙度可达 Ra 0.8～0.2 μm。但由于螺纹磨床结构复杂、精度高、加工效率低，因而加工费用较高。

二、超高速切削技术

实践证明，当切削速度提高 10 倍，进给速度提高 20 倍，远远超越传统的切削“禁区”后，切削机理发生了根本性的变化。其显著标志是使被加工塑性金属材料在切除过程中的剪切滑移速度超过某一阈值，开始趋向最佳切除条件，因而被加工材料切除所消耗的能量、切削力、工件表面温度、刀具和磨具磨损、加工表面质量等均明显优于传统切削速度下的指标，其加工效率大大高于传统切削速度下的加工效率。其结果是单位功率的金属切除率提高了 30%～40%，切削力减小了 30%，刀具的使用寿命提高了 70%，留于工件的切削热量大幅度减少，切削振动几乎消失。切削加工发生了本质性的飞跃，一系列在常规切削加工中备受困扰的问题得到了解决。可以说，超高速切削技术是21世纪切削加工领域的重大技术课题之一，是切削加工领域新的里程碑，应用前景十分广阔。

目前世界各国对超高速切削技术还没有统一的定义。一般认为超高速切削技术是指采用超硬材料刀具、磨具和能可靠地实现高速运动的高精度、高自动化、高柔性的制造设备，以极大地提高切削速度（比常规高10倍左右）来达到提高材料切除率、加工精度和加工质量的一种集高效、优质和低耗于一身的现代制造工艺技术。

在切削速度方面，超高速切削比常规切削的切削速度几乎高出了一个数量级；在切削原理上，突破了对传统切削的认识。由于切削机理的改变，超高速切削表现出了以下几个主要特点。

1. 加工效率高

超高速切削加工速度约为传统切削加工切削速度的10倍，进给速度随切削速度的提高也可相应提高5～10倍。这样，单位时间材料切除率可提高3～6倍，因而零件加工时间通常可缩减到原来的1/3。从而提高了加工效率和设备利用率，缩短生产周期。

2. 切削力小

与传统切削加工相比，超高速切削加工的切削力至少可减小30%。这对于加工那些刚性较差的零件（如细长轴、薄壁件）来说，可减少加工变形、提高零件的加工精度。同时，采用超高速切削后，单位功率材料切除率可提高40%以上，有利于延长刀具使用寿命。统计表明，超高速切削刀具寿命可延长约70%。

3. 热变形小

超高速切削加工过程极为迅速，95%以上的切削热量被切屑迅速带走而来不及传给零件；因而零件不会由于温升而弯翘或膨胀变形。因此超高速切削特别适合于加工那些容易发生热变形的零件。

4. 加工精度高、表面质量好

由于超高速切削加工的切削力减小，切削热量减小，使刀具和零件的变形减小，零件表面的残余应力减小，从而容易保证工件的尺寸精度。同时，由于切屑被飞快地切离零件，零件可达到较好的表面质量。

5. 加工过程稳定

由于高速旋转刀具切削加工时的激振频率已经远远高出了工艺系统的固有频率，工艺系统不会振动，因而超高速切削加工过程平稳，有利于提高加工精度和表面质量。

6. 能加工各种难加工材料

例如，在航空和动力部门大量采用镍基合金和钛合金，由于这类材料强度大、硬度高、耐冲击、加工中容易硬化、切削温度高、刀具磨损严重，在普通加工中都采用很小的切削速度。现在采用超高速切削，其切削速度为常规切削速度的10倍左右，不仅可大幅度提高生产率，而且可有效地减轻刀具磨损。

7. 降低加工成本

超高速切削时，单位时间的金属切除率高、能耗低、零件加工时间短，从而有效地提高了能源和设备利用率，降低了加工成本。

任务小结

轴类零件是机械加工中经常遇到的零件之一，在机器中，主要用来支承传动零件，并传递运动与扭矩。从结构上来说，轴类零件是旋转体零件，其长度大于直径，通常由外圆柱面、圆锥面、螺纹、花键、键槽、横向孔、沟槽等表面构成。

1. 轴类零件的毛坯

轴类零件的毛坯多采用锻件，这是因为锻件具有较好的机械性能、节省材料，锻造生产率较高等。锻造分为自由锻和模锻两种形式。自由锻具有较好的通用性，能够锻造各种尺寸的锻件，但金属损耗大。对于大型锻件如冷轧辊、水轮机主轴、多拐曲轴等只能采用自由锻，以获得好的力学性能。与自由锻比较，模锻生产率较高，锻件尺寸精确、加工余量小，可以锻造形状复杂的锻件，有利于降低生产成本。

2. 轴类零件的技术要求

轴类零件的主要技术要求有：

(1)加工精度

对于支承轴颈，通常为 IT7～IT5 级；对于配合轴颈，常取 IT9～IT6 级。

(2)形状精度

一般应限制在尺寸公差范围内，对于精密轴，需在零件图上另行规定其形状精度。

(3)相互位置精度

对于普通轴，配合轴颈对支承轴颈的径向圆跳动一般为 0.01～0.03 mm，对于高精度轴，则要求达到 0.001～0.005 mm。

(4)表面粗糙度

支承轴颈常为 *Ra* 1.6～0.2 μm，传动件配合轴颈则为 *Ra* 3.2～0.4 μm。

3. 金属切削的基础知识

金属切削的基础知识主要包括切削运动和加工表面、切削要素、刀具切削部分的组成与定义、刀具几何角度及其选用、刀具材料及其选用、金属切削规律及其应用、刀具磨损与刀具耐用度、工件材料的切削加工性和切削液等知识。

4. 工艺过程的基本知识

工艺过程的基本知识主要包括生产过程与工艺过程、机械加工工艺过程的基本概念、工艺规程的基本概念、工艺规程的类型与作用、工艺规程的设计步骤、生产纲领与生产类型、制定工艺规程的原则以及制定工艺规程所需的原始资料等。

5. 轴类零件的表面加工方法

轴类零件的外圆表面通常采用车削、磨削和光整加工方法。

车削加工是外圆表面最经济、最有效的加工方法。车削加工也能获得高的加工精度和加工质量，但就其经济精度来看，一般适于作为外圆表面的粗加工和半精加工方法。

磨削加工是外圆表面最主要的精加工方法。磨削加工一般用于各种高硬度材料和淬火零件的精加工。

光整加工（如抛光、研磨等）属于超精密加工方法，适用于加工某些精度和表面质量要求很高的零件。

轴类零件上的螺纹、退刀槽、挡圈槽等通常也采用车削加工方法，而轴类零件上的键槽、花键等则通常采用铣削加工。

轴类零件上的锥面多采用车削法来加工；其他特形表面则采用成形车刀法或联合进刀法来加工。

6. 轴类零件次要表面的加工方法

轴类零件次要表面的加工方法主要是指轴上的沟槽和键槽的加工方法。

7. 定位基准及其选择方法

定位基准从功能上通常可分为设计基准和工艺基准两大类，又可分为粗基准和精基准两类。这两种基准在选择时各需考虑四个不同的原则。

8. 划分加工阶段

加工阶段通常被划分为粗加工阶段、半精加工阶段、精加工阶段和光整加工阶段这四个阶段。

9. 安排加工顺序

安排加工顺序通常要遵循四个原则：基面先行、先粗后精、先主后次、先面后孔。热处理工序、检验工序以及其他工序的安排均需按照一定的原则。

10. 螺纹的加工方法

外螺纹通常可采用车削、套削、铣削、滚压和磨削等方法，而内螺纹则多采用攻螺纹或车削等加工方法。

11. 几种轴类零件的机械加工工艺路线

(1)阶梯轴（一般精度）

锻造→正火→铣端面，打中心孔→粗车→调质→精车→磨削。

(2)车床主轴（较高精度）

锻造→正火→铣端面，打中心孔→粗车→调质→精车→粗磨→半精磨→精磨。

(3)丝杠

下料→热处理→粗车→校直→半精车→校直→低温时效处理→半精车螺纹→校直→磨削→校直→精车螺纹。

任务自测

1. 切削用量三要素是哪三个？分别是如何定义的？
2. 刀具的基本几何角度有哪些？分别是如何定义的？试用图表示出来。
3. 常用的刀具材料有哪几类？
4. 切屑有哪些类型？各种类型有什么特征？各种类型切屑在什么情况下形成？
5. 积屑瘤是如何形成的？它对切削过程产生哪些影响？如何抑制积屑瘤？
6. 切削力和切削温度的含义分别是什么？各有哪些影响因素？
7. 刀具磨损的主要原因是什么？刀具材料不同，其磨损原因是否相同？为什么？

8. 改善材料切削加工性的主要措施有哪些？

9. 选用切削液时应考虑哪些因素？

10. 刀具的基本几何角度如何选择？

11. 切削用量选取一般按什么顺序？为什么？

12. 什么是生产过程、工艺过程和工艺规程？

13. 什么是工序、安装、工步、走刀和工位？

14. 生产类型是根据什么划分的？常用的有哪几种生产类型？

15. 砂轮的特性包括哪几个方面？应如何选择砂轮？

16. 磨削为什么能达到较高的精度和较小的表面粗糙度值？

17. 简述外圆车削的工艺特点及应用条件。

18. 外圆表面磨削方式有哪些？各自的特点及应用范围是什么？

19. 外圆表面的光整加工方法有哪些？

20. 试述轴类零件的主要功用并说明其结构特点和技术要求。

21. 试按加工工艺卡片要求编制如图 1-76 所示花键轴的工艺规程（材料为 40Cr 钢，大批生产）。

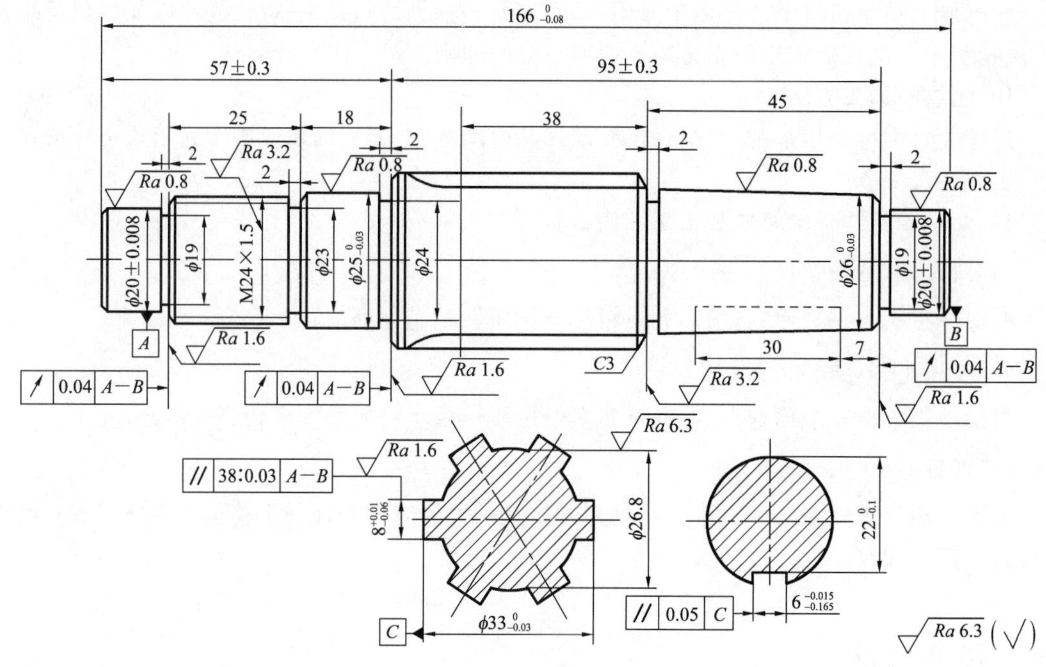

图 1-76 题 21 图

22. 什么是基准？工艺基准包括哪几种基准？

23. 毛坯选择时应考虑哪些因素？

24. 精基准选择原则有哪些？

25. 表面加工方法选择时应考虑哪些因素？

26. 工件加工质量要求较高时，应划分哪几个加工阶段？划分加工阶段的原因是什么？

27. 机械加工工序应如何安排？

28. 螺纹加工有哪些主要方法？

学习情境二

套筒类零件机械加工工艺编制

学习目标

1. 掌握机械加工余量的确定方法和工序尺寸的确定方法。
2. 掌握工件内孔的加工方法及其正确选用。
3. 培养学生团结协作、严谨求实、绿色环保、爱岗敬业、安全意识、创新意识等职业素养。
4. 能够编制中等复杂程度的套筒类零件的机械加工工艺规程。

任务一 轴承套的机械加工工艺编制

任务描述

图 2-1 所示为一轴承套，材料为 ZQSn6-6-3，每批数量为 400 只，试编制其机械加工工艺规程。

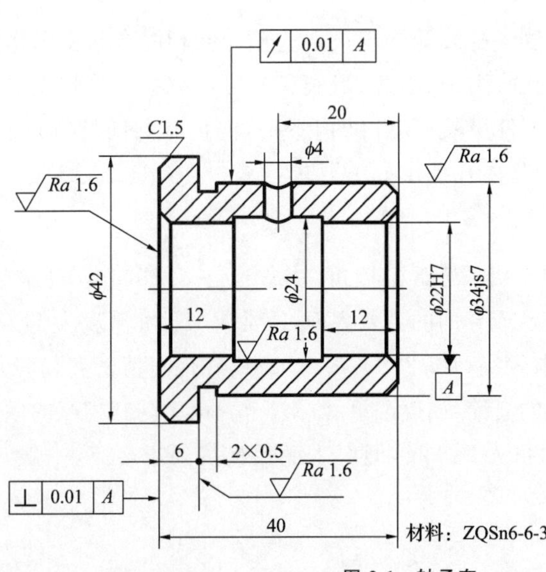

技术要求

1. 未注倒角 C1;
2. 未注尺寸公差按 GB/T 1804-m;
3. 材料：ZQSn6-6-3。

Ra 6.3 (√)

图 2-1 轴承套

任务分析

1. 套筒类零件的功用及结构特点

套筒类零件是指回转体零件中的空心薄壁件，是机械加工中常见的一种零件，在各类机器中应用很广，主要起支承或导向作用。由于功能不同，其形状、结构和尺寸有很大的差异，常见的有：支承回转轴的各种形式的轴承圈、轴套；夹具上的钻套和导向套；内燃机上的汽缸套和液压系统中的液压缸、电液伺服阀的阀套等。其常见的结构形式如图 2-2 所示。

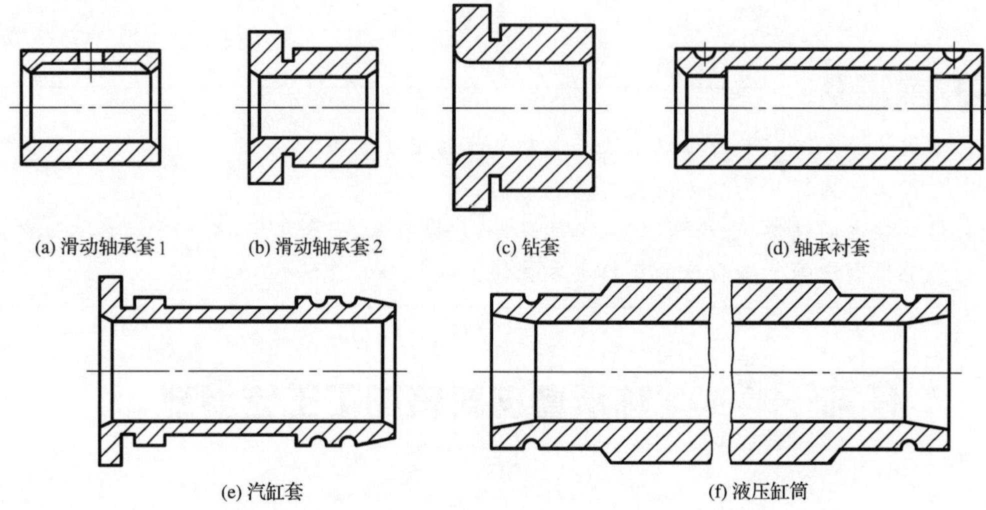

图 2-2 套筒类零件常见的结构形式

套筒类零件的结构与尺寸随其用途不同而不同，但其结构一般都具有以下特点：外圆直径 d 一般小于其长度 L，通常 $1<L/d<5$；内孔与外圆直径之差较小，故壁薄易变形；内、外圆回转面的同轴度要求较高；结构比较简单。

2. 套筒类零件的技术要求

套筒类零件的外圆表面多以过盈或过渡配合与机架或箱体孔相配合起支承作用。内孔主要起导向作用或支承作用，常与运动轴、主轴、活塞、滑阀相配合。有些套筒的端面或凸缘端面有定位或承受载荷的作用。套筒类零件虽然形状、结构不一，但仍有共同的特点和技术要求。根据使用情况，对套筒类零件的外圆与内孔提出如下要求：

(1)精度要求

外圆直径精度通常为 IT7～IT5 级，表面粗糙度为 Ra 5～0.63 μm，要求较高的可达 Ra 0.04 μm；内孔作为套筒类零件支承或导向的主要表面，通常要求尺寸精度为 IT7～IT6 级；为保证其耐磨性要求，表面粗糙度要求较高（Ra 2.5～0.16 μm）。有的精密套筒及阀套的内孔尺寸精度要求为 IT5～IT4 级，也有的套筒（如燃油缸、汽缸缸筒）由于与其相配的活塞上有密封圈，故对尺寸精度要求较低，一般为 IT9～IT8 级，但对表面粗糙度要求较高，一般为 Ra 2.5～1.6 μm。

(2)形状精度要求

通常将外圆与内孔的形状精度控制在直径公差以内即可;对精密轴套有时控制在孔径公差的1/3～1/2,甚至更严。对较长套筒除圆度有要求以外,还应有孔的圆柱度要求。为提高耐磨性,有的内孔表面粗糙度要求为 Ra 1.6～0.1 μm,有的高达 Ra 0.025 μm。套筒类零件外圆形状精度一般应在外径公差内,表面粗糙度为 Ra 3.2～0.4 μm。

(3)位置精度要求

位置精度要求主要应根据套筒类零件在机器中的功用和要求而定。如果内孔的最终加工是在套筒装配(如机座或箱体等)之后进行的,则可降低对套筒内、外圆表面的同轴度要求;如果内孔的最终加工是在装配之前进行的,则同轴度要求较高,通常同轴度为0.01～0.06 mm。套筒端面或凸缘端面常用来定位或承受载荷,对端面与外圆和内孔轴线的垂直度要求较高,一般为0.02～0.05 mm。

3. 轴承套的技术要求

加工时,应根据工件的毛坯材料、结构形式、加工余量、尺寸精度、形状精度和生产纲领,正确选择定位基准、装夹方法和机械加工工艺过程,以保证达到图样要求。其主要技术要求为:ϕ34js7 外圆对 ϕ22H7 内孔的径向圆跳动公差为 0.01 mm;ϕ22H7 左端面对孔轴线的垂直度公差为 0.01 mm。由此可见,该零件的外圆和内孔的尺寸精度和位置精度要求均较高。

任务准备

技能点一:钻、扩、铰孔

孔是箱体、支架、套筒、环、盘类零件上的重要表面,也是机械加工中经常遇到的表面。在加工精度和表面粗糙度要求相同的情况下,加工孔比加工外圆面困难,生产率低,成本高。这是因为:

(1)刀具的尺寸受到被加工孔的尺寸限制,故刀具的刚性差,不能采用大的切削用量。

(2)刀具处于被加工孔的包围中,散热条件差,切屑排出困难,切削液不易进入切削区,切屑易划伤加工表面。

另一方面,孔可以采用定尺寸刀具加工,故加工孔与加工外圆表面相比有较大的区别。

孔的技术要求包括:尺寸精度(孔径、孔深)、形状精度(圆度、直线度、圆柱度)、位置精度(同轴度、平行度、垂直度)及表面粗糙度等。

1. 钻孔

钻孔是指在工件的实体材料上加工出孔的工艺方法。钻孔所用机床为钻床、车床、镗床和铣床等。车床一般用以加工回转体类零件中心部位的孔,镗床用以加工箱体类零件上的配合孔系,钻孔后进行镗孔,除此以外的孔大多在钻床上加工。钻孔常用刀具为麻花钻。

(1)钻床

常用的钻床有台式钻床、立式钻床和摇臂钻床三种(图2-3)。

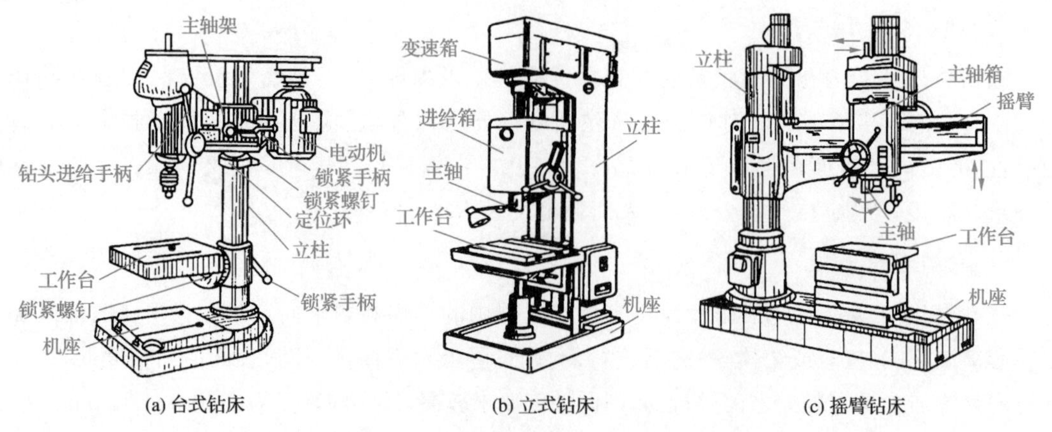

(a) 台式钻床　(b) 立式钻床　(c) 摇臂钻床

图 2-3　钻床

①台式钻床　台式钻床的主轴进给由钻头进给手柄手动实现，它小巧灵活、结构简单、使用方便，主要用来加工小型工件上的各种小孔（钻孔直径 $D<\phi13$ mm）；在仪表制造、钳工和装配中应用较多。

②立式钻床　立式钻床主轴的轴向进给可自动进给，也可手动进给；其刚性好、加工精度高；多用来加工中小型工件上的单个直径较大的孔（$\phi13$ mm＜钻孔直径 $D<\phi50$ mm）。在立式钻床上加工多孔工件通过移动工件来完成，操作不太方便。

③摇臂钻床　摇臂钻床刚性差，加工精度不及立式钻床。由于摇臂能够绕立柱旋转，而且主轴箱可沿摇臂导轨移动，所以多用于大型工件、多孔工件上的各种孔加工，广泛用于单件和成批生产中。

(2)麻花钻

钻孔所用刀具通常为麻花钻，多采用高速钢材料扭制而成，由工作部分、颈部和柄部组成，如图 2-4 所示。

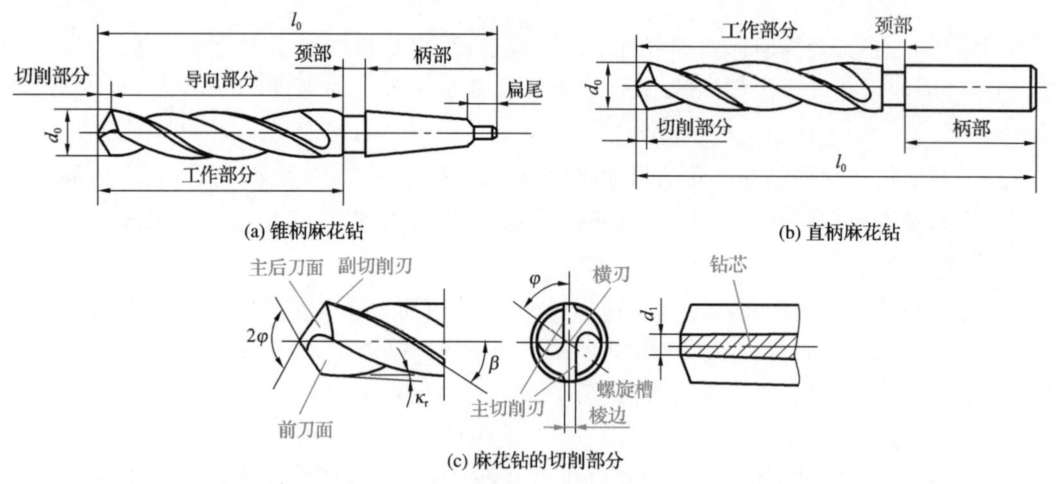

(a) 锥柄麻花钻　(b) 直柄麻花钻

(c) 麻花钻的切削部分

图 2-4　麻花钻

①工作部分　麻花钻的工作部分由切削部分和导向部分组成。切削部分承担切削工作，导向部分主要起引导作用，也作为切削部分的备磨部分，为减轻导向部分与钻孔孔壁的摩擦，工作部分有很小的倒锥。

②颈部　麻花钻的颈部在磨削麻花钻时起退刀作用，也是标记麻花钻直径等参数的部位。直柄麻花钻没有颈部。

③柄部　是麻花钻的夹持部分，并用来传递扭矩。锥柄麻花钻装夹时要用锥套；为了退卸麻花钻，柄部后面还带有扁尾，如图 2-4(a)所示。直柄麻花钻装夹时要用钻夹头，如图 2-5 所示。

(3)钻孔方法与工艺特点

常用的钻孔方式有以下两种：一种是在钻床、镗床上钻孔，刀具旋转并进给，工件不动；另一种是在车床上钻孔，工件旋转，刀具进给。根据钻孔时是否使用钻模，又可分为划线钻孔和钻模钻孔两种。

钻孔的主要工艺特点如下：

①麻花钻易引偏　由于钻头横刃定心不准，所以钻头的刚性和导向作用较差，切入时钻头易偏移、弯曲。引偏造成钻孔时的孔径扩大或孔轴线偏移和不直等现象。在钻床上钻孔易引起孔的轴线偏移和不直，如图 2-6(a)所示；在车床上钻孔易引起孔径扩大，如图 2-6(b)所示。

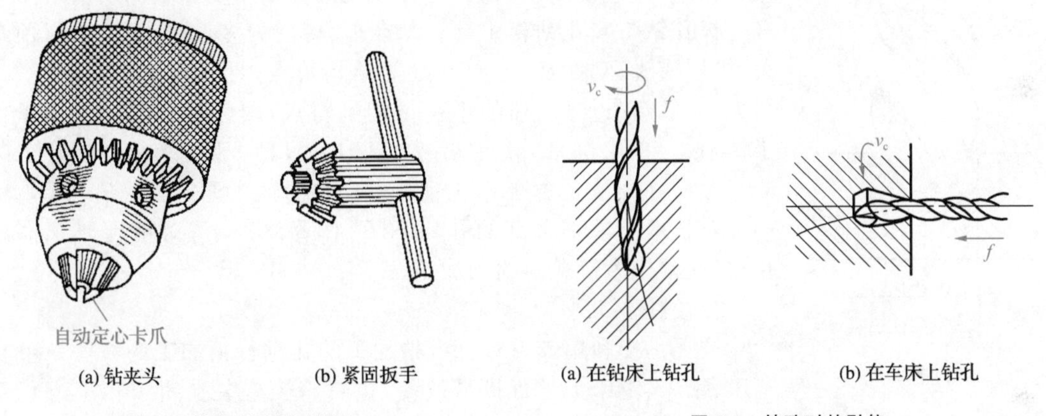

(a) 钻夹头　(b) 紧固扳手

图 2-5　钻夹头及紧固扳手

(a) 在钻床上钻孔　(b) 在车床上钻孔

图 2-6　钻孔时的引偏

②排屑困难　钻孔的切屑较宽，在孔内被迫卷成螺旋状，流出时因与孔壁发生剧烈摩擦而刮伤已加工表面，甚至会卡死或折断钻头。

③切削区温度高，刀具磨损快　切削时产生的切削热多，加之钻削为半封闭切削，切屑不易排出，切削热不易传出，因此切削区温度很高。

(4)提高钻孔精度的工艺方法

①仔细刃磨钻头，使两个切削刃的长度相等且顶角对称；在钻头上修磨出分屑槽，将宽的切屑分成窄条，以利于排屑，如图 2-7(a)所示。

②用顶角 $2\varphi=90°\sim100°$ 的中心钻预钻一个锥形坑，起钻孔时的定心作用，如图 2-7(b)所示。

③用钻模钻孔，用钻套为钻头导向，可减小钻孔开始时的引偏，特别是在斜面或曲面上钻孔时更有必要，如图 2-7(c)所示。

(5)钻孔的应用

钻孔只能达到较低的加工精度(IT13～IT10 级)和较高的表面粗糙度(通常为 Ra 12.5 μm)。由于受到机床动力和刀具强度的限制，钻头直径不能太大，通常在 ϕ80 mm 以下，故钻孔只能加工精度要求低的中小直径的孔，如螺钉孔、油孔等；也可用于技术要求高的孔的预加工或攻螺纹前的底孔加工。

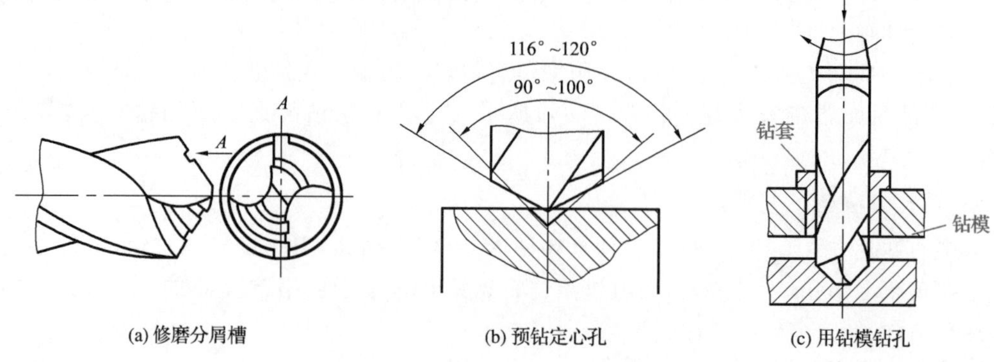

(a) 修磨分屑槽 (b) 预钻定心孔 (c) 用钻模钻孔

图 2-7 提高钻孔精度的工艺措施

2. 扩孔

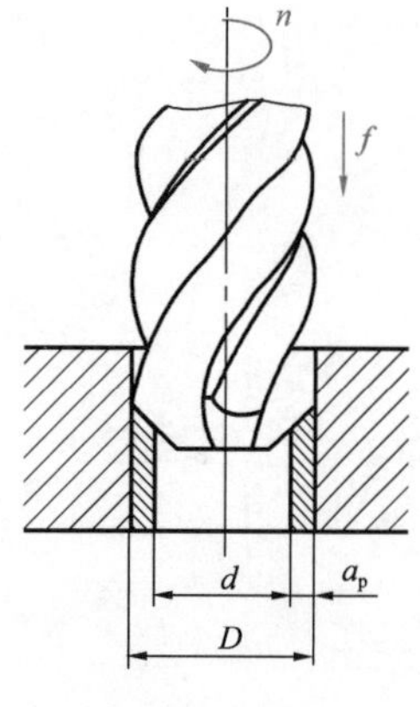

图 2-8 扩孔

扩孔是指用扩孔钻对已钻或铸、锻出的孔所进行的再加工（图 2-8）。其目的是扩大孔径，提高孔的加工精度和表面质量。

扩孔钻与麻花钻相比具有无横刃、切削刃多（3 个或 4 个）、前角大、排屑槽浅、刚性好、导向性好等结构特点，且具有切削深度小、切削力小、散热条件好、切削平衡等切削特点，因此扩孔的加工质量优于钻孔。扩孔加工精度可达 IT11～IT10 级，表面粗糙度为 Ra 12.5～6.3 μm，并能修正钻孔时产生的轴线歪斜等缺陷。

对技术要求不太高的孔，扩孔可作为终加工；对精度要求高的孔，扩孔常作为铰孔前的预加工。

3. 铰孔

铰孔是指利用铰刀对已半精加工的孔进行精加工的方法。可在车床、钻床、镗床上进行机械铰孔，也可将工件装在钳工台上进行手工铰孔。

(1)铰刀

①铰刀的类型 铰刀的类型很多，如图 2-9 所示。

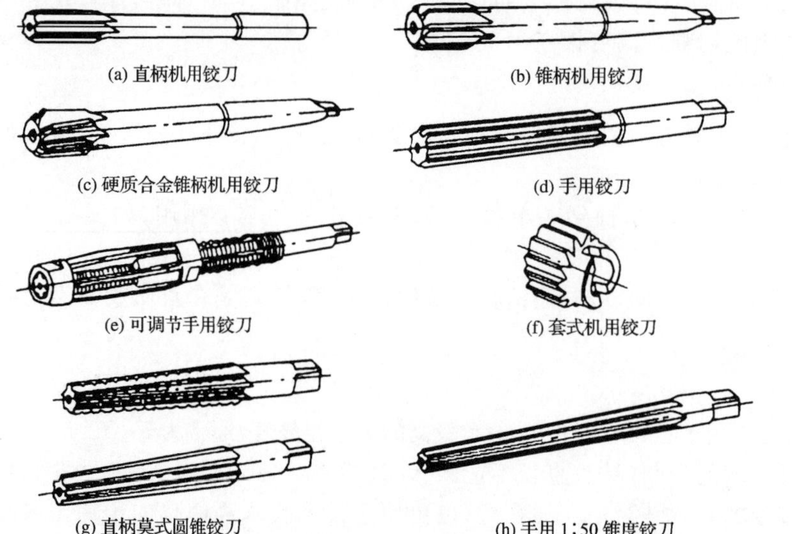

(a) 直柄机用铰刀 (b) 锥柄机用铰刀 (c) 硬质合金锥柄机用铰刀 (d) 手用铰刀 (e) 可调节手用铰刀 (f) 套式机用铰刀 (g) 直柄莫式圆锥铰刀 (h) 手用 1∶50 锥度铰刀

图 2-9 铰刀的类型

扩孔

②铰刀的结构　铰刀由工作部分、颈部和柄部组成(图 2-10)。工作部分包括切削部分、引导锥和校准部分。切削部分为锥形,担负主要切削工作。校准部分有窄的棱边和倒锥,以减小与孔壁的摩擦和减小孔径扩张,同时校正孔径,修光孔壁和导向。手铰刀为了便于定位和操作省力,切削部分锥角较小,切削刃和校准刃都较长,因而手铰的加工精度要高于机铰。

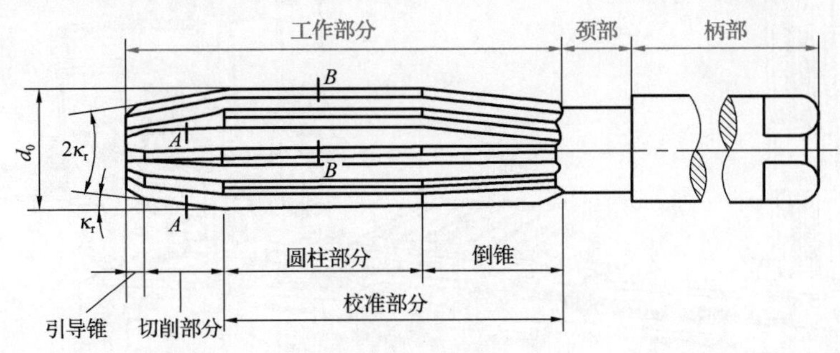

图 2-10　铰刀的结构

机铰刀柄部为锥柄,便于与机床主轴或钻套锥孔配合,而手铰刀柄部为直柄方头,便于使用扳手架。

(2)铰孔的工艺特点

①铰刀刀齿数多(6～12 个),制造精度高;具有校准部分,可以用来校准孔径、修光孔壁。

②铰刀的刀体强度和刚性较好(排屑槽浅,芯部直径大),故其导向性好,切削平稳。

③铰孔的加工余量小(粗铰为 0.15～0.35 mm,精铰为 0.05～0.15 mm),因而切削力较小,零件受力变形较小;铰孔切速度较低(粗铰为 4～10 m/min,精铰为 1.5～5 m/min),能够避免产生积屑瘤,产生的切削热较少。

④为减小摩擦,利于排屑、散热,以保证加工质量,铰孔时应加注切削液。一般铰钢件用乳化液,铰削铸铁件用煤油。

⑤铰削能够获得较好的加工质量,铰孔的精度可达 IT8～IT6 级,表面粗糙度为 *Ra* 1.6～0.4 μm,但铰孔不能提高孔的位置精度。铰孔是中小直径孔的半精和精加工的主要方法。

技能点二:镗孔

镗孔是指用镗刀对已有的孔进行加工的方法,是常用的孔加工方法之一。对于直径较大的孔($D>\phi 80$ mm)、内成形面或孔内环槽等,镗削是唯一合适的加工方法。一般镗孔的尺寸精度为 IT8～IT6 级,表面粗糙度 *Ra* 1.6 ～0.8 μm;精细镗时,尺寸公差等级可达 IT7～IT5 级,表面粗糙度为 *Ra* 0.8 ～0.1 μm。

镗孔可以在镗床、铣床、车床以及数控加工中心上进行。

1. 镗床

镗床主要完成高精度、大孔径孔或孔系的加工。此外,还可铣平面、沟槽、钻孔、扩孔、铰孔和车端面、外圆、内(外)环形槽及车螺纹等。镗床又可分为卧式镗床、立式镗床、坐标镗床等,其中以卧式镗床应用最为广泛。

卧式镗床的外形如图 2-11 所示。主要用来加工孔,特别是箱体类零件上的许多大孔、同心孔、平行孔等。其特点是易于保证被加工孔的尺寸精度和位置精度。

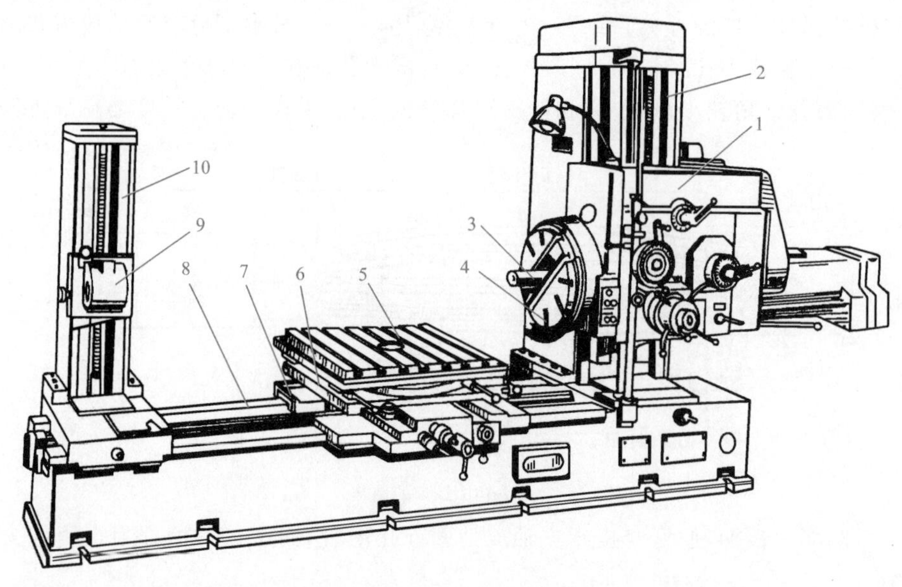

图 2-11 卧式镗床的外形

1—主轴箱;2—前立柱;3—镗轴;4—平旋盘;5—工作台;
6—上滑座;7—下滑座;8—导轨;9—后支架;10—后立柱

镗孔时,镗刀刀杆随主轴或平旋盘一起旋转,完成主运动;进给运动可由工作台带动零件纵向移动,也可由镗刀刀杆轴向移动或在平旋盘上的径向移动来实现。卧式镗床的主要加工工作如图 2-12 所示。

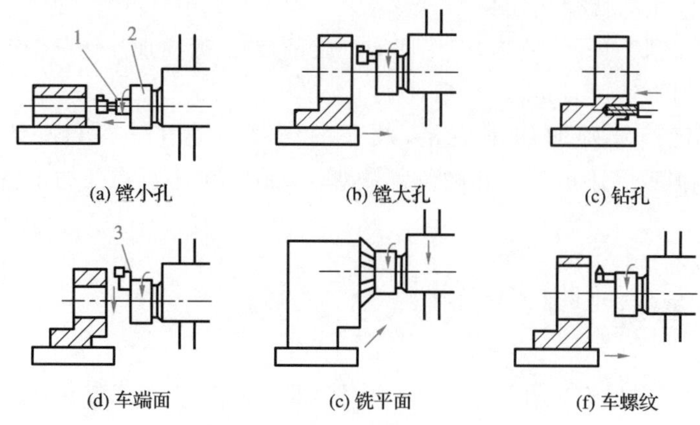

图 2-12 卧式镗床的主要加工工作

1—主轴;2—平旋盘;3—径向刀具

2. 镗刀

镗刀有单刃镗刀和多刃镗刀之分,它们的结构和工作条件不同,工艺特点和应用也不同。

(1)单刃镗刀 普通单刃镗刀只有一条主切削刃在单方向参加切削,其结构简单,制造方便,通用性强;但刚性差,镗孔尺寸调节不方便,生产率低,对工人的操作技术要求高。

如图 2-13 所示为几种不同结构的单刃镗刀。

镗刀的刚性差,切削时易引起振动,所以镗刀的主偏角选得较大,以减小背向力 F_p。镗削铸件孔或精镗时一般取 $\kappa_r=90°$;镗削钢件孔时,取 $\kappa_r=60°\sim75°$,以提高刀具的耐用度。

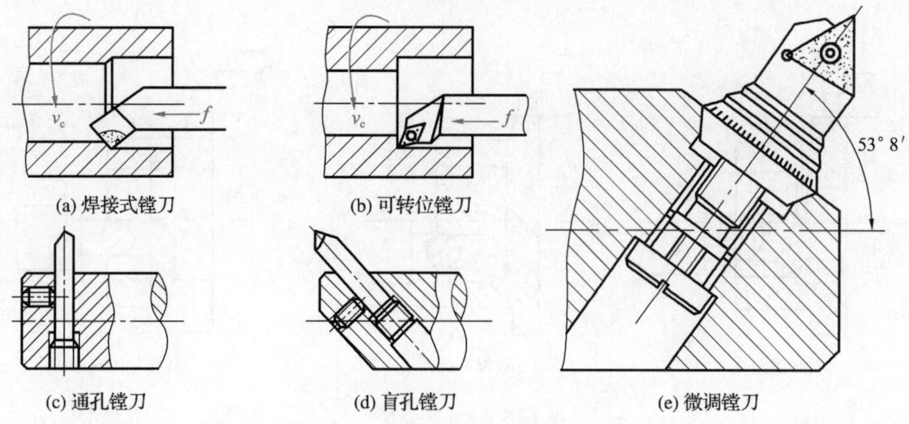

图 2-13　单刃镗刀

(2)双刃镗刀　双刃镗刀的两端都有切削刃，工作时可消除背向力 F_p 对镗杆的影响。工件的孔径尺寸与精度由镗刀尺寸来保证。目前双刃镗刀多采用浮动连接的结构，如图 2-14 所示，刀块以极小的间隙配合状态浮动地安装在镗杆的孔中。镗孔时，通过作用在两端切削刃上的切削力保持镗刀的平衡状态，从而消除了镗刀块安装误差及镗杆的径向跳动等引起的不良影响。

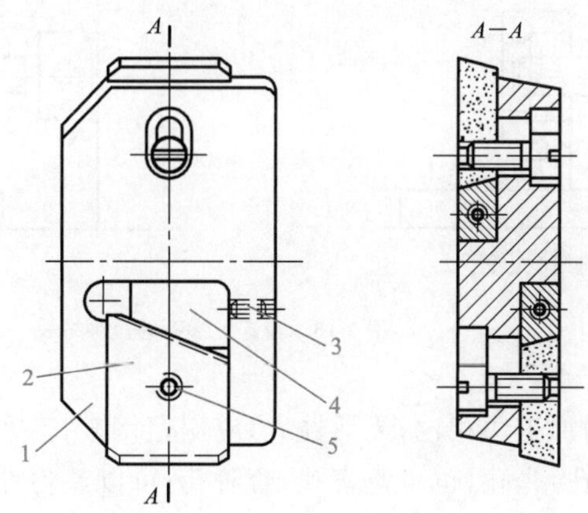

图 2-14　浮动双刃镗刀

1—刀体；2—刀片；3—尺寸调节螺钉；4—斜面垫板；5—刀片夹紧螺钉

但浮动镗孔与铰孔类似，不能校正原有孔的轴线歪斜或位置误差。

3. 镗孔的工艺方法

镗孔的工艺方法主要有以下三种。

(1)工件旋转、刀具进给　在车床上镗削盘类零件的内孔就属于这种工艺方法，如图 2-15 所示。其主要特点是镗孔后孔的轴线和工件的回转轴线保持一致，孔轴线的直线度较好，一次安装所加工的外圆和内孔同轴度高，并与端面垂直。

在车床上镗孔

(2)刀具旋转并进给、工件不动　在镗床类机床上进行镗孔属于这种加工方式，如图 2-16(a)所示。这种方式也能基本保证镗孔的轴线和机床主轴轴线一致，但随着镗杆伸出长度的增加，变形加大会使孔径逐步减小。此外，镗杆及主轴自重引起的下垂变形也会导致孔轴线弯曲。如果镗削同轴线多孔，则会加大这些孔的不同轴度，故这种方式适于加工孔深不大而孔径较大的箱体孔。

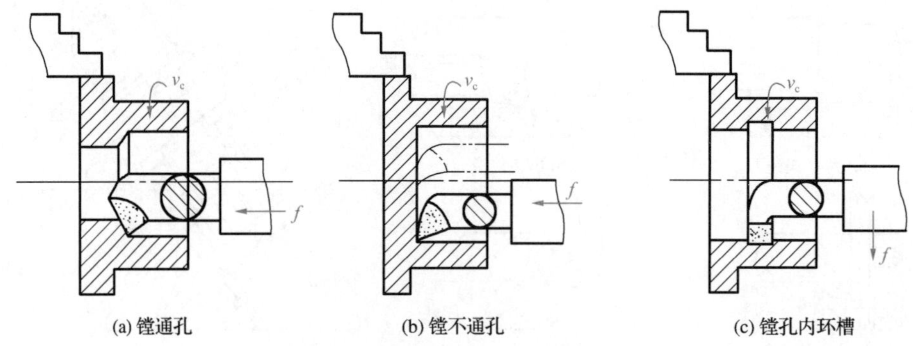

图 2-15 在车床上镗孔

(3)刀具旋转、工件进给 如图 2-16(b)所示，这种加工方式适用于镗削箱体上相距较远的同轴孔系，易于保证孔与孔、孔与平面间的位置精度，如同轴度、平行度、垂直度等。镗孔时进给运动方向发生偏斜或非直线性都不会影响孔径。但镗孔的轴线相对于机床主轴线会产生偏斜，使孔的横截面形状呈椭圆形。镗杆与机床主轴间多用浮动连接，以减小主轴误差对加工精度的影响。

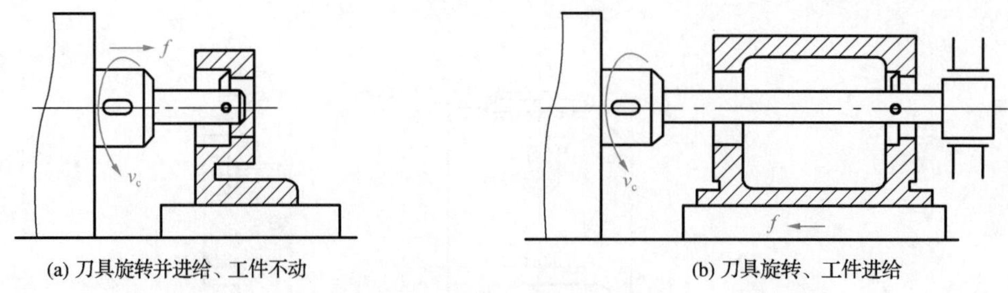

图 2-16 镗床上镗孔的两种方式

4. 镗孔的工艺特点

镗孔与其他孔的加工法相比，灵活性大，应用范围较广，可进行孔的粗加工、半精加工，也可以精加工；可镗通孔、光孔，也可镗盲孔、台阶孔；可以镗各种直径的孔，更适于镗大直径的及有相互位置精度要求的孔。但由于常用的大多为单刃镗刀并采用试切法加工，故镗孔的生产率低，要求较高的操作技术水平。

技能点三：拉孔

拉孔是用拉刀在拉床上进行的，孔的形状、尺寸由拉刀截面轮廓和尺寸精度来保证。

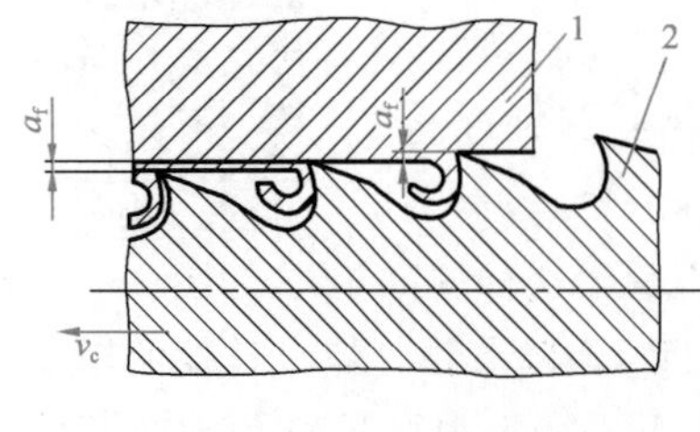

图 2-17 拉削加工
1—工件；2—拉刀

1. 拉削的原理

拉削可以认为是刨削的进一步发展，它利用多齿拉刀从工件上切下很薄的金属层，使表面达到较高的精度和较低的表面粗糙度。如图 2-17 所示，拉刀以切削速度 v_c 做主运动，没有进给运动；由于拉刀的后一个刀齿高出前一个刀齿(齿升量 a_f)，所以能在一次行程中一层一层地从工件上切去多余的金属层，完成对工件的粗加工、半精加工和精加工,以获得所要求的表面。加工时若将刀具所受的拉力改为推力,则称为推削,所用刀具称为推刀。拉削所用机床称为拉床,推削则多在压力机上进行。

2. 拉刀

(1)拉刀的类型

按照加工表面的不同,拉刀可分为内拉刀和外拉刀两种。前者用于加工各种截面形状的内表面(孔),常用的有圆孔拉刀、键槽拉刀和花键拉刀等;后者则用来加工各种外表面,如平面拉刀、成形表面拉刀和齿轮拉刀等。

(2)拉刀的结构

圆孔拉刀一般由头部、颈部、过渡锥部、前导部、切削部、校准部、后导部及尾部组成,如图 2-18 所示。

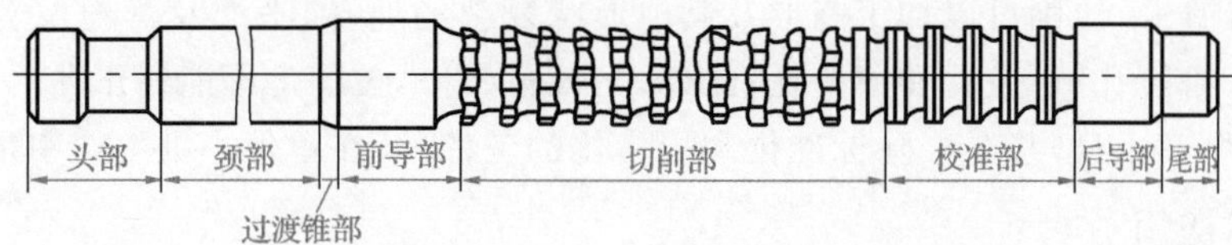

图 2-18　圆孔拉刀的组成

其各部分的功用分别是:

①头部　与机床连接,传递运动和拉力。

②颈部　头部和过渡锥部连接部分。

③过渡锥部　使拉刀容易进入工件孔中,起对准中心的作用。

④前导部　起导向和定心作用,防止拉刀歪斜,并可检查拉削前的孔径是否太小,以免拉刀因第一刀齿负荷太大而损坏。

⑤切削部　切除全部加工余量,由粗切齿、过渡齿和精切齿组成。

⑥校准部　起校准和修光作用,并作为精切齿的后备齿。

⑦后导部　保持拉刀最后几个刀齿的正确位置,防止拉刀即将离开工件时,工件下垂而损坏已加工表面。

⑧尾部　防止长而重的拉刀自重下垂,影响加工质量和损坏刀齿。

3. 拉孔的方法

拉削内孔时,工件的预制孔不必精加工,工件也无须夹紧,工件以端面靠紧在拉床的支承板上,因此工件的支承端面应与孔垂直,否则容易损坏拉刀。如果工件的端面与孔不垂直,则应采用自动定心球面的支承垫板来补偿。球面支承垫板的略微转动可以使工件上的孔自动地调整到与拉刀轴线一致的方向,如图 2-19 所示。

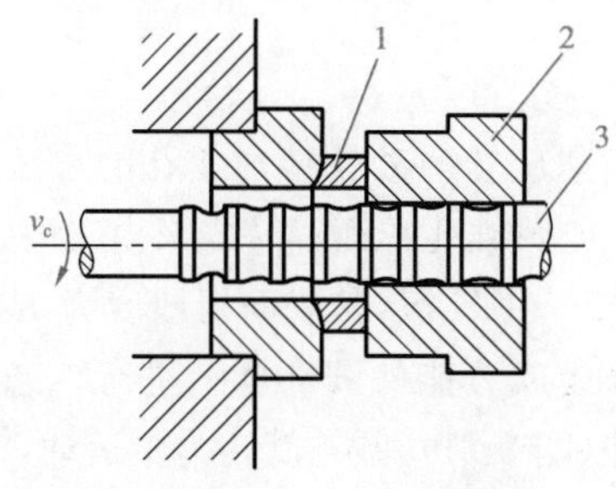

图 2-19　拉孔的方法

1—球面支承垫板;2—工件;3—拉刀

拉孔的方法

4. 拉削的工艺特点及应用

(1)拉削的工艺特点

①生产率高　拉刀同时工作的刀齿多,而且一次行程能够完成粗、精加工,大大缩短了基本工艺时间和辅助时间。

②拉刀耐用度高　拉削速度低,每齿切削厚度很小,切削力小,切削热也少,故拉刀刃磨一次可加工数千工件,再加上一把拉刀可以刃磨多次,因此拉刀的使用寿命很长。

③加工精度高　拉刀有校准部分,其作用是校准尺寸,修光表面,校准刀齿的切削量很小,仅切去工件材料的弹性恢复量;此外,拉削的切削速度较低,拉削过程比较平稳,无积屑瘤;拉削的尺寸公差等级一般可达 IT8～IT7 级,表面粗糙度为 *Ra* 0.8～0.4 μm。

④拉床只有一个主运动(直线运动)　结构简单,操作方便。

⑤加工范围广　拉削可以加工圆形及其他形状复杂的通孔、平面及其他没有障碍的外表面,但不能加工台阶孔、不通孔和薄壁孔;此外,与铰孔相似,拉削也不能纠正孔的位置误差。

⑥拉刀成本高,刃磨复杂　除标准化和规格化的工件外,在单件小批生产中很少应用。

(2)拉削的应用

虽然内拉刀属于定尺寸刀具,每把内拉刀只能拉削一种尺寸和形状的内表面,但不同的内拉刀可以加工各种形状的通孔,如图 2-20 所示。拉削除了可加工圆孔、方孔、多边形孔、花键孔和内齿轮外,还可以加工多种形状的沟槽,例如键槽、T 形槽、燕尾槽和蜗轮盘上的榫槽等。

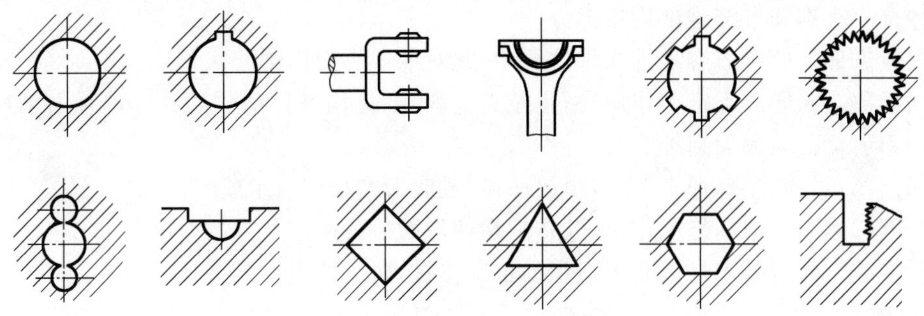

图 2-20　拉削的典型内孔截面形状

拉削加工主要适用于成批和大量生产,尤其适于在大量生产中加工比较大的复合形面,如发动机的汽缸体等。在单件小批生产中,对于某些精度要求较高、形状特殊的成形表面,当用其他方法加工很困难时,也有采用拉削加工的。

技能点四:磨孔与孔的光整加工

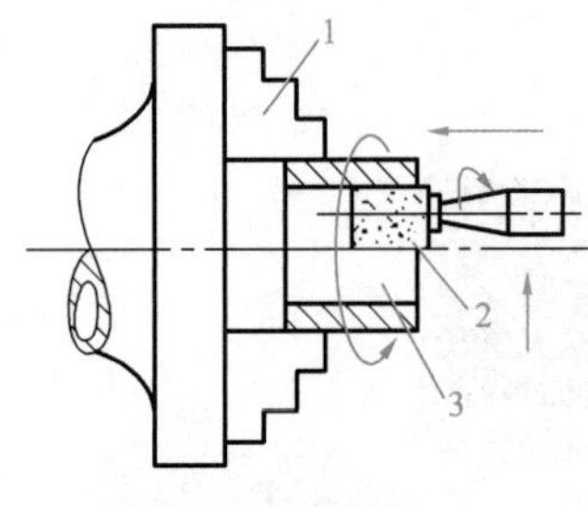

图 2-21　内圆磨削

1—卡盘;2—砂轮;3—工件

1. 磨孔

磨孔是指用高速旋转的砂轮精加工孔的方法,可以磨削圆柱孔、圆锥孔、圆柱孔或圆锥孔端面以及成形内表面。磨孔可达到的尺寸公差等级为 IT8～IT6 级,其表面粗糙度为 *Ra* 1.6～0.4 μm。磨孔可以在内圆磨床或万能外圆磨床上进行。磨孔时,工件用卡盘或专用夹具装夹(图 2-21),砂轮旋转为主运动,工件低速旋转为圆周进给运动(其方向与砂轮旋转方向相反),工作台带动工件做纵向进给运动，切深运动为砂轮周期性的径向进给运动。

(1)磨孔的方法

与外圆磨削类似，内圆磨削也可以分为纵磨法和横磨法。横磨法仅适用于磨削短孔及内成形面。由于磨内孔时受孔径限制，砂轮轴比较细，刚性较差，所以多数情况下采用纵磨法。

(2)磨孔的特点

与外圆磨削相比，内圆磨削具有以下特点：

①限于内圆直径，内圆磨削的砂轮直径小(一般为工件孔径的50%～90%)，转速又受内圆磨床主轴转速的限制(一般为10 000～20 000 r/min)，砂轮的圆周速度达不到要求(30～35 m/s)，因此其磨削表面质量比外圆磨削差。

②内圆磨削时，砂轮直径越小，安装砂轮的接长轴直径越小，悬伸越长，刚性越差，越容易产生弯曲变形和振动，磨削的尺寸精度和形状精度越低，表面质量越差，磨削用量越小，生产率越低。

③内圆磨削时，砂轮直径小，转速却比外圆磨削高得多，因此单位时间内每一磨粒参加磨削的次数比外圆磨削高，而且与工件内切圆接触，接触弧比外圆磨削长，再加上内圆磨削处于半封闭状态，冷却条件差，磨削热较大，磨粒易磨钝，砂轮易堵塞，工件易发热和烧伤，影响表面质量。

与铰孔或拉孔相比，磨孔具有如下特点：

- 可磨削淬硬的零件孔，这是磨孔的最大优势。
- 不仅能保证孔本身的尺寸精度和表面质量，还可以提高孔的位置精度和轴线的直线度。
- 用同一个砂轮可以磨削不同直径的孔，灵活性较大。
- 生产率比铰孔低，比拉孔更低。

因此，磨孔主要用于不适于采用铰削、拉削、镗削的孔的精加工，尤其是经过淬火淬硬的内孔、表面不连续的内孔或者成形表面的内孔。

2. 研磨孔

研磨孔属于孔的光整加工方法，需要在精镗、精铰或精磨后进行。研磨后孔的尺寸公差等级可提高到IT6～IT4级，表面粗糙度为Ra 0.1～0.008 μm，圆度和圆柱度亦相应提高。

孔的研磨过程、原理、工艺特点与外圆表面的研磨相同，但研磨孔用的研具是圆柱研磨棒。圆柱研磨棒装夹在车床两顶尖上或钻床上的主轴孔中，随主轴一起转动，手持工件进行研磨。为补偿其磨损，圆柱研磨棒常做成可胀式的，如图2-22所示。

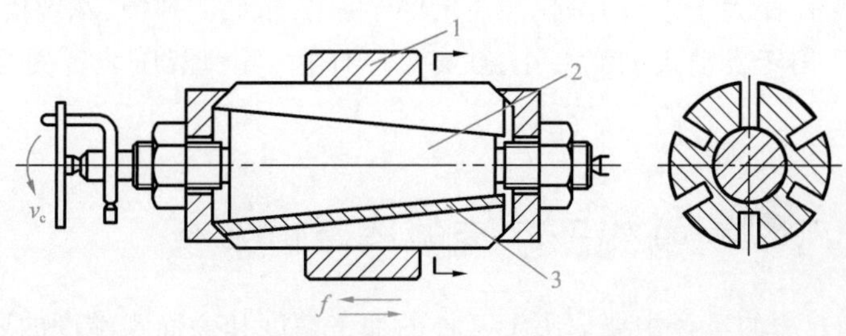

图2-22　孔的研磨

1—工件；2—锥轴；3—可胀式研磨棒

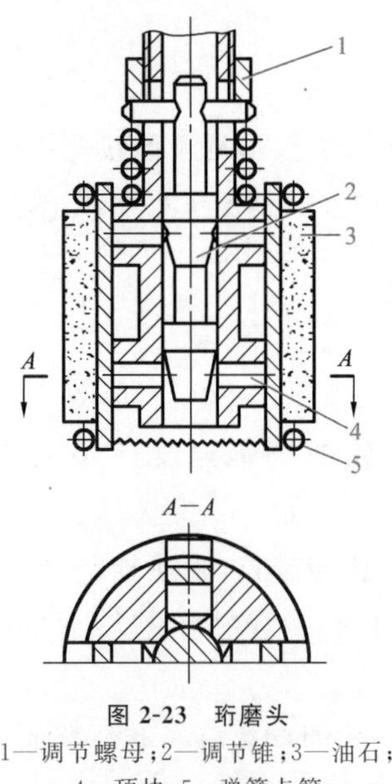

图 2-23 珩磨头
1—调节螺母；2—调节锥；3—油石；4—顶块；5—弹簧卡箍

研磨棒外径应调至比孔径小 0.01～0.025 mm。孔的研磨常为手工操作，效率低，工人劳动强度大，技术水平要求高，故应用较少，仅用于小孔的单件小批光整加工。

3. 珩磨孔

(1)加工原理

珩磨孔是指在珩磨机上由珩磨头对孔进行光整加工的方法。珩磨头的结构如图 2-23 所示，其圆周上装有若干条细磨粒油石(磨条)，由胀开机构将其沿径向撑开，使其压向工件孔壁；珩磨时，珩磨头做回转运动和往复直线运动，对孔壁进行低速磨削，使油石上的磨粒在工件表面上的切削轨迹呈现交叉而不重复的网状花纹，因而容易获得极低表面粗糙度的加工表面。

珩磨时油石与工件接触面积大，因此需供应大量清洁的冷却润滑液。珩磨时磨粒会嵌入工件表面，故珩磨后需对工件进行清洗；否则，会加速工件在工作过程中的磨损。

(2)工艺特点

①生产率较高　珩磨时多个油石同时工作，又是面接触，同时参加切削的磨粒较多，并且经常连续变化切削方向，能较长时间保持磨粒刃口锋利。珩磨的加工余量比研磨大，一般珩磨铸铁时为 0.02～0.15 mm，珩磨钢件时为 0.005～0.08 mm。

②精度高　珩磨能提高孔的表面质量、尺寸和形状精度，但不能纠正孔的位置误差，这是珩磨头与机床主轴是浮动连接所致。因此，在珩磨孔的前道精加工工序中，必须保证其位置精度。

③珩磨表面耐磨损　由于已加工表面有交叉网纹，有利于油膜形成，所以润滑性能好，磨损减慢。

④珩磨头结构很复杂。

(3)应用

珩磨后孔尺寸公差等级可达 IT6～IT5 级，表面粗糙度为 Ra 0.2～0.025 μm，孔的形状精度亦相应提高；因此珩磨的应用范围很广，可加工铸铁、淬硬或不淬硬的钢件；由于珩磨头的磨粒极细，孔隙很小，故不宜加工易堵塞油石的韧性金属零件。珩磨可加工孔径为 15～500 mm 的孔，也可以加工深径比大于 10 的深孔。但珩磨不适于加工带键槽、花键槽等断续表面的孔。

目前，珩磨广泛用于发动机的汽缸孔、缸套及连杆孔、各种液压装置的套筒类零件内孔等的精密加工。

技能点五：内圆表面加工方法的选择

内圆表面加工方法的选择主要取决于工件的加工精度和表面粗糙度的要求以及内圆表面尺寸、深度、零件形状、质量、材料、生产纲领及现有设备等。内圆表面的加工方法较多，各种方法又有不同的适用条件。例如用定尺寸刀具加工的钻、扩、铰、拉，因受刀具尺寸的限制，只适于加工中小尺寸的内圆表面，大孔只能用镗削加工。因此，选择孔的加工方案时应综合考虑各相关因素和加工条件。常用的内圆表面的加工方案见表 2-1。

表 2-1　　常用的内圆表面的加工方案

序号	加工方案	加工精度/级	表面粗糙度 $Ra/\mu m$	适用范围
1	钻	IT13～IT11	12.5	加工未淬火钢及铸铁的实心毛坯，也可用于加工有色金属（但表面粗糙度稍大，孔径小于 20 mm）
2	钻→铰	IT9	3.2～1.6	
3	钻→粗铰→精铰	IT8～IT7	1.6～0.8	
4	钻→扩	IT11～IT10	12.5～6.3	同上，但是孔径大于 20 mm
5	钻→扩→铰	IT9～IT8	3.2～1.6	
6	钻→扩→粗铰→精铰	IT7	1.6～0.8	
7	钻→扩→机铰→手铰	IT7～IT6	0.4～0.1	
8	钻→扩→拉	IT9～IT7	1.6～0.1	大批大量生产（精度由拉刀的精度而定）
9	粗镗或扩孔	IT12～IT11	12.5～6.3	除淬火钢外的各种钢和有色金属，毛坯的铸出孔或锻出孔
10	粗镗（粗扩）→半精镗（精扩）	IT9～IT8	3.2～1.6	
11	粗镗（粗扩）→半精镗（精扩）→精镗（精铰）	IT8～IT7	1.6～0.8	
12	粗镗（粗扩）→半精镗（精扩）→精镗→浮动镗	IT7～IT6	0.8～0.4	
13	粗镗（粗扩）→半精镗→磨孔	IT8～IT7	0.8～0.2	主要用于淬火钢，也用于未淬火钢，但不宜用于有色金属加工
14	粗镗（粗扩）→半精镗→粗磨→精磨	IT7～IT6	0.2～0.1	
15	粗镗→半精镗→精镗→金刚镗	IT7～IT6	0.4～0.05	主要用于精度要求高的有色金属加工
16	钻→（扩）→粗铰→精铰→珩磨 钻→（扩）→拉→珩磨 粗镗→半精镗→精镗→珩磨	IT7～IT6	0.2～0.025	精度要求很高的孔
17	以研磨代替上述各种方案中的珩磨	IT6 及以上	—	

知识点：加工余量的确定

在选择了毛坯并拟定加工工艺路线之后，就需要确定加工余量，计算各工序的工序尺寸。加工余量的大小与加工成本有密切关系，加工余量过大不仅浪费材料，而且增加切削工时，加剧刀具和机床的磨损，从而增加成本；加工余量过小，会使前一道工序的缺陷得不到纠正，造成废品，从而也使成本增加。因此，合理地确定加工余量，对提高加工质量和降低成本都有十分重要的意义。

1. 加工余量的概念

在机械加工过程中从加工表面切除的金属层厚度称为加工余量。加工余量分为工序余量和加工总余量。

(1)工序余量

工序余量是指为完成某一道工序所必须切除的金属层厚度，即相邻两道工序的工序尺寸之差。

①工序余量的计算　工序余量有单边余量和双边余量之分，平面加工余量是单边余量，它等于实际切削的金属层厚度。对于外圆和孔等回转表面，工序余量是指双边余量，即以直径方向计算，实际切削的金属为工序余量数值的一半，如图 2-24 所示。

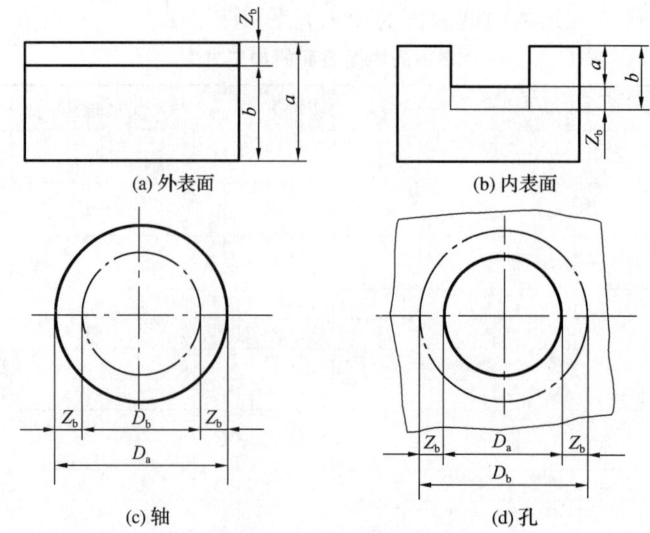

图 2-24 工序余量

如图 2-24(a)所示，外表面的单边余量 $Z_b=a-b$
如图 2-24(b)所示，内表面的单边余量 $Z_b=b-a$ (2-1)

式中 Z_b——本道工序的工序余量；
a——前道工序的工序尺寸；
b——本道工序的工序尺寸。

如图 2-24(c)所示，对于轴 $2Z_b=D_a-D_b$
如图 2-24(d)所示，对于孔 $2Z_b=D_b-D_a$ (2-2)

式中 Z_b——本道工序的基本余量；
D_a——上道工序的公称尺寸；
D_b——本道工序的公称尺寸。

当加工某个表面的工序分几个工步进行时，相邻两工步尺寸之差就是工步余量，它是某工步在表面上切除的金属层厚度。

②基本余量、最大余量、最小余量及余量公差　由于毛坯制造和各个工序尺寸都存在着误差，因此，加工余量也是一个变动值。当工序尺寸用公称尺寸计算时，所得的加工余量称为基本余量或称公称余量。

最小余量(Z_{min})是指保证该道工序加工表面的精度和质量所需切除的金属层最小厚度。最大余量(Z_{max})是指该道工序余量的最大值。下面以图 2-25 所示表面为例来计算，其他各类表面的情况与其相类似。

- 对于被包容面(轴)

本道工序的基本余量 $Z_b=L_a-L_b$
本道工序的最大余量 $Z_{bmax}=Z_b+T_b$
本道工序的最小余量 $Z_{bmin}=Z_b-T_a$
本道工序余量公差 $T_z=T_b+T_a$ (2-3)

式中 L_a——上道工序的公称尺寸；
T_a——上道工序的尺寸公差；
L_b——本道工序的公称尺寸；
T_b——本道工序的尺寸公差。

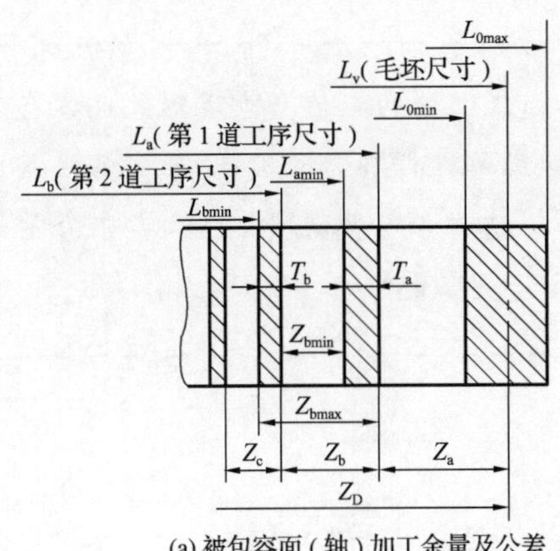

(a) 被包容面(轴)加工余量及公差

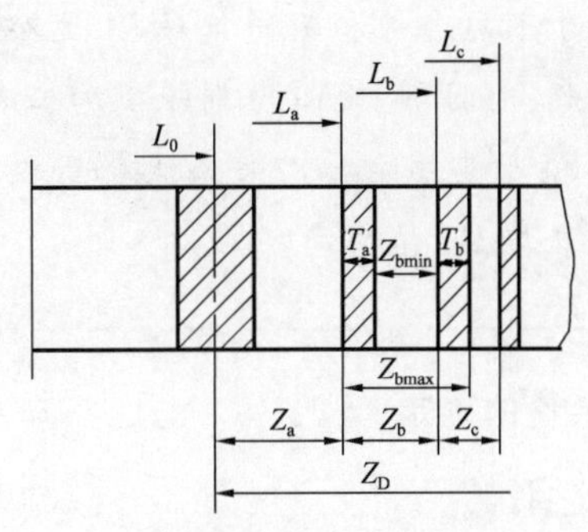

(b) 包容面(孔)加工余量及公差

图 2-25　加工余量及公差

- 对于包容面(孔)

本道工序的基本余量　$Z_b = L_b - L_a$

本道工序的最大余量　$Z_{bmax} = Z_b + T_b$

本道工序的最小余量　$Z_{bmin} = Z_b - T_a$

本道工序余量公差　$T_z = T_b + T_a$　(2-4)

工序尺寸公差带的布置一般都遵循“单向、入体”原则：对于被包容面(轴)，公差都标成下极限偏差，取上极限偏差为零，工序公称尺寸即最大工序尺寸；对于包容面(孔)，公差都标成上极限偏差，取下极限偏差为零。但是，孔中心距尺寸和毛坯尺寸的公差带一般都采用双向对称布置。

(2)加工总余量

加工总余量是指在由毛坯变为成品的过程中，从某加工表面上所切除的金属层总厚度，即毛坯尺寸与零件图设计尺寸之差。如图 2-25 所示，不论是包容面还是被包容面，其加工总余量均等于各工序余量之和。即

$$Z_D = \sum_{i=1}^{n} Z_i \qquad (2\text{-}5)$$

式中　Z_D——加工总余量；

Z_i——第 i 道工序加工余量，n 为工序数。

2. 影响加工余量的因素

(1)上道工序的表面质量(包括表面粗糙度 Ra 和表面破坏层深度 S_a)。

(2)上道工序的工序尺寸公差(T_a)。

(3)上道工序的位置误差(ρ_a)。如工件表面在空间的弯曲、偏斜以及其他空间位置误差等。

(4)本道工序工件的安装误差(ε_b)。

因此，本道工序的加工总余量必须满足

当为对称余量时　$Z_D \geqslant 2(Ra + S_a) + T_a + 2\left|\vec{\rho_a} + \vec{\varepsilon_b}\right|$　(2-6)

当为单边余量时　$Z_D \geqslant Ra + S_a + T_a + \left|\vec{\rho_a} + \vec{\varepsilon_b}\right|$　(2-7)

式中，ρ_a 和 ε_b 均是空间误差，方向未必相同，因此应取矢量合成的绝对值。

注意

对于不同零件和不同工序,上述公式中各组成部分的数值与表现形式也各有不同。例如:对拉削、无心磨削等以加工表面本身定位进行加工的工序,其安装误差 ε_b 值取为 0;对某些主要用来降低表面粗糙度的超精加工及抛光等工序,工序余量的大小仅仅与 Ra 值有关。

3. 加工余量的确定

(1)经验估计法

经验估计法根据工艺人员的实际经验确定加工余量。为了防止因加工余量不足而产生废品,所估计的加工余量一般偏大。此法常用于单件小批生产。

(2)查表法

查表法以工厂生产实践和试验研究积累的有关加工余量的资料数据为基础,先制成表格,再汇集成手册。确定加工余量时,应先查阅这些手册,再结合工厂的实际情况进行适当修改后确定。目前,这种方法的应用比较广泛。

(3)分析计算法

分析计算法是指根据一定的试验资料和计算公式,对影响加工余量的各项因素进行综合分析和计算来确定加工余量的方法。这种方法确定的加工余量最经济合理,但必须有比较全面和可靠的试验资料。目前,只在材料十分贵重以及军工生产或少数大量生产的工厂中采用。

在确定加工余量时,要分别确定加工总余量(毛坯余量)和工序余量。加工总余量的大小与所选择的毛坯制造精度有关。用查表法确定工序余量时,粗加工工序余量不能用查表法得到,而是由总余量减其他各道工序余量之和而得。

任务实施

1. 套筒类零件工艺路线的拟定

图 2-1 所示轴承套属于短套,其直径尺寸和轴向尺寸均不大,粗加工可以单件加工,也可以多件加工。由于单件加工时,每件都要留出工件准备装夹的长度,因此原材料浪费较多,所以这里采用多件加工的方法。

该轴承套的材料为 ZQSn6-6-3,其外圆为 IT7 级精度,采用精车可以满足要求;内孔的精度也是 IT7 级,铰孔可以满足要求。因此,内孔的加工顺序为钻→车孔→铰孔。

2. 保证套筒类零件表面相互位置精度、防止工件变形的方法及工艺措施

(1)保证套筒类零件表面相互位置精度的方法

套筒类零件内、外表面的同轴度以及端面与孔轴线的垂直度要求一般都较高,通常可用以下方法来满足:

①在一次安装中完成内、外表面及端面的全部加工　这样可消除工件的安装误差，并获得很高的相互位置精度。但由于工序比较集中，对尺寸较大的套筒安装不便，故多用于尺寸较小的轴套车削加工。

②主要表面的加工分在多次安装中进行(先加工孔)　先加工孔至零件图尺寸，然后以孔为精基准加工外圆。由于使用的夹具(通常为心轴)结构简单，而且制造和安装误差较小，因此可保证较高的相互位置精度，在套筒类零件加工中应用较多。

③主要表面的加工分在多次安装中进行(先加工外圆)　先加工外圆至零件图尺寸，然后以外圆为精基准完成内孔的全部加工。该方法工件装夹迅速可靠，但一般卡盘安装误差较大，使得加工后工件的相互位置精度较低。欲使同轴度误差较小，应采用定心精度较高的夹具，如弹性膜片卡盘、液性塑料夹头、经过修磨的三爪卡盘和软爪等。

④孔的精加工常采用拉孔、滚压孔等工艺方案　这样既可以提高生产率，又可以解决镗孔和磨孔时因镗杆、砂轮轴刚性差而引起的加工误差。

(2)防止套筒类零件变形的工艺措施

套筒类零件的结构特点是孔的壁厚较薄，薄壁套筒类零件在加工过程中，常因夹紧力、切削力和热变形的影响而引起变形。为防止变形常采取以下工艺措施：

①将粗、精加工分开进行　可以减小切削力和切削热的影响，使粗加工产生的变形在精加工中得以纠正。

②减小夹紧力的影响　在工艺上采取以下措施减小夹紧力的影响：

- 采用径向夹紧时，夹紧力不应集中在工件的某一径向截面上，而应使其分布在较大的面积上，以减小工件单位面积上所承受的夹紧力，如可将工件安装在一个适当厚度的开口圆环中，再连同该环一起夹紧；也可采用增大接触面积的特殊卡爪。以孔定位时，宜采用胀开式心轴装夹。
- 夹紧力的位置宜选在零件刚性较好的部位，以减小在夹紧力作用下薄壁零件的变形。
- 改变夹紧力的方向，将径向夹紧改为轴向夹紧。
- 在工件上制出加强刚性的工艺凸台或工艺螺纹以减小夹紧变形，加工时用特殊结构的卡爪夹紧，加工终了时将凸边切去。

③减小切削力对变形的影响　主要措施有：

- 增大刀具主偏角和前角，使加工时刀刃锋利，减小径向切削力。
- 将粗、精加工分开，使粗加工产生的变形能在精加工中得到纠正，并采取较小的切削用量。
- 内、外圆表面同时加工，使切削力抵消。

④热处理工序放在粗加工和精加工之间　这样安排可减小热处理变形的影响。套筒类零件热处理后一般会产生较大变形，在精加工时可得到纠正，但要注意适当加大精加工的余量。

3. 轴承套的机械加工工艺过程

轴承套的机械加工工艺过程见表 2-2。

表 2-2　轴承套机械加工工艺过程

工序号	工序名称	工序内容	定位基准
1	备料	棒料，按六件合一下料	
2	钻中心孔	(1)车端面，钻中心孔； (2)掉头，车另一端面，钻中心孔	外圆
3	粗车	车外圆 ϕ42 mm，长度为 6.5 mm，车外圆 ϕ34js7 至 ϕ35 mm，车退刀槽 2 mm×0.5 mm，总长为 40.5 mm，车分割槽 ϕ20 mm×3 mm，两端倒角 C1.5；6 件同时加工，尺寸均相同	中心孔
4	钻	钻 ϕ22H7 孔至 ϕ20 mm，切断成单件	ϕ42 mm 外圆
5	车、铰	(1)车端面，总长 40 mm 至尺寸； (2)车内孔 ϕ22H7，留 0.04～0.06 mm 铰削余量； (3)车内槽 ϕ24 mm×16 mm 至尺寸； (4)铰孔 ϕ22H7 至尺寸	ϕ42 mm 外圆
6	精车	精车 ϕ34js7 至尺寸	ϕ22H7 孔心轴
7	钻	钻径向 ϕ4 mm 油孔	ϕ34js7 外圆及端面
8	检验	检验入库	

拓展提高

一、工艺尺寸链的概念

1. 尺寸链的定义

图 2-26(a)所示为一定位套，A_Δ 与 A_1 为图样上已标注的尺寸。按零件图进行加工时，尺寸 A_Δ 不便直接测量。如欲通过易于测量的尺寸 A_2 进行加工，以间接保证尺寸 A_Δ 的要求，则首先需要分析尺寸 A_1、A_2 和 A_Δ 之间的内在关系，然后据此算出尺寸 A_2 的数值。又如图 2-26(b)所示零件，假设零件图上标注设计尺寸 A_1 和 A_Δ，当用调整法加工 C 表面时(A、B 表面已加工完成)，为使夹具结构简单和工件定位时稳定可靠，常选择表面 A 为定位基准，并按调整法根据对刀尺寸 A_2 加工表面 C，以间接保证尺寸 A_Δ 精度要求，则尺寸 A_1、A_2 和 A_Δ 这些相互联系的尺寸就形成一个尺寸封闭图形，即工艺尺寸链，如图 2-26(c)所示。

由此可知，尺寸链是指在零件加工或机器装配过程中，相互联系并按一定顺序排列的封闭尺寸组合。

2. 尺寸链的特征

通过以上分析可以知道，工艺尺寸链的主要特征是封闭性和关联性。

(1)封闭性

尺寸链中各个尺寸的排列呈封闭形式，不封闭就不成为尺寸链。

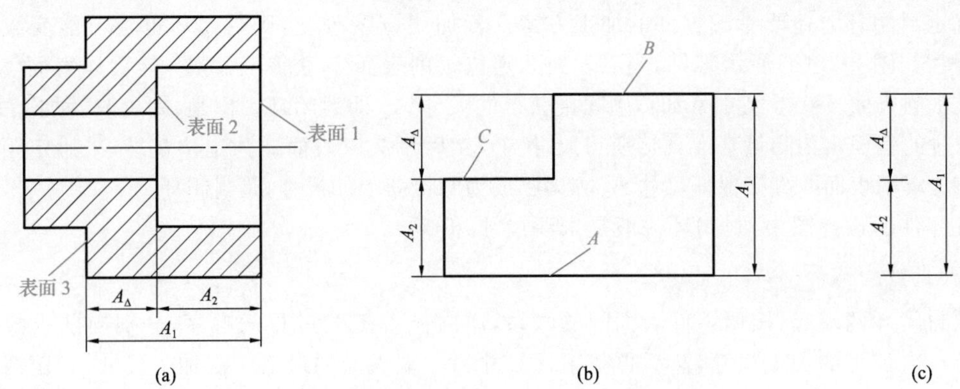

图 2-26　零件加工与测量中的尺寸联系

(2)关联性

任何一个直接保证的尺寸及其精度的变化，必将影响间接保证的尺寸及其精度。如上述尺寸链中，A_1、A_2 的变化都将引起 A_Δ 的变化。

3. 工艺尺寸链的组成

(1)环

组成工艺尺寸链的各个尺寸都称为工艺尺寸链的环。图 2-26 中的尺寸 A_1、A_2 和 A_Δ 都是工艺尺寸链的环。环又可分为封闭环和组成环。

(2)封闭环

封闭环即在加工过程中，间接获得、最后保证的尺寸。如图 2-26 中的 A_Δ 是间接获得的，为封闭环。本书中封闭环用下标“$_\Delta$”表示。每个尺寸链只能有一个封闭环。

(3)组成环

除封闭环以外的其他环称为组成环。组成环的尺寸是直接保证的，它影响封闭环的尺寸。按其对封闭环的影响不同可分为增环和减环。

①增环　若其余组成环不变，该环增大或减小，则封闭环随之增大或减小的环，称为增环。如图 2-26(c)中的 A_1 即增环，可标记成 $\overrightarrow{A}_1$。

②减环　若其余组成环不变，该环增大或减小，则封闭环减小或增大的环，称为减环。如图 2-26(c)中的尺寸 A_2 即减环，标记成 $\overleftarrow{A}_2$。

3. 工艺尺寸链的建立

利用工艺尺寸链进行工序尺寸及其公差计算的关键在于正确找出尺寸链，正确区分增环、减环和封闭环。其方法如下：

(1)确定封闭环

封闭环即加工后间接得到的尺寸。对于工艺尺寸链，要认准封闭环是“间接、最后”获得的尺寸这一关键点。在大多数情况下，封闭环可能是零件设计尺寸中的一个尺寸或者是加工余量值。

确定封闭环时还要考虑零件的加工方案。若加工方案改变，则封闭环也将可能变成另一个尺寸。如图 2-26(a)所示零件，当以表面 3 定位车削表面 1，获得尺寸 A_1，然后以表面 1 为测量基准车削表面 2 获得尺寸 A_2 时，则间接获得的尺寸 A_Δ 即封闭环。但是，如果改变加工方案，以加工过的表面 1 为测量基准直接获得尺寸 A_2，然后调头以表面 2 为定位基准，采用定距装刀的调整法车削表面 3 直接保证尺寸 A_Δ，则 A_1 成为间接获得的尺寸，是封闭环。

在零件的设计图中，封闭环一般是未注尺寸(开环)。

(2)查找组成环

从封闭环两端起，按照零件表面间的联系，逆向循着工艺过程的顺序，分别向前查找该表面最近一次加工的加工尺寸，然后再找出该尺寸另一端表面的最后一次加工尺寸，直至两边汇合为止，所经过的尺寸都为该尺寸链的组成环。

注意

所建立的尺寸链必须使组成环数最少，这样能更容易满足封闭环的精度要求或者使各组成环的加工更容易、更经济。此外，还必须明确，一个尺寸链只有一个封闭环。

(3)作出尺寸链图

根据以上两步查找到的封闭环和组成环以及零件各表面的实际位置情况，作出封闭的尺寸链图形。

(4)判定增环和减环

对于环数少的尺寸链，可以根据增环、减环的定义来判别。对于环数多的尺寸链，可以采用画箭头法，即从 A_Δ 开始，在尺寸的上方或下方画箭头，然后顺着各环依次画下去，凡箭头方向与封闭环 A_Δ 的箭头方向相同的环即减环，相反的则为增环。

4. 工艺尺寸链计算的基本公式

工艺尺寸链计算公式中的符号见表 2-3。

表 2-3　工艺尺寸链计算公式中的符号

环名		数目	符号名称							
			公称尺寸	上极限尺寸	下极限尺寸	上极限偏差	下极限偏差	公差	平均尺寸	平均偏差
封闭环		1	A_Δ	$A_{\Delta\max}$	$A_{\Delta\min}$	B_sA_Δ	B_xA_Δ	T_Δ	$A_{\Delta M}$	B_MA_Δ
组成环	增环	m	$\overrightarrow{A_i}$	$\overrightarrow{A_{i\max}}$	$\overrightarrow{A_{i\min}}$	$B_s\overrightarrow{A_i}$	$B_x\overrightarrow{A_i}$	$\overrightarrow{T_i}$	$\overrightarrow{A_{iM}}$	$B_M\overrightarrow{A_i}$
	减环	$n-m-1$	$\overleftarrow{A_j}$	$\overleftarrow{A_{j\max}}$	$\overleftarrow{A_{j\min}}$	$B_s\overleftarrow{A_j}$	$B_x\overleftarrow{A_j}$	$\overleftarrow{T_j}$	$\overleftarrow{A_{jM}}$	$B_M\overleftarrow{A_j}$

工艺尺寸链的计算通常采用极值法和概率法两种方法。

(1)极值法

极值法按误差综合最不利的情况，即组成环出现极值时，来计算封闭环。此方法的优点是简便、可靠；缺点是当封闭环公差小而组成环的数目多时，会使组成环公差过于严格。一般情况下，工艺尺寸链的计算多采用极值法。

①封闭环的公称尺寸　等于各增环的公称尺寸之和减各减环的公称尺寸之和，即

$$A_{\Delta} = \sum_{i=1}^{m} \overrightarrow{A_i} - \sum_{j=m+1}^{n-1} \overleftarrow{A_j} \tag{2-8}$$

②封闭环的上极限偏差　等于各增环的上极限偏差之和减各减环的下极限偏差之和，即

$$B_s A_{\Delta} = \sum_{i=1}^{m} B_s \overrightarrow{A_i} - \sum_{j=m+1}^{n-1} B_x \overleftarrow{A_j} \tag{2-9}$$

③封闭环的下极限偏差　等于各增环的下极限偏差之和减各减环的上极限偏差之和，即

$$B_x A_{\Delta} = \sum_{i=1}^{m} B_x \overrightarrow{A_i} - \sum_{j=m+1}^{n-1} B_s \overleftarrow{A_j} \tag{2-10}$$

④封闭环的公差　等于各组成环的公差之和，即

$$T_{\Delta} = \sum_{i=1}^{n-1} T_i \tag{2-11}$$

式中　T_i——第 i 个组成环的公差。

⑤封闭环的极限尺寸　封闭环的上极限尺寸等于各增环的上极限尺寸之和减各减环的下极限尺寸之和；封闭环的下极限尺寸等于各增环的下极限尺寸之和减各减环的上极限尺寸之和，即

$$A_{\Delta\max} = \sum_{i=1}^{m} \overrightarrow{A_{i\max}} - \sum_{j=m+1}^{n-1} \overleftarrow{A_{j\min}} \tag{2-12}$$

$$A_{\Delta\min} = \sum_{i=1}^{m} \overrightarrow{A_{i\min}} - \sum_{j=m+1}^{n-1} \overleftarrow{A_{j\max}} \tag{2-13}$$

⑥封闭环平均尺寸　等于各增环的平均尺寸之和减各减环的平均尺寸之和，即

$$A_{\Delta M} = \sum_{i=1}^{m} \overrightarrow{A_{iM}} - \sum_{j=m+1}^{n-1} \overleftarrow{A_{jM}} \tag{2-14}$$

式中　A_{iM}——第 i 个组成环的平均偏差，$A_{iM} = \dfrac{A_{i\max} + A_{i\min}}{2}$。

⑦封闭环的平均偏差　等于各增环的平均偏差之和减各减环的平均偏差之和，即

$$B_M A_{\Delta} = \sum_{i=1}^{m} B_M \overrightarrow{A_i} - \sum_{j=m+1}^{n-1} B_M \overleftarrow{A_j} \tag{2-15}$$

式中　$B_M A_i$——第 i 个组成环平均偏差，$B_M A_i = \dfrac{B_s A_i + B_x A_i}{2}$。

(2)概率法

概率法利用概率原理来进行尺寸链计算，在德国和美国等西方工业发达国家已被广泛采用。目前在我国还主要用于封闭环公差小、组成环数目多以及大批大量自动化生产中。

二、工序尺寸及公差的确定

1. 工序基准与设计基准重合时工序尺寸及公差的确定

零件上外圆和内孔的加工多属于这种情况。当表面需经多次加工时，各工序的加工尺寸

及公差取决于各工序的加工余量及所采用加工方法的经济加工精度，计算的顺序是由最后一道工序向前推算。具体计算步骤为：

(1)确定毛坯加工总余量和工序余量

略。

(2)确定工序公差

最终工序尺寸公差等于设计尺寸公差，其余工序公差按经济精度确定。计算工序公称尺寸时，从零件图上的设计尺寸开始，一直往前推算到毛坯尺寸，某道工序公称尺寸等于后道工序公称尺寸加或减后道工序余量。

(3)标注工序尺寸公差

最后一道工序的公差按设计尺寸标注，其余工序尺寸公差按入体原则标注。

例 2-1

某零件孔的设计要求为 $\phi100^{+0.035}_{0}$ mm，表面粗糙度为 Ra 0.8 μm，需淬硬，其加工工艺路线为：毛坯→粗镗→半精镗→精镗→浮动镗，试求各工序尺寸。

解 首先，通过查表或凭经验确定毛坯加工总余量及其公差、工序余量以及工序的经济精度和公差值，然后计算工序公称尺寸，结果列于表 2-4 中。

表 2-4 工序尺寸及公差的计算 mm

工序名称	工序余量	工序经济精度	工序公称尺寸	工序尺寸
浮动镗	0.1	H7($^{+0.035}_{0}$)	100	$\phi100^{+0.035}_{0}$
精镗	0.5	H9($^{+0.087}_{0}$)	100－0.1=99.9	$\phi99.9^{+0.087}_{0}$
半精镗	2.4	H11($^{+0.22}_{0}$)	99.9－0.5=99.4	$\phi99.4^{+0.22}_{0}$
粗镗	5	H13($^{+0.54}_{0}$)	99.4－2.4=97	$\phi97^{+0.54}_{0}$
毛坯	8	±1.2	97－5=92 或 100－8=92	$\phi92\pm1.2$

2. 工艺基准与设计基准不重合时工序尺寸及公差的确定

(1)测量基准与设计基准不重合时工序尺寸及公差的计算

在加工中，有时会遇到某些加工表面的设计尺寸不便测量、甚至无法测量的情况，为此需要在工件上另选一个容易测量的测量基准，通过对该测量尺寸的控制来间接保证原设计尺寸的精度。这就产生了测量基准与设计基准不重合时测量尺寸及公差的计算问题。

例 2-2

如图 2-27 所示套筒类零件，加工时要求保证尺寸(6±0.1)mm，但该尺寸不便测量，只好通过测量尺寸 x 来间接保证，试求工序尺寸 x 及其上、下极限偏差。

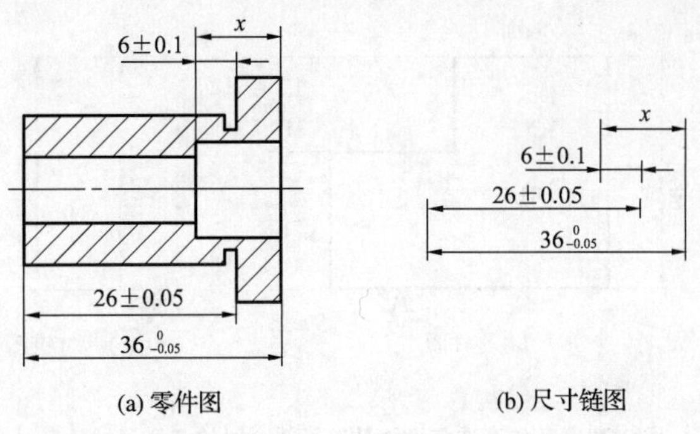

图 2-27　测量基准与设计基准不重合的工序尺寸计算

解　①作尺寸链图

在图 2-27(a)中尺寸(6±0.1)mm 是间接得到的，即可确定为封闭环。查找组成环分别为 x、$36_{-0.05}^{0}$ 和(26±0.05)mm。作出的工艺尺寸链如图 2-27(b)所示。

②确定增环和减环

用画箭头方法可判定尺寸 x 和(26±0.05)mm 为增环，尺寸 $36_{-0.05}^{0}$ mm 为减环。

③列计算公式并求解

封闭环的公称尺寸　　$6=x+26-36$

解得　　$x=16$ mm

封闭环的上极限偏差　　$0.1=B_s x+0.05-(-0.05)$

解得　　$B_s x=0$

封闭环的下极限偏差　　$-0.1=B_x x+(-0.05)-0$

解得　　$B_x x=-0.05$ mm

因此，工序尺寸为 $x=16_{-0.05}^{0}$ mm。

(2)定位基准与设计基准不重合时的工序尺寸计算

零件调整法加工时，如果加工表面的定位基准与设计基准不重合，就要进行工序尺寸换算，重新标注工序尺寸。

例 2-3

如图 2-28(a)所示零件，尺寸 $60_{-0.12}^{0}$ mm 已经保证，现以表面 1 定位用调整法精铣表面 2，试标注工序尺寸。

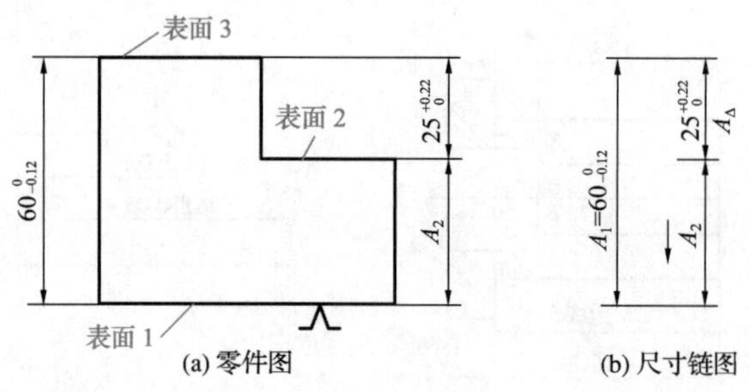

图 2-28 定位基准与设计基准不重合时的工序尺寸计算

解 ①作尺寸链图

以表面 1 定位加工表面 2 时，将按工序尺寸 A_2 对刀进行加工，设计尺寸 $A_\Delta = 25_{0}^{+0.22}$ 是该工序间接保证的尺寸，确定为封闭环。查找组成环为 A_1、A_2。作出的尺寸链如图 2-28(b)所示。

②确定增环和减环

用画箭头方法可判定尺寸 A_1 为增环，尺寸 A_2 为减环。

③列计算公式并求解

封闭环的公称尺寸 $25=60-A_2$

解得 $A_2=35$ mm

封闭环的上极限偏差 $0=-0.12-B_sA_2$

解得 $B_sA_2=-0.12$ mm

封闭环的下极限偏差 $+0.22=0-B_xA_2$

解得 $B_xA_2=-0.22$ mm

因此，工序尺寸为 $x=35_{-0.22}^{-0.12}$ mm。

当定位基准与设计基准不重合进行工序尺寸换算时，也需要提高本工序的加工精度，使加工更加困难，同时也会出现假废品的问题。

3. 从尚需继续加工的表面上标注的工序尺寸计算

例 2-4

如图 2-29 所示为齿轮内孔的局部简图，设计要求为：孔径 $\phi 40^{+0.05}_{0}$ mm，键槽深度尺寸为 $43.6^{+0.34}_{0}$ mm，其加工顺序如下：

(1)镗内孔至 $\phi 39.6^{+0.1}_{0}$ mm；

(2)插键槽至尺寸 A；

(3)淬火处理；

(4)磨内孔，同时保证内孔直径 $\phi 40^{+0.05}_{0}$ mm 和键槽深度 $43.6^{+0.34}_{0}$ mm 两个设计尺寸的要求。

试确定插键槽的工序尺寸 A。

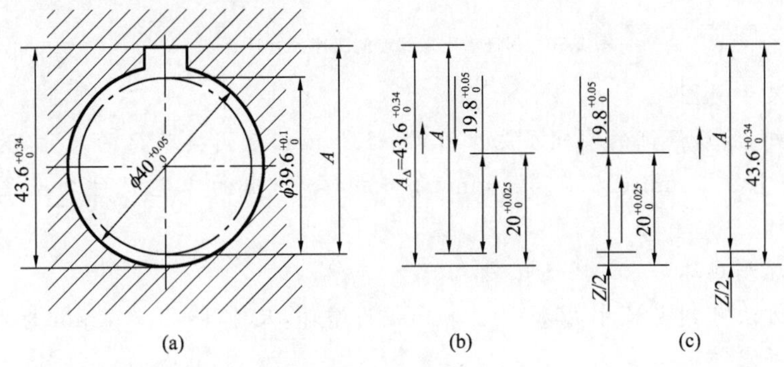

图 2-29　内孔及键槽加工的工艺尺寸链

解　①作尺寸链图

因最后工序是直接保证 $\phi 40^{+0.05}_{0}$ mm，间接保证 $43.6^{+0.34}_{0}$ mm，故 $43.6^{+0.34}_{0}$ mm 为封闭环，尺寸 A 和 $20^{+0.025}_{0}$ mm、$19.8^{+0.05}_{0}$ mm 为组成环，作出的工艺尺寸链如图 2-44(b)所示。

注意：当有直径尺寸时，一般应考虑用半径尺寸来画尺寸链。

②判定增环和减环

用画箭头的方法可判定：尺寸 A 和 $20^{+0.025}_{0}$ mm 为增环，尺寸 $19.8^{+0.05}_{0}$ mm为减环。

③列计算公式并求解

封闭环的公称尺寸　　$43.6=A+20-19.8$

解得　　$A=43.4$ mm

封闭环的上极限偏差　　$+0.34=B_sA+0.025-0$

解得　　$B_sA=+0.315$ mm

封闭环的下极限偏差　　$0=B_xA+0-0.05$

解得　　$B_xA=+0.05$ mm

因此，工序尺寸为 $A=43.4^{+0.315}_{+0.05}$ mm。

按入体原则标注为 $A=43.45^{+0.265}_{0}$ mm。

此外，尺寸链还可以列成图 2-29(c)的形式，引进了半径余量 $Z/2$，图 2-29(c)左图中的 $Z/2$ 是封闭环，右图中的 $Z/2$ 则视为已经获得的，而 $43.6^{+0.34}_{0}$ mm 是封闭环。其结果与尺寸链图 2-29(b)相同。

4. 保证渗氮、渗碳层深度的工艺计算

例 2-5

一批圆轴如图 2-30 所示，其加工过程为：车外圆至 $\phi20.6_{-0.04}^{0}$ mm；渗碳淬火；磨外圆至 $\phi20_{-0.02}^{0}$ mm。试计算保证磨后渗碳层深度为 0.7～1.0 mm 时，渗碳工序的渗入深度及公差。

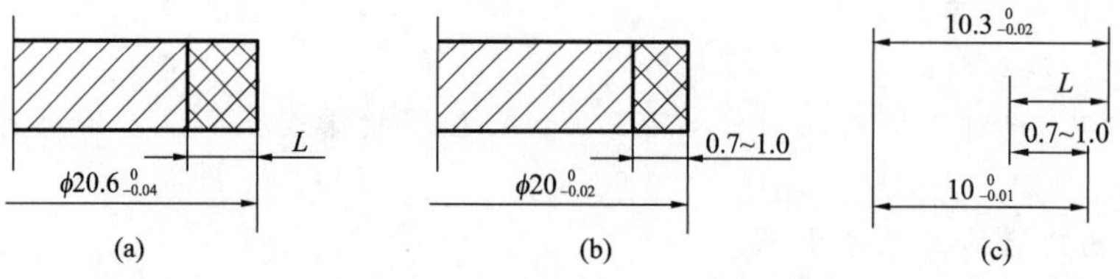

图 2-30 保证渗碳层深度的工序尺寸计算

解 ①作尺寸链图

由题意可知，磨后保证的渗碳层深度 0.7～1.0 mm 是间接获得的尺寸，为封闭环；其中尺寸 L 和 $10_{-0.01}^{0}$ mm、$10.3_{-0.02}^{0}$ mm 为组成环；作出的工艺尺寸链如图 2-30(c)所示。

②判定增环和减环

用画箭头方法可判定尺寸 L 和 $10_{-0.01}^{0}$ mm 为增环，尺寸 $10.3_{-0.02}^{0}$ mm 为减环。

③列公式并求解

封闭环的公称尺寸 $0.7=L+10-10.3$

解得 $L=1$ mm

封闭环的上极限偏差 $0.3=B_sL+0-(-0.02)$

解得 $B_sL=0.28$ mm

封闭环的下极限偏差 $0=B_xL+(-0.01)-0$

解得 $B_xL=0.01$ mm

因此，工序尺寸为 $L=1_{+0.01}^{+0.28}$ mm。

任务二 内梯形沟槽台阶孔套的机械加工工艺编制

任务描述

图 2-31 所示为内梯形沟槽台阶孔套的零件简图，试编制其机械加工工艺规程。

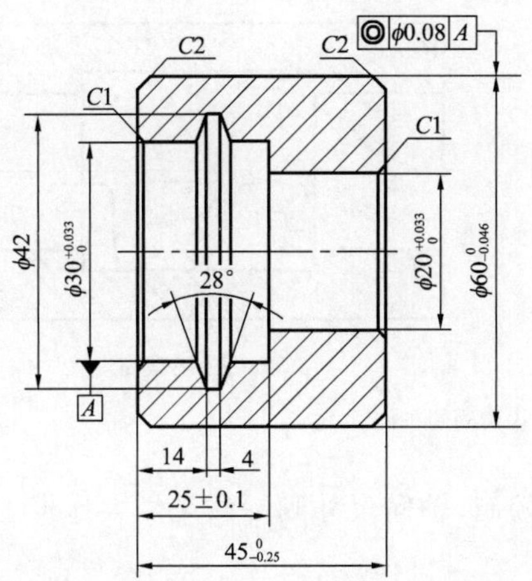

技术要求

1. 未注公差尺寸按 GB/T 1804-m;
2. 未注倒角 C0.3。

$\sqrt{Ra\ 3.2}$ (√)

图 2-31　内梯形沟槽台阶孔套

任务分析

图 2-31 所示零件加工后应达到的精度要求如下。

(1)尺寸精度

外圆直径尺寸精度为 IT8 级,内孔直径尺寸精度为 IT8 级,长度尺寸精度为 IT12 级。

(2)角度要求

梯形半角公差为±4′。

(3)位置精度

公差等级为 IT9 级,即同轴度为 ϕ0.08 mm。

(4)表面粗糙度要求

外圆柱表面粗糙度为 Ra 3.2 μm,内圆柱表面粗糙度为 Ra 3.2 μm,内梯形沟槽两侧表面粗糙度为 Ra 3.2 μm。

任务准备

技能点:内沟槽的车削

1. 车削方法

对于较窄的沟槽,可用刀头形状与沟槽形状相同的沟槽刀具,径向进刀一次车出,如图 2-32(a) 所示。对于较宽的沟槽,一般先用镗刀镗出凹槽,再轴向移动内沟槽车刀,将两个内台阶车成相互垂直,如图 2-32(b)所示。

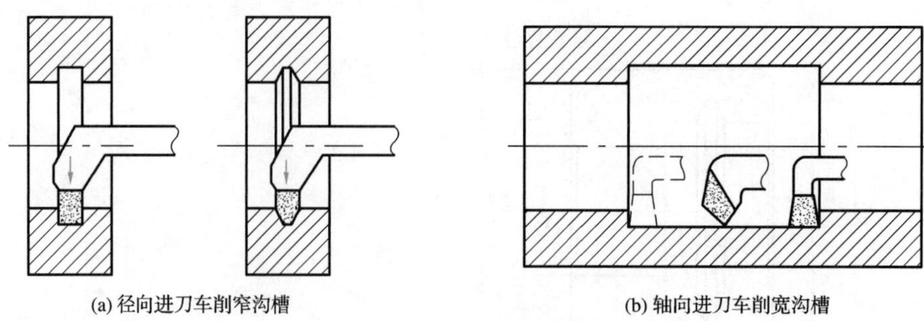

(a) 径向进刀车削窄沟槽　　(b) 轴向进刀车削宽沟槽

图 2-32　内沟槽的车削

2. 尺寸控制

径向尺寸通常采用中拖板上的刻度盘来控制；轴向尺寸则一般采用大拖板上的刻度盘来控制。

3. 尺寸测量

直径较小、精度要求不太高的内沟槽直径可用弹簧内卡钳来测量，如图 2-33(a)所示；直径较大的内沟槽直径可用弯脚游标卡尺来测量，如图 2-33(b)所示；而内沟槽的轴向尺寸可用钩形深度游标卡尺来测量，如图 2-33(c)所示。

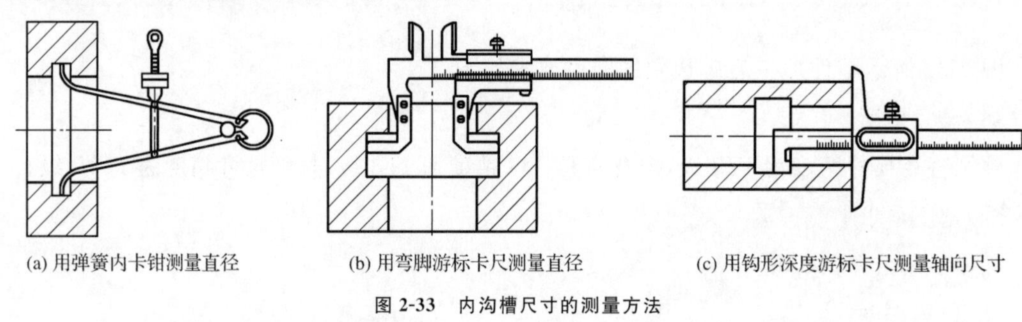

(a) 用弹簧内卡钳测量直径　　(b) 用弯脚游标卡尺测量直径　　(c) 用钩形深度游标卡尺测量轴向尺寸

图 2-33　内沟槽尺寸的测量方法

知识点一：机床与工艺装备的选择

1. 机床的选择

选择机床时应注意以下问题：

(1)机床精度与工件精度相适应。

(2)机床规格与工件外形尺寸相适应。

(3)机床的生产率与工件生产类型相适应。

2. 工艺装备的选择

(1)夹具的选择

单件小批生产尽量采用通用夹具和组合夹具，大批大量生产应采用高效专用夹具。

(2)刀具的选择

优先采用标准刀具，必要时可采用各种高效的专用刀具、复合刀具和多刃刀具等。刀具的类型、规格和精度等级应符合加工要求。

(3)量具的选择

单件小批生产应广泛采用通用量具，大批大量生产应采用极限量规和高效的专用检验量具和量仪等。量具的精度必须与加工精度相适应。

知识点二：时间定额和提高生产率的方法

1. 时间定额

生产率是指工人在单位时间内制造的合格品数量，或者指制造单件产品所消耗的劳动时间，它一般通过时间定额来衡量。

(1)时间定额的概念

所谓时间定额，是指在一定生产条件下，规定生产一件产品或完成一道工序所需消耗的时间。它是安排作业计划，核算生产成本，确定设备数量、人员编制以及规划生产面积的重要依据。

制定合理的时间定额是调动工人积极性的重要手段，它一般是由技术人员通过计算或类比的方法，或者通过对实际操作时间的测定和分析的方法而确定的。使用中，时间定额还应定期修正，以使其保持平均先进水平。

(2)时间定额的组成

①基本时间 $T_{基本}$　基本时间是指直接改变生产对象的尺寸、形状、相对位置以及表面状态或材料性质等工艺过程所消耗的时间。对于切削加工来说，基本时间就是切除金属所消耗的时间(包括刀具的切入时间和切出时间在内)，又称机动时间。可以通过计算求出，以车外圆为例，其计算公式为

$$T_{基本}=\frac{i(L+L_1+L_2)}{nf}=\frac{\pi ZD(L+L_1+L_2)}{1\,000vfa_p} \tag{2-16}$$

式中　L——零件加工表面的长度，mm；

L_1——刀具的切入长度，mm；

L_2——刀具的切出长度，mm；

n——工件转速，r/min；

f——进给量，mm/r；

i——进给次数(决定于加工余量和切削深度)；

Z——加工余量，mm；

D——切削深度，mm；

v——切削速度，m/min；

a_p——背吃刀量，mm。

②辅助时间 $T_{辅助}$　辅助时间是指为实现工艺过程所必须进行的各种辅助动作所消耗的时间。它包括装卸工件、开停机床、引进或退出刀具、改变切削用量、试切和测量工件等所消耗的时间。

基本时间和辅助时间之和称为作业时间，它是指直接用于制造产品或零部件所消耗的时间。

③工作地点服务时间 $T_{服务}$　工作地点服务时间是指工人在工作时为照管工作地点(如更换刀具、润滑机床、清理切屑、收拾工具等)及保持正常工作状态所消耗的时间，即工人照管工作地所消耗的时间。它不是直接消耗在每个工件上的，而是将消耗在一个工作班内的时间折算到每个工件上的。一般按作业时间的2%～7%估算。

④休息与生理需要时间 $T_{休息}$　休息与生理需要时间是指工人在工作班内恢复体力和满

足生理需要所消耗的时间。一般按作业时间的 2%估算。

以上四部分时间之和称为单件时间 $T_{单件}$，即

$$T_{单件}=T_{基本}+T_{辅助}+T_{服务}+T_{休息} \tag{2-17}$$

⑤准备与终结时间 $T_{准终}$　准备与终结时间是指工人为了生产一批产品或零部件而进行准备和结束工作所消耗的时间。在单件或成批生产中，包括每当开始加工一批工件时，工人熟悉工艺文件，领取毛坯、材料、工艺装备、安装刀具和夹具，调整机床和其他工艺装备等所消耗的时间以及加工一批工件结束后拆下和归还工艺装备，送交成品等所消耗的时间。它既不是直接消耗在每个工件上的时间，也不是消耗在一个工作班内的时间，而是消耗在一批工件上的时间。因而分摊到每个工件的时间为 $T_{准终}/N$（N 为批量）。因此，单件和成批生产的单件工时定额 $T_{定额}$ 的计算公式为

$$T_{定额}=T_{基本}+T_{辅助}+T_{服务}+T_{休息}+T_{准终}/N \tag{2-18}$$

大批大量生产时，由于 N 的数值很大，$T_{准终}/N\approx 0$，故不考虑准备与终结时间，即

$$T_{定额}=T_{单件}=T_{基本}+T_{辅助}+T_{服务}+T_{休息} \tag{2-19}$$

2. 提高机械加工生产率的工艺措施

机械加工生产率在很大程度上取决于所采用的加工工艺和生产组织管理方式，采用各种行之有效的先进工艺方法和高效的自动化加工设备以及科学的生产组织管理方式都可以显著地提高机械加工生产率。

(1)缩短基本时间的工艺措施

①提高切削用量　增大切削速度、背吃刀量和进给量都可以缩短基本时间，这是机械加工中广泛采用的提高生产率的有效方法。

提高切削用量的主要途径是采用优质的刀具材料、合理的刀具角度、合适的冷却润滑液和完善的加工设备等。

近年来广泛采用的聚晶金刚石和聚晶立方氮化硼等新型刀具材料，使得切削普通钢材的切削速度可达 900 m/min。在加工 60HRC 以上的淬火钢、高镍合金钢时，在 980 ℃仍能保持其红硬性，切削速度可达 900 m/min 及以上。

高速滚齿机的切削速度可达 65～75 m/min。采用强力磨削，其速度可达 50 m/s 及以上。

②缩短切削行程长度　缩短切削行程长度也可以缩短基本时间。如图 2-34 所示为采用三把刀具同时加工同一表面。

③合并工步　用几把刀具对同一工件的几个不同表面、用一把复合刀具对同一表面同时进行加工，可把原来单独的几个工步集中为一个复合工步。各工步的基本时间就可以全部或部分重合，从而缩短了工序的基本时间。图 2-35(a)所示为在六角车床上常见的合并工步，用两把不同刀具同时切削；图 2-35(b)所示为用几个砂轮同时磨削导轨面。

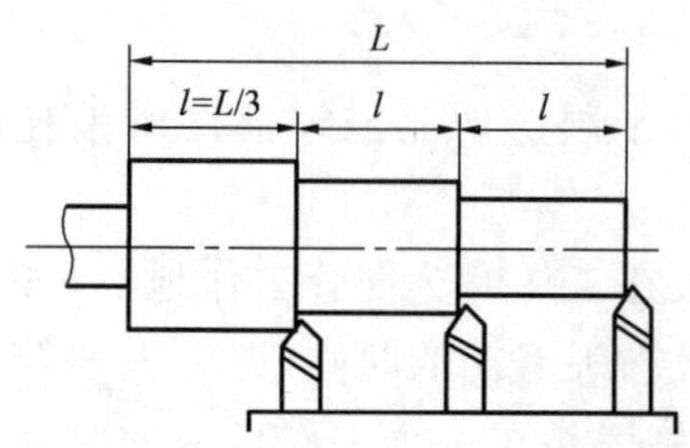

图 2-34　缩短切削行程长度的方法

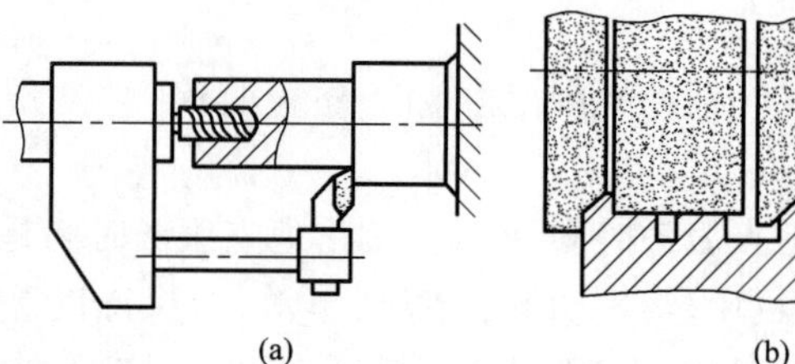

图 2-35　合并工步

④采用多件加工　多件加工有以下三种方式：

- 顺序多件加工：工件顺着行程方向一个接一个地装夹，如图 2-36(a)所示。这种方法缩短了刀具切入和切出的时间，也缩短了分摊到每一个工件上的辅助时间。
- 平行多件加工：在一次行程中同时加工多件相互平行的工件，如图 2-36(b)所示。
- 平行顺序多件加工：为上述两种方法的综合应用，如图 2-36(c)所示。这种方法适用于工件较小、批量较大的情况。

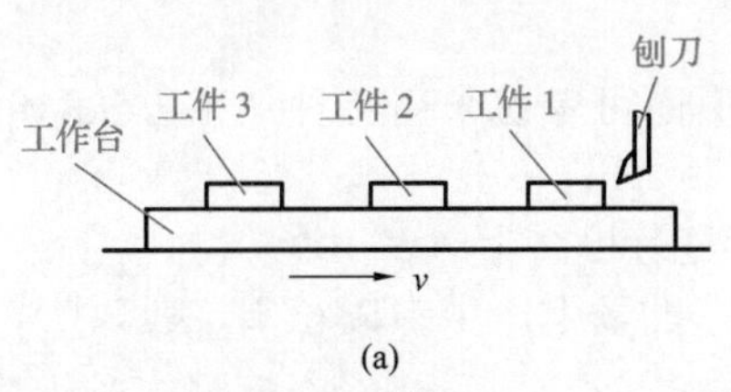

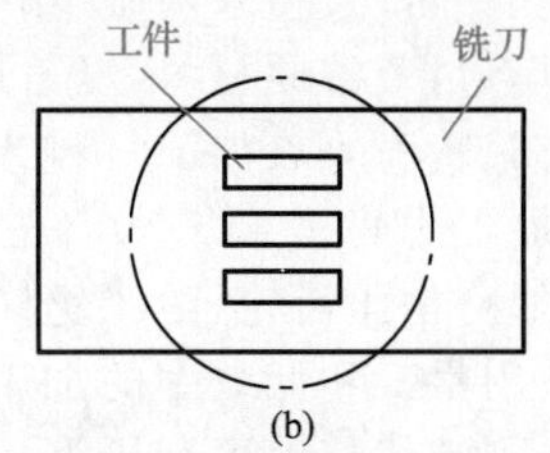

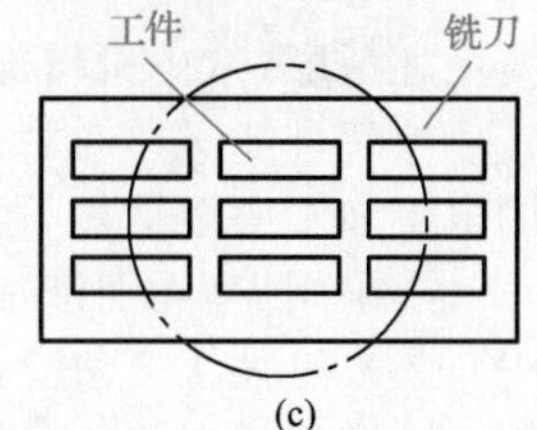

图 2-36　多件加工

(2)缩短辅助时间的工艺措施

辅助时间在单件工时内所占的比例较大，有时甚至超出基本时间数倍。当采取相应措施将基本时间缩短以后，辅助时间所占的比例就会变得更大。因此，通过缩短辅助时间来提高生产率也很重要。可以采用以下措施来缩短辅助时间：

①采用先进夹具。如成批生产时采用气动或液动快速夹紧装置，多品种小批生产时采用成组夹具等，这样不仅可以保证加工质量，而且能大量节省装卸和找正工件的时间。

②尽量将辅助时间与基本时间重合。采用可换夹具或可换工作台、转位夹具或转位工作台、回转夹具或回转工作台，可以实现在加工的同时装卸另一个或另一组工件，使工件的基本时间与辅助时间重合，如图 2-37 所示。

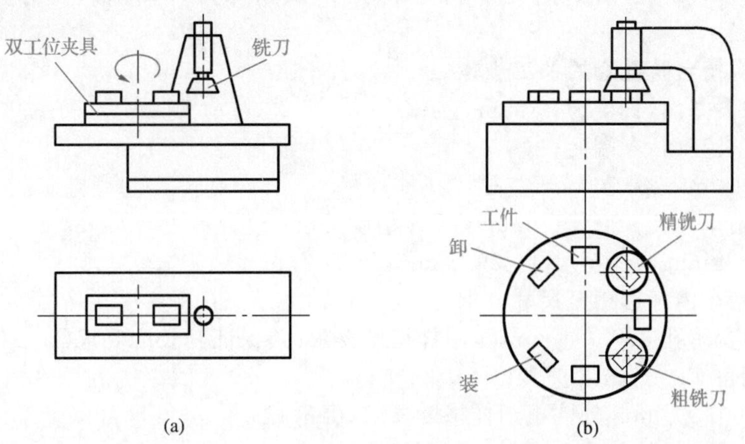

图 2-37　基本时间与辅助时间重合的实例

③提高机床操作的机械化与自动化水平。实现集中控制、自动调速、均匀变速，以缩短开/停机床和改变切削用量的时间。

④采用先进的检测设备，实施在线主动检测。

(3)缩短工作地点服务时间的工艺措施

①采用快速换刀、自动换刀及机外对刀装置，可缩短调整时间。

②采用机夹刀具和硬质合金刀具，可缩短磨刀和换刀时间。

③利用压缩空气吹扫切屑，可提高除屑效率。

(4)缩短准备与终结时间的工艺措施

把结构形状、技术条件和工艺过程相似的工件组织起来,采用成组工艺和成组夹具,可以节省刀具的装卸和对刀的辅助时间,从而可以明显缩短准备与终结时间。有条件时也可选用准备与终结时间极短的先进加工设备,如数控机床、加工中心等。

(5)采用先进的工艺方法

①毛坯准备　采用冷挤压、热挤压、粉末冶金、精密锻造、爆炸成形等新工艺,可以大大提高毛坯精度,减少机械加工工作量,节省原材料,显著地提高生产率。

②特种加工　对特硬、特韧、特脆等难加工材料或复杂形面可考虑采用特种加工方法,如用电解加工一般锻模,可以将加工时间从 40～50 h 缩短至 1～2 h。

③采用少/无切削加工　如冷挤压齿轮、滚压丝杠等,可显著提高生产率。

④改进加工方法　减少使用手工和低效率的加工方法。批量生产中多以拉削、滚压代替铣、铰、磨削或以精刨、精磨、金刚镗代替手工刮研等。

任务实施

1. 内梯形沟槽台阶孔套的加工工艺分析

图 2-31 所示工件的外圆公差为 0.046 mm,内孔公差为 0.033 mm,两者的同轴度公差为 ϕ0.08 mm,其他表面的要求较低。为了保证内孔和外圆的同轴度要求,应采用三爪卡盘一次装夹加工完成,夹持长度在 25 mm 左右。

2. 内梯形沟槽台阶孔套的加工工艺流程

车削装夹工艺表面→车端面→钻通孔→粗车外圆→粗车内台阶孔→粗车、精车内梯形沟槽→半精车、精车台阶孔→精车外圆并倒角→切断→夹持外圆→车端面,控制总长并倒角→检查各部分尺寸。

3. 内梯形沟槽台阶孔套的加工步骤

(1)车削装夹基面,长度为 25 mm 左右。

(2)夹持装夹基面,车端面。

(3)钻孔 ϕ18 mm,深 50 mm 左右。

(4)粗车、精车内孔 $\phi20^{+0.033}_{0}$ mm 至图样精度要求。

(5)粗车 ϕ30 mm 内孔至尺寸 ϕ29.5 mm,长 24.5 mm。

(6)粗车、精车内梯形槽至尺寸要求。

(7)精车内台阶孔 $\phi30^{+0.033}_{0}$ mm 至图样精度要求,并保证其长度要求(25±0.1)mm。

(8)内孔倒角 $C1$。

(9)精车 $\phi60^{0}_{-0.046}$ mm 外圆至图样精度要求,倒角 $C2$。

(10)切断,保证工件长度在 46 mm 左右。

(11)夹持 $\phi60^{0}_{-0.046}$ mm 外圆表面,车端面,控制总长 $45^{0}_{-0.25}$ mm,倒角 $C1$、$C2$。

(12)检查,交验。

4. 内梯形沟槽台阶孔套的加工要点

(1)为了保证同轴度要求,车削时,采取一次装夹完成并确保粗车、精车分开进行;精车时,先精车内孔,后精车外圆。

(2)内梯形沟槽的车削应在内孔精车之前完成。

(3)为保证同轴度要求,应先精车内孔,后精车外圆。

(4)刃磨内梯形沟槽车刀时,为保证角度正确,可使用角度样板或游标万能角度尺测量,并使两侧刃后角角度一致。

(5)车端面控制总长时,使用百分表找正工件。

拓展提高

1. 车削圆锥面

车削圆锥面的方法主要有宽刃法、旋转小拖板法、偏移尾座法和仿形法。

(1)宽刃法

如图 2-38 所示,宽刃法的实质是用成形车刀车锥面,加工质量较好,但只能车削 $L<15$ mm 的锥面。采用宽刃法车削圆锥面时,要求车刀的作用切削刃必须平直,车床和零件的刚性好,否则容易引起振动而影响加工质量。宽刃法车削圆锥面采用切入法一次进给车出全部锥体长度,因此生产率较高。

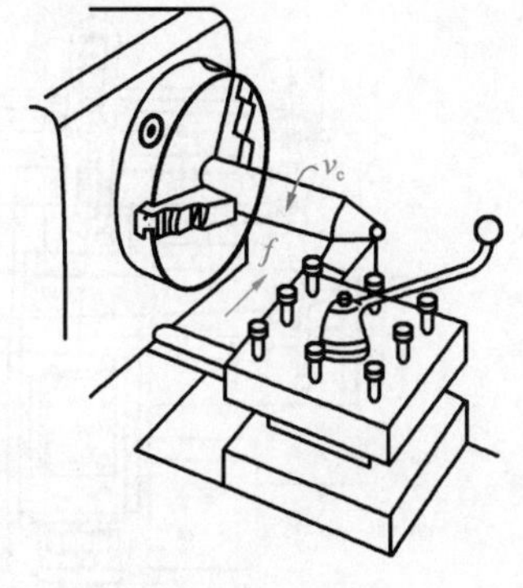

宽刃法

图 2-38　宽刃法

(2)旋转小拖板法

如图 2-39 所示,用旋转小拖板法车圆锥面时,把小拖板转动一个圆锥半角即可。因受小拖板行程的限制,采用旋转小拖板法时只能车削长度较短、锥度较大的圆锥面;又因车床小拖板只能手动进给、劳动强度大、表面粗糙度难以控制且生产率低,所以这种方法只适用于单件小批生产及精度要求不高的圆锥面。

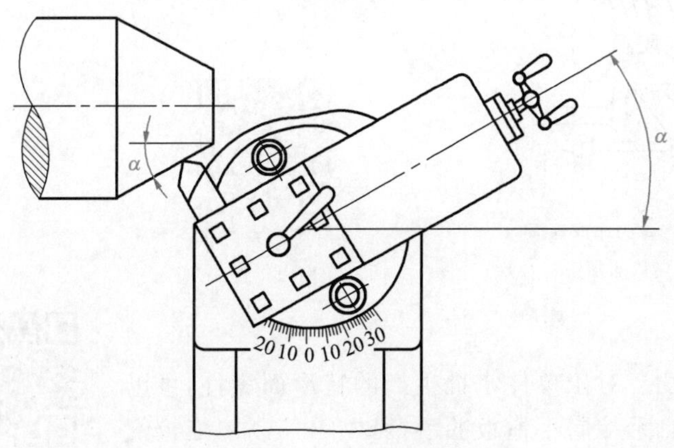

旋转小拖板法

图 2-39　旋转小拖板法

(3)偏移尾座法

如图 2-40 所示,把零件装在两顶尖之间,将车床尾座在水平面内横向偏移一段距离,使零件回转轴线和机床主轴轴线呈一交角,其大小等于锥体零件的圆锥半角,即可车出所需圆锥面。

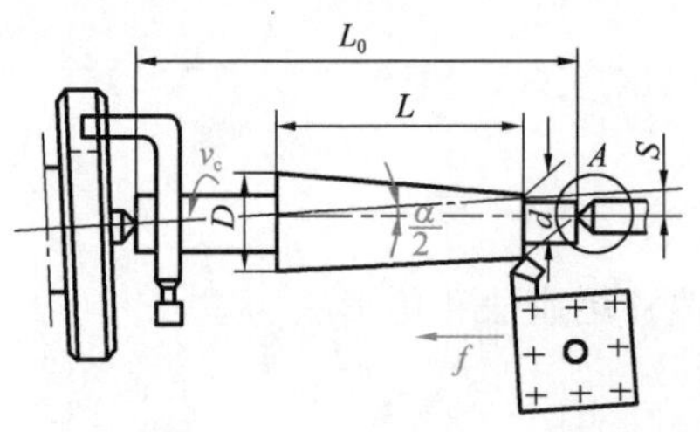

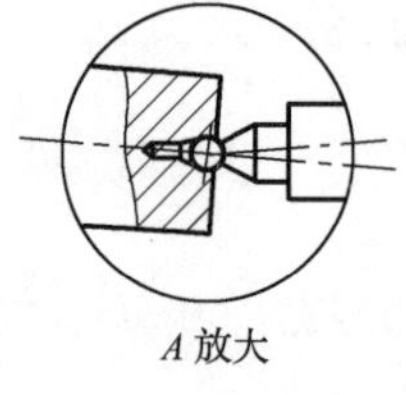
A 放大

偏移尾座法

图 2-40 偏移尾座法

偏移尾座法能切削较长的圆锥面,并能自动走刀,表面粗糙度值比旋转小拖板法小,与自动走刀车外圆一样。但限于尾座偏移量,一般只能加工小锥度圆锥面,也不能加工内圆锥面。

(4)仿形法

仿形法又称为靠模法。如图 2-41 所示,用仿形法车削圆锥面时,车刀除了纵向进给外,同时还要横向进给。刀尖的运动轨迹是一条与车床主轴中心线呈一定角度的直线,仿形用的靠模实质上是一条可调整角度的导轨。

仿形法加工进给平稳,工件的表面质量好,生产率高,可以加工较长的圆锥面。

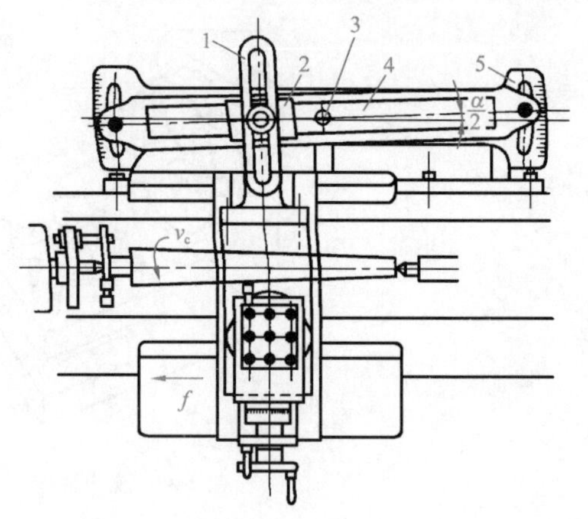

图 2-41 仿形法

1—连接板;2—滑块;3—销钉;4—靠模板;5—底座

2. 车削特形面

(1)成形车刀法

成形车刀又称为样板刀,是加工回转体成形表面的专用刀具。用成形车刀车削成形面即用切削刃形状与工件轮廓相符合的刀具,直接加工出成形面(图 2-42)。对于批量较大,零件上有大圆角、圆弧槽或者曲面狭窄而变化幅度较大的特形面,特别适合用成形车刀进行加工。

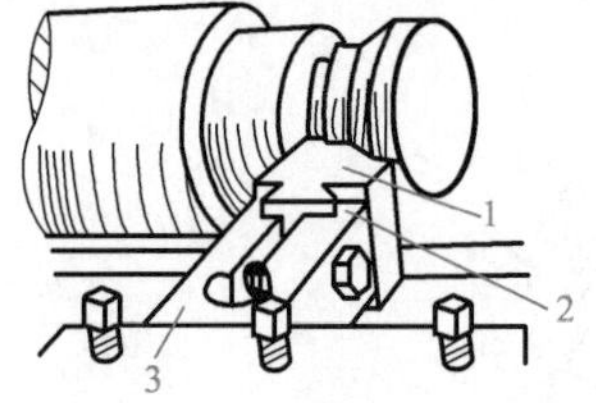

图 2-42 用成形车刀车成形面

1—成形车刀;2—夹紧部分;3—刀夹

用成形车刀车成形面

(2)双手控制法

双手控制法

双手控制法又称联合进刀法。对于单件小批生产的特形面零件,可以用双手控制法进行车削。即用右手控制小拖板的手柄,左手控制中拖板的手柄,通过双手的协调动作,使车刀的运动轨迹和零件所要求的特形面曲线相同，从而车出需要的成形面。用双手控制法时，一般要选用圆头车刀，对操作者有较高的技术要求，生产率较低。

(3)仿形法

如图 2-43 所示，仿形法利用靠模装置、手动、液压仿形装置或数控装置等来控制刀具与工件之间特定的相对运动。

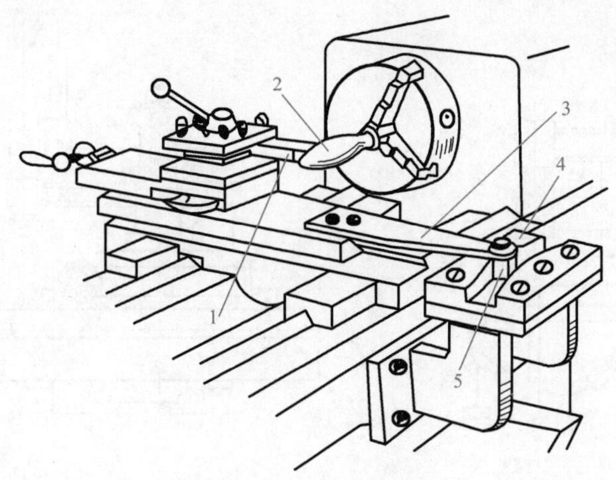

图 2-43　仿形法车削成形面

1—车刀；2—工件；3—连接板；4—靠模；5—滑块

仿形法所用刀具比较简单，并且加工成形面的尺寸范围较大；但机床的运动和结构都较复杂，成本也高。

3. 铣削成形面

(1)成形法

成形铣刀的刀刃在基面上的投影应与成形面的法向截面形状相同，如图 2-44 所示。用成形铣刀铣削成形面的方法与铣削沟槽基本相同。

(2)仿形法

在大批大量生产中，加工特形面大多采用仿形装置。

①手动仿形铣削　如图 2-45 所示，靠模板与工件装夹在一起，铣削时铣刀柄部靠紧靠模板，采用逆铣方式加工。为微调工件尺寸和补偿铣刀重磨后直径的减少量，铣刀柄部和靠模板都制作成具有 20°～30°锥度的形状。该法适用于小批生产。

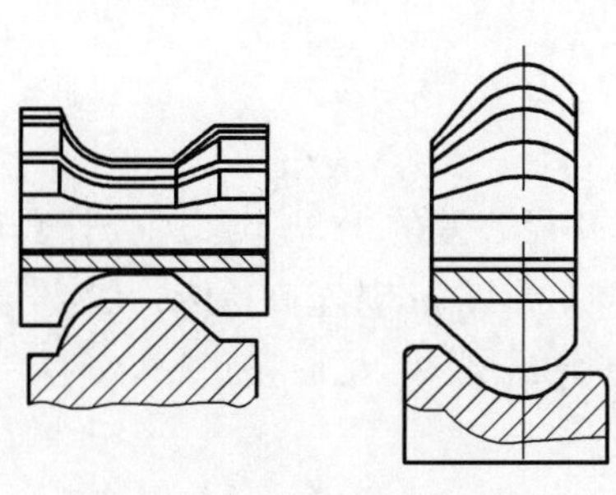

图 2-44　用成形铣刀铣成形面

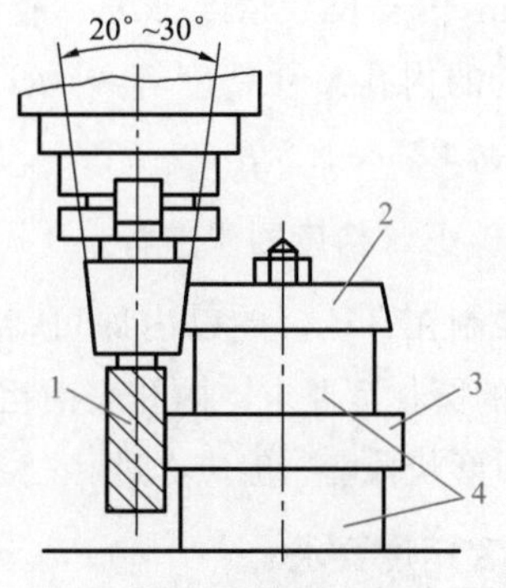

图 2-45　手动仿形铣削

1—铣刀；2—靠模板；3—工件；4—垫块

②回转仿形铣削　在立式铣床上加工曲线槽时，多采用图 2-46 所示的靠模装置。当回转台旋转时，在重锤的作用下，滑座向右移动，使套筒紧贴于靠模上，随着回转台的旋转与滑座的左右移动，铣刀铣削出工件的外形。其优点是结构简单紧凑，其缺点是铣刀悬伸较长，容易产生弯曲变形而影响加工精度，适用于成批生产。图 2-46(b)所示靠模装置铣刀不承受重锤的作用力。

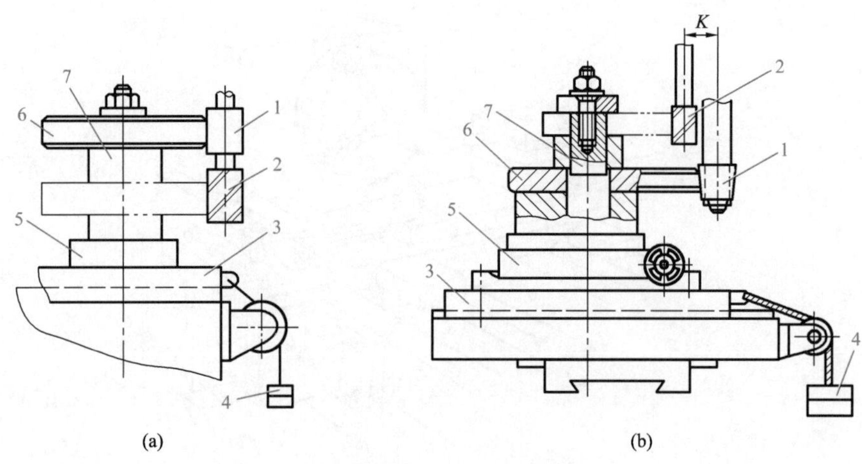

图 2-46　回转仿形铣削靠模装置

1—套筒；2—铣刀；3—滑座；4—重锤；5—回转台；6—靠模；7—心轴

任务小结

套筒类零件主要由有较高同轴要求的内、外圆表面组成，零件的壁厚较小，易产生变形，轴向尺寸一般大于外圆直径；其在机器中主要起支承和导向作用。

1. 套筒类零件的主要技术要求

套筒类零件的主要技术要求如下。

(1)外圆与内孔的精度

外圆直径精度等级通常为 IT7～IT5 级，表面粗糙度为 Ra 5～0.63 μm，要求较高时可取 Ra 0.04 μm；内孔尺寸精度等级一般为 IT7～IT6 级，表面粗糙度为 Ra 2.5～0.16 μm。精密套筒及阀套的内孔尺寸精度等级为 IT5～IT4 级，有的套筒尺寸为 IT9～IT8 级，但表面粗糙度一般为 Ra 2.5～1.6 μm。

(2)几何形状精度要求

通常控制在直径公差以内即可；精密轴套控制在孔径公差的 1/3～1/2。较长套筒除圆度外，还有孔的圆柱度要求。内孔表面粗糙度要求 Ra 1.6～0.1 μm，甚至高达 Ra 0.025 μm。套筒类零件外圆形状精度一般应在外径公差内，表面粗糙度为 Ra 3.2～0.4 μm。

(3)位置精度要求

位置精度要求主要取决于其功用和要求，当内孔的最终加工是在套筒装配之后进行时，可降低对套筒内、外圆表面的同轴度要求；当内孔的最终加工是在装配之前进行时，则同轴度要求较高，通常同轴度为 0.01～0.06 mm。套筒端面对端面与外圆和内孔轴线的垂直度要求一般为 0.05～0.02 mm。

2. 套筒类零件内孔表面的加工方法

(1)钻、扩、铰孔

钻孔是指在工件的实体材料上加工出孔的工艺方法，通常只能达到较低的加工精度(IT13～IT10 级)和较高的表面粗糙度(通常为 *Ra* 12.5 μm)。扩孔是指用扩孔钻对已钻或铸、锻出的孔进行的再加工，其目的是扩大孔径，提高孔的加工精度和表面质量。铰孔是指利用铰刀对已半精加工的孔进行精加工的方法，铰孔的精度可达 IT8～IT6 级，表面粗糙度为 *Ra* 1.6～0.4 μm，是中小直径孔的半精和精加工的主要方法。

(2)镗孔

镗孔是指用镗刀对已有的孔进行加工的方法，是常用的孔加工方法之一。一般镗孔的尺寸精度为 IT8～IT6 级，表面粗糙度为 *Ra* 1.6 ～0.8 μm；精细镗时，尺寸公差等级可达 IT7～IT5 级，表面粗糙度为 *Ra* 0.8 ～0.1 μm。

(3)拉孔

拉孔是用拉刀在拉床上进行的，孔的形状、尺寸由拉刀截面轮廓和尺寸精度来保证。拉削加工主要适用于成批和大量生产，尤其适于在大量生产中加工比较大的复合形面。

(4)磨孔和孔的精磨加工

磨孔可达到的尺寸公差等级为 IT8～IT6 级，表面粗糙度为 *Ra* 1.6～0.4 μm；主要用于不适于采用铰削、拉削、镗削的孔的精加工，尤其是经过淬火淬硬的内孔、表面不连续的内孔或者成形表面的内孔。孔的精密加工方法主要有研磨和珩磨等。

3. 加工余量的确定与工艺尺寸链

在编制机械加工工艺规程时，在选择了毛坯并拟定出加工工艺路线之后，就需要确定加工余量，计算各工序的工序尺寸。

加工余量的确定方法主要有经验估计法、查表法和分析计算法三种。通常采用前两种方法。

在机械加工过程中，工件的尺寸在不断地变化，由毛坯尺寸到工序尺寸，最后达到设计要求的尺寸。在这个变化过程中，加工表面本身的尺寸及各表面之间的尺寸都在不断地变化，这种变化无论是在一道工序内部，还是在各道工序之间都有一定的内在联系。应用尺寸链理论去揭示它们之间的内在关系，掌握它们的变化规律，是合理确定工序尺寸及其公差和计算各种工艺尺寸的基础。

利用工艺尺寸链进行工序尺寸及其公差计算的关键在于正确找出尺寸链，正确区分增环、减环和封闭环。工艺尺寸链的计算通常采用极值法和概率法。

4. 时间定额和提高生产率的方法

时间定额是安排作业计划，核算生产成本，确定设备数量、人员编制以及规划生产面积的重要依据。一般是由技术人员通过计算或类比的方法，或者通过对实际操作时间的测定和分析的方法而确定的。使用中，时间定额还应定期修订，以使其保持平均先进水平。

提高生产率的主要工艺措施有：缩短基本时间；缩短辅助时间；缩短工作地点服务时间；缩短准备与终结时间；采用先进的工艺方法。

5. 套筒类零件的典型加工工艺过程

套筒类零件的典型加工工艺过程通常为：铸造（毛坯）→去应力处理→基准面加工→内孔粗加工→外圆等表面粗加工→内孔半精加工→外圆等表面半精加工→内孔精加工→外圆等表面精加工→检查。

任务自测

1. 加工薄壁套筒零件时，工艺上采取哪些措施防止受力变形？

2. 车床镗孔和镗床镗孔各适用于什么条件？

3. 在加工内平面时，插削与拉削在应用条件上有何不同？

4. 什么是工序余量和加工总余量？影响加工余量的因素有哪些？

5. 什么是工艺尺寸链？它有何特征？

6. 成批生产如图 2-47 所示的工件时，用端面 A 定位来加工表面 B，试标注铣削表面 B 时的工序尺寸及其上、下极限偏差。

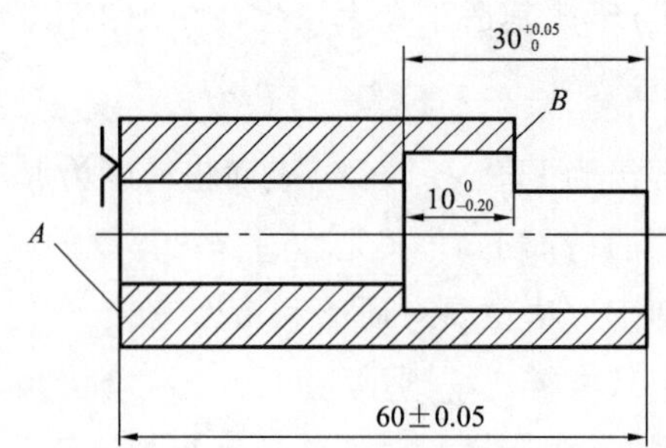

图 2-47　题 6 图

7. 如图 2-48 所示的阶梯轴，在车削加工时需要保证设计尺寸 $5^{+0.12}_{0}$，加工孔内环槽时以端面 1 作为测量基准。试确定切环槽的工序尺寸 L 及其上、下极限偏差。

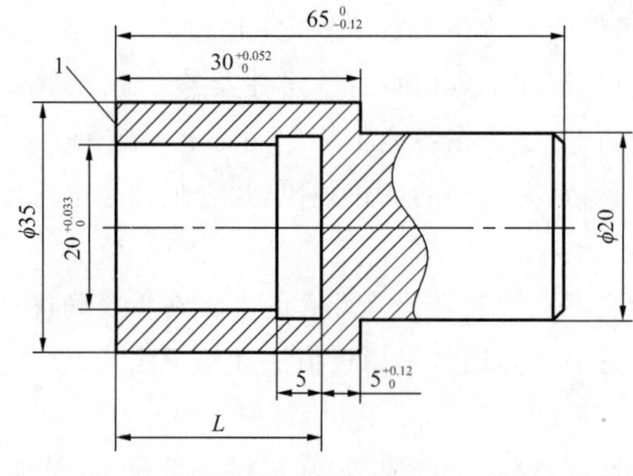

图 2-48　题 7 图

8. 试编制如图 2-49 所示套筒零件的加工工艺过程，生产类型：中批生产；材料：HT200。

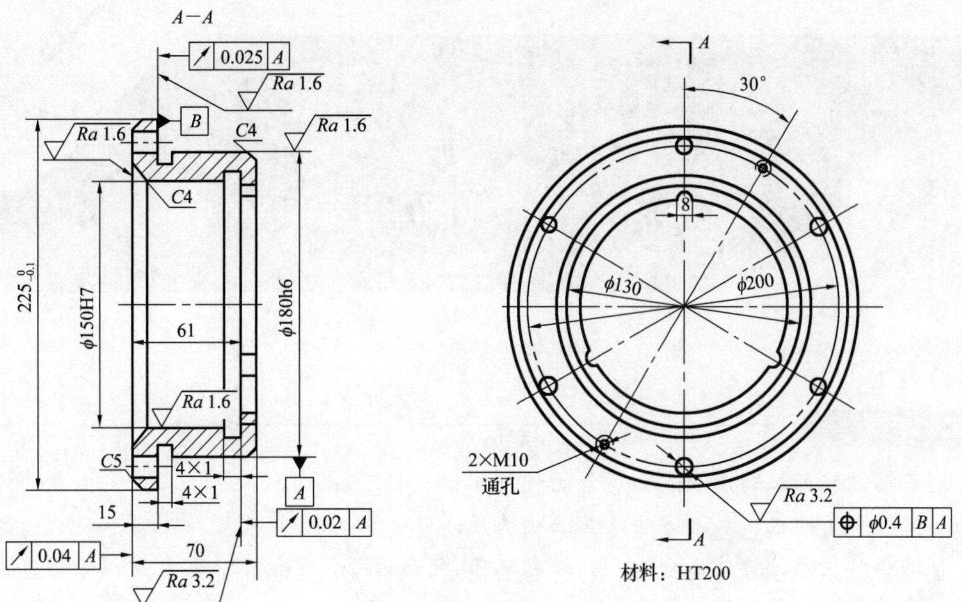

图 2-49　题 8 图

9. 何谓时间定额？批量生产时间定额由哪些部分组成？

10. 提高机械加工生产率的工艺措施有哪些？

学习情境三

箱体支架类零件机械加工工艺路线拟定

学习目标

1. 了解机械加工精度和表面质量的相关知识及其改善方法。
2. 掌握平面的机械加工方法及其正确选用。
3. 培养学生团结协作、严谨求实、绿色环保、爱岗敬业、安全意识、创新意识等职业素养。
4. 能够编制简单箱体类类零件的机械加工工艺规程。

任务　CA6140 车床主轴箱的机械加工工艺规程编制

任务描述

图 3-1 所示为 CA6140 车床主轴箱，其生产类型有单件小批生产和大批大量生产两种。试分别编制这两种生产类型的机械加工工艺规程。

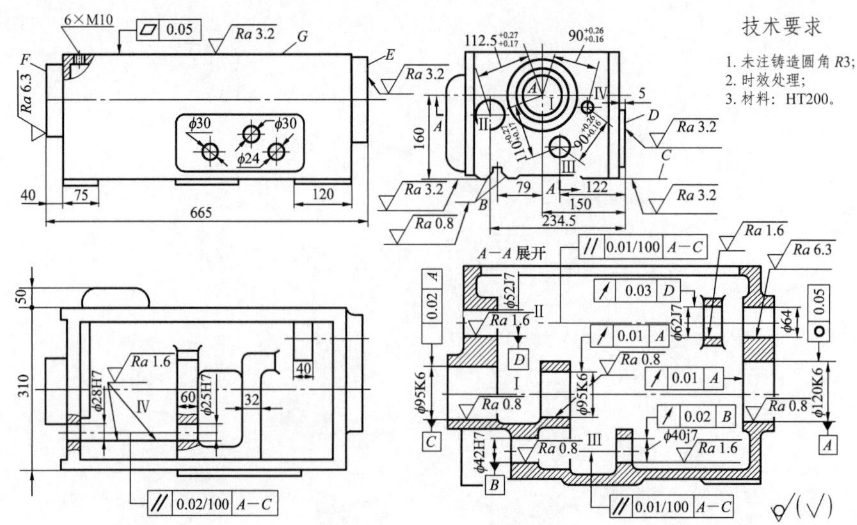

图 3-1　CA6140 车床主轴箱

任务分析

1. 箱体类零件的功用与结构特点

箱体是机器的基础零件，它将机器中有关部件的轴、套、齿轮等零件连接成一个整体，并使之保持正确的相互位置，以传递转矩或改变转速来完成规定的运动。因此，箱体的加工质量直接影响到机器的性能、精度和寿命。

箱体类零件的结构复杂，壁薄且不均匀，加工部位多，加工难度大。据统计，一般中型机床制造厂箱体类零件的机械加工工时占整个产品加工工时的15%～20%。图3-2所示为常见的箱体类零件。

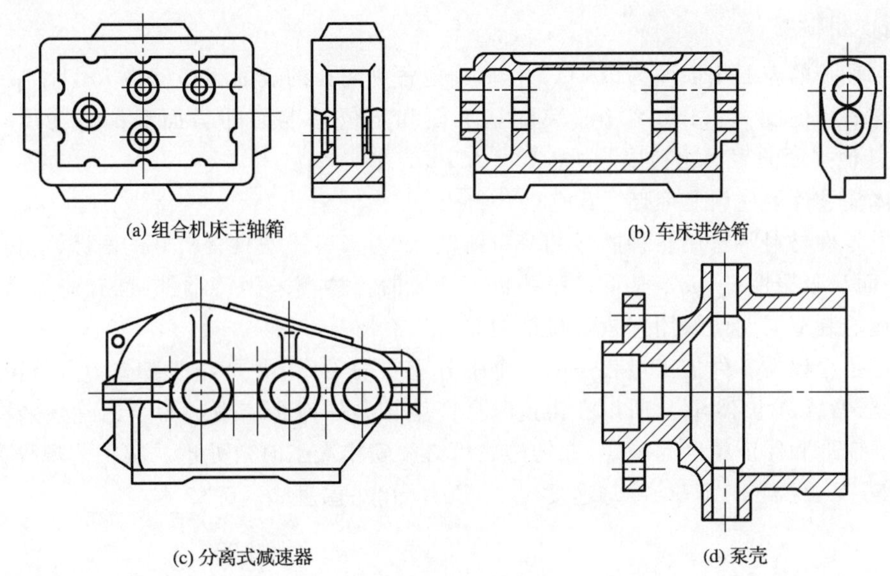

图 3-2 常见的箱体类零件

2. 箱体类零件的主要技术要求

箱体类零件的精度要求较高，可归纳为以下五项精度要求：

(1)孔径精度

孔径的尺寸误差和几何误差会造成轴承与孔配合不良。孔径过大，配合过松，会使主轴回转轴线不稳定，并降低支承刚度，易产生振动和噪声；孔径太小，会使配合偏紧，轴承将因外环变形、不能正常运转而缩短寿命。安装轴承的孔圆度误差过大，也会使轴承外环变形而引起主轴径向圆跳动。

从上述分析可知，对孔的精度要求是较高的。主轴孔的尺寸公差等级为IT6级，其余孔为IT8～IT7级。孔的几何精度未作规定的，一般控制在尺寸公差的1/2范围内即可。

(2)孔与孔的位置精度

同一轴线上各孔的同轴度误差和孔端面对轴线的垂直度误差，会使轴和轴承装配到箱体内出现歪斜，从而造成主轴径向圆跳动和轴向窜动，也加剧了轴承磨损。孔系之间的平行度误差会影响齿轮的啮合质量。一般孔距允差为±0.025～±0.060 mm，而同一中心线上的支承孔的同轴度约为最小孔尺寸公差之半。

(3)孔和平面的位置精度

主要孔对主轴箱安装基准面的平行度决定了主轴与床身导轨的相互位置关系。这项精度是在总装时通过刮研来达到的。为了减少刮研工作量，一般规定在垂直和水平两个方向上只允许主轴前端向上和向前偏。

(4)主要平面的精度

装配基准面的平面度影响主轴箱与床身连接时的接触刚度，加工过程中作为定位基准面则会影响主要孔的加工精度。因此规定了底面和导向面必须平直，为了保证箱盖的密封性，防止工作时润滑油泄漏，还规定了顶面的平面度要求，当大批大量生产中将其顶面作为定位基准面时，对它的平面度要求还要提高。

(5)表面粗糙度

一般主轴孔的表面粗糙度为 Ra 0.4 μm，其他各纵向孔的表面粗糙度为 Ra 1.6 μm；孔的内端面的表面粗糙度为 Ra 3.2 μm，装配基准面和定位基准面的表面粗糙度为 Ra 2.5～0.63 μm，其他平面的表面粗糙度为 Ra 10～2.5 μm。

3. 箱体类零件的材料及毛坯

箱体类零件材料常选用各种牌号的灰口铸铁，因为灰口铸铁具有较好的耐磨性、铸造性和可切削性，而且吸振性好，成本又低。某些负荷较大的箱体类采用铸钢件，也有些简易箱体为了缩短毛坯的制造周期而采用钢板焊接结构。

热处理是箱体类零件加工过程中的一个十分重要的工序，需要合理安排。由于箱体类零件的结构复杂，壁厚也不均匀，所以在铸造时会产生较大的残余应力。为了消除残余应力，减小加工后的变形和保证精度的稳定，在铸造之后必须安排人工时效处理。其工艺规程为：加热到 500～550 ℃，保温 4～6 h，冷却速度≤30 ℃/h，出炉温度≤200 ℃。

任务准备

技能点一：车削平面

平面的加工方法非常多，主要有车削、刨削和拉削、铣削、磨削以及光整加工等。

轴、盘、套类回转体零件的端面通常都采用车削加工。这些零件的端面与内、外圆轴线有垂直度要求，因此应与外圆或内孔在一次装夹中同时加工完成，以保证它们之间的垂直度要求。

1. 车削平面常用车床与工件的装夹

单件小批生产的中小型零件的端面在普通车床上加工，重型零件则在立式车床上进行。

车削轴类零件的端面时，工件的装夹方式与车削外圆时相同。车削平面较大的盘类、箱体类零件，批量较小时，大多采用三爪卡盘或四爪卡盘的反爪来装夹，工件的一个端面紧靠在卡爪的端面上定位，既能省去工件端面的找正工作，还可保证工件在轴向切削力作用下不会移动。

批量较大的箱体类零件，车削端面时通常采用专用夹具来装夹。

2. 车削平面用刀具

车削平面可采用以下刀具：右偏刀，如图 3-3(a)所示，以车削外圆为主，也可车削面积较小、加工余量不大的端面；弯头车刀，如图 3-3(b)所示，既可用来车外圆，也可车端面和倒角；左偏刀，如图 3-3(c)所示，用来车削较大的端面；端面车刀，如图 3-3(d)所示，是专门用来车削平面的可转位不重磨车刀，具有很高的耐用度。

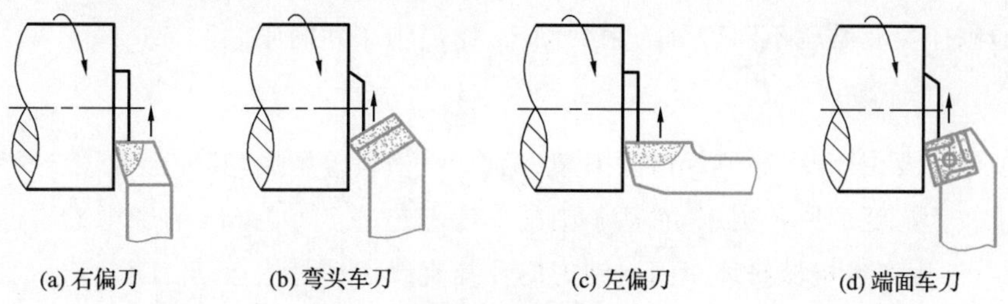

(a) 右偏刀　(b) 弯头车刀　(c) 左偏刀　(d) 端面车刀

图 3-3　车削平面用车刀

安装车刀时，刀尖应对准工件中心；否则，工件端面中心会留有凸台。用偏刀车端面时，背吃刀量不宜过大，否则容易扎刀。

3. 车削平面的走刀方向

(1)从中心向外面走刀

如图 3-4(a)所示，工件的中心需要有落刀孔，测量轴向尺寸不方便。车削难加工材料或大平面时，由于刀尖磨损，加工出的平面会产生"凹心"，如图 3-5(a)所示。精车大平面或带孔平面时经常采用这种走刀方式。

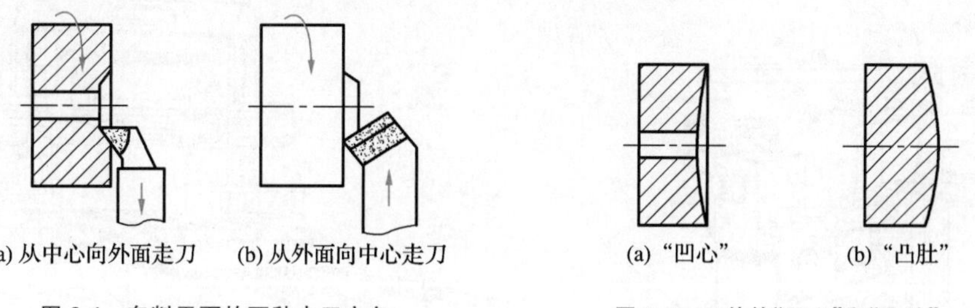

(a) 从中心向外面走刀　(b) 从外面向中心走刀

图 3-4　车削平面的两种走刀方向

(a) "凹心"　(b) "凸肚"

图 3-5　工件的"凹心"和"凸肚"

(2)从外面向中心走刀

如图 3-4(b)所示，测量轴向尺寸方便。车削难加工材料或大平面时，由于刀尖磨损，加工出的平面会产生"凸肚"，如图 3-5(b)所示。

工件平面出现"凹心"或"凸肚"时，对被加工平面的平面度有较大影响，此时还应检查车刀、方刀架和大拖板是否已经锁紧。

4. 平面车削的特点

车削后，两平面间的尺寸精度一般可达 IT10～IT8 级，表面粗糙度为 *Ra* 6.3～1.6 μm。一般情况下，平面的车削过程是连续的，切削力变化很小，车刀结构简单，制造、安装、刃磨方便；不像铣削或刨削平面，一次走刀过程中刀齿多次切入和切出，产生冲击。因此，车削平面的生产率较高、生产成本较低。

技能点二：刨削和拉削平面

刨削是平面加工的最基本的方法之一，主要用于加工各种水平面、垂直面和倾斜面等。刨削时的主运动为直线往复运动，进给运动是间歇的。

1. 刨床

常用的刨床按其结构不同可分为牛头刨床、龙门刨床和插床。

(1)牛头刨床

牛头刨床主要由床身、导轨、滑枕、刀架、工作台、横梁等组成，其外形如图 3-6 所示。牛头刨床是应用较为广泛的一种刨床，它适于刨削长度不超过 1 000 mm 的中小型零件；生产率较低，多用于单件生产或机械修理车间。刨刀的往复直线运动是主运动，工作台带动工件做间歇进给运动。

(2)龙门刨床

龙门刨床因其“龙门”式框架结构而得名，其外形如图 3-7 所示。龙门刨床主要用于加工大中型零件，或一次安装几个中小型零件进行多零件同时刨削，加工精度和生产率均高于牛头刨床。工件随工作台做往复直线运动是主运动，安装在垂直刀架或侧刀架上的刨刀做间歇进给运动。

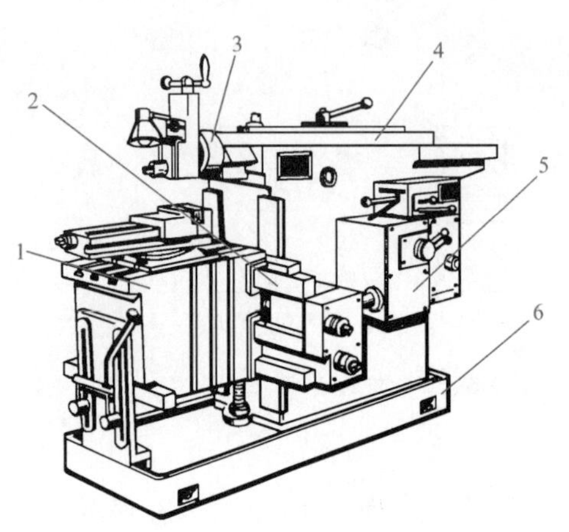

图 3-6 牛头刨床的外形

1—工作台；2—导轨；3—滑枕；4—床身；5—变速箱；6—底座

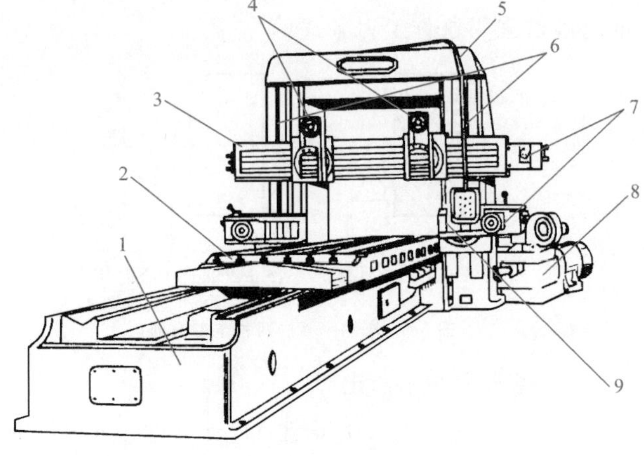

图 3-7 龙门刨床的外形

1—床身；2—工作台；3 横梁；4 立刀架；5—顶梁；6—立柱；7—进给箱；8—主传动部件；9—侧刀架

(3)插床

插床实质上就是立式牛头刨床，其外形如图 3-8 所示。插削时，插床滑枕带动插刀做上下往复直线运动，工件装夹在工作台上，除了可实现纵、横向和圆周方向的间歇进给运动外，还可进行圆周分度。插床主要用来加工单件小批生产的工件的内表面，如方孔、各种多边形孔和孔内键槽等；特别适于加工盲孔或有障碍台阶的内表面。

2. 刨刀

刨刀的形状与车刀相似，但由于刨削过程是不连续的，刨削冲击力容易损坏刀具，因而刨刀的截面通常要比车刀大(1.25～1.5 倍)，且取较小的前角，以增加刨刀的强度，避免刀杆折断或崩刃。此外，为了避免刨刀在切削力的作用下扎入工件，切削用量较大的刨刀刀杆常做成弯头的(图 3-9)。

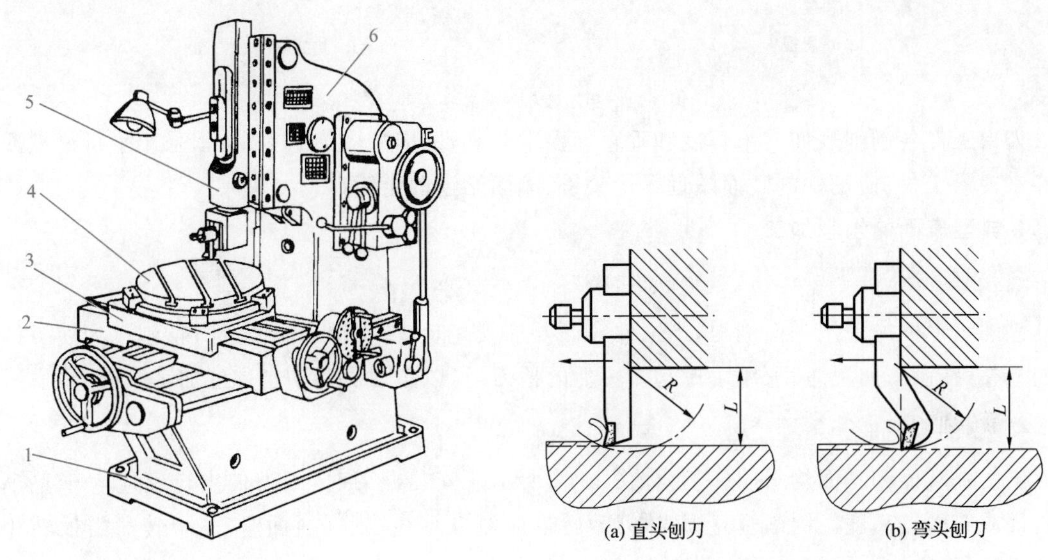

图 3-8　插床的外形

1—床身；2—横滑板；3—纵滑板；4—圆工作台；5—滑枕；6—立柱

图 3-9　直头刨刀和弯头刨刀加工的比较

3. 工件的装夹

(1)平口钳装夹

平口钳是刨床的一种通用夹具，多用来装夹中小型工件，其装夹方法如图 3-10 所示。

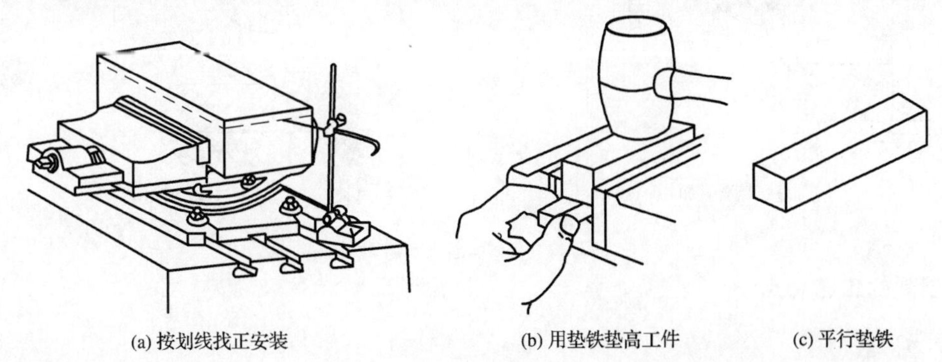

(a) 按划线找正安装　(b) 用垫铁垫高工件　(c) 平行垫铁

图 3-10　用平口钳装夹工件

(2)用压板和螺栓装夹

较大的工件或某些不宜采用平口钳装夹的工件，可以直接用压板和螺栓将其固定在刨床工作台上，如图 3-11 所示。拧紧压紧螺母时，要注意按照对角顺序并分多次进行，否则工件容易产生变形。为了防止工件在刨削力的作用下被推动，有时需在其前端加放挡铁。

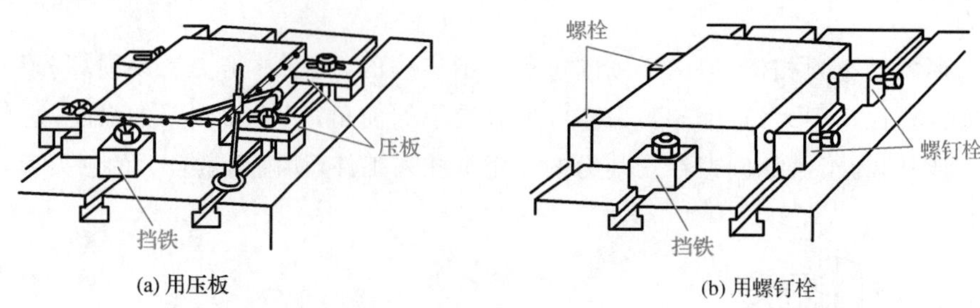

(a) 用压板 (b) 用螺钉栓

图 3-11 用压板和螺栓装夹工件

如果工件各刨削表面的平行度和垂直度要求较高,则应如图 3-10(c)所示采用平行垫铁或圆棒来夹紧工件,使工件的底面贴近平行垫铁、侧面贴近固定钳口。

4. 典型表面的刨削加工

(1)刨削水平面

刨削水平面应采用平面刨刀,当工件表面要求较高时,在粗刨后还要进行精刨。为使工件表面光整,在刨刀回程时,可用手掀起刀座上的抬刀扳,以防刀尖刮伤工件已加工表面。

(2)刨削垂直面和斜面

刨削垂直面和斜面均采用偏刀,如图 3-12 所示。安装偏刀时,刨刀伸出长度应大于整个垂直面或斜面的高度。刨削垂直面时,刀架转盘应对准零线;刨削斜面时,刀架转盘需扳转相应的角度,刀座也要偏转一定的角度。

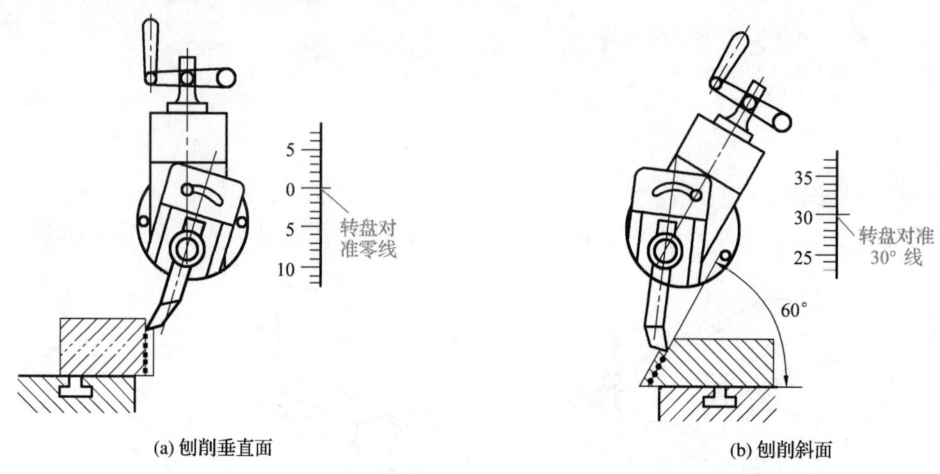

(a) 刨削垂直面 (b) 刨削斜面

图 3-12 刨削垂直面和斜面

5. 刨削的工艺特点

(1)生产率较低

刨削加工一般只采用一把刀具,且刀具的空行程不切削;同时,为了减小刨刀与工件的冲击和主传动部件反向时的惯性力,刨削都采用较低的切削速度,因而刨削的生产率较低。但是如果刨削狭长平面或在龙门刨床上进行多件或多刀加工,其生产率一般不低于铣削加工,且加工后表面的平面度较高。

(2)加工精度较低

刨削的主运动为往复直线运动，只能采用中低速切削。当用中等切削速度刨削钢件时，易产生积屑瘤，影响加工表面的表面粗糙度，因而加工精度较低。精刨平面的尺寸公差等级一般可达 IT9～IT7 级，表面粗糙度为 *Ra* 6.3～1.6 μm，能够满足一般平面的加工要求；但刨削的直线度较高，可达 0.04～0.12 mm/m。

(3)适应性较好

刨削可以适应多种表面的加工，如平面、V 形槽、燕尾槽、T 形槽及成形表面等；配备一些专用夹具还可刨削空间曲面。在刨床上加工床身、箱体等平面，易于保证各表面之间的位置精度。

(4)加工成本低

刨床结构简单、成本低廉，调整、操作方便，对工人的技术要求较低；刨刀结构简单，制造、刃磨方便。因此，刨削加工的成本较低。

由于刨削具有以上工艺特点，所以刨削主要用于单件小批生产中，在维修和模具制造车间应用较多。

6. 宽刃精刨

宽刃精刨是指在普通精刨的基础上，采用高精度龙门刨床和宽刃精刨刀具，以低速和大进给量在工件表面切去一层极薄的金属的加工方法。由于宽刃精刨的切削力、切削热和工件变形均很小，所以可获得比普通精刨更高的精度(直线度为 0.02 mm/m)和更低的表面粗糙度(*Ra* 1.6～0.8 μm)。目前，宽刃精刨可用来代替手工刮研加工各种导轨表面，生产率可提高数倍。但宽刃精刨对刨床、刨刀、工件、加工余量、切削用量、切削液等都有严格的要求。

7. 拉削平面

拉削平面(图 3-13)是指在拉床上用平面拉刀对工件上的平面进行的切削加工。拉削平面可以看成采用多把刨刀按照一定的高低顺序排列成队的多刃刨削；因而拉削的性质近似刨削，也可将其视为刨削的进一步发展；它具有与拉削内孔相似的工艺特点。

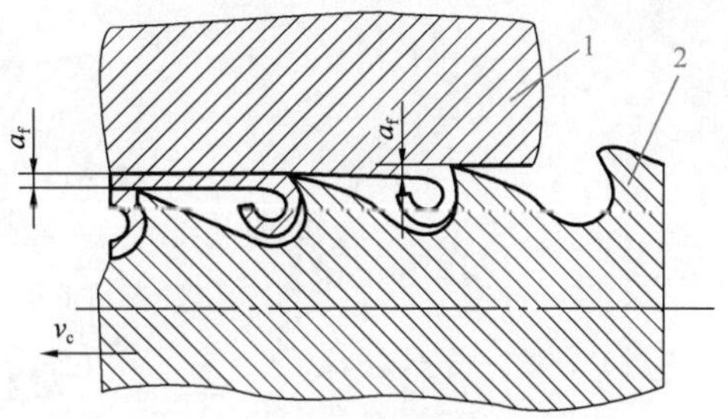

图 3-13　拉削平面

1—工件；2—拉刀

拉削平面的加工精度可达 IT9～IT7 级，表面粗糙度为 *Ra* 1.6～0.4 μm；适用于成批和大量生产，尤其适于加工大量生产中要求较高且面积不太大的平面；其中较小面积的平面用卧式拉床，较大尺寸的平面用立式拉床来加工。

技能点三：铣削平面

在铣床上用铣刀对工件进行的切削加工称为铣削加工。铣削的加工范围与刨削基本相同，但由于铣刀是典型的多齿刀具，铣削时通常都有多个刀齿同时参与切削，还可采用高速铣削，所以铣削的生产率一般比刨削高，在机械加工中所占比例大于刨削。铣削平面是平面的主要加工方法之一，刀具的回转运动是主运动，工件的直线移动是进给运动。

1. 铣床

铣床的类型很多，主要有升降台铣床（包括卧式升降台铣床和立式升降台铣床）、龙门铣床、床身式铣床、工具铣床、仿形铣床和数控铣床等。

（1）卧式升降台铣床

卧式升降台铣床（简称卧式铣床）是目前应用比较广泛的一种铣床，其外形如图 3-14 所示。它由床身、横梁、主轴、工作台、横滑板、升降台和底座等组成。卧式升降台铣床主要用于铣削平面、沟槽和多齿零件等。

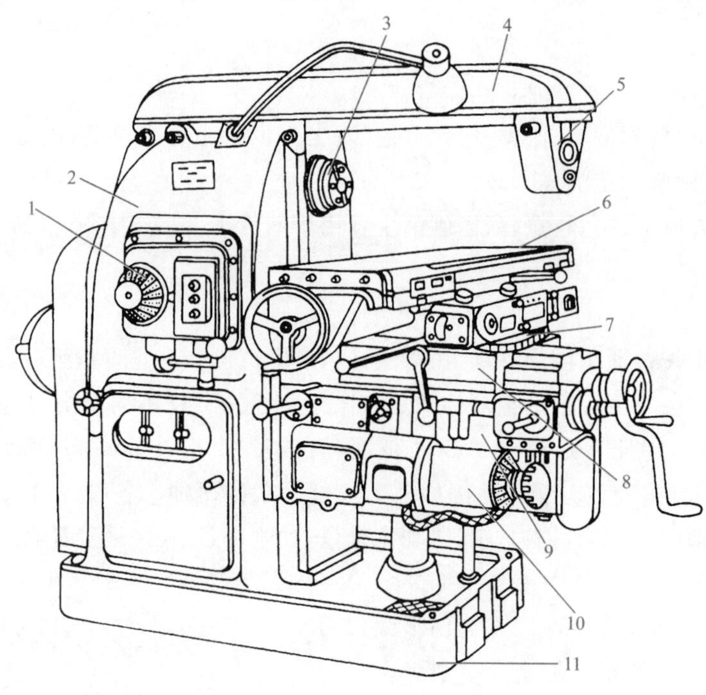

图 3-14　卧式升降台铣床的外形

1—主轴变速机构；2—床身；3—主轴；4—横梁；5—刀杆支承；6—工作台；
7—回转盘；8—横滑板；9—升降台；10—进给变速机构；11—底座

（2）立式升降台铣床

立式升降台铣床（简称立式铣床）的主轴是垂直安装的，其工作台、床身及升降台的结构与卧式升降台铣床相同，如图 3-15 所示。铣头可根据加工要求在垂直平面内调整角度，主轴可沿其轴线方向进给或调整位置。立式铣床的刚性比卧式铣床强，可用端铣刀或立铣刀加工平面、斜面、沟槽、台阶、齿轮、凸轮等表面。

（3）龙门铣床

龙门铣床属于大型机床，其刚性好、精度较高，可以用几把铣刀同时切削，因此其生产率和加工精度都较高。适用于加工卧式、立式铣床无法加工的大型工件。图 3-16 所示为龙门铣床的外形。

龙门铣床的外形

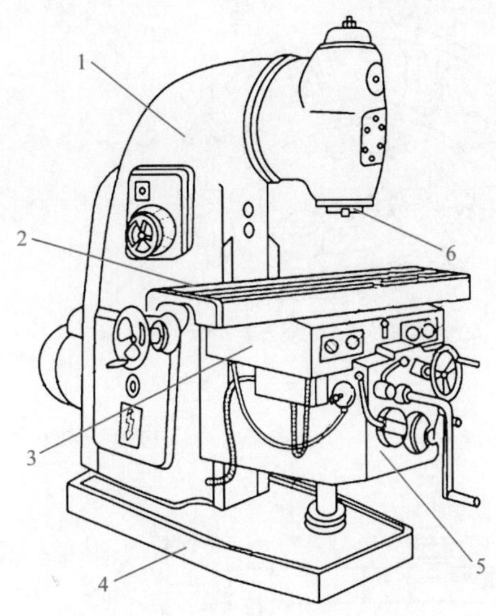

图 3-15　立式升降台铣床的外形

1—床身；2—纵向工作台；3—横向工作台；4—底座；5—升降台；6—主轴

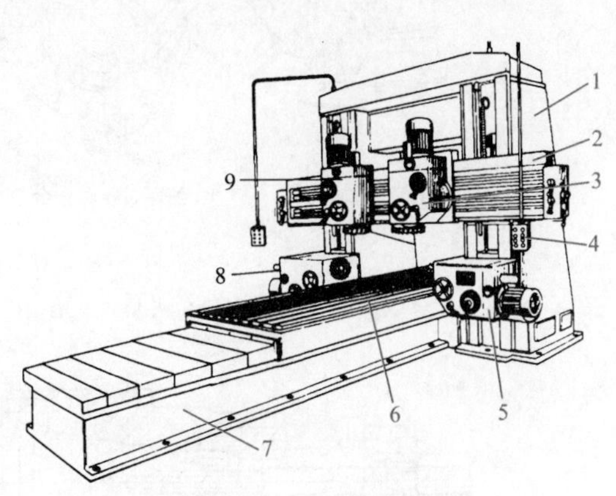

图 3-16　龙门铣床的外形

1—立柱；2—横梁；3、9—垂直铣头；4—操作面板；5、8—水平铣头；6—工作台；7—底座

2. 平面铣刀及其安装

平面铣刀主要有两种：圆柱铣刀和面铣刀。

(1)圆柱铣刀

如图 3-17 所示，外径较小的圆柱铣刀用高速钢制成整体式结构，螺旋形切削刃分布在圆柱表面上，切削时逐渐切入和切出工件，因此其切削过程较平稳；没有副切削刃，主要用于在卧式铣床上加工宽度小于铣刀长度的狭长平面。当铣刀的外径较大时，为节省高速钢材料，常做成镶齿式。

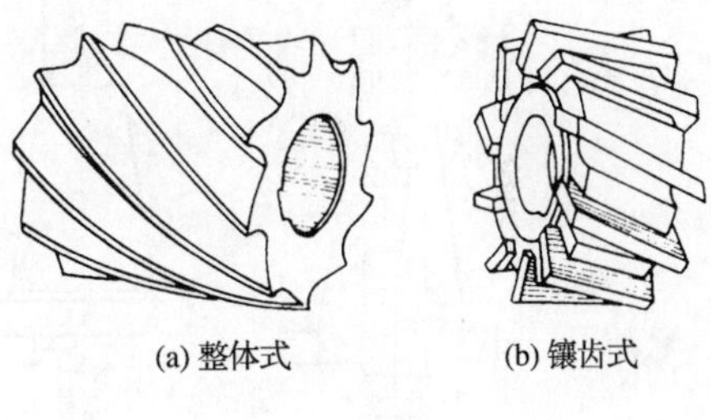

(a) 整体式　(b) 镶齿式

图 3 17　圆柱铣刀

根据加工要求不同，圆柱铣刀又有粗齿、细齿之分，前者的容屑槽大，用于粗加工；后者则用于精加工。

(2)面铣刀

如图 3-18 所示，面铣刀的主切削刃分布在圆柱和圆锥表面上，端面切削刃是其副切削刃，铣刀轴线垂直于被加工表面。按照刀齿的材料不同，面铣刀可分为高速钢和硬质合金两大类，多制成镶焊式结构。面铣刀主要用在立式铣床或卧式铣床上加工台阶面和平面，尤其适于较大面积平面的加工。用面铣刀铣削平面，同时参与切削的刀齿较多，再加上副切削刃的修光作用，因此其加工表面的表面粗糙度值较小，而且可以采用较大的切削用量来加工，生产率高，应用广泛。

(3)铣刀的安装方式

①带孔铣刀　如圆柱铣刀、三面刃铣刀等，多用于卧式铣床，其安装方式如图 3-19 所示。

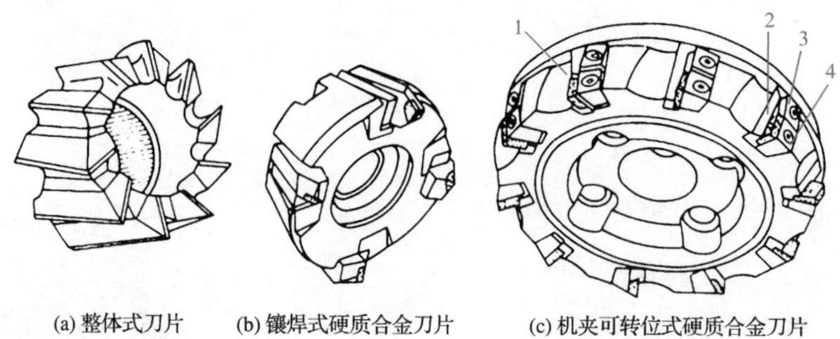

(a) 整体式刀片　(b) 镶焊式硬质合金刀片　(c) 机夹可转位式硬质合金刀片

图 3-18　面铣刀

1—不重磨可转位夹具；2—定位座；3—定位座夹具；4—刀片夹具

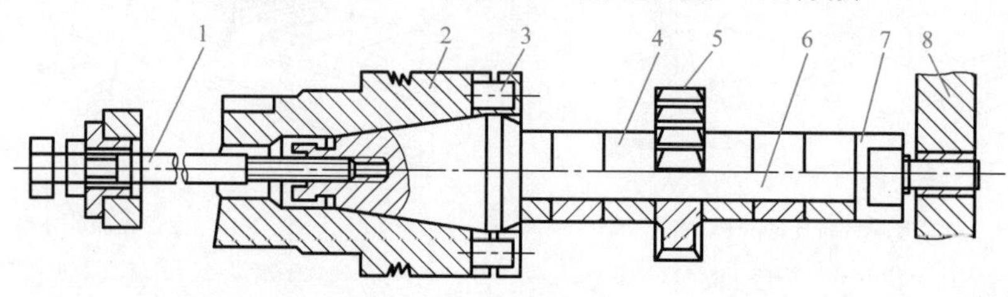

图 3-19　带孔铣刀的安装方式

1—拉杆；2—主轴；3—端面键；4—套筒；5—铣刀；6—刀杆；7—螺母；8—吊架

②带柄铣刀　如面铣刀、立铣刀等，多用于立式铣床，有时也可用于卧式铣床，其安装方式如图 3-20 所示。

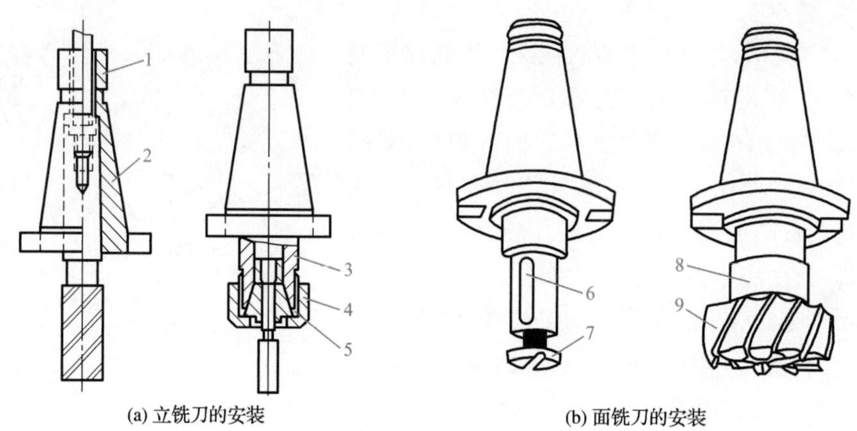

(a) 立铣刀的安装　(b) 面铣刀的安装

图 3-20　带柄铣刀的安装方式

1—拉杆；2—过渡套；3—夹头体；4—螺母；5—弹簧套；6—键；7—螺钉；8—垫套；9—铣刀

3. 工件的装夹方式

工件在铣床上的装夹方式主要有五种：

(1)用平口钳装夹　适于小型和形状规则的工件。

(2)用压板装夹　多用于较大和形状特殊的工件。

(3)夹具装夹　可提高铣削的加工精度和生产率。

(4)用分度头装夹　适于铣削各种需要分度的工件。

(5)用圆形转台装夹　适于加工一些带有弧形表面的工件。

铣床上工件的常见装夹方式如图 3-21 所示。

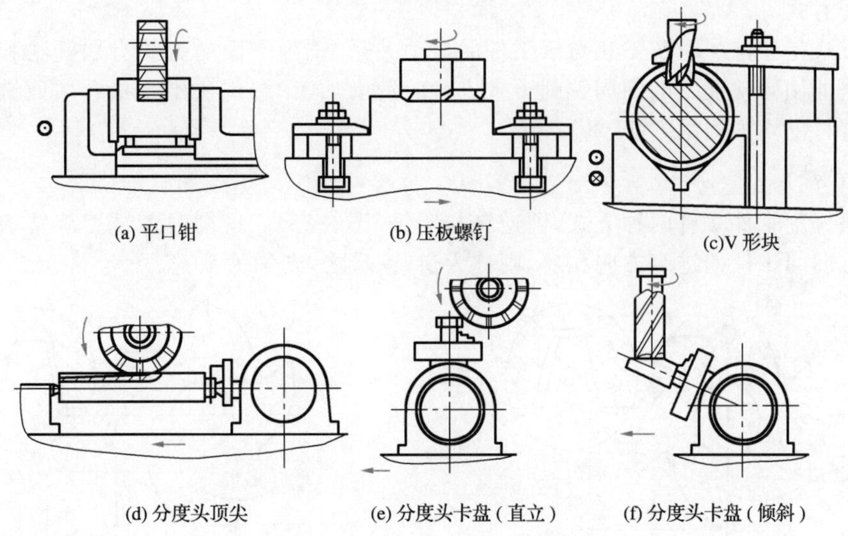

图 3-21　铣床上工件的常见装夹方式

4. 铣削用量

铣削的主运动是铣刀的回转运动,进给运动则通常由工件来完成。和普通的车削加工不同的是,铣削用量有四个要素,如图 3-22 所示。

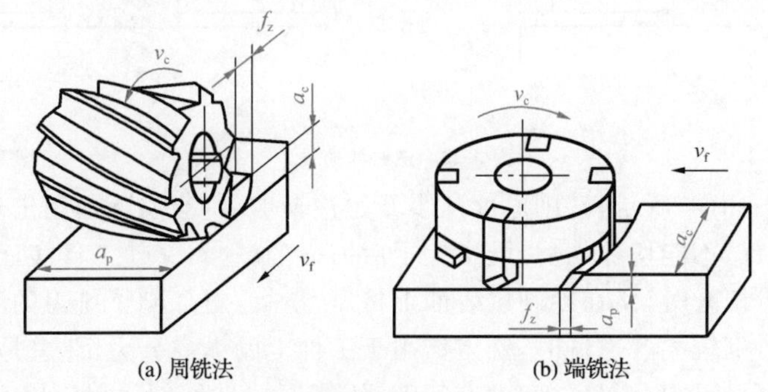

图 3-22　铣削用量四要素

(1)铣削速度 v_c

铣削速度指铣刀的最大线速度。即

$$v_c = \pi d_0 n / 1\,000 \tag{3-1}$$

式中　v_c——铣削速度,m/min;

d_0——铣刀直径,mm;

n——铣刀转速,r/min。

(2)进给量

进给量有三种表示方式:每齿进给量 f_z(mm/z)、每转进给量 f(mm/r)和进给速度 v_f(mm/min)。通常情况下,铣床加工时的进给量均指进给速度 v_f。

(3)背吃刀量 a_p

背吃刀量指沿平行于铣刀轴线方向测量的切削层参数。

(4)铣削宽度 a_c

铣削宽度指沿垂直于铣刀轴线方向测量的切削层参数。

5. 铣削方式

铣削方式是指铣削时铣刀相对于工件的运动关系,铣削平面的方式有周铣法和端铣法两种。周铣法即用圆柱铣刀的圆周铣削刃来进行的铣削加工;端铣法则是指利用面铣刀上的端面切削刃进行的切削加工方法。

(1)周铣法

周铣法铣削工件时有两种方式,即逆铣与顺铣(图 3-23)。铣削时若铣刀旋转切入工件的切削速度方向与工件的进给方向相反,则称为逆铣;反之,则称为顺铣。

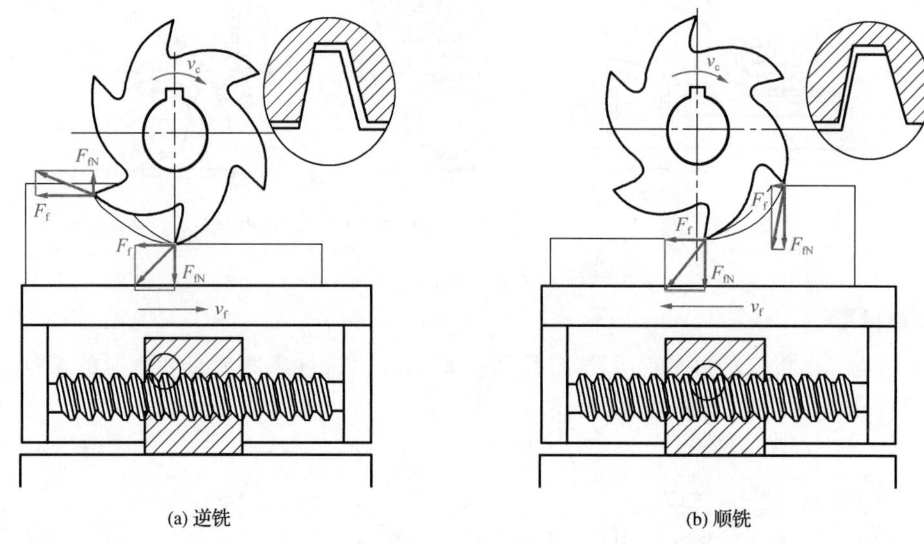

图 3-23 逆铣和顺铣

①逆铣　如图 3-23(a)所示,切削厚度从零开始逐渐增大,当实际前角出现负值时,刀齿在加工表面上挤压、滑行,不能切除切屑,既增大了后刀面的磨损,又使工件表面产生较严重的冷硬层。当下一个刀齿切入时,又在冷硬层表面上挤压、滑行,更加剧了铣刀的磨损,同时工件加工后的表面粗糙度值也较大。逆铣时,铣刀作用于工件上的纵向分力 F_f 总是与工作台的进给方向相反,使得工作台丝杠与螺母之间没有间隙,始终保持良好的接触,从而确保进给运动平稳;但是,垂直分力 F_{fN} 的方向和大小是变化的,并且当切削齿切离工件时,F_{fN} 向上,有挑起工件的趋势,引起工作台的振动,影响工件表面的表面粗糙度。

②顺铣　如图 3-23(b)所示,刀齿的切削厚度从最大开始,避免了挤压、滑行现象;并且垂直分力 F_{fN} 始终压向工作台,从而使切削平稳,可提高铣刀耐用度 2～3 倍,表面粗糙度也可降低;但纵向分力 F_f 与进给运动方向相同,若铣床工作台丝杠与螺母之间有间隙,则会造成工作台窜动,使铣削进给量不匀,严重时会打刀。因此,若铣床进给机构中没有丝杠和螺母消除间隙机构,则不能采用顺铣。此外,顺铣时铣刀刀齿从工件的待加工表面切入,工件上的硬皮会加剧刀齿的磨损,甚至打刀,故不适于加工带有硬皮的工件。

(2)端铣法

端铣又可分为对称铣削、不对称逆铣和不对称顺铣三种方式。

①对称铣削　如图 3-24(a)所示,铣刀轴线始终位于工件的对称面内,在切入、切出时切削厚度相同,有较大的平均切削厚度。一般端铣多采用这种铣削方式,尤其适用于铣削淬硬钢。

②不对称逆铣　如图 3-24(b)所示,铣刀偏置于工件对称面的一侧,它切入时切削厚度最小,切出时切削厚度最大。这种加工方法的切入冲击较小,切削力变化小,切削过程平稳,适用

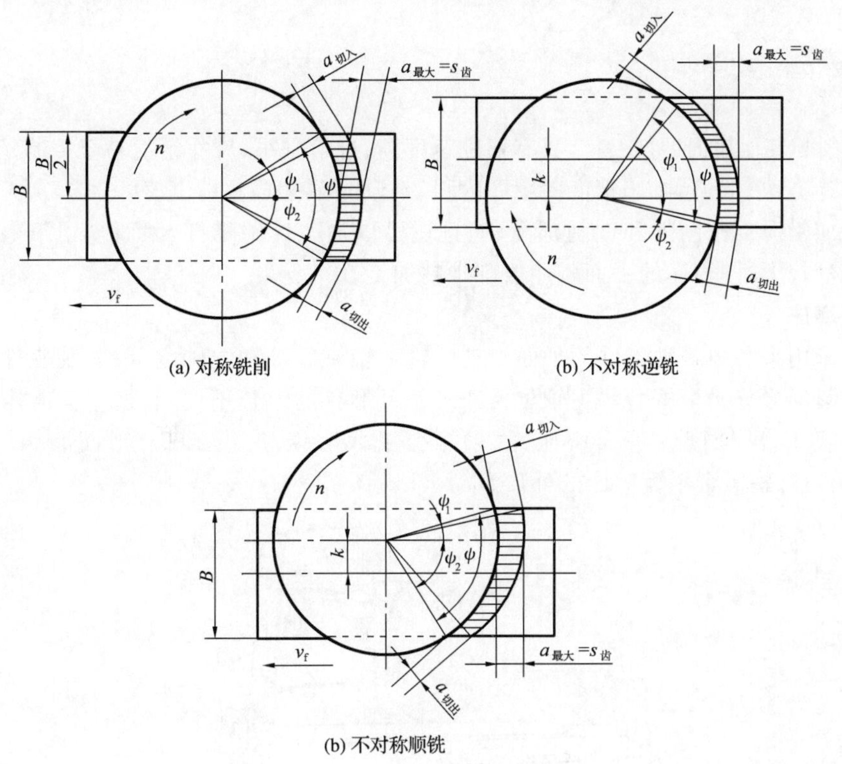

(a) 对称铣削　(b) 不对称逆铣

(b) 不对称顺铣

图 3-24　端铣法

于铣削普通非合金钢和高强度低合金钢，并且加工表面的表面粗糙度值小，刀具耐用度较高。

③不对称顺铣　如图 3-24(c)所示，铣刀偏置于工件对称面的一侧，它切出时切削厚度最小，这种铣削方式适用于加工不锈钢等中等强度和高塑性的材料。

6. 铣削的工艺特点

(1)生产率高但不稳定

由于铣削属于多刃切削，且可选用较大的切削速度，所以铣削效率较高。但会因各种原因导致刀齿负荷不均匀，磨损不一致，从而引起机床的振动，造成切削不平稳，直接影响工件的表面粗糙度。

(2)断续切削

铣刀刀齿切入或切出时产生冲击，一方面使刀具的寿命缩短，另一方面引起周期性的冲击和振动。但由于刀齿间断切削，工作时间短，在空气中冷却时间长，故散热条件好，有利于提高铣刀的耐用度。

(3)属于半封闭切削

由于铣刀是多齿刀具，刀齿之间的空间有限，若切屑不能顺利排出或有足够的容屑槽，则会影响铣削质量或造成铣刀的破损，所以选择铣刀时要把容屑槽作为一个重要因素考虑。

(4)铣削精度

粗铣平面的尺寸公差等级一般可达 IT13～IT11 级，表面粗糙度为Ra 12.5 μm；精铣平面的尺寸公差等级一般可达 IT9～IT7 级，表面粗糙度为 Ra 6.3～1.6 μm，直线度可达 0.12～0.08 mm/m；用硬质合金镶齿铣刀铣削大平面时，直线度可达 0.08～0.04 mm/m。

技能点四：磨削平面

平面磨削与其他表面磨削一样，具有切削速度高、进给量小、尺寸精度易于控制及能获得较小的表面粗糙度值等特点，加工精度一般可达 IT7～IT5 级，表面粗糙度值可达 *Ra* 1.6～0.2 μm。平面磨削的加工质量比刨削和铣削都高，而且还可以加工淬硬零件，因而多用于零件的精加工。生产批量较大时，箱体的平面常用磨削来精加工。

1. 平面磨床

平面磨床用来磨削各种工件的平面。其砂轮主轴有卧轴和立轴之分；安装工件的工作台又有矩形和圆形之分。根据砂轮主轴位置和工作台形状的组合不同，普通平面磨床可分为卧轴矩台平面磨床、卧轴圆台平面磨床、立轴矩台平面磨床和立轴圆台平面磨床四种类型。图 3-25 所示为卧轴矩台平面磨床的外形。

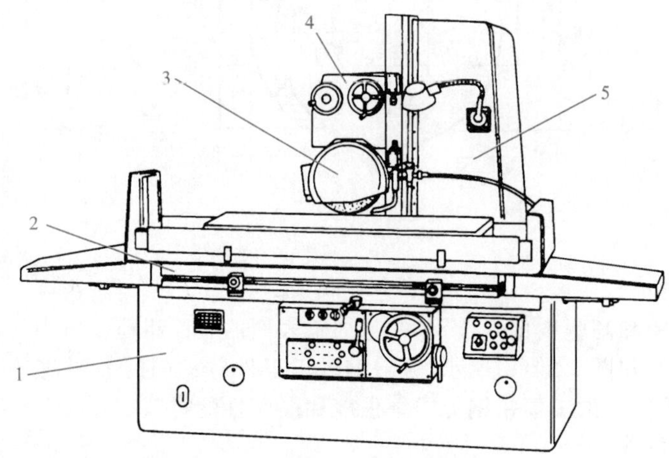

图 3-25　卧轴矩台平面磨床的外形

1—床身；2—床鞍；3—砂轮；4—磨头；5—立柱

2. 平面磨削方式

平面磨削方式主要有圆周磨削法和端面磨削法两种，如图 3-26 所示。

(1)圆周磨削法

如图 3-26(a)、图 3-26(b)所示，圆周磨削法用砂轮的圆周面来磨削平面，砂轮与工件接触面小，磨削时发热量小，热变形小，磨削力小，排屑和冷却条件好，有利于提高磨削精度。另一方面，由于需要用间断的横向进给来完成整个工作表面的磨削，所以生产率较低。这种方法适用于精磨各种平面零件，一般能达到(0.01～0.02)/100 mm 的平面度，表面粗糙度可达 *Ra* 1.25～0.2 μm。

(2)端面磨削法

如图 3-26(c)、图 3-26(d)所示，端面磨削法是用砂轮的端面来磨削平面的，砂轮端面与工件表面接触，接触面大，磨削过程中发热量大，切削液不易直接浇到磨削区，排屑困难，工件的热变形大，易烧伤，因此磨削质量比圆周磨削法差一些。但是另一方面，端面磨削时，砂轮主轴主要承受轴向力，主轴的弯曲变形小，刚性好，磨削用量可适当选大些。如果用桶形砂轮磨削，则同时参加磨削的磨粒多，生产率较高。

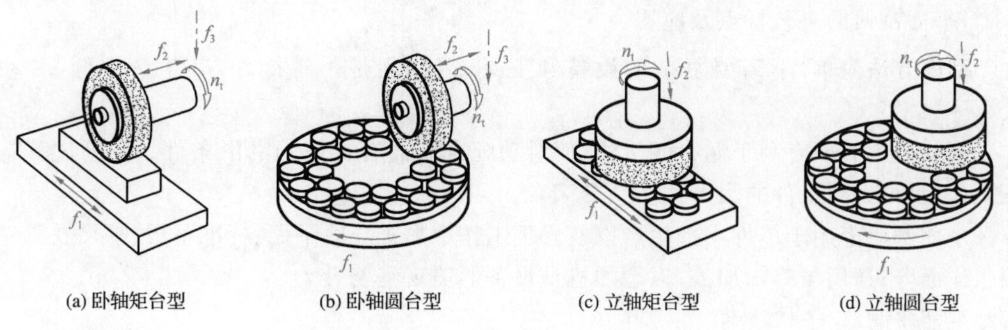

图 3-26　平面磨削方式

3. 工件的装夹

磨削铁磁性(钢、铸铁等)零件时,多利用电磁吸盘将零件吸住,装卸很方便。对于某些不允许带有磁性的零件,磨完平面后应进行退磁处理。因此,平面磨床附有退磁器,可以方便地将零件的磁性退掉。

4. 平面磨削的工艺特点

和外圆磨削、内圆磨削相比,由于平面磨床的工作运动简单,机床结构简单,加工系统刚性好,故平面磨削容易保证加工精度。与铣削平面、刨削平面相比,平面磨削更适用于精加工。平面磨削能加工淬硬工件,以修正热处理变形,且能以最小限度的加工余量加工带黑皮的平面,而铣、刨、拉带硬皮表面的工件的切探都必须大于黑硬皮的深度。

技能点五:平面的光整加工

1. 平面刮研

平面刮研是指利用刮刀在工件表面刮去一层极薄金属的光整加工方法,一般在精刨或精铣之后进行;刮削余量一般为 0.05～0.4 mm。刮研平面的直线度可达 0.01 mm/m,甚至可达 0.005～0.002 5 mm/m,表面粗糙度为 Ra 0.8～0.1 μm。

(1)平面刮研的工艺方法

如图 3-27 所示,首先在工件表面涂敷一层极薄的红丹油,然后用标准平板或平尺推磨,将工件上显示出来的高点用刮刀刮去。这样重复多次,即可使工件表面的接触点数增多,并且分布均匀,从而获得较高的形状精度和较低的表面粗糙度。

图 3-27　平面刮研

(2)平面刮研的工艺特点及应用

①刮削方法简单,不需要复杂的设备和工具,但刮削是手工操作,其生产率低,劳动强度大。

②刮削后的表面有利于储存润滑油,使滑动配合表面有良好的润滑条件。刮削过程有一定压光作用,可提高工件的耐磨性。

③平面刮研多用于单件小批生产以及修理工作中加工导轨平面、标准平板、平尺及滑动轴承的工作面等;还用于修饰加工,以增加机械设备的美观程度。

2. 平面研磨

(1)平面研磨的方法

平面研磨(图 3-28)一般在精磨之后进行。手工研磨平面时,研磨剂涂在平板(研具)上,手持工件做直线往复运动或 8 字形运动。研磨一定时间后,将工件调转 90°～180°,以防工件倾斜。对于工件上局部待研的小平面、方孔、窄缝等表面,也可手持研具进行研磨。批量较大的简单零件上的平面亦可在平面研磨机上研磨。研磨小而硬的工件或粗研时,用较大的压力、较低的速度;反之,则用较小的压力、较快的速度。

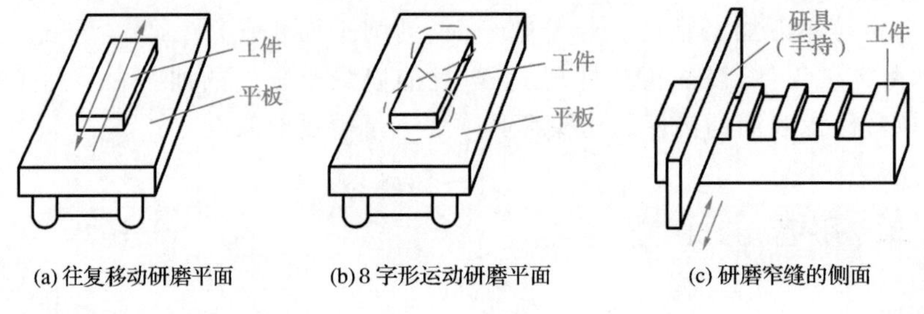

(a)往复移动研磨平面 (b)8 字形运动研磨平面 (c)研磨窄缝的侧面

图 3-28 平面研磨

(2)平面研磨的工艺特点及应用

①设备简单,精度要求不高。

②加工质量可靠,可获得很高的精度和很小的表面粗糙度值;研磨后两平面之间的尺寸公差等级可达 IT5～IT3 级,表面粗糙度为 Ra 0.1～0.008 μm。研磨还可以提高平面的形状精度,对于小型平面研磨还可减小平行度误差。但研磨一般不能提高加工表面与其他表面之间的位置精度。

③可加工各种钢、淬硬钢、铸铁、铜和铝及其合金、硬质合金、陶瓷、玻璃及某些塑料制品等。

④研磨广泛用于单件小批生产中加工各种高精度形面,如小型精密平板、平尺、块规以及其他精密零件的表面;也可用于大批大量生产中。

3. 平面抛光

平面抛光是指利用高速旋转的、涂有抛光膏的软质抛光轮对工件进行光整加工的方法。抛光轮采用帆布、皮革或毛毡制成,工作时线速度达 30～50 m/s。根据被加工工件的材料,在抛光轮上涂以不同的抛光膏。抛光膏中的硬脂酸使加工表面生成较软的氧化膜,可加速抛光过程。

平面抛光设备简单、生产率高,由于抛光轮是弹性体,所以还能用来抛光曲面。通过抛光加工,工件的表面粗糙度可达 Ra 0.1～0.01 μm,光亮度也明显提高。但是抛光不能改善加工表面的尺寸精度。

技能点六：平面加工方案的选择

平面的作用不同，其技术要求也不同。平面加工方案的选择，除应根据平面的精度和表面粗糙度要求外，还应考虑零件的结构形状、尺寸、材料的性能和热处理要求以及生产批量大小，常用平面加工方案见表 3-1。

表 3-1　　常用平面加工方案

序号	加工方案	加工精度/级	表面粗糙度 $Ra/\mu m$	适用范围
1	粗车→半精车	IT9	6.3～3.2	回转体零件的端面
2	粗车→半精车→精车	IT8～IT7	3.2～1.6	
3	粗车→半精车→磨削	IT8～IT6	0.8～0.2	
4	粗刨或粗铣→精刨或精铣	IT10～IT8	6.3～1.6	精度要求不太高的不淬硬平面
5	粗刨或粗铣→精刨或精铣→刮研	IT7～IT5	0.8～0.1	精度要求较高的不淬硬平面（批量较大时，宜采用加工方案 6）
6	粗刨或粗铣→精刨或精铣→宽刃精刨	IT8～IT6	0.8～0.2	
7	粗刨或粗铣→精刨或精铣→磨削	IT7	0.8～0.2	精度要求高的淬硬平面或不淬硬平面
8	粗刨或粗铣→精刨或精铣→粗磨→精磨	IT7～IT6	0.4～0.2	
9	粗铣→拉	IT9～IT7	0.8～0.2	大量生产，较小的平面（精度视拉刀精度而定）
10	粗铣→精铣→磨削→研磨	IT5 以上	0.1～0.006	高精度平面

技能点七：箱体孔系加工

箱体上若干有相互位置精度要求的孔的组合，称为孔系。孔系可分为平行孔系、同轴孔系和交叉孔系（图 3-29）。孔系加工是箱体加工的关键，根据箱体加工批量的不同和孔系精度要求的不同，孔系加工所用的方法也是不同的，现分别予以讨论。

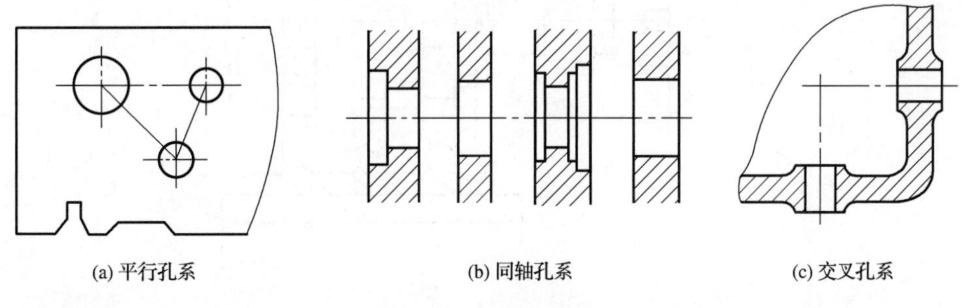

(a) 平行孔系　(b) 同轴孔系　(c) 交叉孔系

图 3-29　孔系的分类

1. 平行孔系的加工

下面主要介绍如何保证平行孔系孔距精度的方法。

(1) 找正法

找正法是指在通用机床（镗床、铣床）上利用辅助工具来找正所要加工孔的正确位置的加工方法。找正法加工效率低，一般只适于单件小批生产。找正时除根据划线来用试镗方法外，有时借用心轴、量块或用样板找正，以提高找正精度。

图 3-30 所示为心轴和量块找正法。镗第 1 排孔时将心轴插入主轴孔内或直接利用镗床主轴，然后根据孔和定位基准的距离组合一定尺寸的块规(量块)来校正主轴位置，校正时用塞尺测定块规与心轴之间的间隙，以避免块规与心轴直接接触而损伤块规。镗第二排孔时，分别在机床主轴和已加工孔中插入心轴，采用同样的方法来校正主轴轴线的位置，以保证孔心距的精度。这种找正法的孔心距精度可达±0.03 mm。

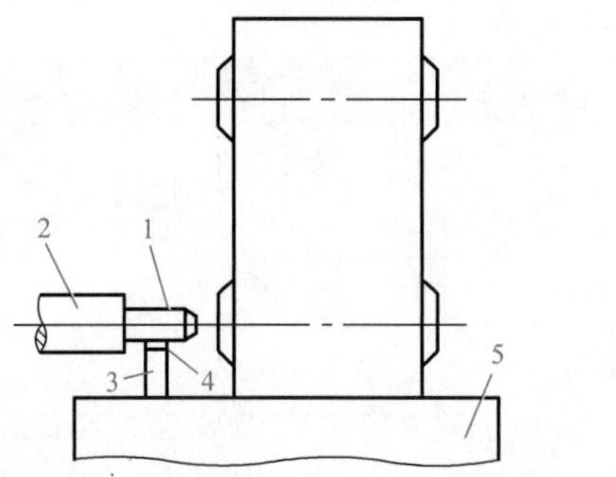

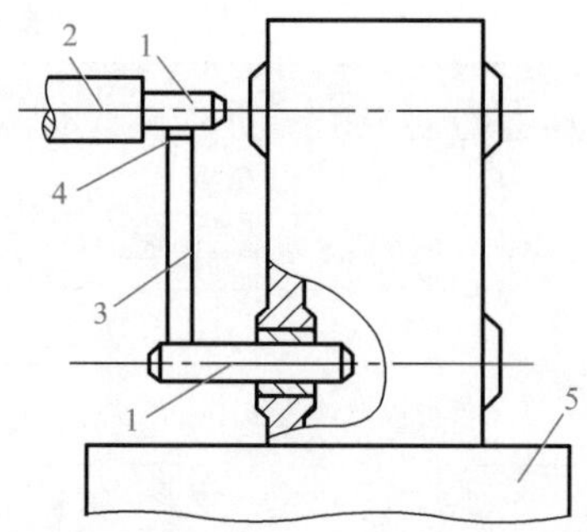

图 3-30　心轴和量块找正法

1—心轴；2—镗床主轴；3—块规；4—塞尺；5—工作台

图 3-31 所示为样板找正法，用 10～20 mm 厚的钢板制成样板，装在垂直于各孔的端面上或固定于机床工作台上，样板上的孔距精度较箱体孔系的孔距精度高(一般为 0.01～0.03 mm)，样板上的孔径较工件的孔径大，以便于镗杆通过。样板上的孔径要求不高，但要有较高的形状精度和较小的表面粗糙度值，当样板准确地装到工件上后，在机床主轴上装一个千分表，按样板找正机床主轴后，即换上镗刀加工。此法加工孔系不易出差错，找正方便，孔距精度可达 0.05 mm。这种样板的成本低，仅为镗模成本的 1/9～1/7，单件小批生产中大型的箱体加工可用此法。

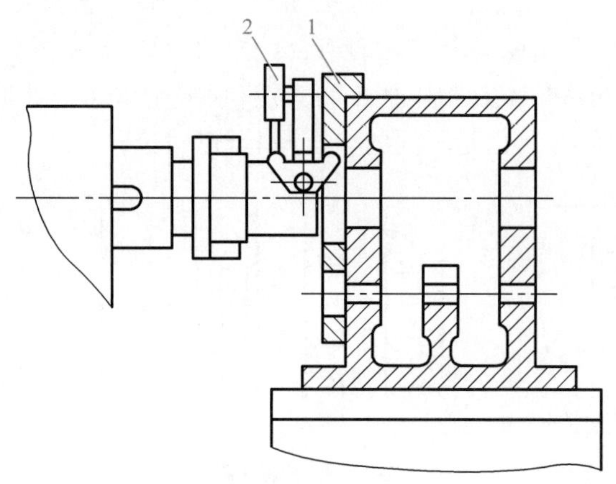

图 3-31　样板找正法

1—样板；2—千分表

(2)镗模法

在成批生产中广泛采用镗模法，如图 3-32 所示。工件装夹在镗模上，镗杆被支承在镗模的导套里，导套的位置决定了镗杆的位置，装在镗杆上的镗刀将工件上相应的孔加工出来。当用两个或两个以上的支承来引导镗杆时，镗杆与机床主轴必须浮动连接。当采用浮动连接时，机床精度对孔系加工精度影响很小，因而可以在精度较低的机床上加工出精度较高的孔系。孔距精度主要取决于镗模，一般可达 0.05 mm。能加工公差等级为 IT7 级的孔，其表面粗糙度可达 Ra 5～1.25 μm。当从一端加工、镗杆两端均有导向支承时，孔与孔之间的同轴度和平行度可达 0.02～0.03 mm；当分别由两端加工时，可达 0.04～0.05 mm。

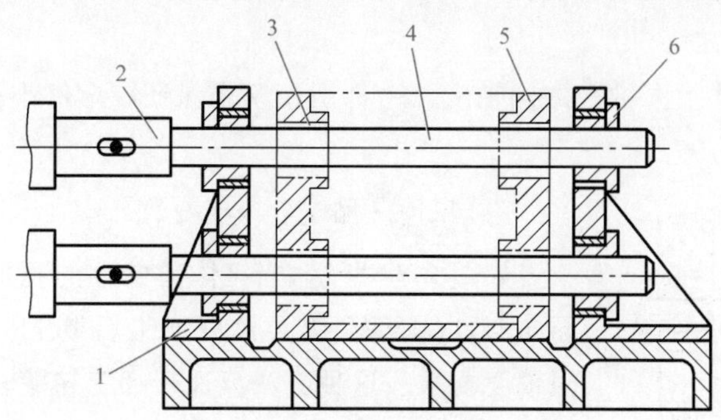

图 3-32　镗模法

1—镗架支承；2—镗床主轴；3—镗刀；4—镗杆；5—工件；6—导套

用镗模法加工孔系，既可在通用机床上加工，也可在专用机床上或组合机床上加工，图 3-33 所示为在组合机床上用镗模加工孔系。

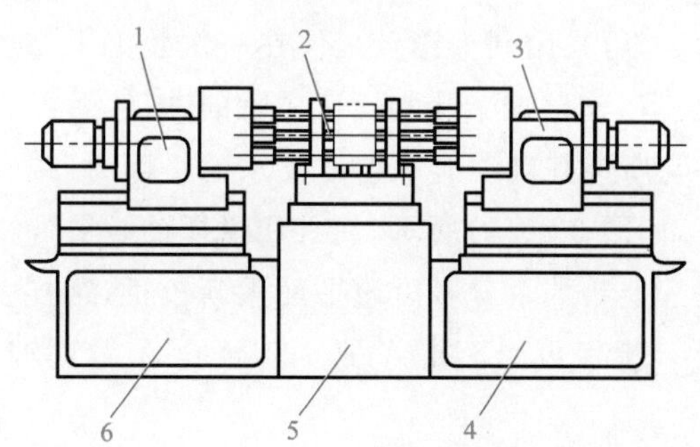

图 3-33　在组合机床上用镗模加工孔系

1—左动力头；2—镗模；3—右动力头；4、6—侧底座；5—中间底座

(3)坐标法

坐标法镗孔是指在普通卧式镗床、坐标镗床或数控镗铣床等设备上，借助于精密测量装置，调整机床主轴与工件间在水平和垂直方向的相对位置，来保证孔距精度的一种镗孔方法。

①普通刻度尺与游标卡尺加放大镜测量装置　其位置精度为±0.1～±0.3 mm。

②百分表与块规测量装置　一般与普通刻度尺测量配合使用，对于普通镗床，用百分表和块规来调整主轴垂直和水平位置，百分表装在镗床头架和横向工作台上，位置精度可达±0.02～±0.04 mm。这种装置调整费时，效率低。

③经济刻度尺与光学读数头测量装置　这是用得最多的一种测量装置，该装置操作方便，精度较高，经济刻度尺任意两刻线间误差不超过 5 μm，光学读数头的读数精度为 0.01 mm。

④光栅数字显示装置和感应同步器测量装置　其读数精度高，为 0.002 5～0.01 mm。

采用坐标法加工孔系时，要特别注意选择基准孔和镗孔顺序；否则，坐标尺寸累积误差会影响孔距精度。基准孔应尽量选择本身尺寸精度高、表面粗糙度值小的孔(一般为主轴孔)，这样在加工过程中,便于校验其坐标尺寸。孔距精度要求较高的两孔应连在一起加工;加工时,应尽量使工作台朝同一方向移动,因为工作台多次往复,其间隙会产生误差,影响坐标精度。

现在国内外许多机床厂已经直接用坐标镗床或加工中心来加工一般机床箱体,这样就可以加快生产周期,以适应机械行业多品种小批生产的需要。

2. 同轴孔系的加工

成批生产中,箱体上同轴孔的同轴度几乎都由镗模来保证。单件小批生产中,其同轴度用以下方法来保证:

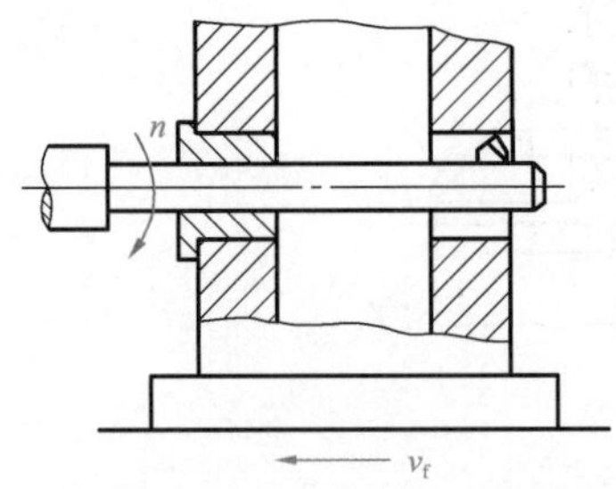

图 3-34 利用已加工孔支承导向

(1)利用已加工孔支承导向

如图 3-34 所示,当箱体前壁上的孔加工好后,在孔内装一导向套,以支承和引导镗杆加工后壁上的孔,从而保证两孔的同轴度要求。这种方法只适于加工箱壁较近的孔。

(2)利用镗床后立柱上的导向套支承导向

这种方法其镗杆系两端支承,刚性好。但此法调整麻烦,镗杆长,很笨重,故只适于单件小批生产中大型箱体的加工。

(3)采用调头镗

当箱体箱壁相距较远时,可采用调头镗。工件在一次装夹下,镗好一端孔后,将镗床工作台回转 180°,调整工作台位置,使已加工孔与镗床主轴同轴,然后再加工另一端孔。

当箱体上有一较长并与所镗孔轴线有平行度要求的平面时,镗孔前应先用装在镗杆上的百分表对该平面进行校正,如图 3-35(a)所示,使其和镗杆轴线平行,校正后加工孔 B,孔 B 加工后,回转工作台,并用镗杆上装的百分表沿该平面重新校正,这样就可保证工作台准确地回转 180°,如图 3-35(b)所示。然后再加工孔 A,从而保证孔 A、B 同轴。

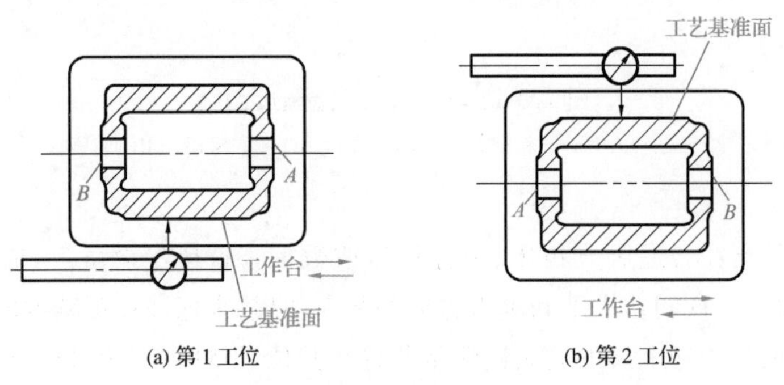

图 3-35 调头镗孔时工件的校正

3. 垂直孔系的加工

孔相互垂直的交叉孔系称为垂直孔系。箱体上垂直孔系的加工主要是控制有关孔的垂直度误差。在多面加工的组合机床上加工垂直孔系,其垂直度主要由机床和模板保证;在普通镗床上,其垂直度主要靠机床的挡块保证,但定位精度较低。为了提高定位精度,可用心轴与百分表找正。如图 3-36 所示,在加工好的孔中插入心轴,然后将工作台旋转 90°,移动工作台,用百分表找正。

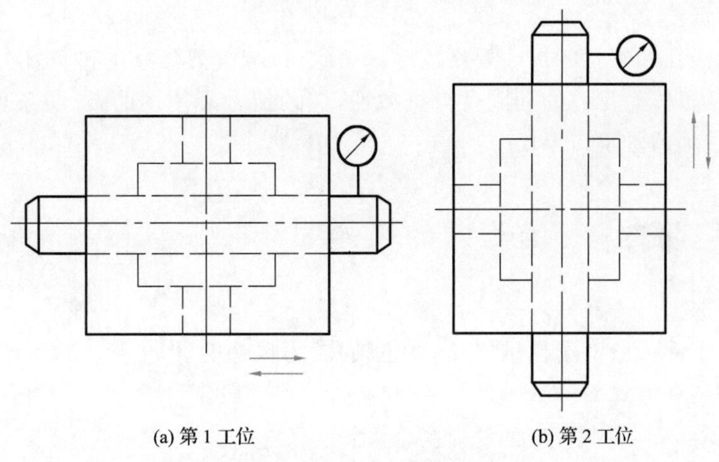

(a) 第1工位　(b) 第2工位

图3-36　找正法加工垂直孔系

知识点一：箱体类零件的结构工艺性

箱体类零件的结构工艺性对实现优质、高产、低成本具有重要意义。

1. 基本孔

箱体的基本孔可分为通孔、阶梯孔、盲孔、交叉孔等。

通孔的工艺性最好，通孔又以孔长 L 与孔径 D 之比 $L/D\leqslant 1$ 的短圆柱孔的工艺性为最好；$L/D>5$ 的孔称为深孔；当孔的深度精度要求较高、表面粗糙度值较小时，加工就很困难。

阶梯孔的工艺性与孔径比有关。孔径相差越小，则工艺性越好；孔径相差越大，且其中最小的孔径又很小，工艺性越差。

相贯通的交叉孔的工艺性也较差。

盲孔的工艺性最差，因为在精镗或精铰盲孔时，要用手动送进，或采用特殊工具送进。此外，盲孔的内端面的加工也特别困难，故应尽量避免。

2. 同轴孔

同一轴线上孔径大小向一个方向递减(如CA6140车床的主轴孔)，可使镗孔时镗杆从一端伸入，逐个加工或同时加工同轴线上的几个孔，以保证较高的同轴度和生产率。单件小批生产时一般采用这种分布形式。

同轴线上的孔的直径大小从两边向中间递减(如C620-1车床的主轴箱轴孔等)，可使刀杆从两边进入，这样不仅缩短了镗杆长度，提高了镗杆的刚性，而且为双面同时加工创造了条件。因此，大批量生产的箱体常采用此种孔径分布形式。

同轴线上孔的直径的分布形式，应尽量避免中间隔壁上的孔径大于外壁的孔径。因为加工这种孔时，要将刀杆伸进箱体后装刀、对刀，结构工艺性差。

3. 装配基准面

为便于加工、装配和检验，箱体的装配基准面尺寸应尽量大，形状应尽量简单。

4. 凸台

箱体外壁上的凸台应尽可能在一个平面上，以便可以在一次走刀中加工出来，而无须调整刀具的位置，使加工简单方便。

5. 紧固孔和螺孔

箱体上的紧固孔和螺孔的尺寸规格应尽量一致，以减少刀具数量和换刀次数。

此外，为保证箱体有足够的动刚度与抗振性，应酌情合理使用肋板、肋条，加大圆角半径，收小箱口，加厚主轴前轴承口厚度。

知识点二：箱体粗、精基准的选择

1. 粗基准的选择

虽然箱体类零件一般都选择重要孔（如主轴孔）为粗基准，但生产类型不同，实现以主轴孔为粗基准的工件装夹方式不同。

(1)中小批生产

中小批生产时，由于毛坯精度较低，所以一般采用划线装夹，其方法如下：

首先，将箱体用千斤顶安放在平台上，如图 3-37(a)所示，调整千斤顶，使主轴孔Ⅰ和 A 面与台面基本平行，D 面与台面基本垂直，根据毛坯的主轴孔划出主轴孔的水平线Ⅰ—Ⅰ，在4 个面上均要划出，作为第 1 校正线。划此线时，应根据图样要求，检查所有加工部位在水平方向是否均有加工余量，若有的加工部位无加工余量，则需要重新调整Ⅰ—Ⅰ线的位置进行必要的修正，直到所有的加工部位均有加工余量，才将Ⅰ—Ⅰ线最终确定下来。Ⅰ—Ⅰ线确定之后，即可画出 A 面和 C 面的加工线。然后，将箱体翻转 90°，D 面一端置于 3 个千斤顶上，调整千斤顶，使Ⅰ—Ⅰ线与台面垂直（用大角尺在两个方向上校正），根据毛坯的主轴孔并考虑各加工部位在垂直方向的加工余量，按照上述同样的方法划出主轴孔的垂直轴线Ⅱ—Ⅱ作为第 2 校正线，如图 3-37(b)所示，也在 4 个面上均画出。依据Ⅱ—Ⅱ线画出 D 面加工线。再将箱体翻转 90°，如图 3-37(c)所示，将 E 面一端置于 3 个千斤顶上，使Ⅰ—Ⅰ线与台面垂直，兼顾Ⅱ—Ⅱ线与台面平行。根据凸台高度尺寸，先画出 F 面，然后再画出 E 面加工线。

加工箱体平面时，按划线找正装夹工件，这样，就实现了以主轴孔为粗基准定位。

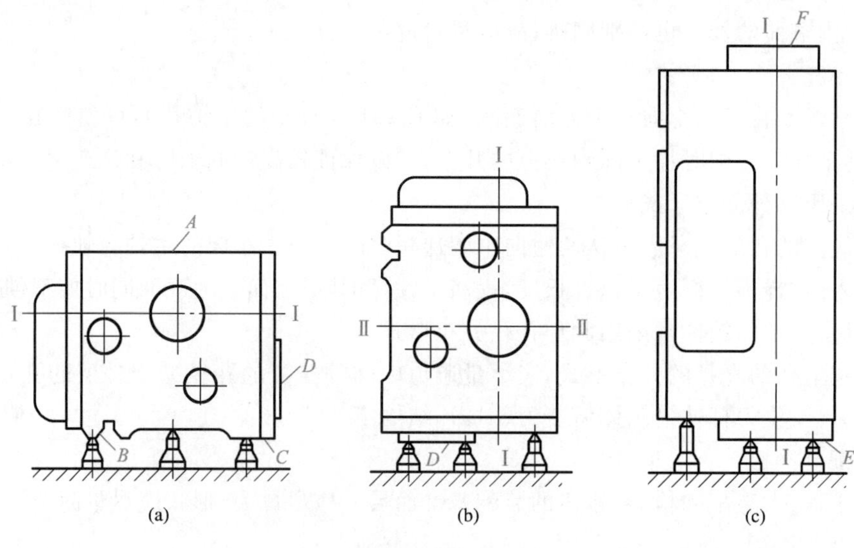

图 3-37 主轴箱的划线

(2)大批大量生产

大批大量生产时,毛坯精度较高,可直接以主轴孔在夹具上定位,采用图 3-38 所示的夹具装夹。

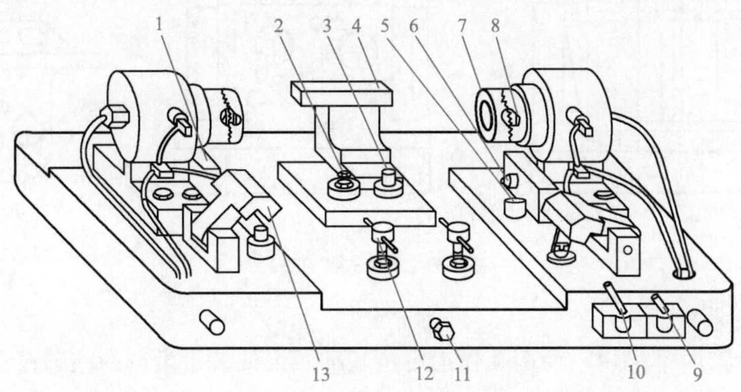

图 3-38　以主轴孔为粗基准铣顶面的夹具

1、3、5—支承;2—辅助支承;4—支架;6—挡销;7—短轴;8—活动支柱;
9、10—操纵手柄;11—螺杆;12—可调支承;13—夹紧块

先将工件放在支承 1、3、5 上,并使箱体侧面紧靠支架,端面紧靠挡销,进行工件预定位。然后操纵手柄 9,将液压控制的两个短轴伸入主轴孔中。每个短轴上有 3 个活动支柱,分别顶住主轴孔的毛面,将工件抬起,离开支承 1、3、5 各支承面。这时,主轴孔轴线与两短轴轴线重合,实现了以主轴孔为粗基准定位。为了限制工件绕两短轴的回转自由度,在工件抬起后,调节 2 个可调支承,辅以简单找正,使顶面基本成水平,再用螺杆调整辅助支承,使其与箱体底面接触。最后操纵手柄 10,将液压控制的两个夹紧块插入箱体两端相应的孔内夹紧,即可加工。

2. 精基准的选择

箱体上孔与孔、孔与平面及平面与平面之间都有较高的尺寸精度和相互位置精度要求,这些要求的保证与精基准的选择有很大关系。为此,通常优先考虑“基准统一”原则。同时,加工箱体类零件时,精基准的选择也与生产批量大小有关。

(1)单件小批生产

单件小批生产用装配基面作为定位基准。图 3-1 所示的车床主轴箱单件小批加工孔系时,选择箱体底面导轨 B、C 面作为定位基准,B、C 面既是床头箱的装配基准,又是主轴孔的设计基准,并与箱体的两端面、侧面及各主要纵向轴承孔在相互位置上有直接联系,故选择 B、C 面作为定位基准,不仅消除了主轴孔加工时的基准不重合误差,而且用导轨面 B、C 定位稳定可靠,装夹误差较小,加工各孔时,由于箱口朝上,所以更换导向套、安装调整刀具、测量孔径尺寸、观察加工情况等都很方便。

这种定位方式也有它的不足之处:加工箱体中间壁上的孔时,为了提高刀具系统的刚度,应在箱体内部相应的部位设置刀杆的导向支承。箱体底部是封闭的,中间支承只能用如图 3-39 所示的吊架从箱体顶面的开口处伸入箱体内,每加工一件需装卸一次;吊架与镗模之间虽有定位销定位,但吊架刚性差,制造安装精度较低,经常装卸也容易产生误差,且使加工的辅助时间增加,因此这种定位方式只适用于单件小批生产。

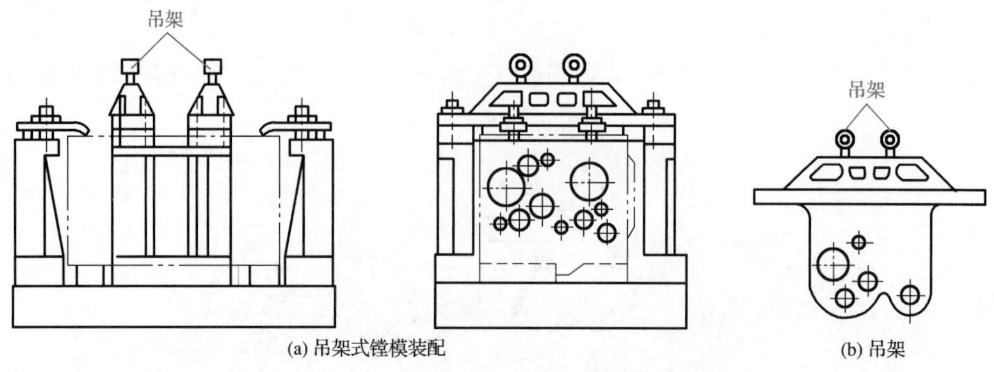

(a) 吊架式镗模装配 (b) 吊架

图 3-39 吊架式镗模夹具

(2)大批大量生产

大批大量生产时都采用一面两孔作为定位基准。大批大量生产的主轴箱常以顶面和两定位销孔为精基准,如图 3-40 所示。

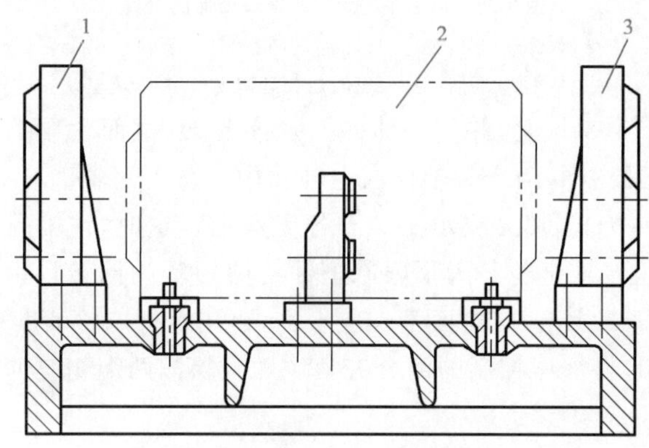

图 3-40 箱体以一面两孔定位

1—后支架;2—工件;3—前支架

这种定位方式在加工时箱体口朝下,中间导向支架可固定在夹具上。由于简化了夹具结构,提高了夹具的刚度,同时工件的装卸也比较方便,因而提高了孔系的加工质量和生产率。其不足之处在于定位基准与设计基准不重合,产生了基准不重合误差。为了保证箱体的加工精度,必须提高作为定位基准的箱体顶面和两定位销孔的加工精度。此外,由于箱口朝下,加工时不便于观察各表面的加工情况,所以不能及时发现毛坯是否有砂眼、气孔等缺陷,而且加工中不便于测量和调刀。因此,用箱体顶面和两定位销孔作为精基准加工时,必须采用定径刀具(扩孔钻和铰刀等)。

上述两种方案的对比分析,仅仅是针对机床主轴箱一类的箱体而言,许多其他形式的箱体,采用一面两孔的定位方式,上面所提及的问题也不一定存在。在实际生产中,一面两孔的定位方式在各种箱体加工中的应用十分广泛。因为这种定位方式很简便地限制了工件的 6 个自由度,定位稳定可靠;在一次安装下,可以加工除定位基准面以外的所有 5 个面上的孔或平面,也可以作为从粗加工到精加工的大部分工序的定位基准,实现"基准统一";此外,这种定位方式夹紧方便,工件的夹紧变形小;易于实现自动定位和自动夹紧。因此,在组合机床与自动线上加工箱体时,多采用这种定位方式。

由以上分析可知,箱体精基准的选择有两种方案:一是以 3 个平面为精基准(主要定位基准面为装配基准面)；另一是以一面两孔为精基准。这两种定位方式各有优缺点，实际生产中的选用与生产类型有很大的关系。通常应遵循“基准统一”原则，中小批生产时，尽可能使定位基准与设计基准重合，即一般选择设计基准作为统一的定位基准；大批大量生产时，优先考虑的是如何稳定加工质量和提高生产率，不过分地强调基准重合问题，一般多用典型的一面两孔作为统一的定位基准，由此而引起的基准不重合误差，可采用适当的工艺措施去解决。

任务实施

一、箱体工艺路线的拟定

在拟定箱体类零件机械加工工艺规程时，应遵循以下基本原则：

1. 加工顺序为先面后孔

箱体类零件的加工顺序均为先加工面，以加工好的平面定位，再来加工孔。因为箱体孔的精度要求高，加工难度大，先以孔为粗基准加工平面，再以平面为精基准加工孔，这样不仅为孔的加工提供了稳定可靠的精基准，同时还可以使孔的加工余量较为均匀。由于箱体上的孔分布在箱体各平面上，所以应先加工好平面。这样在钻孔时，钻头不易引偏，扩孔或铰孔时，刀具也不易崩刃。

2. 加工阶段粗、精分开

箱体的结构复杂、壁厚不均、刚性不好，而加工精度要求又高，故箱体重要加工表面都要划分粗、精加工两个阶段。这样可以避免粗加工造成的内应力、切削力、夹紧力和切削热对加工精度的影响，有利于保证箱体的加工精度。粗、精分开也可及时发现毛坯缺陷，避免更大的浪费；同时还能根据粗、精加工的不同要求来合理选择设备，有利于提高生产率。

3. 工序间合理安排热处理工艺

箱体类零件的结构复杂，壁厚也不均匀，因此，在铸造时会产生较大的残余应力。为了消除残余应力，减小加工后的变形和保证精度的稳定，在铸造之后必须安排人工时效。人工时效的工艺规范为加热到 500～550 ℃，保温 4～6 h，冷却速度≤30 ℃/h，出炉温度≤200 ℃。

普通精度的箱体类零件一般在铸造之后安排 1 次人工时效。对一些高精度或形状特别复杂的箱体类零件，在粗加工之后还要安排 1 次人工时效，以消除粗加工所造成的残余应力。有些精度要求不高的箱体类零件毛坯，有时不安排人工时效，而是利用粗、精加工工序间的停放和运输时间，使之得到自然时效。箱体类零件人工时效的方法，除了加热保温法外，也可采用振动时效来达到消除残余应力的目的。

4. 用箱体上的重要孔作为粗基准

箱体类零件的粗基准一般都用它上面的重要孔作为粗基准，这样不仅可以较好地保证重要孔及其他各轴孔的加工余量均匀，还能较好地保证各轴孔轴线与箱体不加工表面的相互位置。

二、箱体的机械加工工艺过程

图 3-1 所示的车床主轴箱单件小批生产和大批大量生产的工艺过程分别见表 3-2

和表 3-3。

表 3-2 主轴箱单件小批生产的工艺过程

工序号	工序内容	定位基准
1	铸造	
2	时效	
3	漆底漆	
4	划线：考虑主轴孔有加工余量，并尽量均匀，划 C、A 及 E、D 面加工线	
5	粗、精加工顶面 A	按线找正
6	粗、精加工导轨面 B、C 及侧面 D	顶面 A 并校正主轴线
7	粗、精加工两端面 E、F	导轨面 B、C
8	粗、半精加工各纵向孔	导轨面 B、C
9	精加工各纵向孔	导轨面 B、C
10	粗、精加工横向孔	导轨面 B、C
11	加工螺孔及各次要孔	
12	清洗、去毛刺倒角	
13	检查	

表 3-3 主轴箱大批大量生产的工艺过程

工序号	工序内容	定位基准
1	铸造	
2	时效	
3	漆底漆	
4	铣顶面 A	Ⅰ孔与Ⅱ孔
5	钻、扩、绞 $2\times\phi8H7$ 工艺孔（将 $6\times M10$ 先钻至 $\phi7.8$ mm，铰 $2\times\phi8H7$）	顶面 A 及外形
6	铣两端面 E、F 及前面 D	顶面 A 及两工艺孔
7	铣导轨面 B、C	顶面 A 及两工艺孔
8	磨顶面 A	导轨面 B、C
9	粗镗各纵向孔	顶面 A 及两工艺孔
10	精镗各纵向孔	顶面 A 及两工艺孔
11	精镗主轴孔Ⅰ	顶面 A 及两工艺孔
12	加工横向孔及各面上的次要孔	
13	磨导轨面 B、C 及前面 D	顶面 A 及两工艺孔
14	将 $2\times\phi8H7$ 及 $4\times\phi7.8$ 均扩钻至 $\phi8.5$ mm，攻 $6\times M1015$	清洗、去毛刺倒角
15	清洗，去毛刺，倒角	
16	检验	

拓展提高

一、工序集中与工序分散

工序集中即零件的加工集中在少数工序内完成，而每一道工序的加工内容比较多；工序分散则相反，整个工艺过程中工序数量多，而每一道工序的加工内容则比较少。

1. 工序集中的特点

(1)有利于采用高效率的专用设备和工艺装备，如采用多刀多刃、多轴机床、数控机床和加工中心等，从而大大提高了生产率。

(2)减少了工序数目，缩短了工艺路线，从而简化了生产计划和生产组织工作。

(3)减少了设备数量，相应地减少了操作工人和减小了生产面积。

(4)减少了工件安装次数，不仅缩短了辅助时间，而且在一次安装下能加工较多的表面，也易于保证这些表面的相对位置精度。

(5)专用设备和工艺装备复杂，生产准备工作和投资都比较大，尤其是转换新产品比较困难。

2. 工序分散的特点

(1)设备和工艺装备结构都比较简单，调整方便，对工人的技术水平要求低。

(2)可采用最有利的切削用量，缩短机动时间。

(3)容易适应生产产品的变换。

3. 工序集中与工序分散的选用

工序集中与工序分散各有利弊，选用时应考虑生产类型、现有生产条件、工件结构特点和技术要求等因素，使制定的工艺路线适当地集中、合理地分散。

单件小批生产采用组织集中方式，以便简化生产组织工作。大批大量生产可采用较复杂的机械集中方式，如各种高效组合机床、自动机床等加工，对一些结构比较简单的产品，也可采用工序分散的原则。成批生产应尽可能采用效率较高的机床，如转塔车床、多刀半自动车床等，使工序适当集中。

对于重型零件，为了减少工件装卸和运输的劳动量，工序应适当集中；对于刚性差且精度高的精密工件，则工序应适当分散。目前的发展趋势是倾向于工序集中。

二、箱体上沟槽的加工方法

1. 铣削沟槽

在铣床上能够加工多种形状的沟槽，如直槽、角度槽、V 形槽、燕尾槽和各种键槽等。铣削直角沟槽常用的铣刀类型如图 3-41 所示。

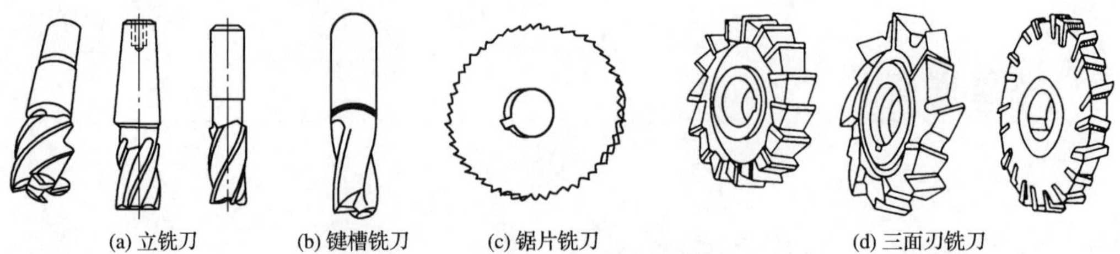

图 3-41 铣削直角沟槽常用的铣刀类型

特种沟槽铣刀包括角度铣刀、成形铣刀、T 形槽铣刀和燕尾槽铣刀等，如图 3-42 所示。

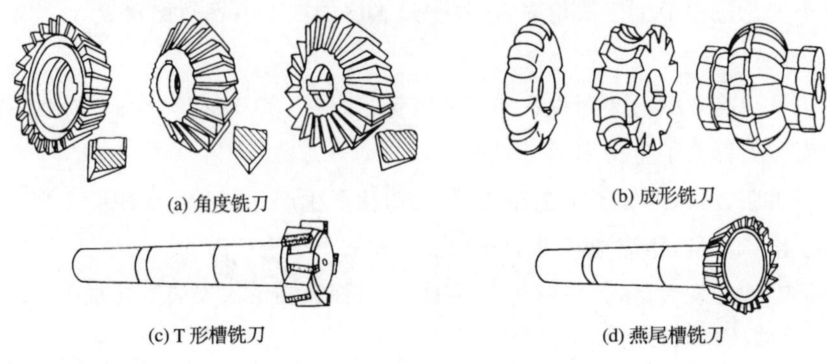

图 3-42 特种沟槽铣刀

(1)直角沟槽的铣削

直角沟槽常使用三面刃铣刀在卧式铣床上加工，也可以使用立铣刀在立式铣床上加工；宽度较大的沟槽常在立式铣床上安装套式面铣刀进行切削。

①立铣刀铣削直角沟槽 用立铣刀铣削直角沟槽时，立铣刀伸出的长度要尽量短，而且要夹紧稳固，否则容易产生“让刀”而使铣槽的宽度增加。铣削时，可先用直径比槽宽小 1～2 mm 的立铣刀粗铣，然后再用直径等于槽宽的立铣刀精铣。

用立铣刀铣削封闭槽时，必须在槽的一端先预钻一落刀孔。因切屑容易堵塞，故进给量应适当减小。

②三面刃铣刀铣削直角沟槽 用三面刃铣刀可以铣削敞开式直角沟槽(通槽)。安装铣刀时，应注意控制其侧面切削刃的摆差，以防将槽铣宽。

(2)特种沟槽的铣削

特种沟槽包括 V 形槽、T 形槽和燕尾槽等。

①V 形槽的铣削 V 形槽的两侧面通常都采用对称双角铣刀在卧式铣床上一次铣出，能够较好地保证两侧面的对称度。但必须保证铣刀的夹角与 V 形槽的夹角相同，铣刀宽度大于 V 形槽的宽度。如无合适的对称双角铣刀，也可采用单角铣刀来加工；但单角铣刀的角度应等于 V 形槽夹角的一半(图 3-43)。

用角度铣刀铣削 V 形槽

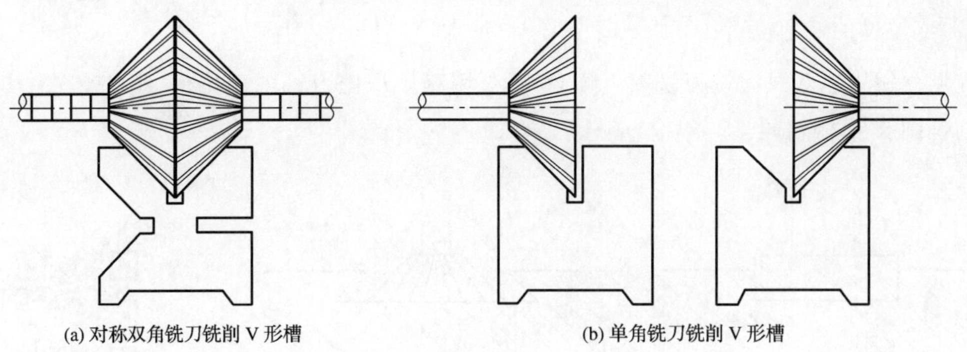
(a) 对称双角铣刀铣削 V 形槽　　(b) 单角铣刀铣削 V 形槽

图 3-43　角度铣刀铣削 V 形槽

当 V 形槽的槽形角为 90°时,也可在立式铣床上采用立铣刀或套式面铣刀铣削,此时需将立铣头扳转 45°(图 3-44)。

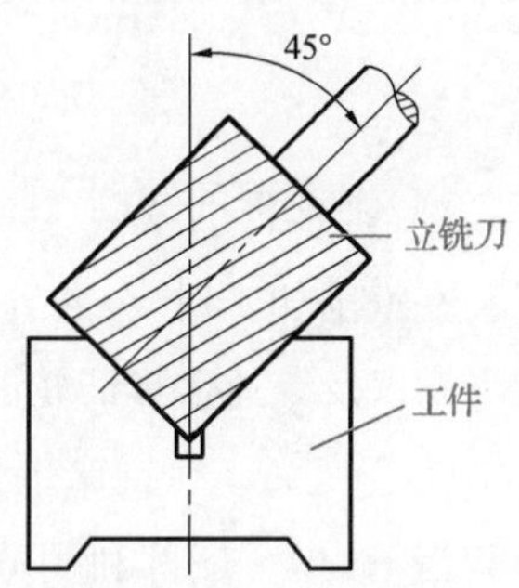

图 3-44　立铣刀铣削 V 形槽

V 形槽铣削的工艺过程一般都是先铣出中间窄槽(退刀槽),然后再铣削 V 形槽。

②T 形槽的铣削　铣削 T 形槽常在立式铣床上进行,其铣削过程是:用立铣刀铣出直角沟槽;选用合适的 T 形槽铣刀铣削 T 形槽;用合适的角度铣刀进行槽口倒角(图 3-45)。

铣削 T 形槽时需要注意以下问题:

● T 形槽铣刀的上切削刃、下切削刃和圆周面切削刃同时切削,摩擦力大,工作条件差,因此要采用较小的进给量和较低的铣削速度。

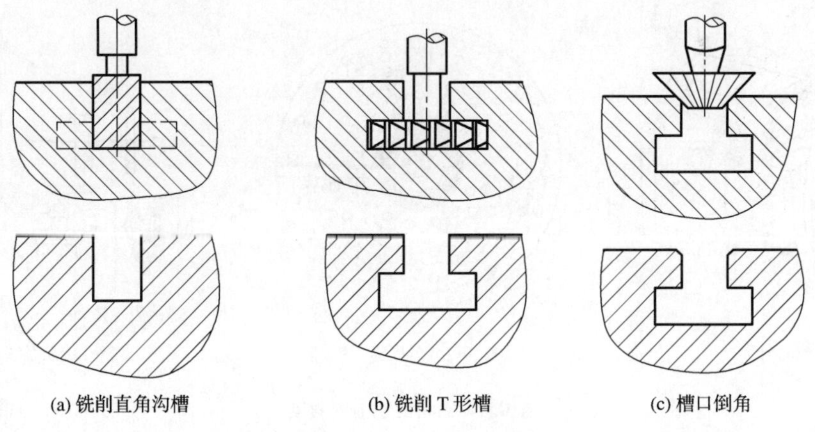
(a) 铣削直角沟槽　　(b) 铣削 T 形槽　　(c) 槽口倒角

图 3-45　铣削 T 形槽的步骤

● 铣削 T 形槽时排屑非常困难,切屑易堵塞而使铣刀失去切削能力,因此在加工中应经常清除切屑。

铣削 T 形槽

● T 形槽铣刀的颈部细、强度低,要防止铣刀受到过大的铣削阻力的影响或突然出现冲击力而使铣刀折断。

● 切削时热量不易散失,铣刀也容易发热。因此,在铣削钢件时,应充分使用切削液。

● 批量加工 T 形槽时,为了提高效率,应先将直角沟槽全部铣出,然后再换上 T 形槽铣刀铣削 T 形槽。

(3)燕尾槽的铣削

先用立铣刀或套式面铣刀铣削直角沟槽,再用燕尾槽铣刀铣削燕尾槽(图 3-46)。其注意事项与铣削 T 形槽相同。

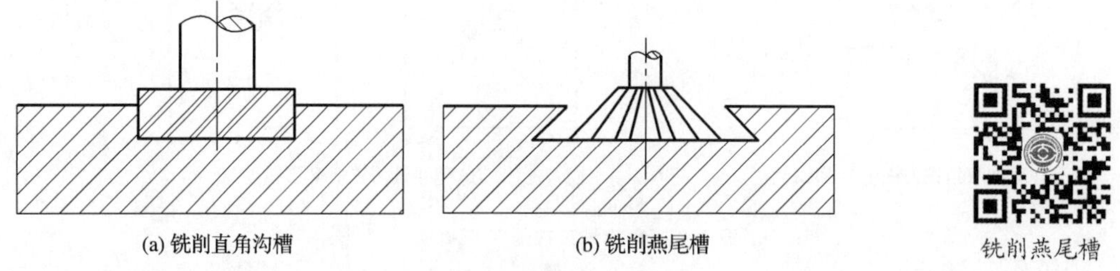

图 3-46 铣削直角沟槽和燕尾槽

(4)螺旋槽的铣削

在铣削加工时,会遇到有螺旋形沟槽或面的工件,如圆柱凸轮上的矩形螺旋槽、螺旋齿铣刀的齿槽以及等速盘形凸轮的螺旋面等。螺旋槽的槽口、槽底等处相当于由无数条螺旋线组成。

①分度头　在铣床上铣削六角、八角等正多边形柱体以及均等分布或互呈一定夹角的沟槽和齿槽时,一般都利用分度头进行分度,其中以万能分度头应用最为广泛。图 3-47 所示为 F11125 万能分度头。该分度头主轴是空心的,两端均为莫式 4 号锥孔,前锥孔用来安装带有拨盘的顶尖,后锥孔可装入心轴,作为差动或进行直线移动分度以及加工小导程螺旋面时安装挂轮用。主轴前端外部有一段定位锥体,用于与三爪卡盘的过渡盘(法兰盘)配合。

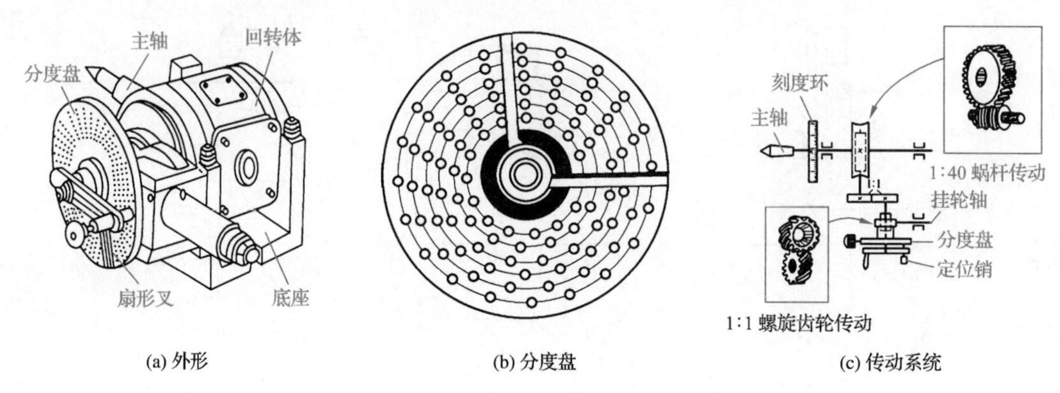

图 3-47 F11125 万能分度头

分度头的传动系统如图 3-47(c)所示。转动分度手柄,通过一对传动比为 1∶1 的螺旋齿轮和一对传动比为 1∶40 的蜗杆带动主轴转动。安装挂轮用的交换齿轮轴通过 1∶1 的螺旋齿轮和空套在分度手柄轴上的孔盘相联系。

分度头的分度方法有直接分度法、简单分度法和差动分度法等,可参考有关机械手册。

②铣削的原理及方法　根据螺旋线的形成原理可知,铣削螺旋槽时,除了必须使工件做等速转动外,还必须使工件同时做匀速直线运动,其关系是工件做匀速转一周的同时,工作台带动工件等速直线移动一个导程。如图 3-48 所示,铣削时,主动轮 z_1 挂在铣床工作台丝杠上,从动轮 z_4 则挂在分度头的侧轴上。

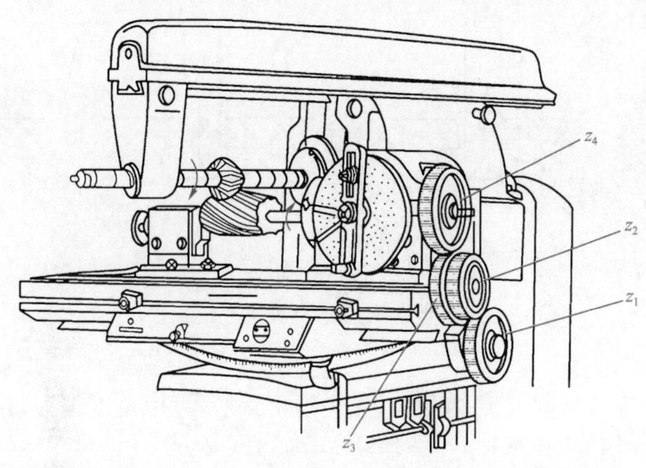

图 3-48　铣削螺旋槽

③铣刀及其选用　在铣床上加工螺旋槽时，大多采用刀齿形状与槽的法向截面相同的铣刀铣削。在用盘形铣刀铣削时，为使螺旋槽的方向和刀具旋转平面一致，必须将工作台或万能铣头主轴在水平面内旋转一定角度。旋转角度的大小等于螺旋角 β；旋转的方向为：铣削左螺旋时，工作台应沿顺时针方向旋转；铣削右螺旋时，工作台应沿逆时针方向旋转。用立铣刀等指状铣刀铣削时，工作台则无须反转。

铣削矩形螺旋槽时，由于三面刃铣刀在切削时产生严重干涉，故不能铣出矩形螺旋槽，只能采用立铣刀或键槽铣刀来铣削。虽然用立铣刀铣削时，也会因螺旋槽各处的螺旋角不同而产生干涉，但影响较小，变形不大，而且能与矩形滚销很好地配合。

④交换挂轮的计算与配置　由传动关系可知，工件旋转一周，铣床工作台丝杠需旋转(P/P_S) 周，即传动比为

$$i=\frac{z_1 z_3}{z_2 z_4}=\frac{40P_S}{P} \tag{3-2}$$

式中　P——工件的导程，mm；

P_S——铣床工作台丝杠的导程，mm。

在实际生产中，在计算出传动比 i 后，多采用查表法来选取交换挂轮的齿数 z_1、z_2、z_3、z_4。

2. 刨削沟槽

(1)刨削直槽

刨削直槽时，采用切槽刀垂直进给，完成刨削，如图 3-49 所示。

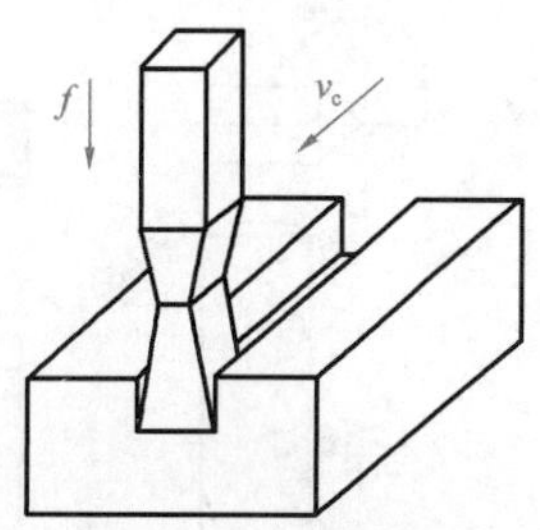

图 3-49　刨削直槽

(2)刨削 V 形槽

刨削 V 形槽可分为两步：第一步，刨削直槽，方法同上；第二步，采用与刨削斜面相同的方法刨削 V 形槽两侧面。

(3)刨削 T 形槽

刨削 T 形槽时，先刨削出直槽，然后用左、右两把弯刨刀分别刨削出两侧凹槽，最后用 45°刨刀倒角，如图 3-50 所示。

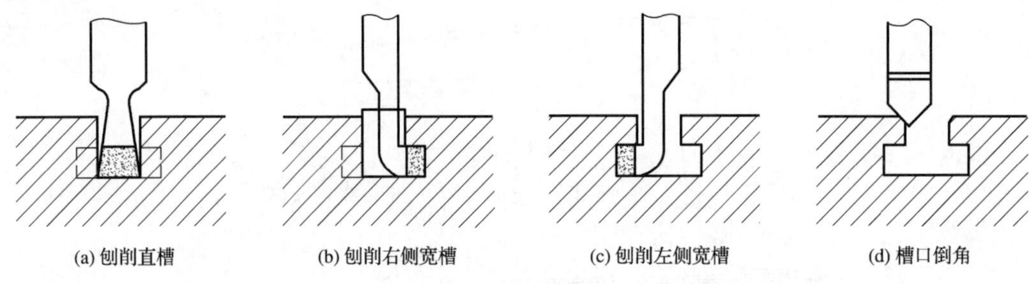
(a) 刨削直槽　(b) 刨削右侧宽槽　(c) 刨削左侧宽槽　(d) 槽口倒角

图 3-50　刨削 T 形槽

(4)刨削燕尾槽

刨削燕尾槽的过程与刨削 T 形槽相似,先刨削出直槽,再用角度偏刀,用刨削内斜面的方法刨削出燕尾侧面,如图 3-51 所示。

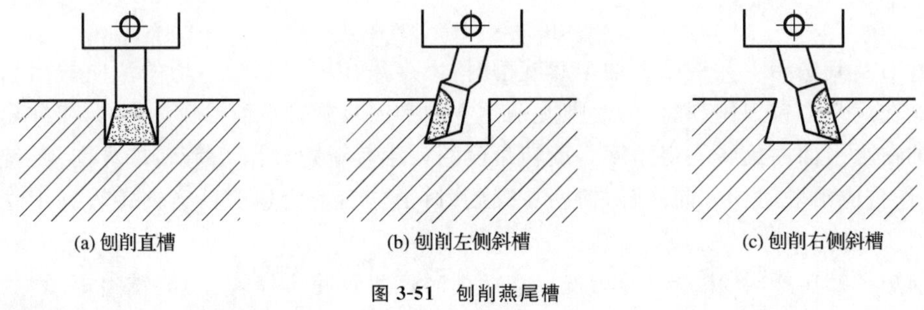
(a) 刨削直槽　(b) 刨削左侧斜槽　(c) 刨削右侧斜槽

图 3-51　刨削燕尾槽

3. 插削沟槽

目前,插削主要用于单件小批生产中内孔、键槽的加工。

(1)插刀

插刀有整体式和组合式两种结构,整体式插刀不受装夹刀头的限制,可以制成较小尺寸,适于加工小孔、切槽等;组合式插刀可分成刀头和刀杆两部分,刀杆粗而短,刚性较好,刀头可随意调换,应用广泛。常用插刀的类型如图 3-52 所示:图 3-52(a)所示为尖刀;图 3-52(b)所示为高速钢整体式插刀,通常用来插削较大孔径内的键槽;图 3-52(c)所示为高速钢插刀头,通常安装在图 3-52(d)所示的圆柱插刀柄的径向方孔内,刚性较好,可用来加工各种孔径的内键槽;图 3-52(e)所示为套式插刀。

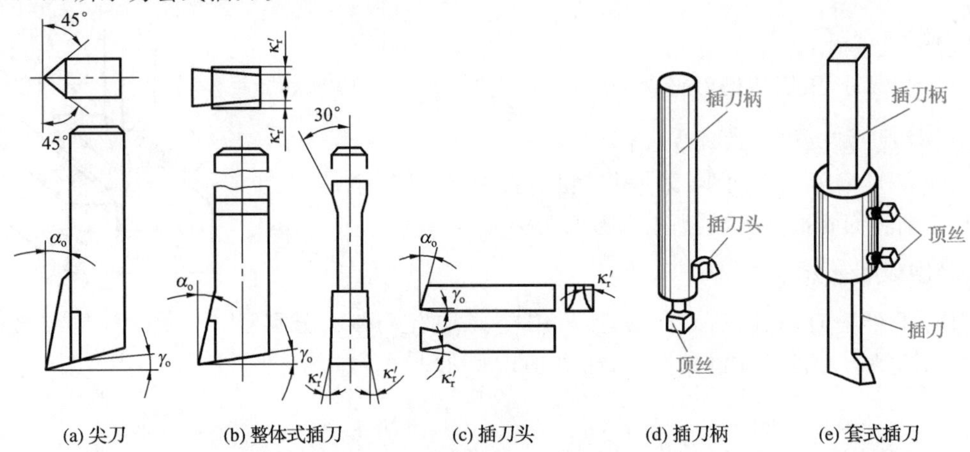

(a) 尖刀　(b) 整体式插刀　(c) 插刀头　(d) 插刀柄　(e) 套式插刀

图 3-52　常用插刀的类型

(2)插削键槽

如图 3-53 所示，按工件端面上的划线找正对刀后，即可插削键槽；首先手动进给至深 0.5 mm 处，停车检查键槽宽度尺寸与对称度，调整正确后继续插削至要求尺寸。

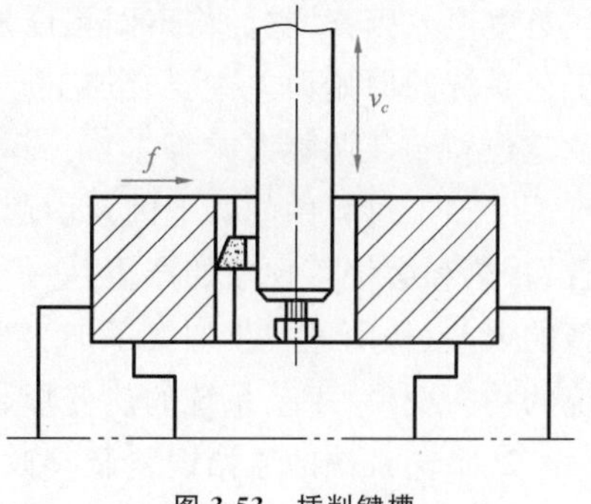

图 3-53　插削键槽

插削宽度较小的矩形齿花键槽时，采用刀刃圆弧半径等于花键孔外圆弧半径的插刀，刀刃宽度等于花键槽宽度；插削宽度较大的内花键槽，则需分为粗插、精插两步：先粗插，留下 0.5 mm 的余量，再用宽度和圆弧半径与花键槽相同的插刀精插。

插削内花键槽的工艺方法与插削键槽基本相同，只不过工件需用分度头来装夹，插削完一个槽后旋转分度，再插削下一个槽，如此循环往复，直至插削完成。

三、机械加工精度分析

1. 加工精度、加工误差与原始误差

(1)加工精度

所谓加工精度，是指零件加工后的几何参数（几何尺寸、形状和相互位置）与图纸规定的理想零件的几何参数相符合的程度。符合程度越高，加工精度越高。加工精度包括以下方面：

①尺寸精度　指加工后零件表面本身或表面之间的实际尺寸与理想尺寸之间的符合程度。这里所提出的理想尺寸是指零件图上所标注的有关尺寸的平均值。

②几何形状精度　指加工后零件各表面的实际形状与表面理想形状之间的符合程度。这里所提出的表面理想形状是指绝对准确的表面形状，如圆度、圆柱度、平面度、直线度等。

③相互位置精度　指加工后零件表面之间的实际位置与表面之间理想位置的符合程度。这里所提出的表面之间理想位置是指绝对准确的表面之间的位置，如两平面平行、两平面垂直、两圆柱面同轴等。

对任何一个零件来说，其实际加工后的尺寸、形状和位置误差若在零件图所规定的公差范围内，则在机械加工精度这个质量要求方面就能够满足要求，即合格品。若有其中任何一项超出公差范围，则是不合格品。

(2)加工误差与原始误差

由于加工等种种原因，实际上不可能把零件做得绝对精确并同理想完全相符，总会产生一些偏离，这种偏离程度就是加工误差。加工精度的低和高就是通过加工误差的大和小来表示的。所谓保证和提高加工精度，实际上也就是限制和降低加工误差。

研究加工误差的目的，就是要分析影响加工误差的各种因素及其存在的规律，从而找出减小加工误差、提高加工精度的合理途径。

零件加工后产生的加工误差主要是由机床、夹具、刀具、量具和工件所组成的工艺系统引起的。在完成零件加工的任何一道工序中有很多误差因素在起作用，这些造成零件加工误差的因素称为原始误差。在零件加工中，造成加工误差的主要原始误差大致可划分为两个方面：

①工艺系统的几何误差（工艺系统的静误差）　即在零件未进行正式切削加工以前，加工方法本身存在着加工原理误差或由机床、夹具、刀具、量具和工件所组成的工艺系统本身就存

在某些误差因素，它们将不同程度地以不同的形式反映到被加工的零件上去，造成加工误差。工艺系统的原始误差主要有加工原理误差、机床误差、夹具和刀具误差、工件误差、测量误差以及定位和安装调整误差等。

②加工过程中的其他因素引起的误差(工艺系统的动误差) 在零件加工过程中一般伴随着力、热和磨损等现象的产生，它们将破坏工艺系统的原有精度，使工艺系统各组成部分产生新的误差，从而进一步加大了加工误差。加工过程中其他造成加工误差的因素主要有工艺系统的受力变形、工艺系统的热变形、工艺系统磨损和工艺系统残余应力等。

2. 工艺系统的原始误差及其改善措施

工艺系统的原始误差主要包括机床主轴误差、机床导轨误差、机床传动误差以及工艺系统的其他几何误差。

(1)机床主轴误差

机床主轴是装夹夹具或工件的位置基准，它的误差将直接影响工件的加工质量。尤其是在精加工时，机床主轴的回转误差往往是影响工件圆度的主要因素。

所谓主轴的回转精度，是指主轴的实际回转轴线相对于其平均回转轴线在规定测量平面内的变动量。该变动量越小，主轴回转精度越高；反之，则越低。它是机床主要精度指标之一，在很大程度上决定着工件加工表面的形状精度。

①误差类型及其原因 主轴的回转误差可分解为主轴的径向圆跳动、轴向窜动和角度摆动三种基本形式。

- 主轴的径向圆跳动：造成主轴径向圆跳动的主要原因有轴径与轴孔圆度不高、轴承滚道的形状误差、轴与孔安装后不同心以及滚动体误差等。以车床为例，使用径向圆跳动误差超标的主轴装夹、加工工件，加工后工件将产生圆度、圆柱度误差。
- 主轴的轴向窜动：造成主轴轴向窜动的主要原因有推力轴承端面滚道的跳动及轴承间隙等。以车床为例，它造成的加工误差主要表现为车削后工件端面的形状误差、轴向尺寸误差、工件端面与轴线的垂直度误差。
- 主轴的角度摆动：前后轴承、前后轴承孔或前后轴径的不同心，造成主轴在转动过程中出现摆动现象。摆动不仅给工件造成尺寸误差，还造成形状误差。如车外圆时，会产生锥度。

②提高主轴回转精度的方法

- 采用高精度的主轴组件：提高主轴旋转精度的方法主要有通过提高主轴组件的设计、制造和安装精度，采用高精度的轴承和对轴承预紧等，这无疑将加大制造成本。
- 使主轴的回转误差不反映到工件上来：通过工件的定位基准或被加工面本身与夹具定位元件之间组成的回转副来实现工件相对于刀具的转动，如采用固定顶尖磨削外圆，只要保证定位中心孔的形状、位置精度，即可加工出高精度的外圆柱面。主轴仅仅提供旋转运动和转矩，加工精度与其回转精度无关。

(2)机床导轨误差

导轨是机床的重要基准，它的各项误差将直接影响被加工零件的精度。当在车床类或磨床类机床上加工工件时，导轨误差会引起机床导轨对主轴轴线的平行度误差。如果导轨与主轴轴线不平行，则会引起工件的几何形状误差。例如车床导轨与主轴轴线在水平面内不平行，会使工件的外圆柱表面产生锥度，如图 3-54(a)所示；或形成鞍形(导轨向后凸)，如图 3-54(b)所示；或形成鼓形(导轨向前凸)，如图 3-54(c)所示。

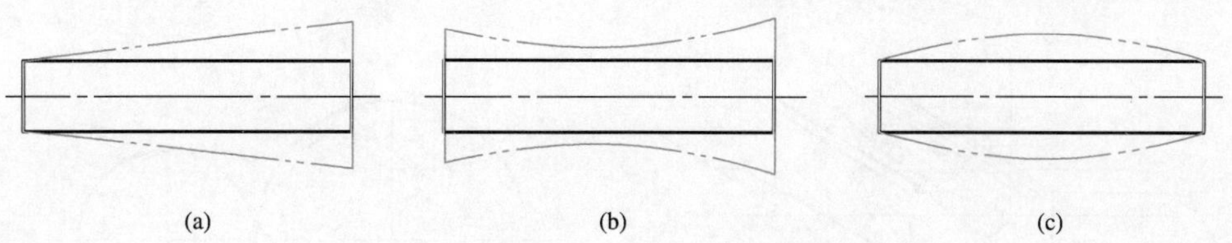

图 3-54　机床导轨误差对工件加工精度的影响

①误差敏感方向　仔细分析车床导轨在水平面和垂直面内的弯曲对加工精度的影响，会发现两者大不一样，如图 3-55 所示。图 3-55(a)中，导轨在垂直面内的弯曲使得刀尖在垂直面内的位移 Δz 引起工件上的半径误差 ΔR，其关系式为

$$(R+\Delta R)^2=\Delta z^2+R^2$$

整理并略去高阶微量 ΔR^2 项可得 $\Delta R=\Delta z^2/(2R)$。

假定：$\Delta z=0.1$ mm，$R=50$ mm，则 $\Delta R=0.000\ 1$ mm，此值完全可以忽略不计。

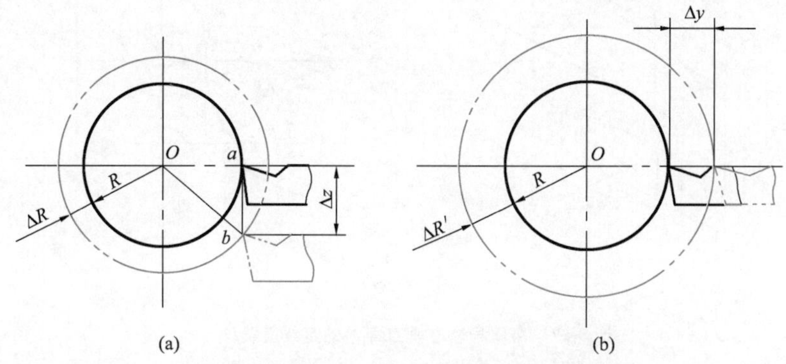

图 3-55　误差敏感方向与误差非敏感方向

在图 3-55(b)中，导轨在水平面内的弯曲使刀尖在水平面内位移 Δy，引起工件上的半径误差 $\Delta R'$，则 $\Delta R'=\Delta y$。假定：$\Delta y=\Delta z=0.1$ mm，则 $\Delta R'=0.1$ mm；$\Delta R'$ 是 ΔR 的 1 000 倍。这就是说，在垂直面内导轨的弯曲对加工精度的影响很小，完全可以忽略不计；而在水平面内同样大小的导轨弯曲不可忽视。

因此，一般把通过刀尖的加工表面的法线方向称为误差敏感方向，切线方向为误差非敏感方向。

②误差类型　车床和磨床的床身导轨误差主要包括以下方面：

- 导轨在水平面内直线度误差及其影响：如图 3-56 所示，磨床导轨在 x 方向存在误差 Δ，如图 3-56(a)所示，引起工件在半径方向上的误差 ΔR，如图 3-56(b)所示，当磨削外圆表面时，将造成工件的圆柱度误差。

- 导轨在垂直面内直线度误差及其影响：如图 3-57 所示，磨床导轨在 y 方向存在误差 Δ，如图 3-57(a)所示，磨削外圆时，工件沿砂轮切线方向产生位移，此时，工件半径方向上产生误差 $\Delta R\approx\Delta z^2/(2R)$，对零件的形状精度影响甚小(误差非敏感方向)。但导轨在垂直方向上的误差对平面磨床、龙门刨床、铣床等将引起法向位移，其误差直接反映到工件的加工表面(误差敏感方向)，造成水平面上的形状误差。

- 前、后导轨的平行度误差及其影响：如图 3-58 所示，车床前、后导轨的平行度产生误差(扭曲)，使鞍座产生横向倾斜，刀具产生位移，因而引起工件形状误差。由图 3-58 中的几何关系可知，其误差值 $\Delta y=H\Delta/B$。

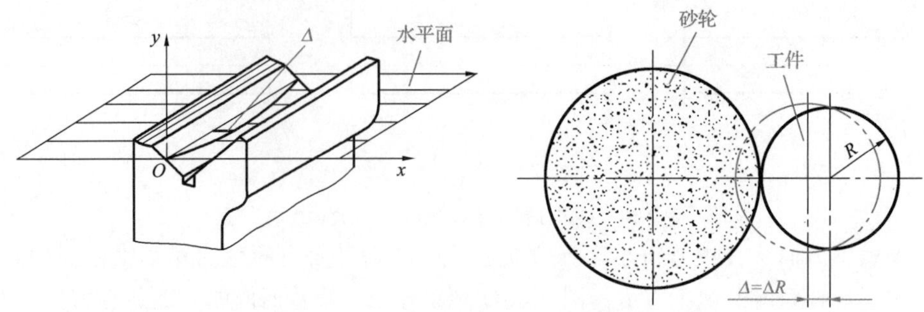

图 3-56 磨床导轨在水平面内的直线度误差

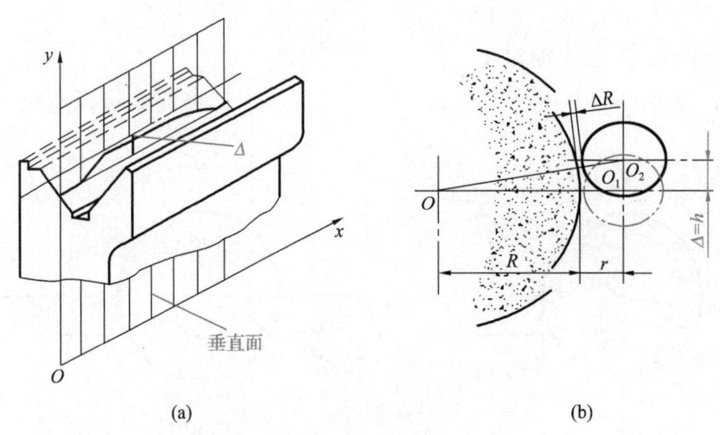

图 3-57 磨床导轨在垂直面内的直线度误差

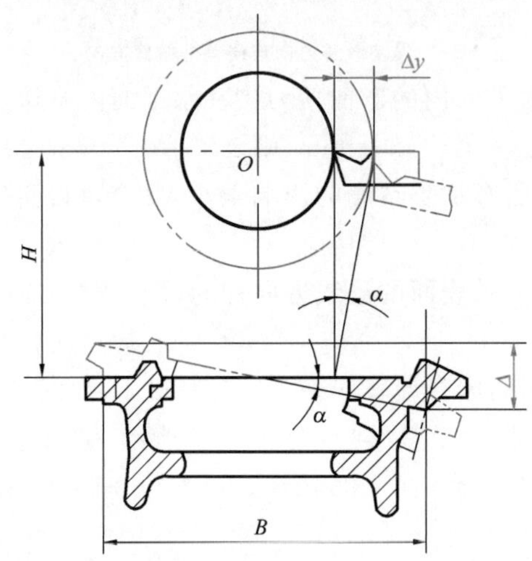

图 3-58 车床导轨的平行度误差及其引起的加工误差

对于一般车床，$H\approx\frac{2}{3}B$；对外圆磨床，$H\approx B$；前、后导轨的平行度误差对加工精度的影响很大。因此，应设法减小导轨误差对加工精度的影响。一方面可以通过提高导轨的制造、安装和调整精度来实现，另一方面也可以利用误差非敏感方向来设计安排定位加工。如转塔车床的转塔刀架设计就充分注意到了这一点，其转塔定位选在了误差非敏感方向上，既没有把制造精度定得很高，又保证了实际加工的精度。

(3)机床传动误差

对于某些加工方法,为了保证工件的精度,要求工件和刀具间必须有准确的传动关系。如车削螺纹时,要求工件旋转一周,刀具直线移动一个导程。因此,车床丝杠导程和各齿轮的制造误差都必将引起工件螺纹导程的误差。

为了减小机床传动误差对加工精度的影响,可以采用如下措施:

①减少传动链中的环节,缩短传动链。

②提高传动副(特别是末端传动副)的制造和装配精度。

③消除传动间隙。

④采用误差校正机构。

(4)工艺系统的其他几何误差

①刀具误差　刀具误差主要指刀具的制造、磨损和安装误差等。机械加工中常用的刀具有一般刀具、定尺寸刀具和成形刀具。

一般刀具(如普通车刀、单刃镗刀、平面铣刀等)的制造误差对加工精度没有直接影响。但当刀具与工件的相对位置调整好以后,在加工过程中,刀具的磨损将会影响加工误差。

定尺寸刀具(如钻头、铰刀、拉刀、槽铣刀等)的制造误差及磨损误差均直接影响工件的加工尺寸精度。

成形刀具(如成形车刀、成形铣刀、齿轮刀具等)的制造和磨损误差主要影响被加工工件的形状精度。

②夹具误差　夹具误差主要是指定位误差、夹紧误差、夹具安装误差、对刀误差以及夹具的磨损等。

③调整误差　零件加工的每一道工序中,为了获得被加工表面的形状、尺寸和位置精度,必须对机床、夹具和刀具进行调整。而采用任何调整方法及使用任何调整工具都难免带来一些原始误差,这就是调整误差。

其他误差还有:用试切法调整时的测量误差、进给机构的位移误差及最小极限切削厚度的影响;用调整法调整时定程机构的误差、用样板或样件调整时样板或样件的误差等。

3. 其他因素引起的误差及其改善措施

(1)工艺系统受力变形引起的误差及其改善措施

工艺系统在切削力、传动力、惯性力、夹紧力及重力等的作用下,会产生相应的变形,从而破坏已调好的刀具与工件之间的正确位置,使工件产生几何形状误差和尺寸误差。例如,车削细长轴时,在切削力的作用下,工件因弹性变形而出现“让刀”现象,使工件产生腰鼓形的圆柱度误差,如图 3-59(a)所示。又如,在内圆磨床上横向切入磨孔时,磨头主轴弯曲变形将使磨出的孔带有锥度的圆柱度误差,如图 3-59(b)所示。

工艺系统受力变形所引起的加工误差

工艺系统受力变形通常是弹性变形,一般来说,工艺系统抵抗变形的能力越大,加工误差就越小。也就是说,工艺系统的刚度越好,加工精度越高。生产实际中,常采取的有效措施是:减小接触面的表面粗糙度,增大接触面积,适当预紧,减小接触变形,提高接触刚度;合理布置肋板,提高局部刚度;减小受力变形,提高工件刚度(如车削细长轴时,利用中心架或跟刀架);合理装夹工件,减小夹紧变形(如加工薄壁套时,采用开口过渡环或专用卡爪夹紧)。

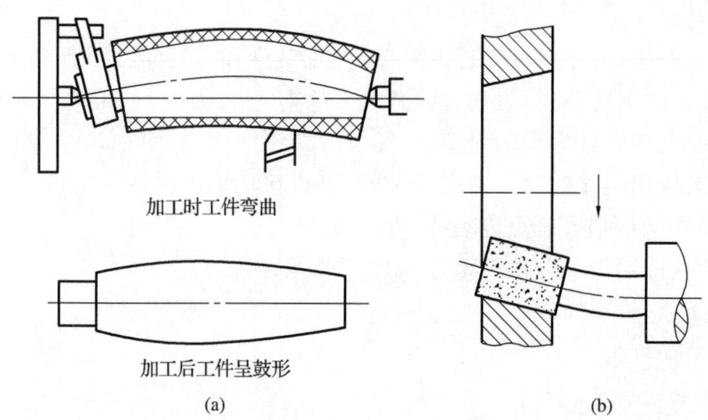

图 3-59 工艺系统受力变形所引起的加工误差

(2)工艺系统热变形产生的误差及其改善措施

切削加工时,整个工艺系统由于受到切削热、摩擦热及外界辐射热等因素的影响,常发生复杂的变形,导致工件与刀刃之间原先调整好的相对位置、运动及传动的准确性都发生变化,从而产生加工误差。

实践证明,影响工艺系统热变形的因素主要有机床、刀具、工件,环境温度的影响在某些情况下也是不容忽视的。

①机床的热变形　对机床的热变形构成影响的因素主要有:电动机、电器和机械动力源的能量损耗转化发出的热量;传动部件、运动部件在运动过程中产生的摩擦热;切屑或切削液落在机床上所传递的切削热;外界的辐射热。这些热量都将或多或少地使机床床身、工作台和主轴等部件发生变形,如图 3-60 所示。

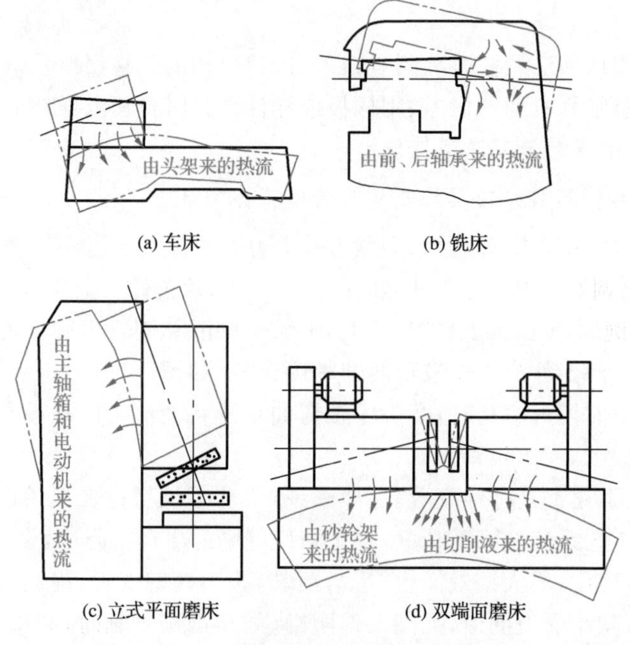

图 3-60 常用机床的热变形及其对加工精度的影响

为了减小机床热变形对加工精度的影响,通常在机床大件的结构设计上采取对称结构或采用主动控制方式均衡关键部件的温度，以减小其因受热而出现的弯曲或扭曲变形对加工的影响；在结构连接设计上，其布局应使关键部件的热变形方向对加工精度影响较小；对发热量较大的部件，应采取足够的冷却措施或采取隔离热源等方法。在工艺措施方面，可让机床空运转一段时间之后，当其达到或接近热平衡时再调整机床，对零件进行加工；或将精密机床安装在恒温室中使用。

②工件的热变形　切削热可使工件在加工过程中产生热变形，因其受热膨胀影响了加工的尺寸精度和形状精度。

为了减小热变形对加工精度的影响，常常采用以切削液冷却切削区的方法；也可通过选择合适的刀具或改变切削参数的方法来减少切削热或减少传入工件的热量；对大型或较长的工件，在夹紧状态下应使其末端能自由伸缩。

(3)工件内应力引起的误差及其改善措施

所谓内应力，是指当去掉外界载荷后，仍残留在工件内部的应力。内应力是工件在加工过程中其内部宏观或微观组织因发生了不均匀的体积变化而产生的。

具有内应力的零件处于一种不稳定的相对平衡状态，可以保持形状精度的暂时稳定，但其内部组织有强烈的倾向要恢复到一种稳定的没有内应力的状态，一旦外界条件发生变化，如环境温度改变、继续进行切削加工、受到撞击等，内应力的暂时平衡就会被打破而进行重新分布，零件将产生相应的变形，从而破坏原有的精度。

为减小或消除内应力对零件加工精度的影响，在零件的结构设计中，应尽量简化结构，保持壁厚均匀，以减小在铸、锻等毛坯制造中产生的内应力；在毛坯制造之后或粗加工后、精加工前，安排时效处理以消除内应力；切削加工时，应将粗、精加工分开在不同的工序进行，使粗加工后具有一定的间隔时间，以便让内应力重新分布，进而减小对精加工的影响。

四、机械加工表面质量

1. 概述

机械加工的表面不可能是理想的光滑表面，而是存在着表面粗糙度、波纹度等表面几何误差以及划痕、裂纹等表面缺陷。表面层的材料在加工时也会产生物理性能的变化，有些情况下还会产生化学性质的变化(加工变质层)，使表面层的物理机械性能不同于基体，产生了显微硬度的变化以及残余应力。切削力、切削热会使表面层产生各种变化，如同淬火、回火一样会使材料产生相变以及晶粒大小的变化等。因此，加工表面质量的内容包括以下内容：

(1)加工表面的几何形状

加工表面的几何形状主要由以下两个部分组成：

①表面粗糙度　表面较小的间距和峰谷所组成的微观几何形状。如图 3-61 所示，其波距小于 1 mm，主要由刀具的形状和切削加工中的塑性变形、振动引起。

②波纹度　介于形状误差(宏观)和表面粗糙度之间的周期性几何形状误差，如图 3-61 所示，其波距为 1～20 mm，主要由加工过程中工艺系统的振动造成。

(2)表面层的物理机械性能

切削过程中工件材料受到刀具的挤压、摩擦和切削热等因素的作用，使得加工表面层的物理机械性能发生一定程度的变化，主要表现在以下三个方面：

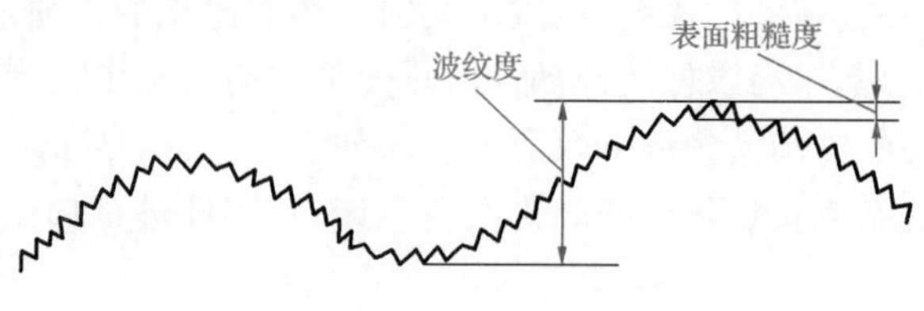

图 3-61 表面粗糙度和波纹度

①表面层因塑性变形引起的加工硬化。

②表面层因切削热引起的金相组织变化。

③表面层中产生的残余应力。

2. 表面质量对使用性能的影响

(1)表面质量对耐磨性的影响

零件的耐磨性主要与摩擦副的材料、润滑条件及表面质量等因素有关，但在前两个条件已经确定的情况下，零件的表面质量就起决定性的作用。当两个零件的表面互相接触时，实际只是在一些凸峰顶部接触，因此实际接触面积只是名义接触面积的一小部分。据统计，车削、铣削和铰孔的实际接触面积只占理论接触面积的 15%～20%，即使精磨后也只占 30%～50%。增加实际接触面积最有效的方法是研磨，它可达理论接触面积的 90%～95%。当零件上有作用力时，在凸峰接触部分就产生了很大的单位面积压力。表面越粗糙，实际接触面积越小，凸峰处的单位面积压力越大。当两个零件做相对运动时，在接触的凸峰处就会产生弹性变形、塑性变形及剪切等现象，即产生了表面磨损。即使在有润滑的情况下，也因为接触点处单位面积压力过大，超过了润滑油膜存在的临界值，破坏油膜形成，造成干摩擦，加剧表面磨损。

零件表面磨损的发展阶段可用图 3-62 说明。在一般情况下，零件表面在初期磨损阶段磨损得很快，如图 3-62 中的第Ⅰ部分。随着磨损发展，实际接触面积逐渐增大，单位面积压力也逐渐降低，从而磨损将以较慢的速度进行，进入正常磨损阶段，如图 3-62 中的第Ⅱ部分。此时在有润滑的情况下，就能起到很好的润滑作用。过了此阶段又将出现急剧磨损的阶段，如图 3-62 中的第Ⅲ部分。这是因为磨损继续发展，实际接触面积越来越大，产生了金属分子间的亲和力，使表面容易咬焊，此时即使有润滑剂也将被挤出而产生急剧的磨损，因此表面粗糙度值并不是越小越耐磨。相互摩擦的表面在一定的工作条件下通常有一最佳表面粗糙度，图 3-63 所示分别为重载荷、轻载荷时初期磨损量与表面粗糙度间的关系，其中 Ra_1、Ra_2 为相应的最佳表面粗糙度值。表面粗糙度值偏离最佳值太远，无论是过大或过小，均会使初期磨损量加大，一般为 Ra 0.4～1.6 μm。

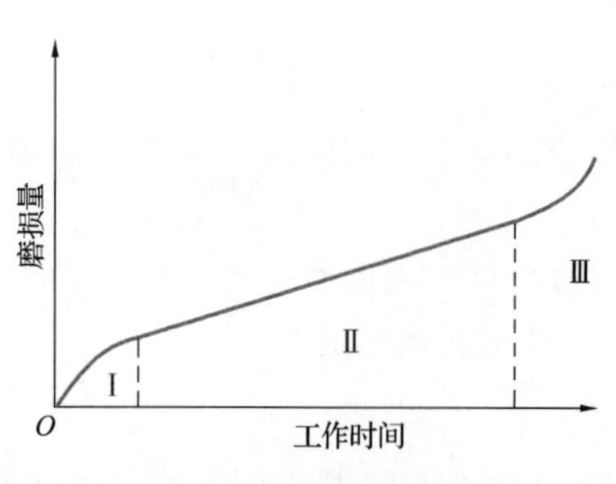

图 3-62 磨损过程的基本规律

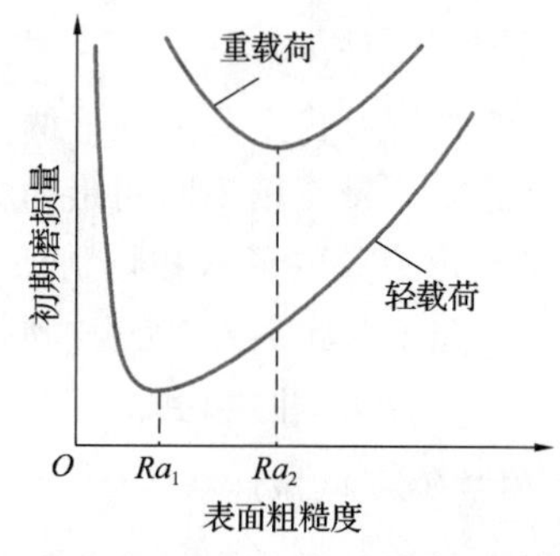

图 3-63 初期磨损量与表面粗糙度的关系

表面轮廓形状及加工纹理方向也对耐磨性有显著影响，因为表面轮廓形状及加工纹理方向会影响实际接触面积与润滑油的存留情况。

表面变质层会显著改变耐磨性。表面层加工硬化减小了接触表面间的弹性和塑性变形，耐磨性得以提高。但表面硬化过度时，零件的表面层金属变脆，磨损反而加剧，甚至会出现微观裂纹和剥落现象，因此硬化层必须控制在一定的范围内。

表面层产生金相组织变化时改变了基体材料原来的硬度，导致表面层硬度减小，使表面层耐磨性减弱。

(2)表面质量对疲劳强度的影响

在交变载荷的作用下，零件的表面粗糙度、划痕和裂纹等缺陷容易引起应力集中而产生和发展疲劳裂纹造成疲劳损坏。试验表明，对于承受交变载荷的零件，降低表面粗糙度可以提高疲劳强度。不同材料对应力集中的敏感程度不同，因而效果也就不同，晶粒细小、组织致密的钢材受疲劳强度的影响大。因此，对一些重要零件表面，如连杆、曲轴等，应进行光整加工，以减小其表面粗糙度值，提高其疲劳强度。一般说来，钢的极限强度越高，应力集中的敏感程度越大。加工纹理方向对疲劳强度的影响更大，如果刀痕与受力方向垂直，则疲劳强度显著降低。

表面层残余应力对疲劳强度影响显著。表面层残余压应力能够部分地抵消工作载荷施加的拉应力，延缓疲劳裂纹的扩展，提高零件的疲劳强度。但残余拉应力容易使已加工表面产生裂纹，降低疲劳强度，带有不同残余应力表面层的零件的疲劳寿命可相差数倍至数十倍。

表面加工硬化层能提高零件的疲劳强度，这是因为硬化层能阻碍已有裂纹的扩大和新的疲劳裂纹的产生，因此可以大大降低外部缺陷和表面粗糙度的影响。但表面硬化程度太大会适得其反，使零件表面层组织变脆，反而容易引起裂纹，因此零件表面的硬化程度和深度也应控制在一定范围内。

表面加工纹理和伤痕过深时容易产生应力集中，从而降低疲劳强度，特别是当零件所受应力方向与加工纹理方向垂直时尤为明显。零件表面层的伤痕如砂眼、气孔、裂痕，在应力集中下会很快产生疲劳裂纹，加快零件的疲劳破坏，因此要尽量避免。

(3)表面质量对抗腐蚀性能的影响

当零件在潮湿的空气中或在有腐蚀性的介质中工作时，常会发生化学腐蚀或电化学腐蚀，化学腐蚀指在粗糙表面的凹谷处积聚腐蚀性介质而发生化学反应。电化学腐蚀指两个不同金属材料的零件表面相接触时，在表面的表面粗糙度顶峰间产生电化学作用而产生腐蚀。因此零件表面粗糙度值小，可以提高其抗腐蚀性能。

零件在应力状态下工作时，会产生应力腐蚀，加速腐蚀作用。表面存在裂纹时，更增强了应力腐蚀的敏感性。表面产生加工硬化或金相组织变化时亦会降低抗腐蚀能力。

表面层残余压应力可使零件表面致密，封闭表面微小的裂纹，腐蚀性物质不容易进入，从而提高零件的抗腐蚀性能。零件表面层的残余拉应力则会降低零件的抗腐蚀性能。

(4)表面质量对配合质量的影响

由公差与配合知识可知，零件的配合关系是用过盈量或间隙量来表示的。间隙配合关系的零件表面如果太粗糙，初期磨损量就大，工作时间一长其配合间隙就会增大，从而改变了原来的配合性质，降低了配合精度，影响了动配合的稳定性。对于过盈配合表面，如果零件表面的表面粗糙度值大，装配时配合表面粗糙部分的凸峰会被挤平，使实际过盈量比设计的小，降低了配合件间的连接强度，影响配合的可靠性。因此，对有配合要求的表面都有较高的表面粗糙度要求。

(5)其他影响

表面质量对零件的使用性能还有一些其他影响，例如：对没有密封件的液压油缸、滑阀来说，降低表面粗糙度可以减少泄漏，提高其密封性能；较低的表面粗糙度可使零件具有较高的接触刚度；对于滑动零件，适当的表面粗糙度能使摩擦因数减小，运动灵活性增强，减小发热和功率损失；表面层残余应力会使零件在使用过程中继续变形，失去原有的精度，降低机器的工作质量。

3. 切削加工中影响表面粗糙度的因素及改善措施

(1)影响因素

使用金属切削刀具加工零件时，影响表面粗糙度的因素主要有几何因素、物理因素、工艺因素以及机床、刀具、夹具、工件组成的工艺系统的振动等。

①几何因素　影响表面粗糙度的几何因素是刀具相对于工件做进给运动时在加工表面遗留下来的切削层残留面积。如图 3-64 所示，切削层残留面积越大，表面粗糙度就越低。

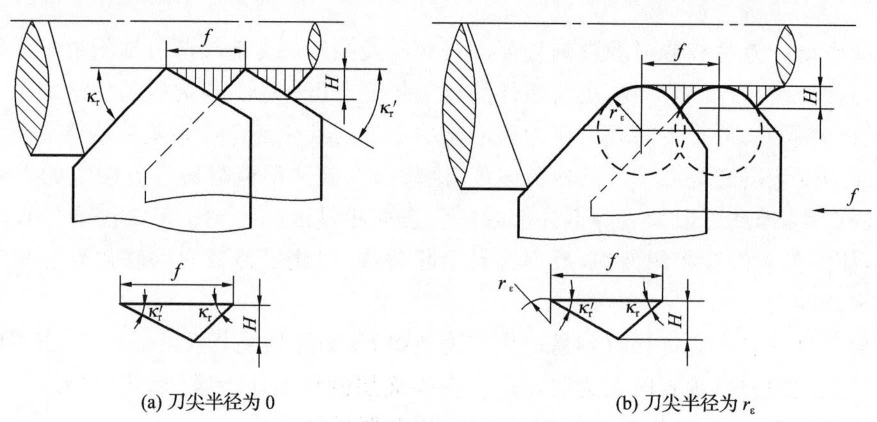

图 3-64　切削层残留面积

由图 3-64(a)中的几何关系可得

$$H=R_{\max}=\frac{f}{\cos\kappa_r+\cos\kappa_r'}$$

由图 3-64(b)中的几何关系可得

$$H=R_{\max}=\frac{f^2}{8r_\varepsilon}$$

因此，切削层残留面积高度 H 与进给量 f，刀具的主、副偏角 κ_r、κ_r' 和刀尖半径 r_ε 有关。

②物理因素　切削加工后表面粗糙度的实际轮廓形状一般都与纯几何因素所形成的理想轮廓有较大的差别，这是存在着与被加工材料的性质及切削机理有关的物理因素的缘故。在切削过程中刀具的刃口圆角及后面的挤压与摩擦，使金属材料发生塑性变形，造成理想残留面积被挤歪或沟纹加深，因而增大了表面粗糙度。

试验结果表明，在中等切削速度下加工塑性材料，如低碳钢、铬钢、不锈钢、高温合金、铝合金等，极容易出现积屑瘤与鳞刺，使加工表面的表面粗糙度严重恶化，如图 3-65 所示，成为切削加工的主要问题。

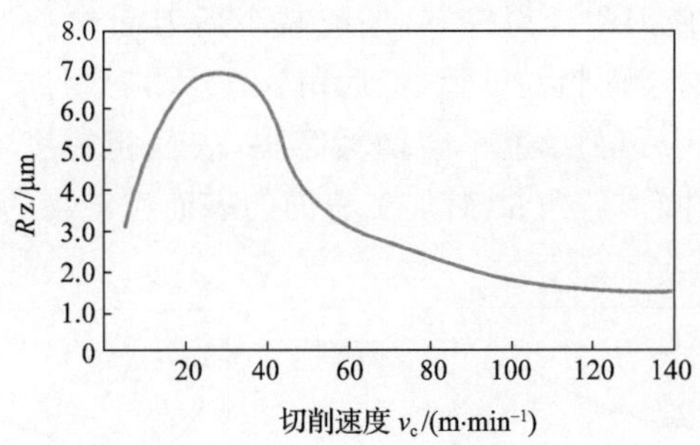

图 3-65　塑性材料的切削速度与表面粗糙度的关系

积屑瘤是切削加工过程中切屑底层与前刀面发生冷焊的结果,积屑瘤形成后并不是稳定不变的,而是不断地形成、长大,然后黏附在切屑上被带走或留在工件上。由于积屑瘤有时会伸出切削刃之外,其轮廓也很不规则,因而加工表面上出现深浅和宽窄都不断变化的刀痕,大大提高了表面粗糙度数值。

鳞刺是指已加工表面上出现的鳞片状毛刺般的缺陷。加工中出现鳞刺是因为切屑在前刀面上的摩擦和冷焊作用造成周期性停留,代替刀具推挤切削层,所以切削层和工件之间出现了撕裂现象。上述现象连续发生,则在加工表面上出现一系列的鳞刺,构成已加工表面的表面粗糙度。鳞刺的出现并不依赖于积屑瘤,但积屑瘤的存在会影响鳞刺的生成。

(2)改善措施

由上述分析可知:降低表面粗糙度可以通过减小切削层残留面积和加工时的塑性变形来实现。而减小切削层残留面积与减小进给量 f,减小刀具的主、副偏角,增大刀尖半径有关;减小加工时的塑性变形则是为了避免产生积屑瘤与鳞刺。此外,提高刀具的刃磨质量,避免刃口的表面粗糙度在工件表面"复映"也是降低表面粗糙度的有效措施。

①切削速度 v_c　对于塑性材料,在低速或高速切削时,通常不会产生积屑瘤,因此已加工表面的表面粗糙度值都较小,采用较高的切削速度常能防止积屑瘤和鳞刺的产生。对于脆性材料,切屑多呈崩碎状,不会产生积屑瘤,表面粗糙度主要是脆性碎裂造成的,因此与切削速度关系较小。

②进给量 f　减小进给量,切削层残留面积高度减小,表面粗糙度可以降低。但进给量太小,刀具不能切入工件,而是对工件表面挤压,增大工件的塑性变形,表面粗糙度反而增大。

③背吃刀量 a_p　背吃刀量对表面粗糙度影响不大,但当背吃刀量过小时,由于切削刃不可能磨得绝对锋利,所以刀尖有一定的刃口半径,切削时会出现挤压、打滑和周期性切入加工表面等现象,从而导致表面粗糙度增大。

④工件材料性质　韧性较大的塑性材料,加工后表面粗糙度较大,而脆性材料的表面粗糙度接近理想数值。对于同样的材料,晶粒组织越粗大,加工后的表面越粗糙。因此为了降低加工后的表面粗糙度,常在切削加工前进行调质或正常化处理,以获得均匀、细密的晶粒组织和较高的硬度。

⑤刀具的几何形状　刀具的前角 γ_o 对切削过程的塑性变形影响很大,γ_o 增大时,刀刃较为锋利,易于切削,塑性变形减小,有利于降低表面粗糙度。但前角 γ_o 过大,刀刃有切入工件的倾向,表面粗糙度反而加大,还会引起刀尖强度减小、散热差等问题,所以前角不宜过大。γ_o 为负值时,塑性变形增大,表面粗糙度也将增大。图 3-66 所示为在一定切削条件下加工钢件时,前角对已加工表面的表面粗糙度的影响。

增大刀具的后角 α_o 会使刀刃变得锋利，还能减小后刀面与已加工表面间的摩擦和挤压，从而有利于减小加工表面的表面粗糙度值，但后角 α_o 过大，容易产生切削振动，反而会使加工表面的表面粗糙度值加大。后角 α_o 过小会增大摩擦，表面粗糙度值也增大。图 3-67 所示为在一定切削条件下加工钢件时，后角 α_o 对加工表面的表面粗糙度的影响。

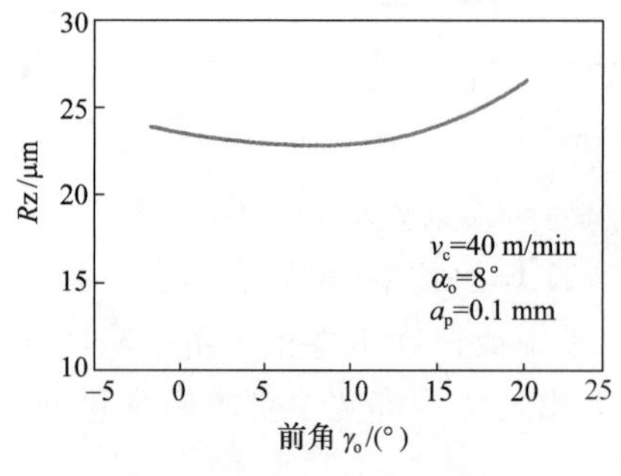

图 3-66 前角对表面粗糙度的影响

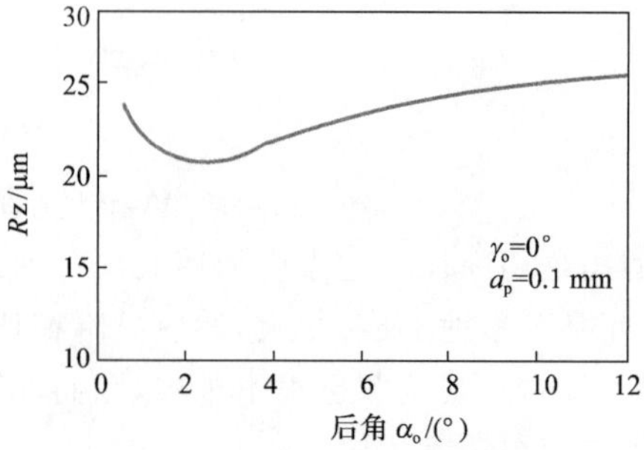

图 3-67 后角对表面粗糙度的影响

适当减小主偏角 κ_r 和副偏角 κ_r' 可减小加工表面的表面粗糙度值，但 κ_r 和 κ_r' 过小会使切削层宽度变宽，导致表面粗糙度值增大。

增大刀尖半径 r_ε 可以减小残留面积，从而减小表面糙度值。但 r_ε 过大会增大切削过程中的挤压和塑性变形，易产生切削振动，反而使加工表面的表面粗糙度增大。

⑥刀具的材料　热硬性高的材料耐磨性好，易于保持刃口的锋利，使切削轻快。摩擦因数较小的材料有利于排屑，因而切削变形小。选用与被加工材料亲和力小的材料，刀面上就不会产生切屑的黏附、冷焊现象，因此能降低表面粗糙度。

⑦刀具的刃磨质量　提高前、后刀面的刃磨质量，有利于降低被加工表面的表面粗糙度。刀具刃口越锋利、刃口平直性越好，则工件表面的表面粗糙度值也就越小。硬质合金刀具的刃磨质量不如高速钢好，所以精加工时常使用高速钢刀具。

⑧切削液　使用切削液是降低表面粗糙度的主要措施之一。合理选择冷却液，提高冷却润滑效果，常能抑制积屑瘤、鳞刺的生成，减小切削时的塑性变形，有利于降低表面粗糙度。此外，切削液还有冲洗作用，将黏附在刀具和工件表面上的碎末状切屑冲洗掉，可减少碎末状切屑与工件表面发生摩擦的机会。

(3)工艺系统的振动

工艺系统的低频振动一般在工件的已加工表面上产生波纹度，而工艺系统的高频振动会对已加工表面的表面粗糙度产生影响，通常已加工表面上会显示出高频振动纹理。因此，要防止在加工中出现高频振动。

4. 磨削加工中影响表面粗糙度的因素及改善措施

磨削加工与切削加工有许多不同之处。从几何因素方面看，由于砂轮上的磨削刃形状和分布很不均匀、很不规则，且随着砂轮的修正、磨粒的磨耗不断改变，所以定量计算加工表面的表面粗糙度是较困难的。

磨削加工表面是由砂轮上大量的磨粒刻划出的无数极细的沟槽形成的。单位面积上刻痕越多，即通过单位面积的磨粒数越多，以及刻痕的等高性越好，则表面粗糙度越小。

在磨削过程中由于磨粒大多具有很大的负前角，所以产生了比切削加工大得多的塑性变形。磨粒磨削时金属材料沿着磨粒侧面流动，形成沟槽的隆起现象，因而增大了表面粗糙度，如图 3-68 所示，磨削热使表面金属软化，易于塑性变形，进一步增大了表面粗糙度。

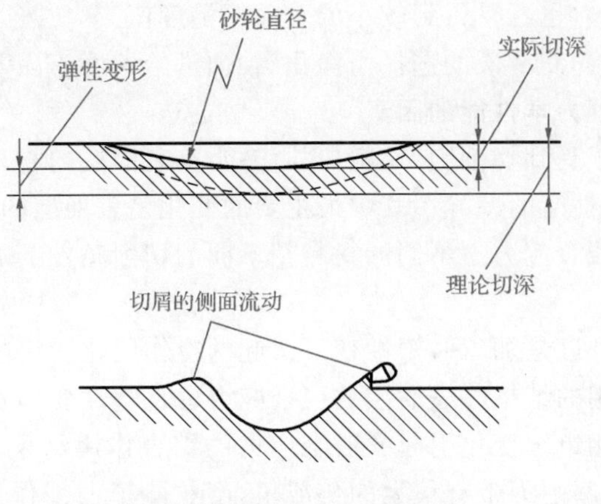

图 3-68　磨粒在工件上的刻痕

(1)砂轮的影响

①砂轮材料　钢类零件用刚玉类砂轮磨削可得到较小的表面粗糙度值。铸铁、硬质合金等用碳化物砂轮加工较理想，用金刚石磨料磨削可以得到极小的表面粗糙度值，但砂轮价格较高。

②砂轮的硬度　硬度值应大小适宜，半钝化期越长越好。砂轮太硬，磨粒钝化后不易脱落，使加工表面受到强烈的摩擦和挤压作用，塑性变形程度增大，表面粗糙度增大，还会引起磨削烧伤现象。砂轮太软，磨粒容易脱落，磨削作用减弱，常会产生磨损不均匀现象，使磨削表面的表面粗糙度值增大。

③砂轮的粒度　砂轮的粒度越细，则砂轮单位面积上的磨粒数越多，因而在工件上的刻痕越细密，所以表面粗糙度越小。但磨粒过细时，砂轮易堵塞，磨削性能下降，已加工表面的表面粗糙度反而增大，同时还会引起磨削烧伤。

④砂轮的修整　用金刚石修整砂轮相当于在砂轮上车出一道螺纹，修整导程和切深越小，修出的砂轮越光滑，磨削刃的等高性越好，因而磨出的工件表面粗糙度也越小。修整用的金刚石是否锋利对表面粗糙度的影响也很大。

(2)磨削用量的影响

①砂轮速度　提高砂轮速度可以增加在工件单位面积上的刻痕数，并且高速度下塑性变形的传播速度小于磨削速度，材料来不及变形，从而使加工表面的塑性变形和沟槽两侧塑性隆起的残留量变小，表面粗糙度可以显著减低。

②工件线速度　在其他条件不变的情况下，提高工件的线速度，单位时间内加工表面上的磨粒刻痕数减少，因而将增大磨削表面的表面粗糙度值。

③磨削深度　增大磨削深度，磨削力增大，磨削温度升高，磨削表面的塑性变形大，从而增大表面粗糙度。为了提高磨削效率，通常在磨削开始时采用较大的磨削切深，而在最后采用小切深或“无火花”磨削，以使磨削表面的表面粗糙度值减小。

(3)工件材料的影响

工件材料太硬，砂轮易磨钝，表面粗糙度值大。而工件材料硬度太软，砂轮易堵塞，磨削热较高，磨削后的表面粗糙度值也大。

塑性、韧性大的工件材料，磨削时的塑性变形程度较大，磨削后的表面粗糙度较大。导热性较差的材料（如合金钢），也不易得到较小的表面粗糙度值。

此外，还必须考虑冷却润滑液的选择与净化、轴向进给速度等因素。

5. 影响加工表面物理力学性能的因素

加工过程中工件由于受到切削力、切削热的作用，其表面层的物理（力学）性能会发生很大的变化，造成与原来材料性能的差异。其中最主要的变化是表面层的金相组织变化、显微硬度变化和在表面层中产生残余应力。不同的材料在不同的切削条件下加工会产生各种不同的表面层特性。

已加工表面的显微硬度是加工时塑性变形引起的冷作硬化和切削热产生的金相组织变化引起的硬度变化综合作用的结果。表面层的残余应力也是塑性变形引起的残余应力和切削热产生的热塑性变形和金相组织变化引起的残余应力的综合作用结果。试验表明：磨削过程中由于磨削速度高，大部分磨削刃带有很大的负前角，磨粒除了切削作用外，很大程度上是在刮擦、挤压工件表面，因而产生比切削加工大得多的塑性变形和磨削热。加之，磨削时有 70%以上的热量瞬时传入工件，只有小部分通过切屑、砂轮、冷却液、空气等带走，而切削时只有约 5%的热量进入工件，大部分则通过切屑带走。因此，磨削时在磨削区的瞬时温度可达 800～1 200 ℃，当磨削条件不适当时甚至可达 2 000 ℃。因此磨削后表面层的金相组织、显微硬度都会产生很大变化，并会产生有害的残余拉应力。

(1)加工表面层的冷作硬化

①冷作硬化现象　切削（磨削）过程中由于切削力的作用，表面层产生塑性变形，金属材料晶体间产生剪切滑移，晶格扭曲，并产生晶粒的拉长、破碎和纤维化，引起材料的强化，材料的强度和硬度提高，塑性降低，这就是冷作硬化现象。

需要说明的是，机械加工时产生的切削热使工件表层金属的温度升高，当温度升高到一定程度时，已强化的金属又会恢复到正常状态。恢复的速度和程度取决于温度、温度保持的时间以及表面硬化的程度。因此，机械加工时表面层金属的冷作硬化实际上是硬化与恢复作用的结果。

②衡量指标　表面层的硬化程度决定于产生塑性变形的力、变形速度以及变形时的温度。力越大，塑性变形越大，硬化程度越重。变形速度越大，塑性变形越不充分，硬化程度越重。变形时的温度不仅影响塑性变形程度，还会影响变形后的金相组织的恢复。若温度为(0.25～0.3)$t_{熔点}$，则会产生恢复现象，即部分地消除冷作硬化。

③影响冷作硬化的主要因素

- 刀具几何角度：切削力越大，塑性变形越大，硬化程度越严重，冷硬层深度越大。因此，刀具前角 γ_o 减小、切削刃半径增大、刀具后刀面磨损都会引起切削力的增大，使冷作硬化严重。
- 切削用量：切削速度 v_c 增大，切削温度增高，有助于冷作硬化的恢复，同时刀具与工件接触时间短，塑性变形、硬化层深度和硬度都有所减小。进给量 f 增大时，切削力增大，塑性程度也增大，因此硬化现象更明显。进给量 f 较小时，刀具的刃口圆角在加工表面单位长度上的挤压次数增多，硬化现象也会更明显。
- 工件材料：硬度越小，塑性越强的材料，硬化现象越明显，硬化程度越重。

(2)表面层的金相组织变化

①金相组织变化与磨削烧伤的产生　机械加工中，由于切削热的作用，在工件的加工区及

其邻近区域产生一定的温升。当温度超过金相组织变化的临界点时，金相组织就会发生变化。对于一般的切削加工，温度一般不会上升到如此高的程度。但在磨削加工中，磨粒的切削、刻划和刮擦作用以及大多数磨粒的负前角切削和很大的磨削速度，使得加工表面层产生很高的温度，当温度升高到相变点时，表层金属就会发生金相组织变化，强度和硬度降低，产生残余应力，甚至出现裂纹，这种现象称为磨削烧伤。在磨削淬火钢时，由于磨削条件不同，磨削烧伤会有以下三种形式。

● 淬火烧伤：磨削时，如果工件表面层温度超过相变临界温度，则马氏体转变为奥氏体。若此时有充分的冷却液，则工件最外层金属会出现二次淬火马氏体组织，其硬度比原来的回火马氏体高，里层冷却较慢，为硬度较低的回火组织（索氏体或屈氏体）。

● 回火烧伤：磨削淬火钢时，如果工件表面层温度超过马氏体转变温度而未超过相变临界温度，则表面层原来的回火马氏体组织将产生回火现象，转变成硬度较低的回火组织。

● 退火烧伤：磨削淬火钢时，如果工件表面层温度超过相变临界温度，则马氏体转变为奥氏体。如果此时没有采用冷却液，则表层金属在空气中冷却缓慢而形成退火组织，工件表面硬度和强度急剧减小，产生退火烧伤。

发生磨削烧伤后，表面会出现黄、褐、紫、青等烧伤色，这是工件表面在瞬时高温下产生的氧化膜颜色。不同的烧伤色表示表面层受到的不同温度与不同的烧伤程度，即烧伤色可以起到显示作用，工件的表面层已发生了热损伤，但表面没有烧伤色并不等于表面层未烧伤。烧伤层较深时，虽然可用无进给磨削去除烧伤色，但实际的烧伤层并没有被完全除掉，将给以后的零件使用埋下隐患，所以在磨削中应尽可能避免磨削烧伤的产生。

②影响磨削烧伤的因素　影响金相组织变化程度的因素有工件材料、温度、温度梯度和冷却速度。磨削烧伤与磨削温度有着十分密切的关系。因此避免烧伤的途径是：减少热量的产生；加速热量的传出。具体措施与后文所述消除磨削裂纹的相同。

(3)表面层的残余应力

机械加工中工件表面层组织发生变化时，在表面层及其与基体材料的交界处就会产生互相平衡的弹性应力，这种应力就是表面层的残余应力。

表面层残余应力的产生原因如下：

①冷塑性变形　在切削力的作用下，已加工表面产生强烈的塑性变形，表面层金属体积发生变化，对里层金属造成影响，使其处于弹性变形的状态下。切削力去除后里层金属趋向复原，但受到已产生塑性变形的表面层的限制，恢复不到原状，因而在表面层产生残余应力。一般说来，表面层在切削时受刀具后刀面的挤压和摩擦影响较大，其作用使表面层产生伸长塑性变形，表面积趋向增大，但受到里层的限制，产生了残余压缩应力，里层则产生残余拉伸应力。

②热塑性变形　在切削或磨削过程中，表面层金属在切削热的作用下产生热膨胀，此时里层金属温度较低，表面层热膨胀受里层的限制而产生热压缩应力。当表面层的温度超过材料的弹性变形范围时，就会产生热塑性变形（在压应力作用下材料相对缩短）。当切削过程结束，温度下降至与里层温度一致时，表面层虽已产生热塑性变形，但受到里层的阻碍产生了残余拉应力，里层则产生了压应力。

③金相组织变化　在切削或磨削过程中，切削时产生的高温会引起表面层的相变。由于不同的金相组织有不同的密度，所以表面层金相变化的结果造成了体积的变化。表面层体积膨胀时，因为受到里层的限制，所以产生了压应力；反之，表面层体积缩小，则产生拉应力。各种金相组织中马氏体密度最小，奥氏体密度最大。以淬火钢磨削为例，淬火钢原来的组织为马

氏体，磨削时，若表面层产生回火现象，则马氏体转化成索氏体或屈氏体，因体积缩小，故表面层产生残余拉应力，里层产生残余压应力。若表面层产生二次淬火现象，则表面层产生二次淬火马氏体，其体积比里层的回火组织大，故表面层产生压应力，里层产生拉应力。

实际机械加工后的表面层残余应力是上述三者综合作用的结果。在不同的加工条件下，残余应力的大小、性质和分布规律会有明差别。例如：在切削加工中如果切削热不高，则表面层中以冷塑性变形为主，此时表面层中将产生残余压应力。当切削热较高以致在表面层中产生热塑性变形时，由热塑性变形产生的拉应力将与冷塑性变形产生的压应力相互抵消一部分。当冷塑性变形占主导地位时，表面层产生残余压应力；当热塑性变形占主导地位时，表面层产生残余拉应力。磨削时，一般因为磨削热较高，常以相变和热塑性变形产生的拉应力为主，所以表面层常产生残余拉应力。

(4)磨削裂纹和表面残余应力

磨削裂纹和表面残余应力有着十分密切的关系。不论是残余拉应力还是残余压应力，当残余应力超过材料的强度极限时，都会引起工件产生裂纹，其中残余拉应力更为严重。有的磨削裂纹可能不在工件的外表面，而是在表面层下成为肉眼难以发现的缺陷。裂纹的方向常与磨削方向垂直，磨削裂纹的产生与材料及热处理工序有很大关系。磨削裂纹的存在会使零件承受交变载荷的能力大大降低。

避免产生裂纹的措施主要是在磨削前进行去应力退火和降低磨削热，改善散热条件。具体措施如下：

①提高冷却效果　采用充足的切削液，可以带走磨削区热量，避免磨削烧伤。常规冷却方法效果较差，实际上没有多少冷却液能送至磨削区。如图 3-69 所示，磨削液不易进入磨削区 AB，且大量喷注在已经离开磨削区的已加工表面上，但是烧伤已经发生。其改进方法包括：

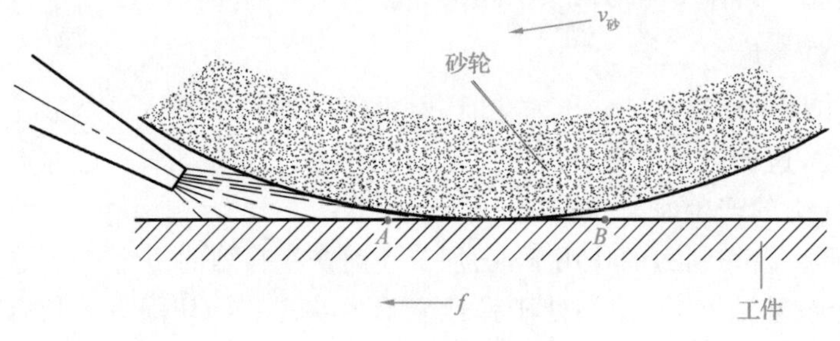

图 3-69　常规冷却方法

- 采用高压大流量冷却：这样不但能增强冷却作用，而且还可对砂轮表面进行冲洗，使其空隙不易被切屑堵塞。使用时注意机床带有防护罩，防止冷却液飞溅。
- 加装空气挡板：高速磨削时，为减轻高速旋转的砂轮表面的高压附着气流的作用，可以加装空气挡板，如图 3-70 所示，以使冷却液能顺利地喷注到磨削区。
- 采用内冷却：砂轮是多孔隙能渗水的，如图 3-71 所示。冷却液引到砂轮中心腔后，经过砂轮内部有径向小孔的薄壁套的孔隙，靠离心力的作用，从砂轮四周的边缘甩出，从而使冷却液可以直接进入磨削区，起到有效的冷却作用。由于冷却时有大量喷雾，所以机床应加防护罩。冷却液必须仔细过滤，防止堵塞砂轮孔隙。其缺点是操作者看不到磨削区的火花，在精密磨削时不能判断试切时的吃刀量。

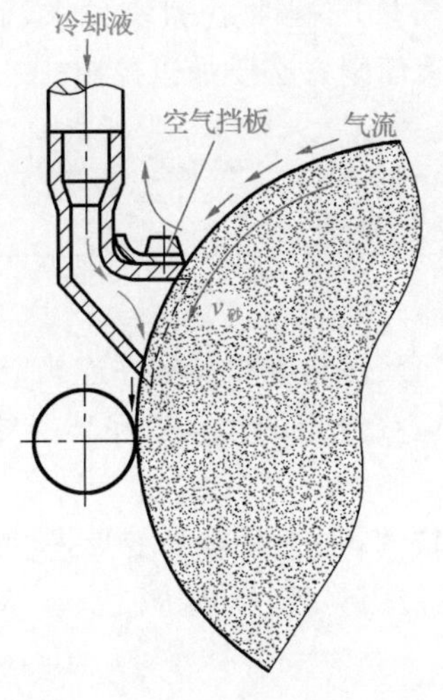

图 3-70　带有空气挡板的冷却液喷嘴

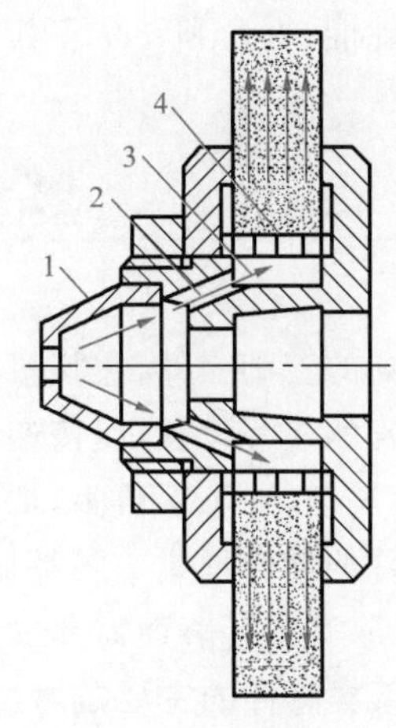

图 3-71　内冷却砂轮

1—锥形盖；2—通道孔；3—砂轮中心腔；4—有径向小孔的薄壁套

● 采用浸油砂轮：把砂轮放在熔化的硬脂酸溶液中浸透，取出后冷却即成为含油砂轮，磨削时，磨削区热源使砂轮边缘部分硬脂酸熔化而进入磨削区，从而起到冷却和润滑作用。

②合理选择磨削用量

● 工件径向进给量 f_r：增大 f_r 时，工件表面及里层不同深度的温度都将升高，容易造成烧伤，故磨削深度不能太大。

● 工件轴向进给量 f_a　当增大 f_a 时，工件表面及里层不同深度的温度都将降低，可减轻烧伤，但 f_a 增大会导致工件表面粗糙度值变大，可以采用较宽的砂轮来弥补。

● 工件速度 v_w　当 v_w 增大时，磨削区表面温度会增高，但此时热源作用时间减短，因而可减轻烧伤。但提高工件速度会导致表面粗糙度值变大，为弥补此不足，可提高砂轮速度。实践证明，同时提高工件速度和砂轮速度可减轻工件表面的烧伤。

③正确选择砂轮　磨削时砂轮表面上大部分磨粒只是与加工表面摩擦而不是切削，加工表面上的金属是在大量磨粒反复挤压多次而呈疲劳后才剥落的。因此在磨削抗力中绝大部分是摩擦力。如果砂轮表面上磨粒的切削刃口再尖锐锋利些，磨削力就会降低，消耗功率也会减小，从而磨削区的温度也会相应降低。但磨粒的刀尖是自然形成，它取决于磨粒的强度、硬度及其自砺性，强度和硬度不高，就得不到锋利的刀刃。采用粗粒度砂轮、较软的砂轮可提高砂轮的自砺性，且砂轮不易堵塞，可避免磨削烧伤的发生。

④工件材料　对磨削区温度的影响主要取决于工件的硬度、强度、韧性和导热系数。工件硬度越高，磨削热量越大，但材料过软，易于堵塞砂轮，反而使加工表面温度上升；工件强度越高，磨削时消耗的功率越多；发热量也越多；工件韧性越大，磨削力越大，发热越多，导热性差的材料越易产生烧伤。

选择自锐性能好的砂轮，提高工件速度，采用小的切深都能够有效地减小残余拉应力和消除烧伤、裂纹等磨削缺陷。若在提高砂轮速度的同时相应提高工件速度，则可以避免烧伤。

综上所述，在加工过程中影响表面质量的因素是非常复杂的。为了获得要求的表面质量，就必须对加工方法、切削参数进行适当的控制。控制表面质量常会增加加工成本，影响加工效率，所以对于一般零件宜选用正常的加工工艺保证表面质量，不必提出过高要求，而对于一些直接影响产品性能、寿命和安全工作的重要零件的重要表面则有必要加以控制。

任务小结

箱体是机器的基础零件，它将机器中有关部件的轴、套、齿轮等相关零件连接成一个整体，并使之保持正确的相互位置，以传递转矩或改变转速来完成规定的运动。箱体类零件的结构复杂，壁薄且不均匀，加工部位多，加工难度大。

支架类零件的结构形式一般都比较复杂，零件壁厚较薄，加工时容易变形，支架上有许多孔、斜面、加强筋、圆弧等表面需要加工，在加工中要经常使用夹具、样板等。

1. 箱体支架类零件的主要技术要求

(1)孔径精度

主轴孔的尺寸精度为IT6级，其余孔为IT8～IT7级。孔的几何形状精度一般控制在尺寸公差的1/2范围内。

(2)孔距精度

允差为±0.025～±0.060 mm，而同一轴线上的支承孔的同轴度约为最小孔尺寸公差之半。

(3)孔与平面的位置精度

主要孔对主轴箱安装基准面的平行度决定了主轴与床身导轨的相互位置关系。一般规定在垂直和水平两个方向上，只允许主轴前端向上和向前偏。

(4)主要平面的精度

装配基准面的平面度影响主轴箱与床身连接时的接触刚度，加工过程中作为定位基准面则会影响主要孔的加工精度。因此，规定底面和导向面必须平直，还规定了顶面的平面度要求，当大批量生产将其顶面作为定位基准面时，对它的平面度要求还要提高。

(5)表面粗糙度要求

主轴孔的表面粗糙度为 Ra 0.4 μm，其他各纵向孔的表面粗糙度为 Ra 1.6 μm；孔的内端面的表面粗糙度为 Ra 3.2 μm，装配基准面和定位基准面的表面粗糙度为 Ra 2.5～0.63 μm，其他平面的表面粗糙度为 Ra 10～2.5 μm。

2. 箱体支架类零件主要表面的加工方法

(1)平面的加工

平面的加工主要有车削、刨削、铣削、磨削、拉削和平面的光整加工等方法。

车削加工主要适用于轴、盘、套类回转体零件的端面，与外圆或内孔在一次装夹中同时加工完成，能够保证它们之间的垂直度要求。

刨削是平面加工的一种最基本的方法，主要用于加工各种水平面、垂直面和倾斜面等，单件小批生产或在维修和模具制造车间应用较多。

铣削平面是平面的主要加工方法之一，其生产率一般比刨削高，在机械加工中所占比例要大于刨削。

磨削平面的加工质量比刨削和铣削都高，而且还可以加工淬硬零件，因而多用于零件的精加工。生产批量较大时，箱体的平面常用磨削来精加工。

平面的光整加工方法主要包括平面刮研、平面研磨和平面抛光等，由于其生产率很低，所以在生产中应用较少。

(2)孔系的加工

箱体上的平行孔系主要采用找正法、镗模法和坐标法来加工，其加工精度依次提高。

箱体上的同轴孔系的加工则主要采用以下三种方法：利用已加工孔作为支承导向；利用镗床后立柱上的导向套支承导向；采用调头镗。

箱体上的垂直孔系在普通镗床上，其垂直度主要靠机床的挡块保证，但定位精度较低。为了提高定位精度，可用心轴与百分表找正。

(3)沟槽的加工

沟槽的加工方法主要有车(镗)削、铣削和刨削等。在生产中，应根据零件特点和精度要求选用合理的加工方法。

3. 定位基准的选择

(1)粗基准的选择

中小批生产时，由于毛坯精度较低，所以一般采用划线装夹，通过划线来体现以主轴孔来作为粗基准。大批大量生产时，毛坯精度较高，可直接以主轴孔在夹具上定位装夹。单件小批生产通常采用装配基准面作为定位基准。

(2)精基准的选择

单件小批生产用装配基准面作为定位基准；而大批大量生产时都采用一面两孔作为定位基准，由此而引起的基准不重合误差，可采用适当的工艺措施去解决。

4. 工序集中与工序分散

工序集中与工序分散各有利弊，选用时应考虑生产类型、现有生产条件、工件结构特点和技术要求等因素，使制定的工艺路线适当地集中、合理地分散。单件小批生产采用组织集中，以便简化生产组织工作。大批大量生产可采用工序集中，对一些结构较简单的产品，也可采用工序分散。成批生产应尽可能采用效率较高的机床，使工序适当集中。目前的发展趋势是倾向于工序集中。

5. 机械加工表面质量及其检验方法

零件的表面质量是衡量机械加工质量的一个重要方面。机械加工表面质量包括两方面的内容：表面层的几何形状偏差；表面层的物理力学性能。

机械零件的表面质量对零件的耐磨性、疲劳强度、抗腐蚀性能和配合性能等均有一定的影响。因此在生产中，应采取一定的工艺措施来加以控制。

生产中，表面质量的检验项目除了表面粗糙度以外，通常都是凭经验根据产品的要求和加工方法来确定必须检查的项目。

6. 箱体支架类零件的典型机械加工工艺过程

制定箱体支架类零件机械加工工艺过程的共性原则是：加工顺序为先面后孔；加工阶段粗、精分开。

箱体的典型机械加工工艺路线是：焊接(铸造)毛坯→时效→平面粗加工→主要孔加工→时效→平面精加工→主要孔加工→次要孔加工→去毛刺→清洗→检验。

支架的典型机械加工工艺路线是：毛坯制造→热处理→基准面加工→粗加工→半精加工→精加工→检验。

任务自测

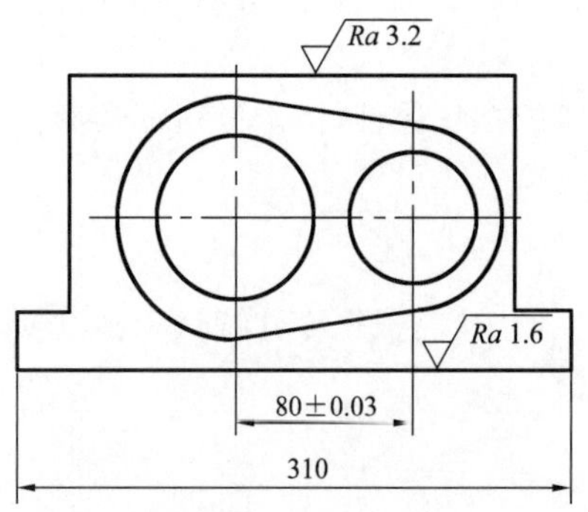

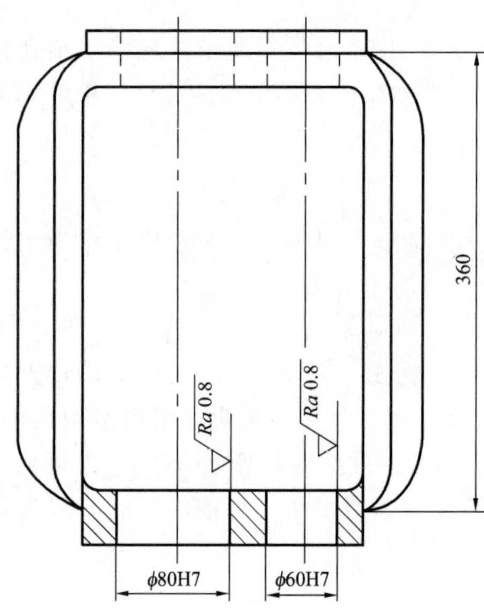

图 3-72 题 6 图

1. 箱体类零件的结构特点是什么？其主要技术要求有哪些？

2. 平面铣削与平面刨削在应用上有何不同？

3. 在加工内平面时，插削与拉削在应用条件上有何不同？

4. 传动轴上平键槽应选用哪种机床加工？

5. 机床工作台上的 T 形槽可以用哪些方法加工？

6. 编制如图 3-72 所示箱体类零件的机械加工工艺规程，生产批量为中批生产，材料为 HT200。

7. 什么是加工精度？加工精度包括哪些内容？

8. 何为加工误差敏感方向？说明下列加工方法的误差敏感方向：磨外圆、铣平面、车螺纹、在镗床上镗孔。

9. 表面质量主要包括哪些方面？

10. 表面质量对零件使用性能有何影响？

11. 试述加工表面产生残余压应力和残余拉应力的原因。

12. 影响磨削表面的表面粗糙度的因素是什么？如何解释当砂轮速度从 30 m/s 提高到 60 m/s 时，表面粗糙度 Ra 值从 1 μm 减小到 0.2 μm 的试验结果？

13. 为什么同时提高砂轮速度和工件速度可以避免产生磨削烧伤、减小表面粗糙度值并提高生产率？

学习情境四
异形类零件机械加工工艺规程制定

学习目标

1. 掌握机床夹具的相关知识及其设计方法。
2. 了解定位误差的分析与计算方法。
3. 培养学生团结协作、严谨求实、绿色环保、爱岗敬业、安全意识、创新意识等职业素养。
4. 能够编制简单异形零件的机械加工工艺规程。

任务　连杆的机械加工工艺规程制定

任务描述

某企业生产的连杆组件及其零件分别如图 4-1～图 4-3 所示。生产批量为小批，试编制其机械加工工艺规程。

任务分析

1. 零件图样分析

(1)该连杆为整体模锻成形。在加工中先将连杆切开，再重新组装，镗削大头孔。其外形可不再加工。

(2)连杆大头孔圆柱度公差为 0.005 mm。

(3)连杆大、小头孔平行度公差为 0.06/100 mm。

(4)连杆大头孔两侧面对大头孔中心线的垂直度公差为 0.1/100 mm。

(5)连杆体分割面、连杆上盖分割面对连接连杆螺钉孔的垂直度公差为 0.25/100 mm。

(6)连杆体分割面、连杆上盖分割面对大头孔轴线位置度公差为 0.125 mm。

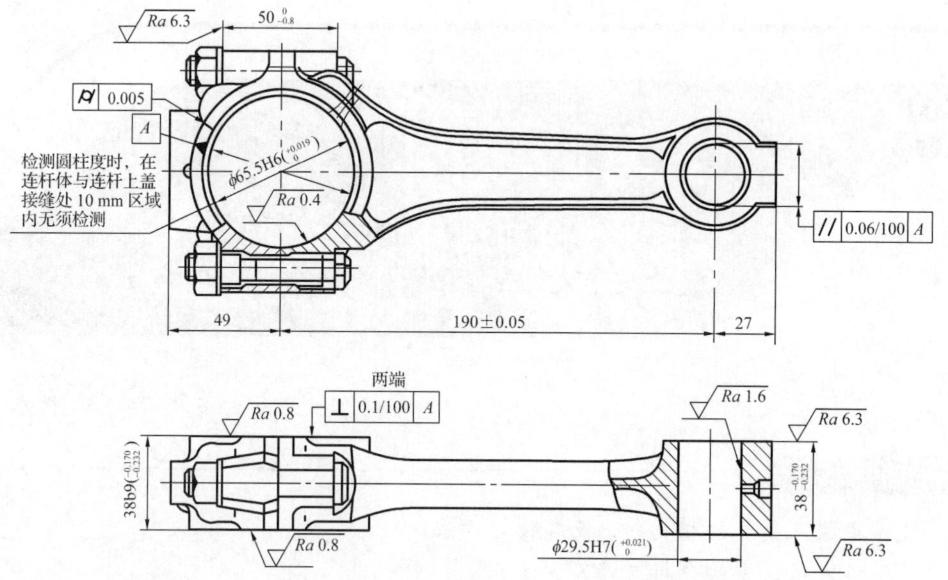

技术要求

1. 锻造拔摸斜度不大于 7°；
2. 在连杆的全部表面上不得有裂纹、发裂、夹层、结疤、凹痕、飞边、氧化皮及锈蚀等现象；
3. 连杆上不得有因金属未充满锻模面产生的缺陷，连杆上不得焊补修整；
4. 在指定处检测硬度，硬度为 226～278HRB；
5. 连杆纵向剖面上宏观组织的纤维方向应沿着连杆中心线并与连杆外廓相符，无弯曲及断裂现象；
6. 连杆成品的金相显微组织应为均匀的细晶粒结构，不允许有片状铁素体；
7. 锻件须经喷丸处理；
8. 材料：45 钢。

图 4-1 连杆组件

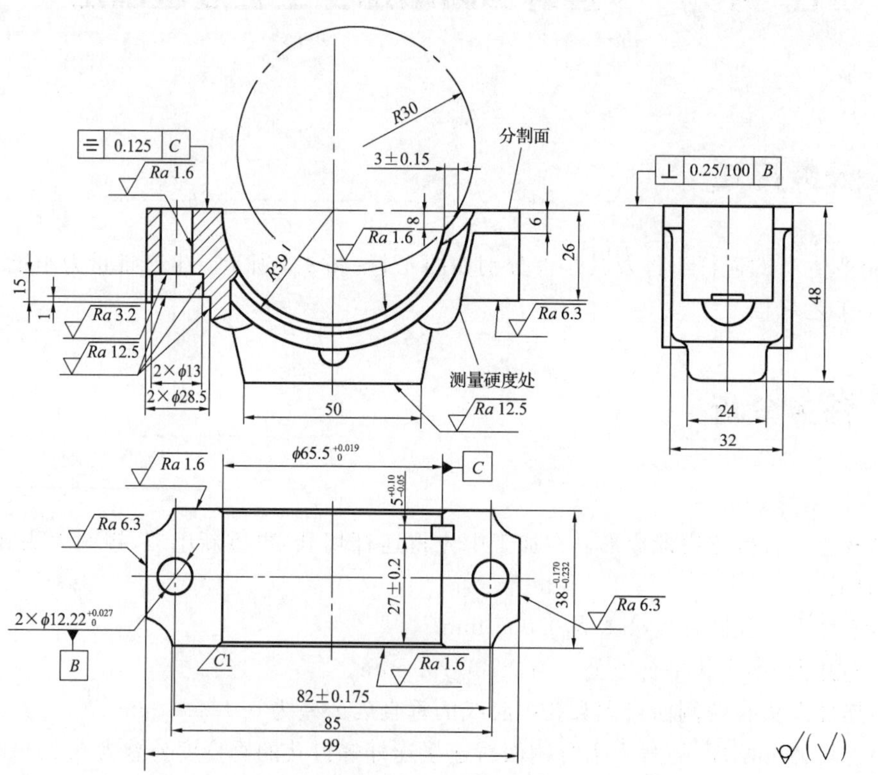

图 4-2 连杆上盖

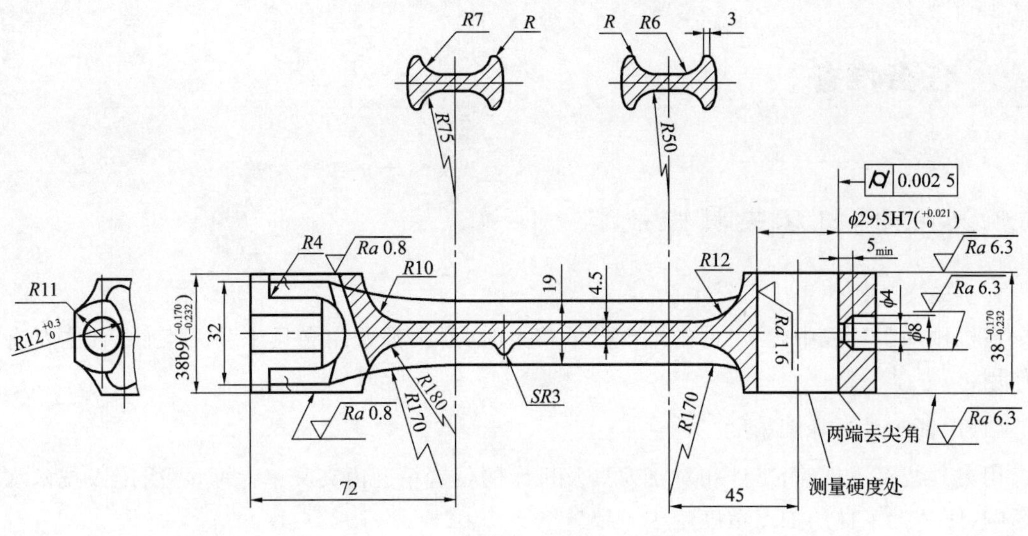

图 4-3　连杆体

(7)连杆体、连杆上盖对大头孔中心线的对称度公差为 0.25 mm。

(8)热处理硬度达 28～32HRC。

(9)材料为 45 钢。

2. 工艺分析

(1)连杆毛坯为模锻件，外形不需要加工，但划线时要兼顾毛坯尺寸，保证加工余量，如果单件生产，也可采用自由锻造毛坯，但对连杆外形要进行加工。

(2)该工艺过程适用于小批连杆的生产加工。

(3)铣连杆两大平面时应多翻转几次，以消除平面翘曲。

(4)连杆大头平面可以磨削加工，也可采用精铣加工。

(5)单件加工连杆螺钉孔可采用钻、扩、铰方法。

(6)加工钢连杆螺钉孔平面时，应粗、精分开加工，以保证精度，必要时可刮研。

(7)连杆大头孔圆柱度的检验用杠杆百分表，在大头孔内分三个断面测量其内径，每个断面测量两个方向，三个断面测量的最大值与最小值之差的一半即圆柱度。

(8)连杆体、连杆上盖对大头孔中心线的对称度的检验，采用专用检具以分割面为定位基准，分别测量连杆体、连杆上盖两个半圆的半径值，该差为对称度误差。

(9)检验连杆大、小头孔的平行度时，将连杆大、小头孔穿入专用心轴，在平台上用等高V形块支承连杆大头孔心轴，测量小头孔心轴在最高位置时两端的差值，该差值的一半即平行度误差。

(10)对连杆螺钉孔与分割面垂直度的检验，需制作专用垂直度检验心轴，该检验心轴直径公差分三个尺寸段制作，配以不同公差的螺钉孔，检验其接触面积，一般在 90%以上为合格。也可配用塞尺检测，塞尺厚度的一半为垂直度误差值。

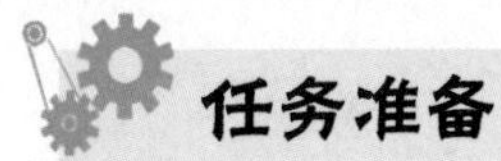

任务准备

知识点一：机床夹具概述

1. 机床夹具的作用

在机械加工过程中，当工件的生产批量较大时，通常都要用夹具来装夹工件，它主要有以下作用：

（1）保证工件的加工精度

用夹具装夹工件时，工件相对于刀具及机床的位置精度由夹具来保证，不受工人技术水平的影响，使一批工件的加工精度趋于一致。

（2）提高生产率

使用夹具装夹工件方便、快速，工件不需要划线找正、可显著减少辅助工时，提高生产率；工件在夹具中装夹后提高了工件的刚性，因此可加大切削用量，提高了生产率；可使用多件、多工位装夹工件的夹具，并可采用高效夹紧机构，进一步提高了生产率。

（3）扩大机床的使用范围

要加工图 4-4 所示的机体上的两端阶梯孔，通常需要使用卧式镗床或专用设备。如无卧式镗床等设备，可设计一个专用夹具改在卧式车床上加工，如图 4-5 所示。夹具安装在车床的床鞍上，通过夹具使工件的内孔与车床主轴同轴，镗杆右端由尾座支承，左端用三爪卡盘夹紧并带动旋转。

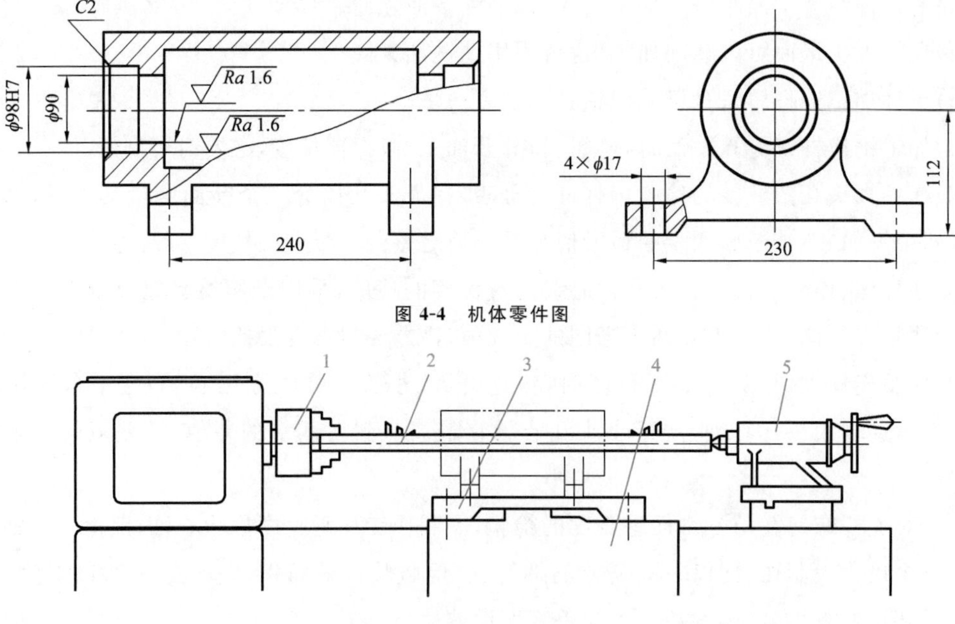

图 4-4 机体零件图

图 4-5 在车床上镗阶梯孔

1—三爪卡盘；2—镗杆；3—夹具；4—床鞍；5—尾座

(4)降低加工成本

在批量生产中使用夹具后,能显著提高生产率,对工人的技术等级要求降低,废品率下降,因而明显地降低了生产成本。夹具制造成本分摊在一批工件上,每件工件增加的成本是极少的,远远少于因提高生产率而降低的成本。工件批量越大,使用机床夹具所取得的经济效益越显著。

2. 机床夹具的分类

机床夹具的种类繁多,从不同的角度有不同的分类方法。常用的分类方法有以下几种:

(1)按照机床夹具的使用特点分类

①通用夹具　已经标准化的、可装夹一定范围内不同工件的夹具,称为通用夹具。如三爪卡盘、机床用平口虎钳、万能分度头、磁力工作台等。这些夹具已作为机床附件由专门工厂制造供应,只需选购即可。

②专用夹具　专为某一工件的某道工序设计制造的夹具,称为专用夹具。专用夹具一般在批量生产中使用。本书主要介绍专用夹具。

③可调夹具　可调夹具的某些元件可调整或可更换,它还分为通用可调夹具和成组可调夹具两类。

④组合夹具　采用标准的组合夹具元件、部件的机床夹具,称为组合夹具。

⑤拼装夹具　用专门的标准化、系列化的拼装夹具零部件拼装而成的夹具,称为拼装夹具。它具有组合夹具的优点,但比组合夹具精度高、效率高、结构紧凑。它的基础板和夹紧部件中常带有小型液压缸,更适合在数控机床上使用。

(2)按照机床夹具的使用机床分类

机床夹具按使用机床不同可分为车床夹具、铣床夹具、钻床夹具、镗床夹具、齿轮机床夹具、数控机床夹具、自动机床夹具、自动线随行夹具以及其他机床夹具等。

(3)按照夹紧动力源分类

机床夹具按夹紧动力源的不同可分为手动夹具、气动夹具、液压夹具、气液增力夹具、电磁夹具以及真空夹具等。

3. 机床夹具的组成

机床夹具的种类虽多,形状和尺寸差别很大,但其组成均可概括为以下部分:

(1)定位元件

定位元件是机床夹具的主要功能元件之一。通常,当工件定位基准面的形状确定后,定位元件的结构也就基本确定了。定位元件的定位精度直接影响到工件的加工精度。

如图 4-6 所示,钻后盖上 ϕ10 mm 的油孔,其钻夹具如图 4-7 所示。该夹具上的圆柱销、菱形销和支承板都是定位元件,通过它们使工件在夹具中处于正确的位置。

(2)夹紧装置

夹紧装置也是机床夹具的主要功能元件之一;通常夹具夹紧装置的结构会影响机床夹具的复杂程度和性能。它的结构类型很多,设计时应注意选择。

图 4-7 中的螺杆、螺母和开口垫圈就是这一钻夹具的夹具装置。

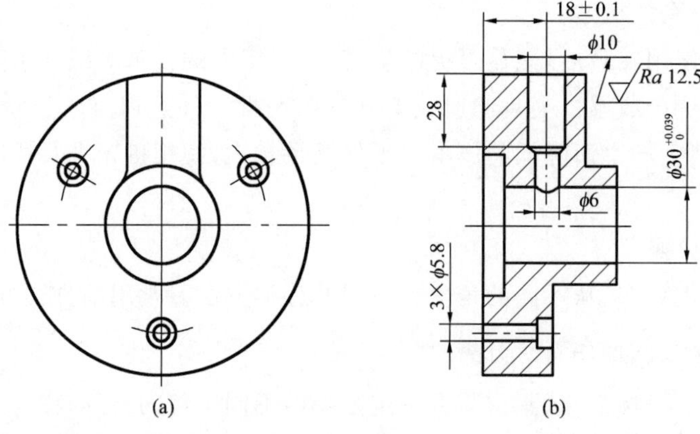

图 4-6 后盖零件钻径向孔

(3)连接元件

连接元件用以确定机床夹具本身在机床上的位置。根据机床的工作特点，机床夹具在机床上的安装连接常有两种形式。一种是安装在机床工作台上，另一种是安装在机床主轴上。如车床夹具所使用的过渡盘，铣床夹具所使用的定位键等，都是连接元件。

图 4-7 中以夹具体的底面为安装基准面安装到钻床上，保证钻套的轴线垂直于钻床工作台，圆柱销的轴线平行于工作台。这里夹具体兼做连接元件。

(4)对刀与导向装置

对刀与导向装置的功能是确定刀具的位置。如图 4-7 中的钻套和钻模板即组成导向装置，确定了钻头轴线相对于定位元件的正确位置。

对刀装置也常见于铣床夹具中。用对刀块可调整铣刀加工前的位置。对刀时铣刀不能与对刀块直接接触，以免碰伤铣刀的切削刃和对刀块的工作表面。通常，在铣刀和对刀块对刀表面间留有空隙，并且用塞尺进行检查，以调整刀具，使其保持正确的位置。

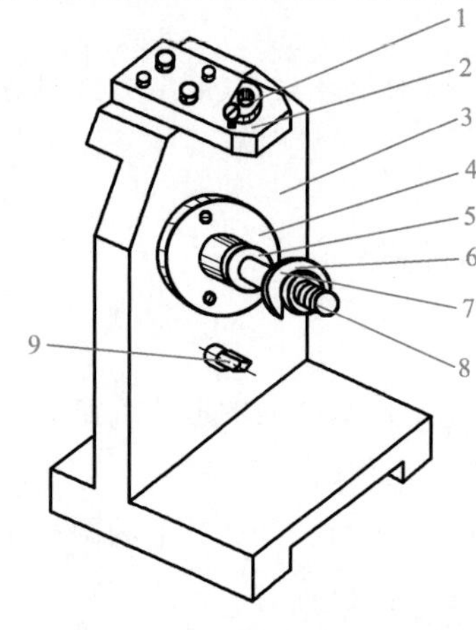

图 4-7 后盖钻夹具

1—钻套；2—钻模板；3—夹具体；4—支承板；5—圆柱销；6—开口垫圈；7—螺母；8—螺杆；9—菱形销

导向装置主要指钻模的钻模板、钻套；镗模的镗模支架，确定刀具的位置并引导刀具进行切削。

(5)其他元件或装置

根据加工需要，有些机床夹具分别采用分度装置、靠模装置、上下料装置、工业机器人、顶出器和平衡块等。这些元件或装置也需要专门设计。

(6)夹具体

夹具体是机床夹具的基体骨架，通过它将机床夹具的所有元件构成一个整体。常用的夹具体有铸造结构、锻造结构、焊接结构，形状有回转体形和底座形等多种。定位元件、夹紧装置等分布在夹具体上不同的位置。

通过图 4-7 中的夹具体，可将机床夹具的所有元件连接成一个整体。

知识点二：定位原理和定位元件

1.6 点定位原理

如图 4-8 所示，任何一个自由刚体，在空间均有 6 个自由度，即沿空间坐标轴 x、y、z 3 个方向的移动自由度 $\vec{x}$、$\vec{y}$、$\vec{z}$ 和绕此 3 个坐标轴的转动自由度 $\overset{\frown}{x}$、$\overset{\frown}{y}$、$\overset{\frown}{z}$。

工件定位的实质就是要限制影响加工精度的自由度。设空间有一固定点，工件的底面与该点保持接触，那么工件沿 z 轴的移动自由度便被限制了。如果按图 4-9 所示设置 6 个固定点，工件的 3 个面分别与这些点保持接触，工件的 6 个自由度便都限制了。这些用来限制工件自由度的固定点称为定位支承点，简称支承点。

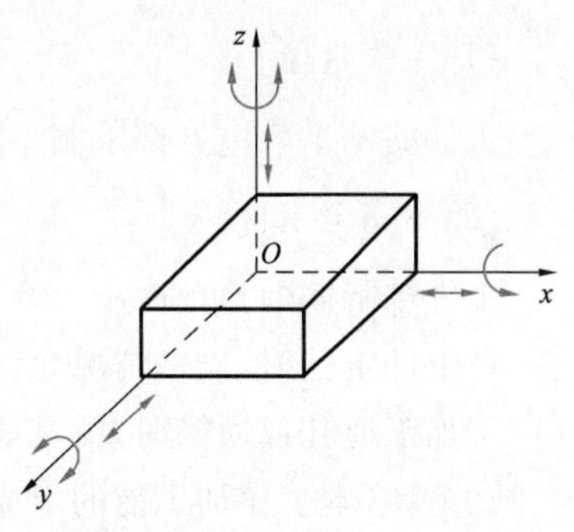

图 4-8 工件的 6 个自由度

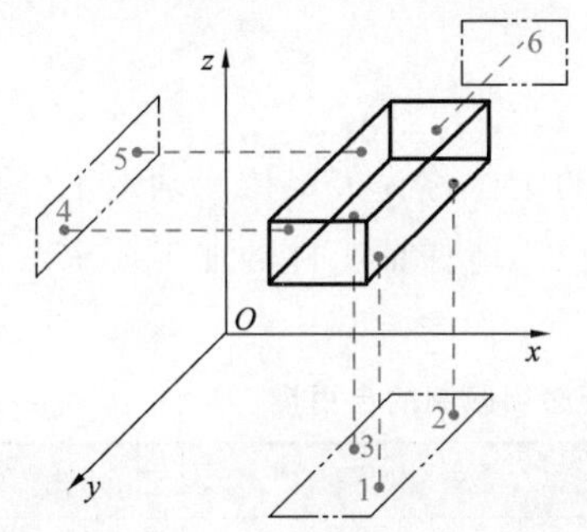

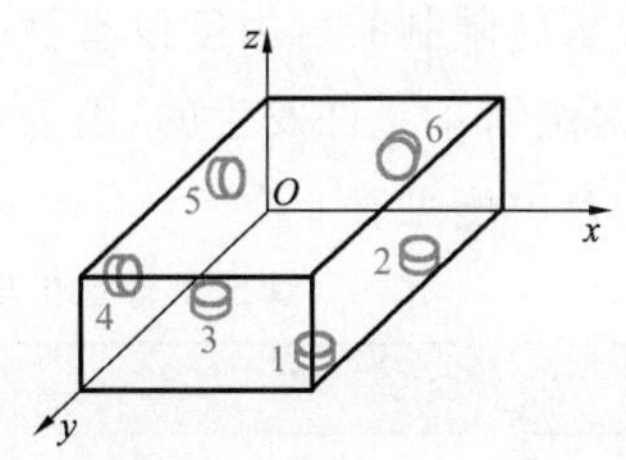

图 4-9 长方体工件定位时支承点的分布

在夹具中采用合理布置的 6 个定位支承点与工件的定位基准面相接触，来限制工件的 6 个自由度，使工件在夹具中保持唯一确定的位置，称为 6 点定位原理，简称 6 点定则。

应用 6 点定位原理实现工件在夹具中的正确定位时，应注意以下事项：

(1)定位支承点必须与工件的定位基准面始终贴紧接触。一旦分离，定位支承点就失去了限制工件自由度的作用。

(2)工件在定位时需要限制的自由度数目以及究竟是哪几个自由度，完全由工件该工序的加工要求所决定，应该根据实际情况进行具体分析，合理设置定位支承点的数量和分布情况。

(3)设置 3 个定位支承点的平面限制一个移动自由度和 2 个转动自由度，称为主要定位面。工件上选作主要定位面的表面面积尽可能大些，而 3 个定位支承点的分布应尽量彼此远离和分散，绝对不能分布在一条直线上，以承受较大外力作用，提高定位稳定性。

(4)设置 2 个定位支承点的平面限制 2 个自由度，称为导向定位面。工件上作为导向定位面的表面应力求面积狭而长，而 2 个定位支承点的分布在平面纵长方向上应尽量彼此远离，绝对不能分布在平面窄短方向上，以使导向作用更好，提高定位稳定性。

(5)设置 1 个定位支承点的平面限制 1 个自由度，称为止推定位面或防转定位面。究竟是起止推作用还是防转作用，要根据这个定位支承点所限制的自由度是移动的还是转动的而定。

(6)1 个定位支承点只能限制 1 个自由度。

2. 定位方式

工件定位时，必须限制影响加工要求的自由度；不影响加工要求的自由度是否要限制，应视具体情况而定。按照限制工件的自由度的情况，定位方式可分为完全定位、不完全定位、欠定位和重复定位。

(1)完全定位

工件的 6 个自由度都限制了的定位称为完全定位。

(2)不完全定位

工件被限制的自由度小于 6 个，但能保证加工要求的定位称为不完全定位。

在工件定位时，以下情况允许不完全定位：

①加工通孔或通槽时，沿贯通轴的移动自由度可不限制。

②毛坯(本工序加工前的半成品)是轴对称时，绕对称轴的转动自由度可不限制。

③加工贯通的平面时，除可不限制沿两个贯通轴的移动自由度外，还可不限制绕垂直加工面的轴的转动自由度。

(3)欠定位

按照加工要求应限制的自由度没有被限制的定位称为欠定位。确定工件在夹具中的定位方案时，欠定位是绝对不允许发生的，因为欠定位不能保证工件的加工要求。满足工件加工要求所必须限制的自由度见表 4-1。

表 4-1　满足工件加工要求所必须限制的自由度

工序简图	加工要求	必须限制的自由度
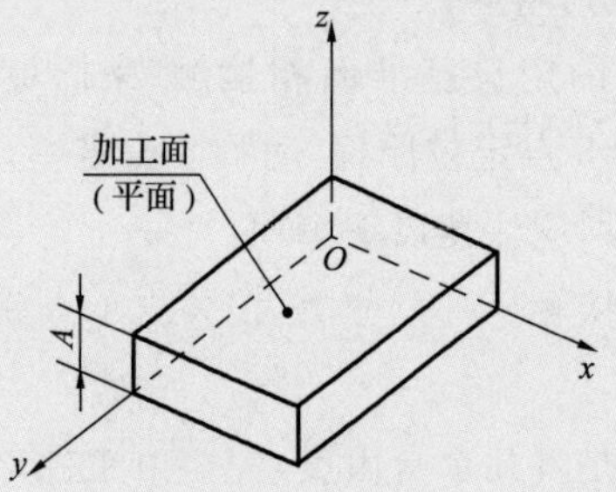 加工面(平面) z O A x y	(1)尺寸 A； (2)加工面与底面的平行度	$\vec{z}$、$\widehat{x}$、$\widehat{y}$
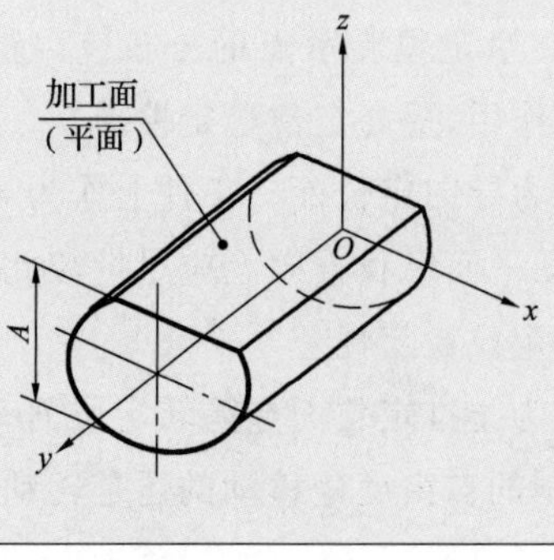 加工面(平面) z O A x y	(1)尺寸 A； (2)加工面与下母线的平行度	$\vec{z}$、$\widehat{x}$

续表

<table>
<tr><th>工序简图</th><th>加工要求</th><th colspan="2">必须限制的自由度</th></tr>
<tr><td>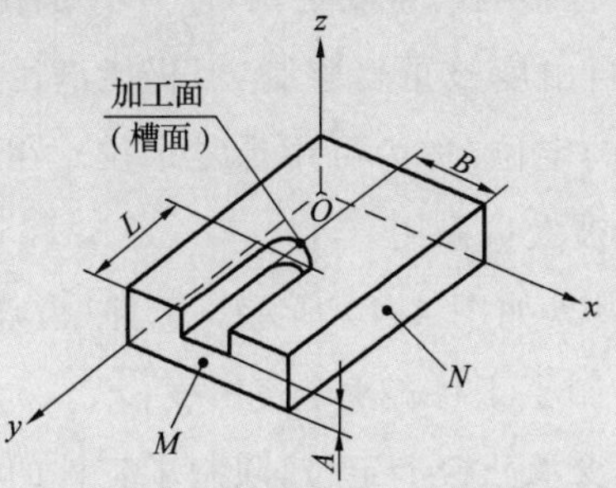z
加工面
（槽面）
B
L
O
x
N
y
M
A</td><td>(1)尺寸 A；
(2)尺寸 B；
(3)尺寸 L；
(4)槽侧面与 N 面的平行度；
(5)槽底面与 M 面的平行度</td><td colspan="2">$\vec{x}$、$\vec{y}$、$\vec{z}$、$\widehat{x}$、$\widehat{y}$、$\widehat{z}$</td></tr>
<tr><td>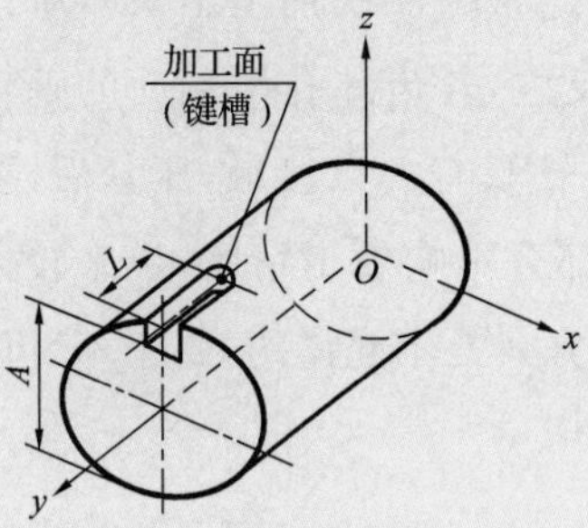z
加工面
（键槽）
L
O
A
x
y</td><td>(1)尺寸 A；
(2)尺寸 L；
(3)槽底面与轴线平行并对称</td><td colspan="2">$\vec{x}$、$\vec{y}$、$\vec{z}$、$\widehat{x}$、$\widehat{z}$</td></tr>
<tr><td rowspan="2">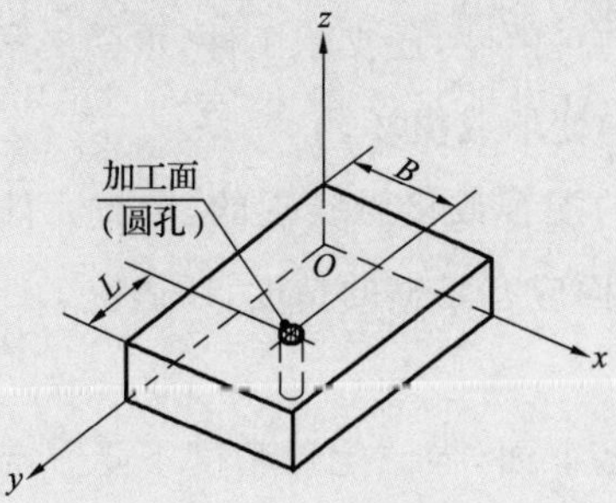z
加工面
（圆孔）
B
L
O
x
y</td><td rowspan="2">(1)尺寸 B；
(2)尺寸 L；
(3)孔轴线与底面的垂直度</td><td>通孔</td><td>$\vec{x}$、$\vec{y}$、
$\widehat{x}$、$\widehat{y}$、$\widehat{z}$</td></tr>
<tr><td>不通孔</td><td>$\vec{x}$、$\vec{y}$、$\vec{z}$、
$\widehat{x}$、$\widehat{y}$、$\widehat{z}$</td></tr>
<tr><td rowspan="2">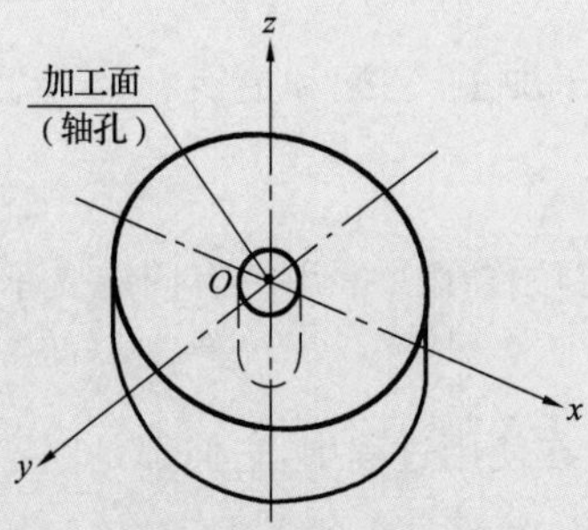z
加工面
（轴孔）
O
x
y</td><td rowspan="2">(1)孔与外圆柱面的同轴度；
(2)孔轴线与底面的垂直度</td><td>通孔</td><td>$\vec{x}$、$\vec{y}$、
$\widehat{x}$、$\widehat{y}$</td></tr>
<tr><td>不通孔</td><td>$\vec{x}$、$\vec{y}$、$\vec{z}$、
$\widehat{x}$、$\widehat{y}$</td></tr>
</table>

(4)重复定位

2个及以上定位元件限制工件上的相同自由度时，称为重复定位。重复定位分两种情况：工件的1个或几个自由度被重复限制，并对加工产生有害影响的重复定位，称为不可用重复定位，不可用重复定位是不允许的。工件的1个或几个自由度被重复限制，但仍能满足加工要求，即不但不产生有害影响，反而可增加工件装夹刚度的定位，称为可用重复定位。在生产实际中，可用重复定位被大量采用。

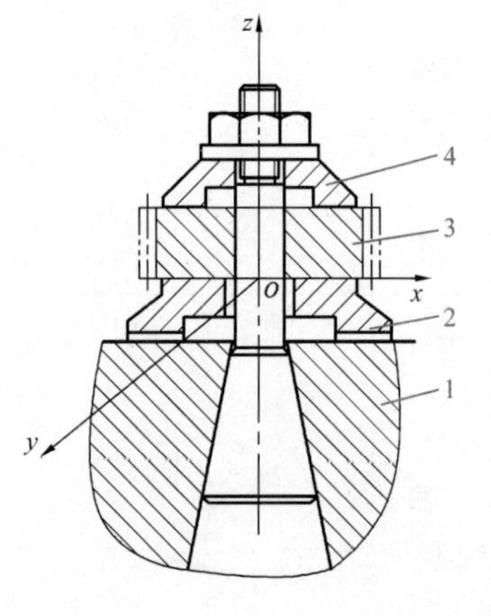

图4-10 插齿夹具

1—心轴；2—支承凸台；3—工件；4—压板

插齿时常用的夹具如图4-10所示。工件(齿坯)以内孔在心轴上定位，限制了工件的4个自由度：$\vec{x}$、$\vec{y}$、$\overset{\frown}{x}$、$\overset{\frown}{y}$。同时，工件又以端面在支承凸台上定位，限制了工件的3个自由度：$\overset{\frown}{x}$、$\overset{\frown}{y}$、$\vec{z}$。其中，$\overset{\frown}{x}$、$\overset{\frown}{y}$被重复限制了，但由于齿坯孔和定位端面的垂直度较高(通常为一次加工出来)，所以是一种可用重复定位方式。反之，若齿坯孔与端面的垂直度误差较大，则齿坯端面与心轴只有一点接触，压紧后，要么工件变形，要么心轴变形，都会影响加工精度，带来较大的加工误差。因此，这种定位方式是不允许的，属于不可用重复定位方式。

3.常用定位元件

(1)对定位元件的基本要求

①有足够的强度和刚度　定位元件不仅限制工件的自由度，还支承工件，承受夹紧力和切削力的作用。因此，应有足够的强度和刚度，以免使用中变形或损坏。

②有足够的精度　由于工件的定位是通过定位副的配合或接触实现的，定位元件上定位基准面的精度直接影响工件的定位精度，所以定位基准面应有足够的精度，以适应工件的加工要求。

③耐磨性好　工件的装卸会磨损定位元件的定位基准面，导致定位精度下降。定位精度下降到一定程度时，定位元件必须更换，否则夹具不能继续使用。为了延长定位元件的更换周期，提高夹具的使用寿命，定位元件应有较好的耐磨性。

④工艺性好　定位元件的结构应力求简单、合理，便于加工、装配和更换。

(2)工件以平面定位时的定位元件

①主要支承　主要支承用来限制工件的自由度，起定位作用。常用的有固定支承、可调支承、浮动支承三种。

● 固定支承。有支承钉(图4-11)和支承板两种形式。在使用过程中，它们都是固定不动的。当以粗基准面(未经加工的毛坯表面)定位时，应采用合理布置的三个球头支承钉(图4-11中的B型)，使其与毛坯良好接触。图4-11中的C型为齿纹头支承钉，能增大摩擦因数，防止工件受力后滑动，常用于侧面定位。

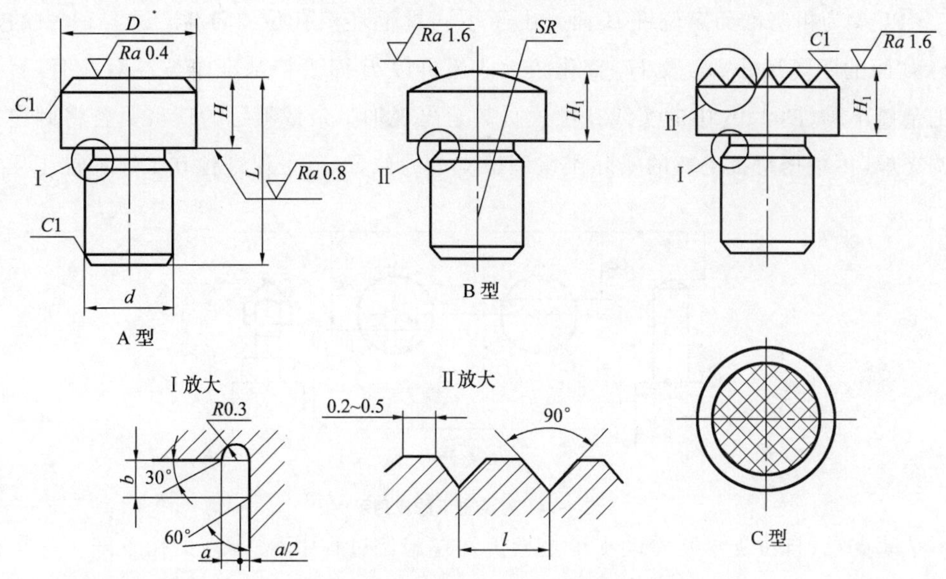

图 4-11　支承钉

工件以精基准面(加工过的平面)定位时，一般采用图 4-11 所示的 A 型平头支承钉和图 4-12 所示的支承板。A 型支承钉结构简单，便于制造，但不利于清除切屑，故适用于顶面和侧面定位。B 型支承钉则易保证工作表面清洁，故适用于底面定位。

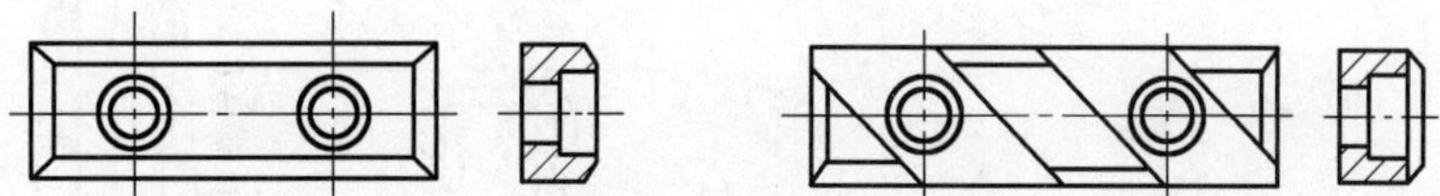

图 4-12　支承板

当要求几个支承钉或支承板等高时，装配后，可将其工作表面一次磨平。

工件以平面定位时，除采用上面介绍的标准支承钉和支承板之外，还可根据工件定位平面的不同形状自行设计相应的支承板。

● 可调支承：可调支承是指支承的高度可以进行调节的支承。图 4-13 所示为几种可调支承的结构。

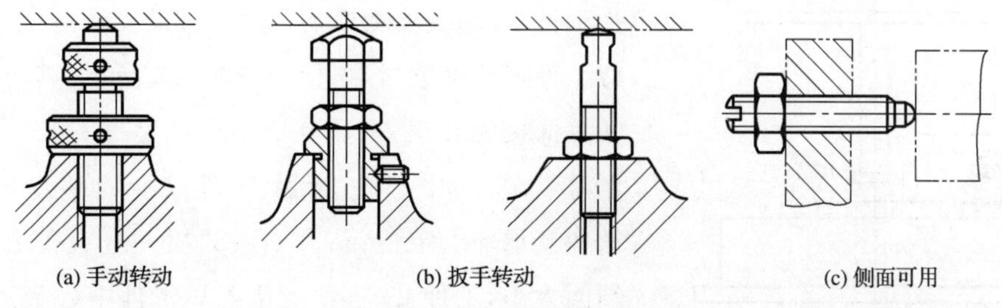

图 4-13　可调支承

可调支承主要用于工件以粗基准面定位，或定位基准面的形状复杂(如成形面、台阶面等)以及各批毛坯的尺寸、形状变化较大的场合。这时如采用固定支承，则由于各批毛坯尺寸不稳定，使后续工序的加工余量发生较大变化，影响其加工精度。加工如图 4-14 所示箱体工件，第

1 道工序以 A 为粗基准面定位铣 B 面。由于不同批毛坯双孔位置不准(图 4-14 中的虚线),双孔与 B 面的距离尺寸 H_1 及 H_2 变化较大。当再以 B 面为精基准定位镗双孔时,就可能出现加工余量不均(图 4-14 中的实线孔位置),甚至出现加工余量不足的现象。若将固定支承改为可调支承,再根据每批毛坯的实际误差调整支承的位置,就可保证镗孔工序的加工质量。

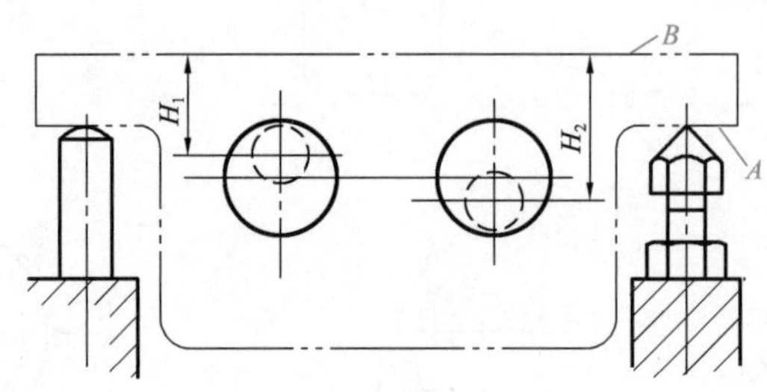

图 4-14　可调支承的应用示例

● 浮动支承(自位支承):浮动支承是指工件在定位过程中,支承点的位置随工件定位基准面的位置而自动与之适应的定位件,如图 4-15 所示。这类支承的结构均是活动的或浮动的。浮动支承无论与工件定位基准面是几个点接触,都只能限制工件 1 个自由度。

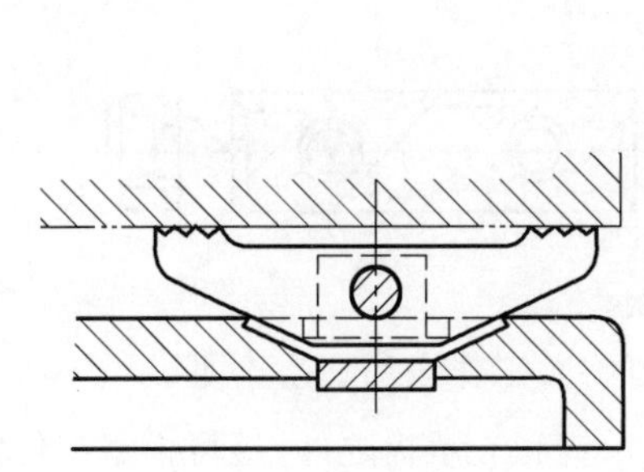

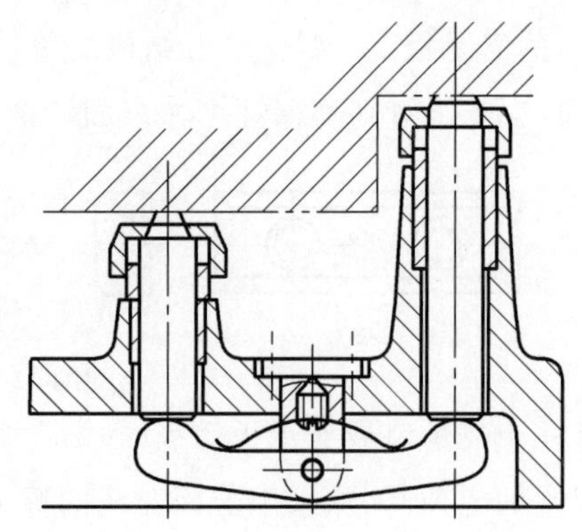

图 4-15　浮动支承

②辅助支承　如果工件尺寸、形状或局部刚度较差,使其定位不稳或受力变形等,则需增设辅助支承,用以承受工件重力、夹紧力或切削力。辅助支承的工作特点是:待工件定位夹紧后,再行调整辅助支承,使其与工件的有关表面接触并锁紧,而且辅助支承是每安装一个工件就调整一次。如图 4-16 所示,工件以小端的孔和端面在短销和支承环上定位,钻大端面圆周一组通孔。由于小头端面太小,工件又高,钻孔位置离工件中心又远,因此受钻削力后定位很不稳定,且工件又容易变形,为了提高工件定位稳定性和安装刚性,则需在图示位置增设 3 个均布的辅助支承。但这些支承不起限制自由度作用,也不

图 4-16　辅助支承

1—工件;2—螺杆心轴;3、4—可调支承

允许破坏原有定位。

(3)工件以圆孔定位时的定位元件

工件以圆孔定位时，所采用的定位元件有定位销和各种心轴。这种定位方式的基本特点是：定位孔与定位元件之间处于配合状态，并要求确保孔中心线与夹具规定的轴线相重合。孔定位还经常与平面定位联合使用。

①圆柱销　图 4-17 所示为圆柱定位销结构。工件以圆孔用圆柱定位销定位时，应按孔、销实际接触相对长度来区分长、短销。长销限制工件 4 个自由度，短销限制工件 2 个自由度。

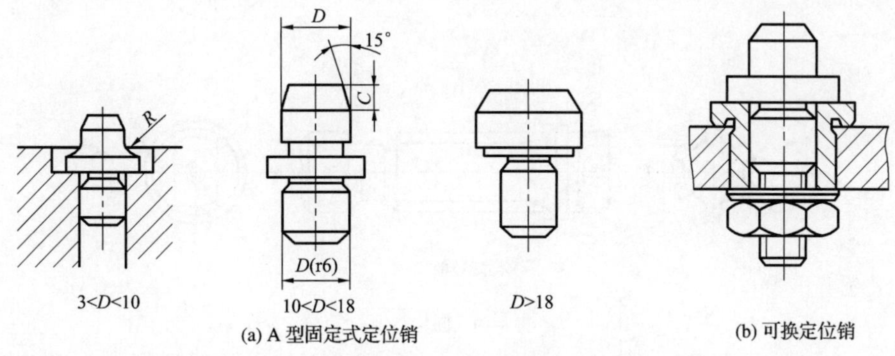

(a) A 型固定式定位销　(b) 可换定位销

图 4-17　圆柱定位销

②圆锥销　生产中工件以圆柱孔在圆锥销上定位的情况也是常见的，如图 4-18 所示。这时是孔端与锥销接触，其交线是一个圆，限制了工件的 3 个自由度 $\vec{x}$、$\vec{y}$、$\vec{z}$，相当于 3 个止推定位支承。

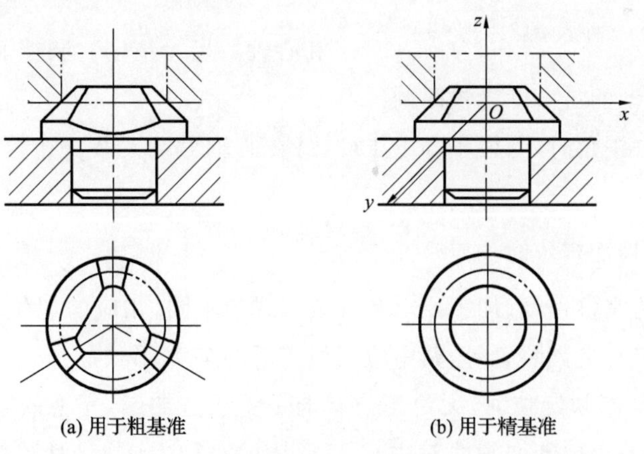

(a) 用于粗基准　(b) 用于精基准

图 4-18　圆锥定位销

③圆柱心轴　图 4-19 所示为三种圆柱刚性心轴的典型结构。如图 4-19(a)所示为圆柱心轴的间隙配合心轴结构，孔轴配合采用 H7/g6。其结构简单，装卸方便，但因有装卸间隙，定心精度低，故只适用于同轴度要求不高的场合。如图 4-19(b)所示为过盈配合心轴，采用 H7/r6 过盈配合。它有引导部分、配合部分、连接部分，适用于定心精度要求高的场合。图 4-19(c)所示为花键心轴，用于以花键孔为定位基准的场合。

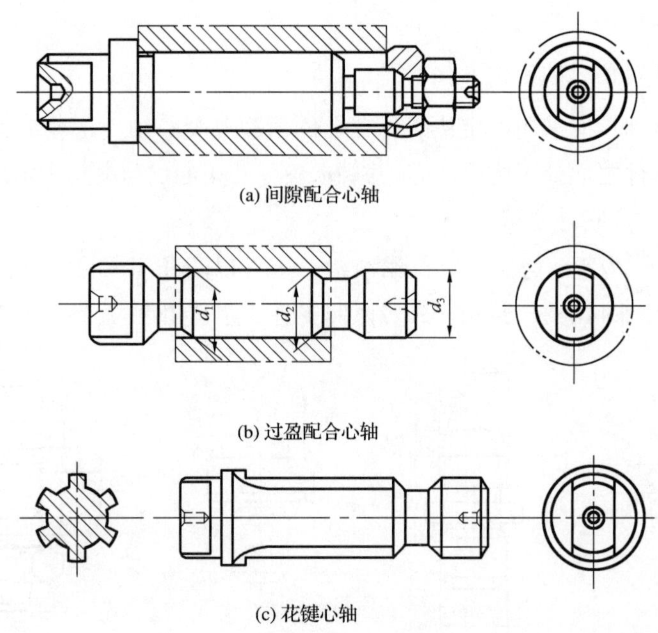

(a) 间隙配合心轴

(b) 过盈配合心轴

(c) 花键心轴

图 4-19 圆柱心轴

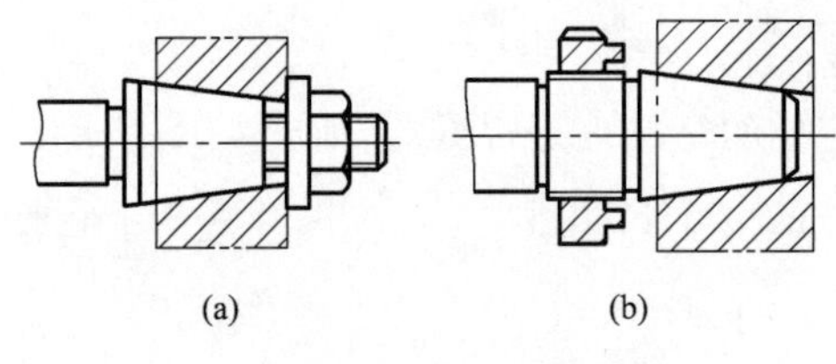
(a) (b)

图 4-20 圆锥心轴

④圆锥心轴 图 4-20 所示为以工件上的圆锥孔在锥形心轴上定位的情形。这类定位方式下圆锥面与圆锥面接触，要求锥孔和圆锥心轴的锥度相同，接触良好，因此定心精度与角向定位精度均较高，而轴向定位精度取决于工件孔和心轴的尺寸精度。圆锥心轴限制工件的 5 个自由度(仅绕轴线转动的自由度没被限制)。

当圆锥角小于自锁角时，为便于卸下工件，可在心轴大端安装一个推出工件用的螺母，如图 4-20(b)所示。

(4)工件以外圆柱面定位时的定位元件

根据外圆柱面的完整程度、加工要求和安装方式的不同，相应的定位元件有 V 形块、定位套、半圆套、锥套及定心夹紧装置等，其中应用最广泛的是 V 形块。

①V 形块 用 V 形块定位时，无论定位基准是否经过加工，完整的圆柱面或圆弧面均可采用，并且能使工件的定位基准轴线对中在 V 形块的对称平面上，而不受定位基准直径误差的影响，即对中性好。图 4-21(a)所示的 V 形块用于较短的精基准面的定位；图 4-21(b)所示的 V 形块用于较长粗基准的或阶梯轴的定位；图 4-21(c)所示的 V 形块用于长的精基准表面或两段基准面相距较远的轴定位；图 4-21(d)所示的 V 形块用于长度和直径较大的重型工件，此时 V 形块不必制成整体式钢件，可采用在铸铁底座上镶装淬火钢垫板的结构。

工件在 V 形块上定位时，可根据接触母线的长度决定所限制的自由度数，相对接触较长时，限制工件的 4 个自由度；相对接触较短时，限制工件的 2 个自由度。

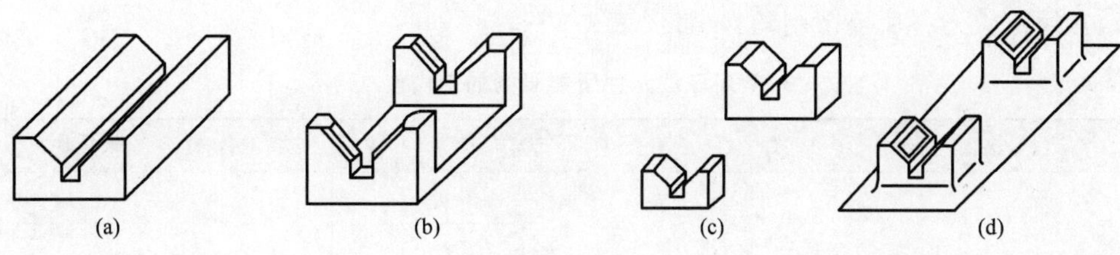

图 4-21　V 形块

V 形块两斜面间的夹角 α 一般选用 60°、90°、120°，以 90°应用最广，其结构和尺寸均已标准化。

②定位套　这种定位方法一般适用于精基准定位，采用的定位元件结构简单，如图 4-22 所示。

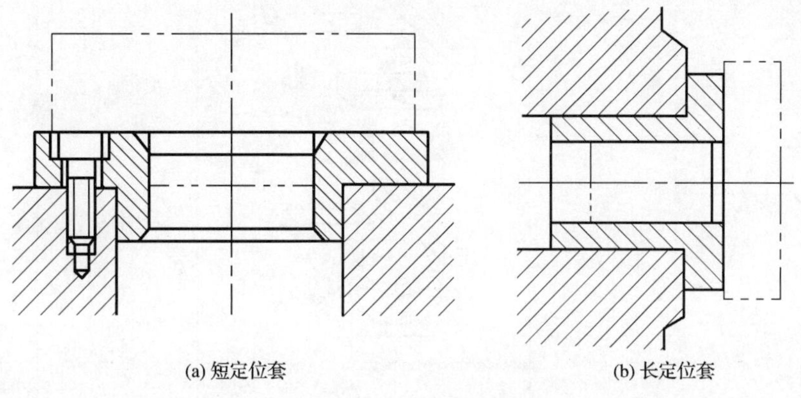

图 4-22　定位套

③半圆套　当工件尺寸较大或在整体定位衬套内定位装卸不便时，多采用此种定位方式。此时定位基准的精度不低于 IT9～IT8 级。下半圆套起定位作用，上半圆套起夹紧作用。如图 4-23(a)所示为可卸式，图 4-23(b)所示为铰链式，后者装卸工件方便。

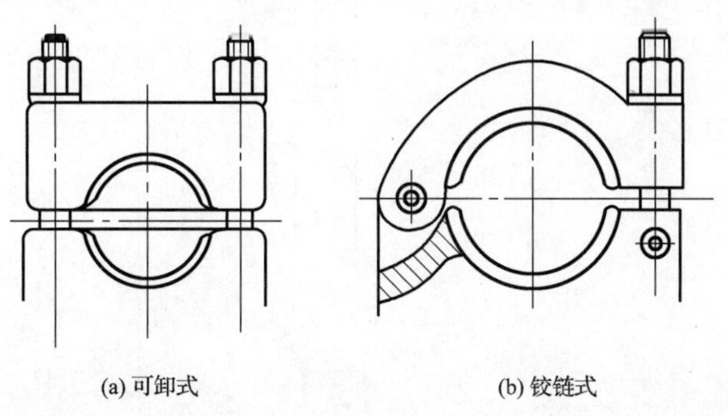

图 4-23　半圆套

由于上半圆套可卸去或掀开，所以下半圆套的最小直径应取工件定位基准外圆的最大直径，无须留配合间隙。为了节省优质材料和便于维修，一般将轴瓦式的衬套用螺钉装在本体和盖上。

(5)常用定位元件所能限制的自由度(表 4-2)

表 4-2　　常用定位元件所能限制的自由度

工件定位基准面	定位元件	定位方式简图	定位元件特点	限制的自由度
平面	支承钉	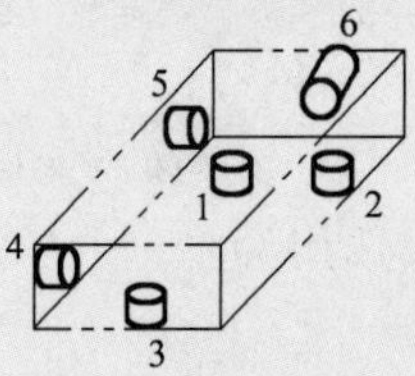		1、2、3—$\vec{z}$、$\widehat{x}$、$\widehat{y}$；4、5—$\vec{x}$、$\widehat{z}$；6—$\vec{y}$
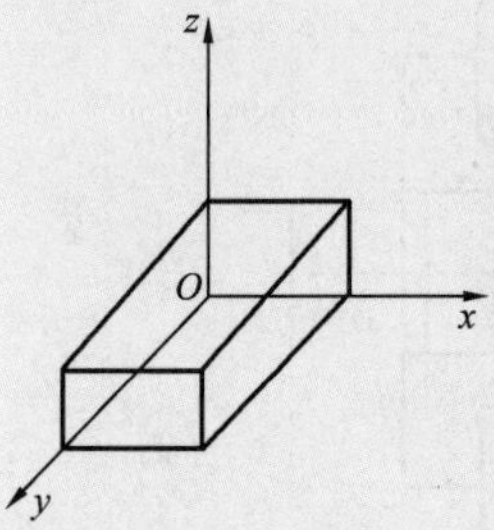	支承板	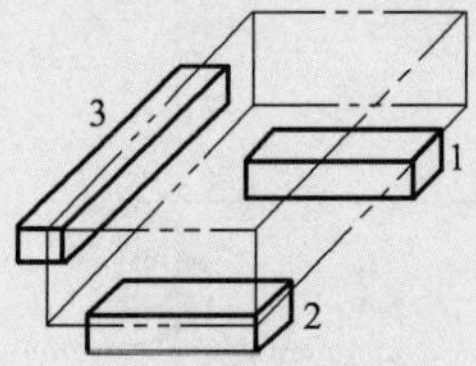	每个支承板也可设计为 2 个或 2 个以上小支承板	1、2—$\vec{z}$、$\widehat{x}$、$\widehat{y}$；3—$\vec{x}$、$\widehat{z}$
	固定支承与浮动支承	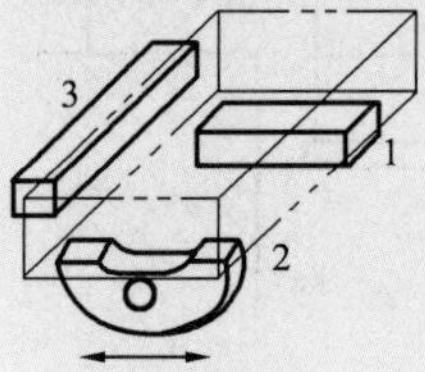	1、3—固定支承；2—浮动支承	1、2—$\vec{z}$、$\widehat{x}$、$\widehat{y}$；3—$\vec{x}$、$\widehat{z}$
	固定支承与辅助支承	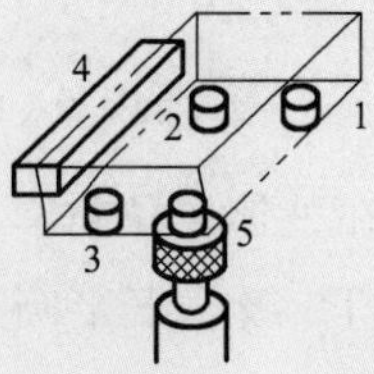	1、2、3、4—固定支承；5—浮动支承	1、2、3—$\vec{z}$、$\widehat{x}$、$\widehat{y}$；4—$\vec{x}$、$\widehat{z}$；5—增加刚性不限制自由度
内孔	定位销(心轴)	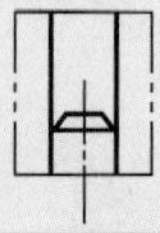	短销(短心轴)	$\vec{x}$、$\vec{y}$
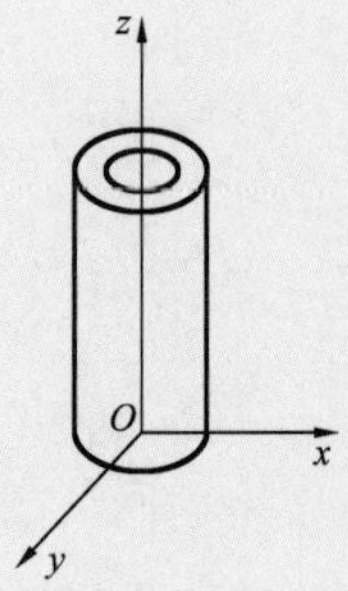		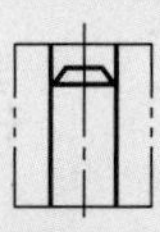	长销(长心轴)	$\vec{x}$、$\vec{y}$、$\widehat{x}$、$\widehat{y}$
	锥 销	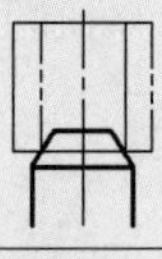	单锥销	$\vec{x}$、$\vec{y}$、$\vec{z}$
		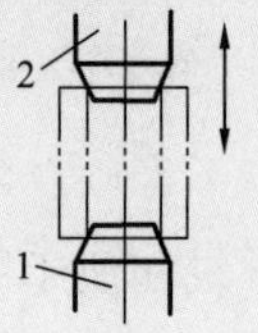	1—固定销；2—活动销	$\vec{x}$、$\vec{y}$、$\vec{z}$；$\widehat{x}$、$\widehat{y}$

续表

工件定位基准面	定位元件	定位方式简图	定位元件特点	限制的自由度
外圆 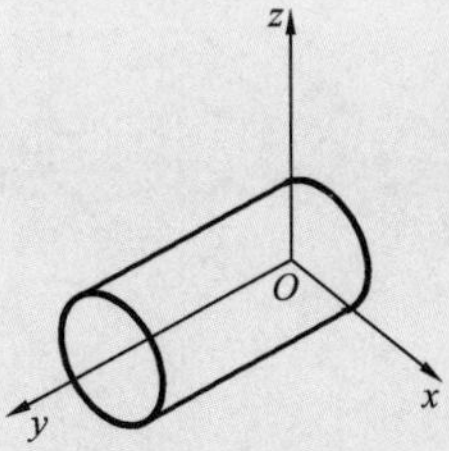	支承板或支承钉	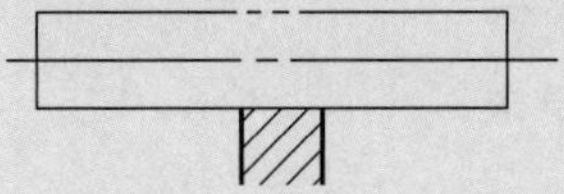	短支承板或支承钉	$\vec{z}$
		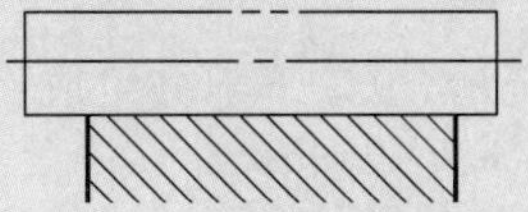	长支承板或两个支承	$\widehat{x}$、$\vec{z}$
	V形块	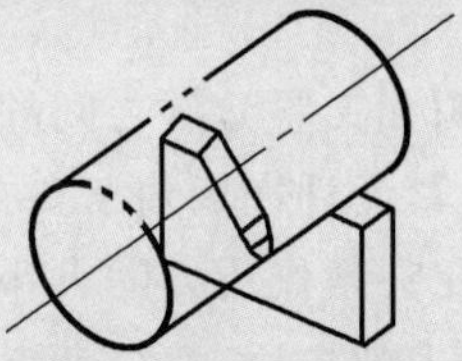	窄V形块	$\vec{x}$、$\vec{z}$
		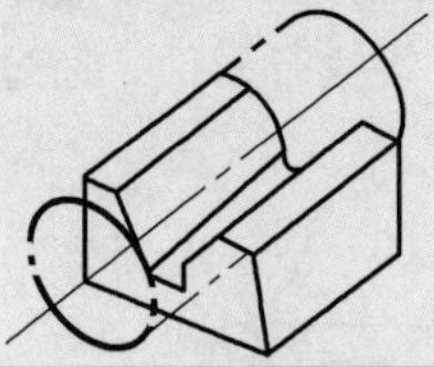	宽V形块或2个窄V形块	$\vec{x}$、$\vec{z}$ $\widehat{x}$、$\widehat{z}$
		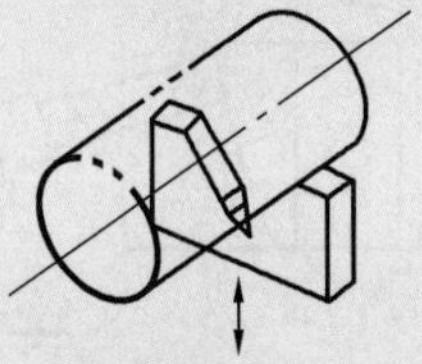	垂直运动的窄活动V形块	$\vec{x}$
	定位套	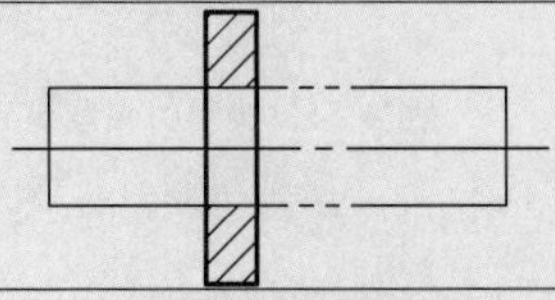	短套	$\vec{x}$、$\vec{y}$
		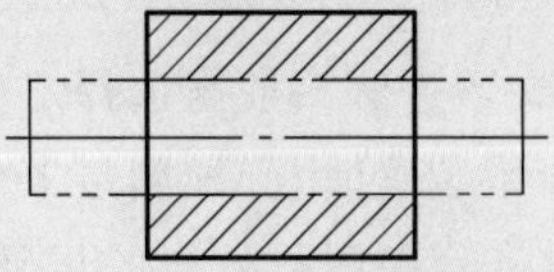	长套	$\vec{x}$、$\vec{y}$、$\widehat{x}$、$\widehat{y}$
	半圆套	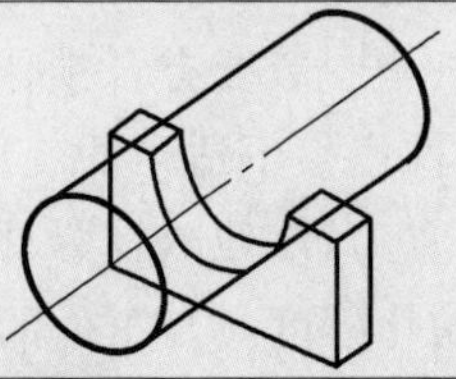	短半圆套	$\vec{x}$、$\vec{z}$
			长半圆套	$\vec{x}$、$\vec{z}$； $\widehat{x}$、$\widehat{z}$
	锥套	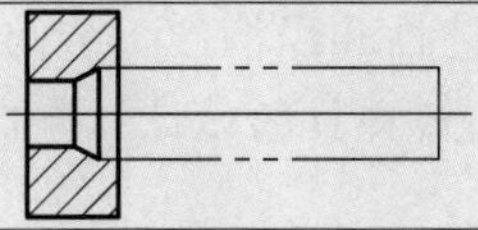	单锥套	$\vec{x}$、$\vec{y}$、$\vec{z}$
		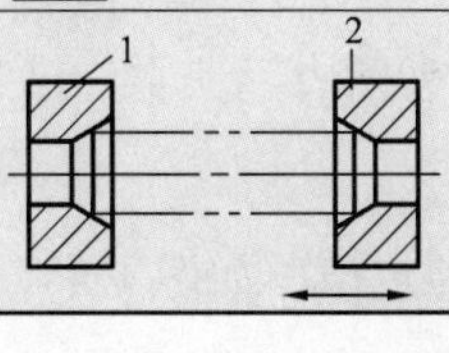	1—固定锥套； 2—活动锥套	$\vec{x}$、$\vec{y}$、$\vec{z}$； $\widehat{x}$、$\widehat{z}$

知识点三：工件的夹紧

1. 夹紧装置的组成与基本要求

(1)夹紧装置的组成

典型的夹紧装置如图 4-24 所示，由以下部分组成：

①力源装置　是夹紧装置中产生夹紧作用力的装置。通常是指机动夹紧机构中的液压、气动、电动等动力装置。

②中间递力机构　是介于力源和夹紧元件之间的传力机构。它将力源装置产生的夹紧作用力直接传递给夹紧元件，并由夹紧元件完成对工件的夹紧。通常中间递力机构可起到以下作用：改变夹紧作用力的方向；改变夹紧作用力的大小；保证夹紧机构的工作安全可靠并具有一定的自锁性能，以便在夹紧作用力消失后，整个夹紧系统仍能够处于可靠的夹紧状态。

③夹紧元件　是夹紧装置的最终执行元件。通过它与工件受压面的直接接触来完成夹紧作用。

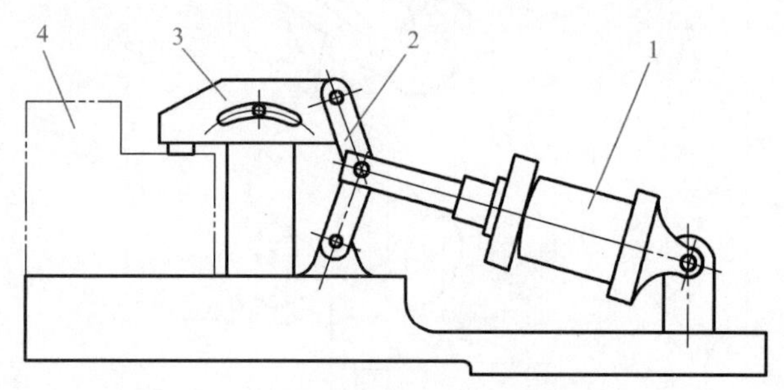

图 4-24　典型的夹紧装置

1—力源装置；2—中间递力机构；3—夹紧元件；4—工件

(2)对夹紧装置的具体要求

在设计夹具时，选择工件的夹紧方法一般与选择定位方法同时考虑，有时工件的定位也是在夹紧过程中实现的。在设计夹紧装置时，必须满足下列基本要求：

①夹紧过程中应能保持工件在定位时已获得的正确位置。

②夹紧应适当和可靠。夹紧机构一般要有自锁作用，保证在加工过程中工件不会产生松动或振动。在夹压工件时，不许工件产生不适当的变形和表面损伤。

③夹紧机构应操作方便、安全省力，以便减轻劳动强度，缩短辅助时间，提高生产率。

④夹紧机构的复杂程度和自动化程度应与工件的生产批量和生产方式相适应。

⑤结构设计应具有良好的工艺性和经济性。结构力求简单、紧凑和刚性好，尽量采用标准化夹紧装置和标准化元件，以便缩短夹具的设计和制造周期。

2. 夹紧力三要素的确定原则

根据上述基本要求，正确确定夹紧力三要素(方向、作用点、大小)是一个不容忽视的问题。

(1)夹紧力的方向

①夹紧力的方向不应破坏工件定位。如图 4-25(a)所示为错误的夹紧方案，夹紧力有向上的分力 F_{wz}，使工件离开原来的正确定位位置，而图 4-25(b)所示为正确的夹紧方案。

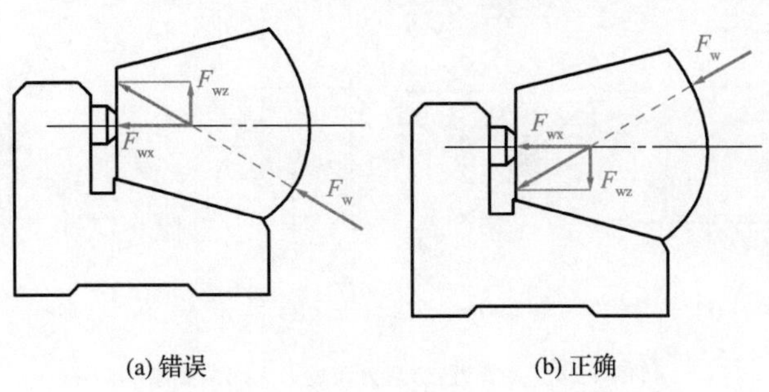

图 4-25 夹紧力的方向应有助于定位

②夹紧力方向应指向主要定位表面。如图 4-26 所示为直角支座镗孔，要求孔与 A 面垂直，故应以 A 面为主要定位基准面，且夹紧力的方向与之垂直，则较容易保证质量；反之，若压向 B 面，当工件 A、B 两面有垂直度误差时，就会因孔不垂直于 A 面而可能报废。

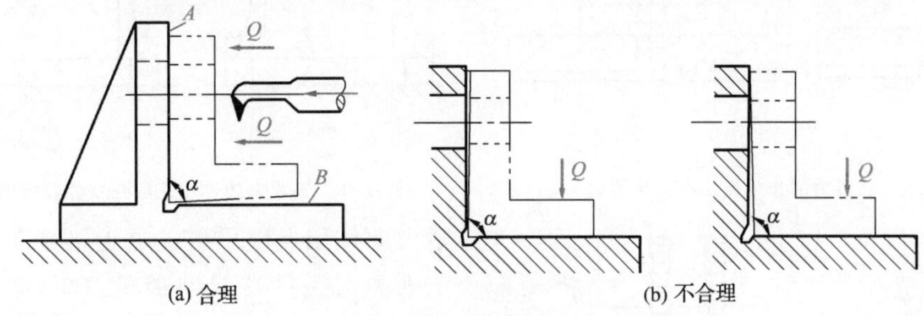

图 4-26 夹紧力的方向对镗孔垂直度的影响

③夹紧力的方向应使工件的夹紧变形尽量小。如图 4-27 所示为薄壁套筒，由于工件的径向刚度很差，所以采用图 4-27(a)所示的径向夹紧方式将产生过大的夹紧变形。若改用图 4-27(b)所示的轴向夹紧方式，则可减小夹紧变形，保证工件的加工精度。

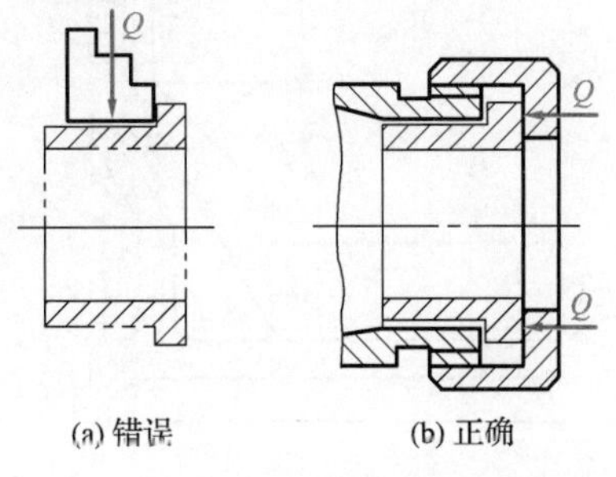

图 4-27 夹紧力的方向对工件变形的影响

④夹紧力的方向应使所需夹紧力尽可能小。在保证夹紧可靠的前提下，减小夹紧力可以减轻工人的劳动强度，提高生产率，同时可以使机构轻便、紧凑以及减少工件变形现象。为此，应使夹紧力 Q 的方向最好与切削力 F、工件重力 G 的方向重合，这时所需要的夹紧力最小。一般在定位与夹紧同时考虑时，切削力 F、工件重力 G、夹紧力 Q 三力的方向与大小也要同时考虑。

图 4-28 所示为夹紧力、切削力和重力之间的关系，显然，图 4-28(a)所示情况最合理，图 4-28(f)所示情况最差。

(2)夹紧力的作用点

夹紧力的作用点的位置和数目将直接影响工件定位后的可靠性和夹紧后的变形，应注意以下事项：

①夹紧力的作用点应靠近支承元件的几何中心或几个支承元件所形成的支承面内。如图 4-29(a) 中夹紧力作用在支承面范围之外，会使工件倾斜或移动，而图 4-29(b)中因夹紧力作用在支承面范围之内，所以是合理的。

②夹紧力的作用点应在工件刚性较好的部位上。这对刚度较差的工件尤其重要，如

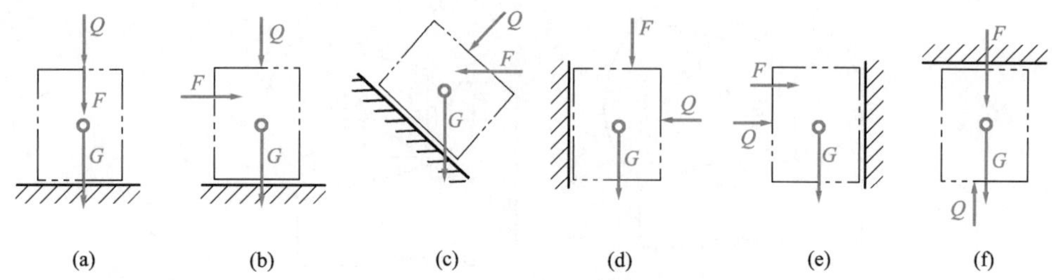

图 4-28 夹紧力、切削力和重力之间的关系

图 4-30 所示，将夹紧力的作用点由中间的单点改成两旁的两点，变形大为改善，且夹紧也较可靠。

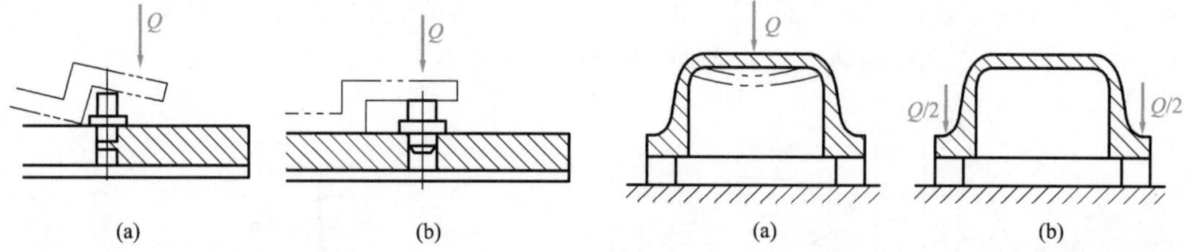

图 4-29 夹紧力的作用点应在支承面内

图 4-30 夹紧力的作用点应在刚性较好的部位

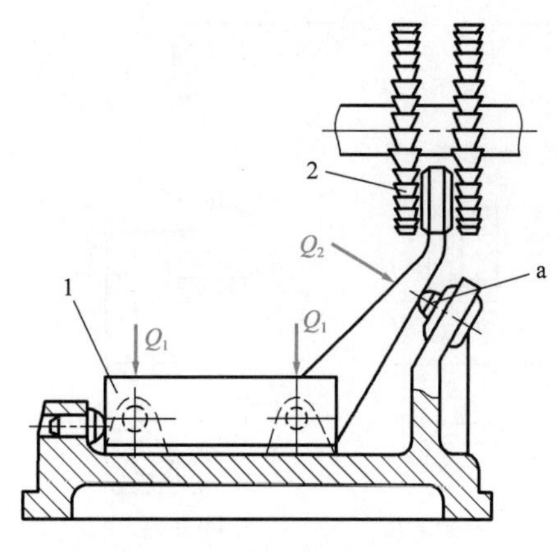

图 4-31 夹紧力应靠近加工表面

1—工件；2—铣刀

③夹紧力的作用点应尽可能靠近被加工表面。这样可减小切削力对工件造成的翻转力矩，必要时应在工件刚性差的部位增加辅助支承并施加附加夹紧力，以免振动和变形。如图 4-31 所示，辅助支承 a 尽量靠近被加工表面，同时给予附加夹紧力 Q_2。这样翻转力矩小，又增加了工件的刚性，既保证了定位夹紧的可靠性，又减小了振动和变形。

(3)夹紧力的大小

夹紧力的大小主要影响工件定位的可靠性、工件的夹紧变形以及夹紧装置的结构尺寸和复杂性，因此夹紧力的大小应当适中。在实际设计中，确定夹紧力的大小的方法有两种：分析计算法和经验类比法。

采用分析计算法时，一般根据切削原理的相关公式求出切削力的大小，必要时计算出惯性力、离心力的大小，然后与工件重力及待求的夹紧力组成静平衡力系，列出平衡方程，即可计算出理论夹紧力，再乘以安全系数 K 即得所需的实际夹紧力。K 值在粗加工时取 2.5～3.0，精加工时取 1.5～2.0。

由于加工中切削力随着刀具的磨钝、工件材料的性质和加工余量的不均匀等因素而变化，而且切削力的计算公式是在一定的条件下求得的，使用时虽然根据实际的加工情况给予修正，但是仍然很难计算准确，所以在实际生产中一般很少通过分析计算法求得夹紧力，而是采用经验类比法估算夹紧力的大小。对于关键性的重要夹具，则往往通过试验方法来测定所需要的夹紧力。

夹紧力三要素的确定实际上是一个综合性问题，必须全面考虑工件的结构特点、工艺方法、定位元件的结构和布置等多种因素，才能最后确定并具体设计出较为理想的夹紧机构。

3. 常用夹紧机构

(1)斜楔夹紧机构

图 4-32 所示为用斜楔夹紧机构夹紧工件的实例。图 4-32(a)中,需要在工件上钻削互相垂直的 $\phi 8$ mm 与 $\phi 5$ mm 小孔,工件装入夹具后,锤击斜楔大头,则斜楔对工件产生夹紧力,对夹具体产生正压力,从而把工件楔紧。加工完毕后锤击斜楔小头即可松开工件。但这类夹紧机构产生的夹紧力有限,且操作费时,因此在生产中直接用斜楔楔紧工件的情况是比较少的。但是利用斜面楔紧作用的原理和采用斜楔与其他机构组合起来夹紧工件的机构却比较普遍。

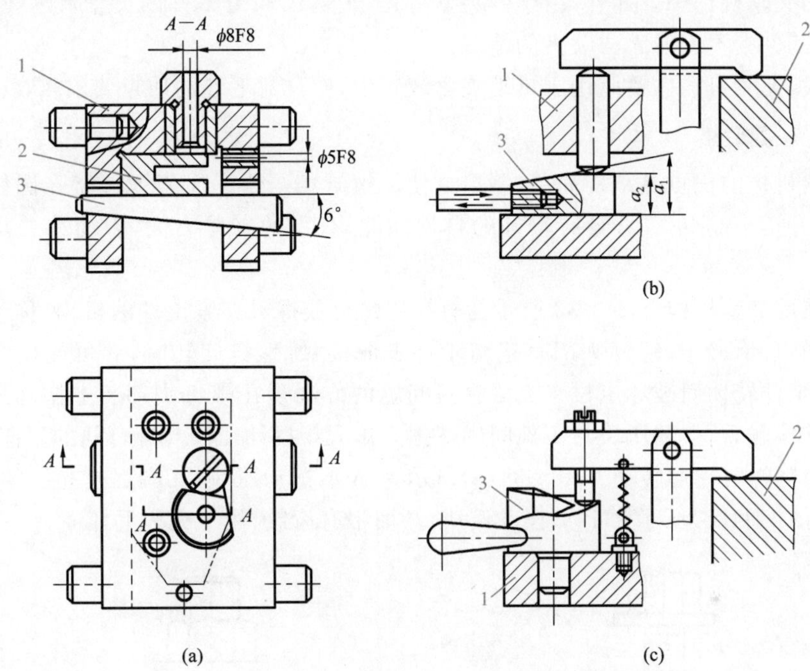

图 4-32　用斜楔夹紧机构夹紧工件的实例

1—夹具体;2—工件;3—斜楔

①自锁条件　当工件夹紧并撤除源动力后,夹紧机构依靠摩擦力的作用,仍能保持对工件的夹紧状态的现象称为自锁。根据这一要求,当撤除源动力后,摩擦力的方向与斜楔松开的趋势相反,斜楔夹紧的自锁条件是

$$\alpha \leqslant \varphi_1 + \varphi_2 \tag{4-1}$$

式中　α——斜楔的斜角,简称楔角,(°);

φ_1——斜楔与工件之间的摩擦角,(°);

φ_2——斜楔与夹具体之间的摩擦角,(°)。

钢铁表面间的摩擦因数一般为 $f \approx 0.1 \sim 0.15$,可知摩擦角 φ_1 和 φ_2 的值为 $5.75° \sim 8.5°$。因此,斜楔夹紧机构满足自锁的条件是 $11.5° \leqslant \alpha \leqslant 17°$(因摩擦角而定)。但为了保证自锁可靠,一般取 $\alpha = 10° \sim 15°$或更小些。

②斜楔具有改变夹紧作用力的方向的特点　如图 4-32(b)所示,当给斜楔施加一水平夹紧作用力时,斜楔推动柱销上移,从而使压板产生一垂直方向的夹紧力。

③斜楔具有增力作用　斜楔具有增力作用,即外加一个较小的夹紧作用力,却能够获得一个比它大好几倍的夹紧力(增力比);而且,α 越小,增力作用越大。因此,在液压、气动等高效

率机械化夹紧装置中,常用斜楔来作为增力机构。

④斜楔的夹紧行程小　一般斜楔的夹紧行程 s 与工件需要的夹紧行程 h 的比值称为行程比,它在一定程度上反映了对某一工件夹紧的夹紧机构的尺寸大小。

当夹紧源动力和斜楔行程 s 一定时,楔角 α 越小,则产生的夹紧力和夹紧行程比就越大,而夹紧行程 h 却越小。此时楔面的工作长度加大,致使结构不紧凑,夹紧速度变慢。因此,在选择楔角 α 时,必须同时兼顾增力比和夹紧行程,不可顾此失彼。

⑤适用范围　斜楔夹紧机构结构简单,工作可靠,但由于它的机械效率较低,所以很少直接应用于手动夹紧机构中。此外,由于其夹紧行程很小,因而对工件的夹紧尺寸要求严格;否则,将会出现工件夹不着或无法装夹的情况。

因此,斜楔夹紧机构主要应用于机动夹紧装置中,而且对毛坯的质量要求较高。

(2)螺旋夹紧机构

螺旋夹紧机构的优点是结构简单、制造方便。螺旋相当于一个斜楔缠绕在圆柱的表面形成的,由于其升角小(3°左右),具有较好的自锁性能,获得的夹紧力大,因而在夹具中应用最广泛。

①单个螺旋夹紧机构　图 4-33 所示为直接用螺钉或螺母夹紧工件的机构,称为单个螺旋夹紧机构。图 4-33(a)中,螺钉头部直接与工件表面接触,螺钉旋转时,有可能损伤工件的表面,或者带动工件转动而破坏定位。克服这一问题的方法是在螺钉头部装上摆动压块。当摆动压块与工件接触后,摆动压块与工件间的摩擦力矩大于摆动压块与螺钉间的摩擦力矩,因此摆动压块不会随螺钉一起转动。图 4-34(a)所示为 A 型摆动压块,其端面是光滑的,用来夹紧已加工表面;图 4-34(b)所示为 B 型摆动压块,端面带有齿纹,用于夹紧毛坯面。

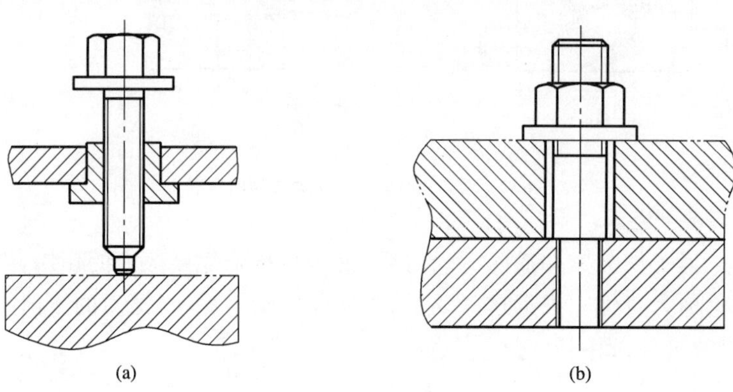

图 4-33　单个螺旋夹紧机构

单个螺旋夹紧机构夹紧动作缓慢,工件装卸费时,如图 4-34(b)所示结构在装拆工件时必须将螺母拧上拧下,费时费力。因此,生产中也常采用如图 4-35(a)所示开口垫圈和如图 4-35(b)所示快卸螺母等快速作用的螺旋夹紧机构。

②螺旋压板夹紧机构　螺旋压板夹紧机构的结构形式很多,图 4-36 所示为螺旋压板夹紧机构的三种典型结构。其中图 4-36(a)、图 4-36(b)所示为移动压板结构,图 4-36(c)所示为转动压板结构。

螺旋压板夹紧机构大部分用于手动夹紧,无须精确计算。在实际设计时,应根据所需的夹紧力的大小查阅有关手册来选择合适的螺纹直径,必要时可对夹紧力进行核算。

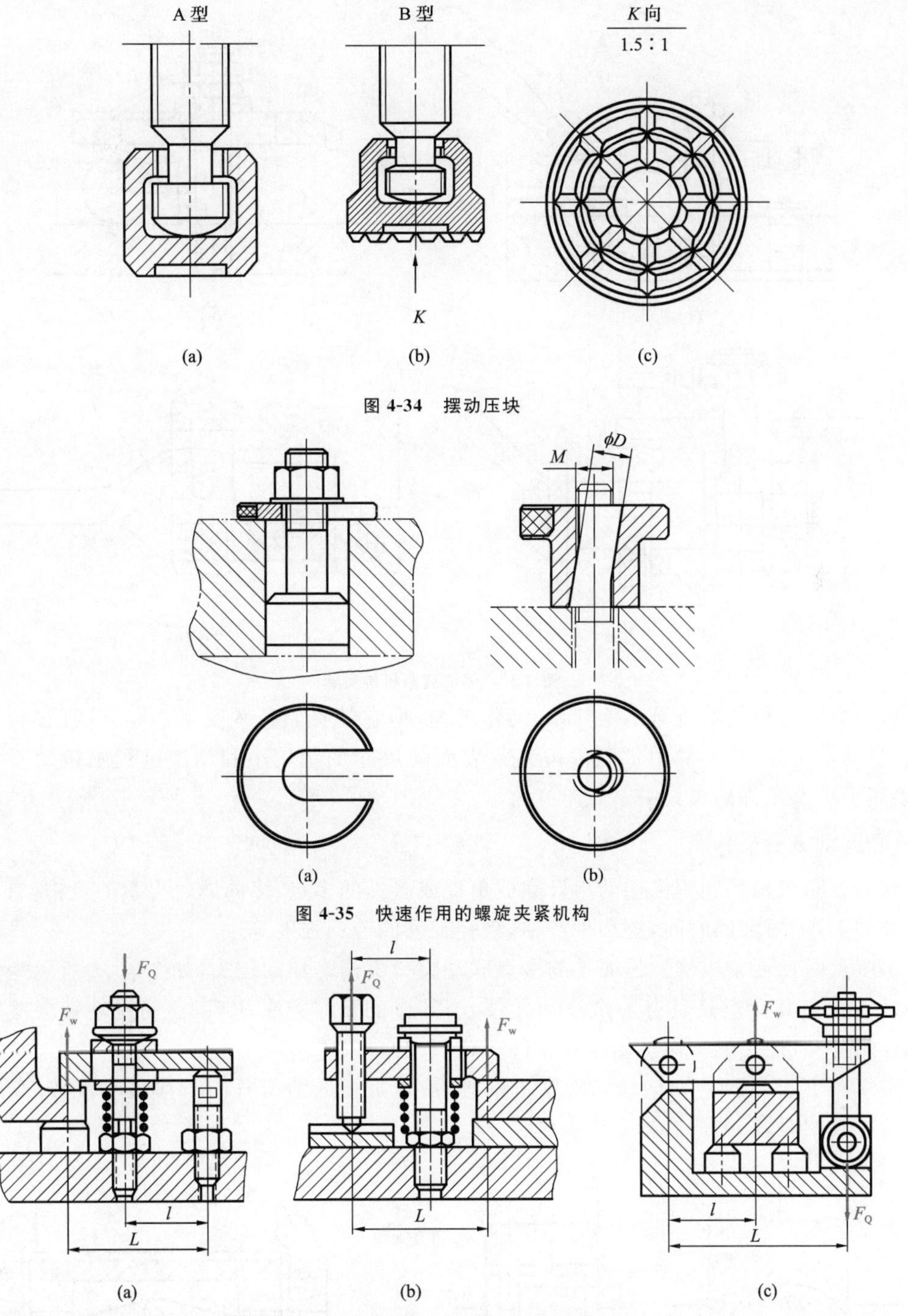

图 4-34 摆动压块

图 4-35 快速作用的螺旋夹紧机构

图 4-36 典型螺旋压板夹紧机构结构

(3)偏心夹紧机构

用偏心件直接或间接夹紧工件的机构称为偏心夹紧机构。偏心件一般有圆偏心和曲线偏心两种类型,圆偏心因结构简单、制造容易而得到广泛的应用。图 4-37 所示为常见的偏心夹紧机构,其中图 4-37(a)、图 4-37(b)所示为偏心轮和螺栓压板的组合夹紧机构;图 4-37(c)所示为利用偏心轴夹紧工件机构;图 4-37(d)所示为直接用偏心圆弧将铰链压板锁紧在夹具体上,通过摆动压块将工件夹紧。

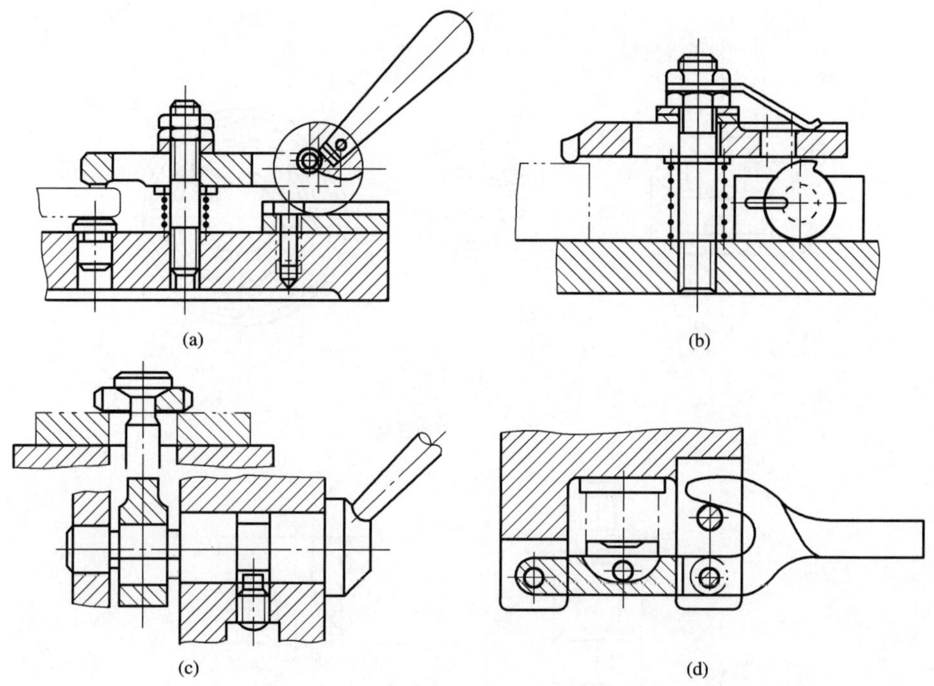

图 4-37 偏心夹紧机构实例

偏心夹紧机构的特点是结构简单、动作迅速，但它的夹紧行程受偏心距 e 的限制，夹紧力较小，自锁不可靠，故一般用于工件被夹紧表面的尺寸变化较小和切削过程中振动不大的场合，多用于小型工件的夹具中。

(4)联动夹紧机构

联动夹紧机构是利用机构的组合完成单件或多件的多点、多向同时夹紧的机构，它可以实现多件加工，缩短辅助时间，提高生产率，减轻工人的劳动强度等。

①多点联动夹紧机构 最简单的多点联动夹紧机构是浮动压头，如图 4-38 所示为两种典型浮动压头。其特点是具有一个浮动元件，当其中的某一点夹压后，浮动元件就会摆动或移动，直到另一点也接触工件均衡压紧工件为止。

图 4-39 所示为两点对向联动夹紧机构，当液压缸中的活塞杆向下移动时，通过双臂铰链使浮动压板相对转动，最后将工件夹紧。

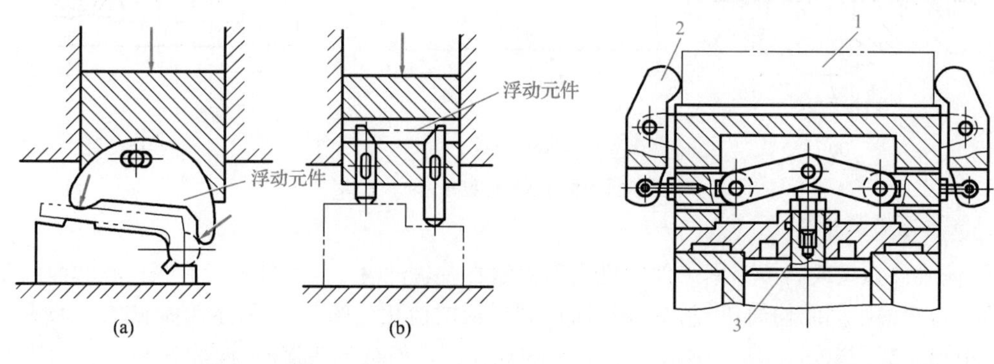

图 4-38 典型浮动压头

图 4-39 两点对向联动夹紧机构

1—工件；2—浮动压板；3—活塞杆

图 4-40 所示为铰链式双向浮动四点联动夹紧机构。由于摇臂可以转动并与摆动压块 1、3 铰链连接，所以当拧紧螺母时，便可以从两个相互垂直的方向上实现四点联动。

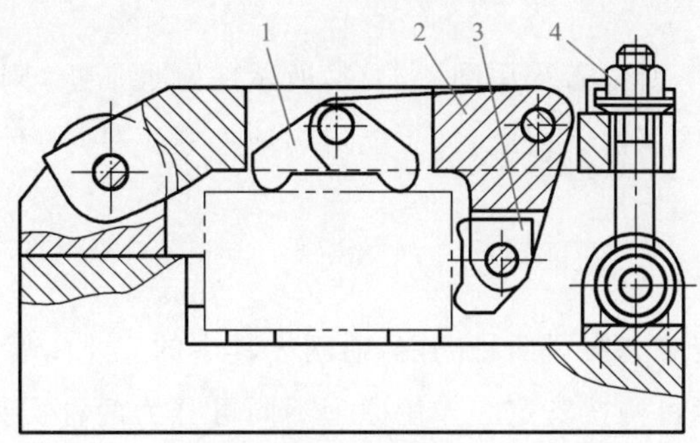

图 4-40　铰链式双向浮动四点联动夹紧机构

1、3—摆动压块；2—摇臂；4—螺母

②多件联动夹紧机构　多件联动夹紧机构多用于中小型工件的加工，按其对工件施加力方式的不同，一般可分为平行夹紧、顺序夹紧、对向夹紧及复合夹紧等方式。

图 4-41(a)所示为浮动压板机构对工件平行夹紧的实例（平行式多件联动夹紧机构）。由于压板、摆动压块和球面垫圈可以相对转动且均是浮动元件，故旋动螺母即可同时平行夹紧每个工件。

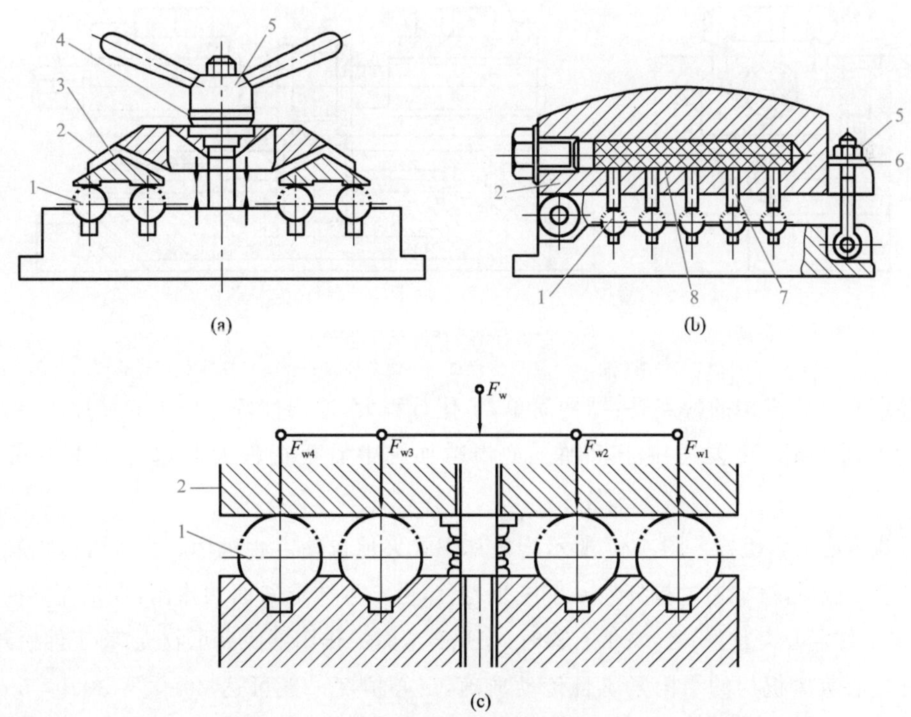

图 4-41　多件联动夹紧机构

1—工件；2—压板；3—摆动压块；4—球面垫圈；5—螺母；6—垫圈；7—柱塞；8—液性塑料

图 4-41(b)所示为液性塑料联动夹紧机构。密闭腔内的不可压缩液性塑料既能传递力，还能起浮动元件的作用。旋紧螺母时，液性塑料推动各个柱塞，使它们与工件全部接触并夹紧。

由于工件有尺寸公差，所以若采用图 4-41(c)所示的刚性压板，则各工件所受的夹紧力就不能相同，甚至夹不住有些工件。因此，为了能均匀地夹紧工件，平行夹紧机构也必须有浮动元件。

(5)定心夹紧机构

定心夹紧机构具有定心和夹紧两种功能，通用夹具中的三爪卡盘和弹簧卡头就是典型的定心夹紧机构。定心夹紧机构按其定心作用原理不同可分为两种类型：一种是依靠传动机构使定心夹紧元件同时做等速移动，从而实现定心夹紧，如螺旋式、杠杆式、楔式机构等；另一种是依靠定心夹紧元件本身做均匀地弹性变形（收缩或膨胀），从而实现定心夹紧，如弹簧筒夹、膜片卡盘、波纹套、液性塑料心轴等。

①螺旋式定心夹紧机构　如图 4-42 所示，旋动有左、右螺纹的双向螺杆，使滑座 1、5 上的 V 形块钳口 2、4 做对向等速移动，从而实现对工件的定心夹紧；反之，便可松开工件。V 形块钳口可按工件需要更换，定心精度可借助于调节杆实现。

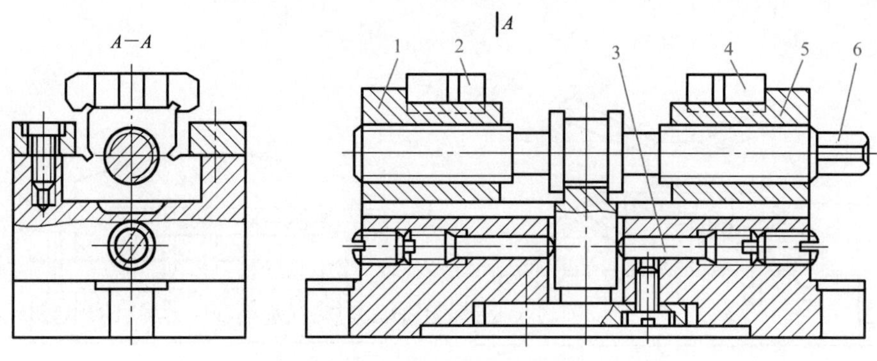

图 4-42　螺旋式定心夹紧机构

1、5—滑座；2、4—V 形块钳口；3—调节杆；6—双向螺杆

这种定心夹紧机构的特点是：结构简单、工作行程大，通用性好。但定心精度不高，一般为 $\phi 0.05 \sim \phi 0.10$ mm。主要适用于粗加工或半精加工中需要行程大而定心精度要求不高的工件。

②楔式定心夹紧机构　图 4-43 所示为机动楔式夹爪自动定心机构。当工件以内孔及左端面在夹具上定位后，汽缸通过拉杆使 6 个夹爪左移，由于本体上斜面的作用，夹爪左移的同时向外胀开，将工件定心夹紧；反之，夹爪右移时，在弹簧卡圈的作用下使夹爪收拢，将工件松开。

这种定心夹紧机构的结构紧凑且传动准确，定心精度一般可达 $\phi 0.02 \sim \phi 0.07$ mm，适用于工件以内孔为定位基准面的半精加工工序。

③杠杆式定心夹紧机构　图 4-44 所示为车床用气压定心卡盘，汽缸通过拉杆带动滑套向左移动时，三个钩形杠杆同时绕轴销摆动，收拢位于滑套中的三个夹爪而将工件定心夹紧。夹爪的张开靠拉杆右移时装在滑套上的斜面推动。

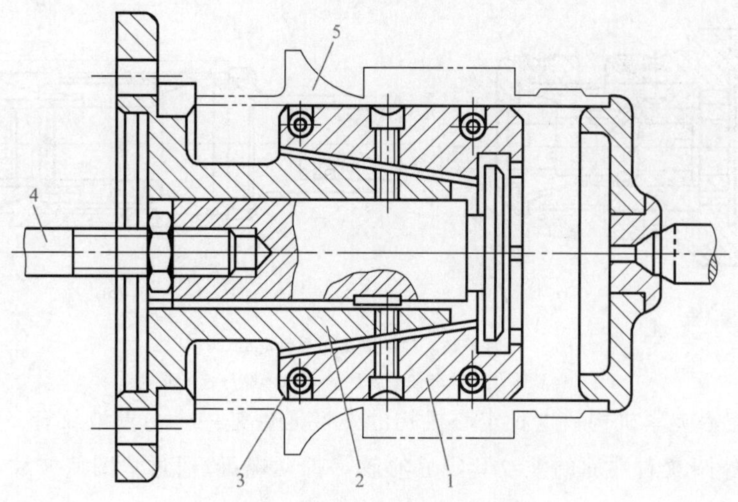

图 4-43　机动楔式夹爪自动定心机构

1—夹爪；2—本体；3—弹簧卡圈；4—拉杆；5—工件

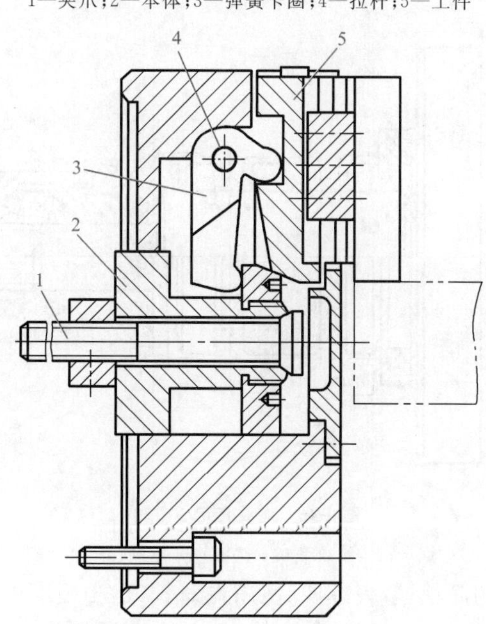

图 4-44　车床用气压定心卡盘

1—拉杆；2—滑套；3—钩形杠杆；4—轴销；5—夹爪

这种定心夹紧机构具有刚性好、动作快、增力比大、工作行程也比较大(随结构尺寸不同，行程为 3～12 mm)等特点，其定心精度较低，一般约为 $\phi 0.10$ mm。它主要用于工件的粗加工。由于杠杆机构不能自锁，所以这种机构要靠气压或其他装置自锁，其中采用气压的较多。

④弹簧筒夹式定心夹紧机构　这种定心夹紧机构常用于安装轴套类工件。图 4-45(a)所示为用于装夹工件时以外圆柱面为定位基准面的弹簧夹头。旋转螺母时，锥套的内锥面迫使弹性筒夹上的簧瓣向心收缩，从而将工件定心夹紧。图 4-45(b)所示为用于工件以内孔为定位基准面的弹簧心轴。因工件的长径比 $L/d \gg 1$，故弹性筒夹的两端各有簧瓣。旋转螺母时，锥套的外锥面向心轴的外锥面靠拢，迫使弹性筒夹的两端簧瓣向外均匀胀开，从而将工件定心夹紧。反向转动螺母，带退锥套，便可卸下工件。

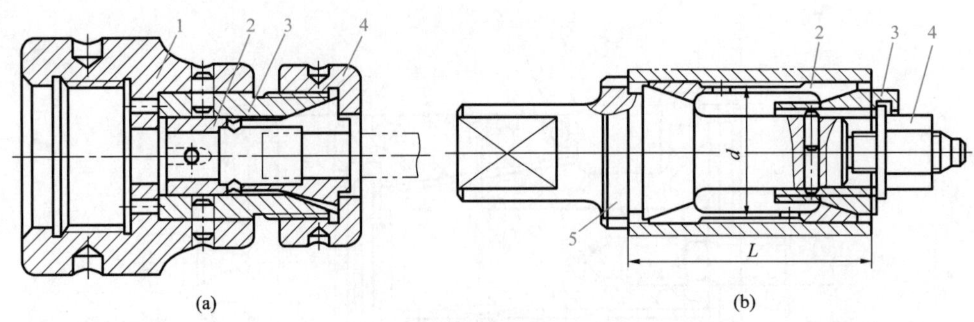

图 4-45 弹性夹头和弹性心轴

1—夹具体；2—锥套；3—弹性筒夹；4—螺母；5—心轴

⑤波纹套定心夹紧机构 这种定心机构的弹性元件是一个薄壁波纹套。图 4-46 所示为用于加工工件外圆及右端面的波纹套定心心轴。拧动螺母，通过垫圈使波纹套轴向压缩；同时，套筒外径因变形而增大，从而使工件得到精确定心夹紧。波纹套及支承圈可以更换，以适应孔径不同的工件，扩大心轴的通用性。

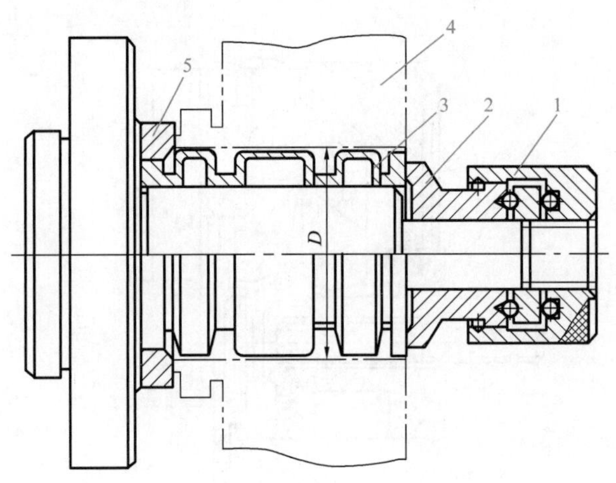

图 4-46 波纹套定心心轴

1—螺母；2—波纹套；3—垫圈；4—工件；5—支承圈

波纹套定心机构的结构简单、装夹方便、使用寿命长，定心精度可达 ϕ0.005～ϕ0.01 mm，适用于定位基准孔 $D \geqslant 20$ mm，且公差等级不低于 IT8 级的工件，在齿轮、套筒类等工件的精加工工序中应用较多。

⑥液性塑料定心夹紧机构 图 4-47 所示为液性塑料定心机构的两种结构，其中图 4-47(a)所示为工件以内孔为定位基准面，图 4-47(b)所示为工件以外圆为定位基准面，虽然两者的定位基准面不同，但其基本结构与工作原理是相同的。起直接夹紧作用的薄壁套筒压配在夹具体上，在所构成的容腔中注满了液性塑料。当将工件装到薄壁套筒上之后，旋进加压螺钉，通过滑柱使液性塑料流动并将压力传到各个方向上，薄壁套筒的薄壁部分在压力作用下产生径向均匀的弹性变形，从而将工件定心夹紧。图 4-47(a)中的限位螺钉用于限制加压螺钉的行程，防止薄壁套筒超负荷而产生塑性变形。

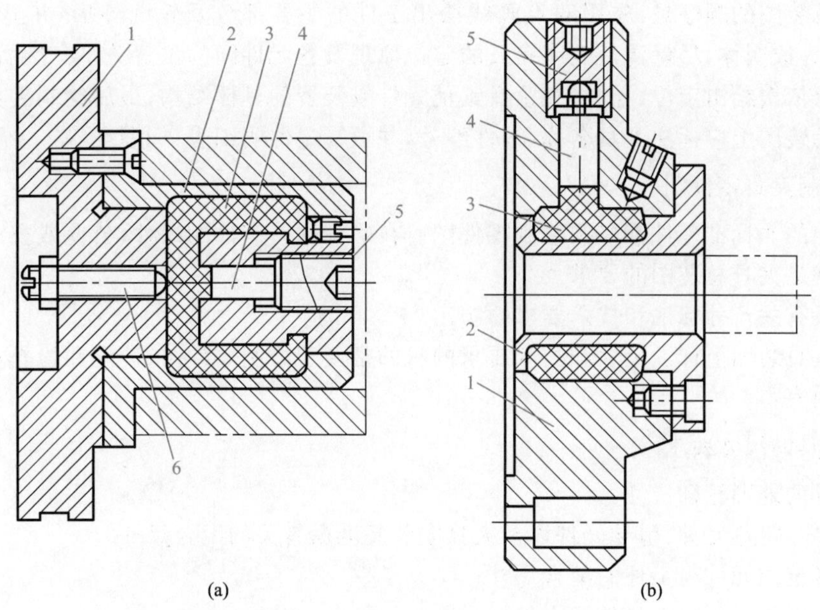

图 4-47　液性塑料定心机构

1—夹具体;2—薄壁套筒;3—液性塑料;4—滑柱;5—加压螺钉;6—限位螺钉

液性塑料定心夹紧机构定心精度高,能够保证同轴度在 0.01 mm 以内,而且结构简单、制造成本低、操作方便、生产率高。但薄壁套筒的变形量较小,使得夹持范围受到了一定的限制,故对工件的定位基准面要求较高,因而只能用于精车、磨削及齿轮的精加工工序。

技能点:专用夹具的设计

1. 专用夹具的设计方法和步骤

(1)研究原始资料,明确设计任务

为明确设计任务,首先应分析研究工件的结构特点、材料、生产类型和本道工序加工的技术要求以及与前、后道工序的联系;然后了解加工所用设备、辅助工具中与设计夹具有关的技术性能和规格;了解工具车间的技术水平等。

(2)确定夹具的结构方案,绘制结构草图

拟定夹具的结构方案时,主要解决如下问题:

①根据 6 点定则确定工件的定位方式,并设计相应的定位装置。

②确定刀具的对刀或引导方法,并设计对刀装置或引导元件。

③确定工件的夹紧方式和夹紧装置。

④确定其他元件或装置的结构形式,如定位键、分度装置等。

⑤考虑各种装置、元件的布局,确定具体和总体结构。

(3)绘制夹具总装图

夹具总装图应遵循相关国家标准绘制,图形比例尽量取 1∶1。夹具总装图必须能够清楚地表示出夹具的工作原理、构造以及各种装置或元件之间的位置关系和装配关系。主视图应选取操作者的实际工作位置。

绘制总装图的顺序是：先用双点画线绘出工件的主要部分及轮廓外形，并显示出加工余量；工件视为透明体，尽量清楚表明夹具的定位原理及各元件间的位置关系。然后按照工件的形状及位置依次绘出定位、导向、夹紧及其他元件或装置的具体结构；最后绘制夹具体。

夹具总装图上应标注夹具名称、零件编号，并填写零件明细表、标题栏等。

(4)绘制夹具零件图

夹具中的非标准零件都必须绘制零件图。在确定这些零件的尺寸、公差或技术要求时，应注意使其满足夹具总装图的要求。

2. 夹具有关尺寸标注和技术要求的制定

在夹具总装图上标注尺寸和技术要求的目的是便于绘制零件图、装配和检查，应有选择地标注以下内容：

(1)夹具的尺寸要求

①夹具的外形轮廓尺寸。

②与夹具定位元件、引导元件以及夹具安装基准面有关的配合尺寸。

③夹具定位元件与工件的配合尺寸。

④夹具引导元件与刀具的配合尺寸。

⑤夹具与机床的连接尺寸及配合尺寸。

⑥其他主要配合尺寸。

(2)夹具的有关形状、位置精度要求

①定位元件间的位置精度要求。

②定位元件与夹具安装面之间的相互位置精度要求。

③定位元件与对刀引导元件之间的相互位置精度要求。

④引导元件之间的相互位置精度要求。

⑤定位元件或引导元件对夹具找正基准面的位置精度要求。

⑥与保证夹具装配精度有关的或与检验方法有关的特殊技术要求。

(3)夹具的有关尺寸公差和几何公差标注

夹具的有关尺寸公差和几何公差通常取工件上相应公差的1/5～1/2。当工序尺寸公差是未注公差时，夹具上的尺寸公差取为±0.1 mm或±10′，或根据具体情况确定；当加工表面未提出位置精度要求时，夹具上相应的公差一般不超过0.002～0.005 mm。在具体选用时，要结合生产类型、工件的加工精度等因素综合考虑。对于生产批量较大、夹具结构较复杂，而加工精度要求又较高的情况，夹具公差值可取得小些。这样，虽然夹具制造较困难，成本较高，但可以延长夹具的寿命，并可靠保证工件的加工精度，因此是经济合理的。对于批量不大的生产，则在保证加工精度的前提下，可使夹具的公差取得大些，以便于制造。设计时可查阅《机床夹具设计手册》。此外，为了便于保证工件的加工精度，在确定夹具的距离尺寸时，公称尺寸应为工件相应尺寸的平均值。极限偏差一般应采用双向对称分布。

(4)与工件的加工精度要求无直接联系的夹具尺寸公差

与工件的加工精度要求无直接联系的夹具尺寸公差，如定位元件与夹具体、导向元件与衬套、镗套与镗杆的配合等，一般可根据元件在夹具中的功用凭经验或根据公差配合相关国家标准来确定。设计时，还可参阅《机床夹具设计手册》等资料。

任务实施

连杆机械加工工艺过程卡片见表 4-3。

表 4-3　连杆机械加工工艺过程卡片

工序号	工序名称	工序内容	工艺装备
1	锻造	模锻坯料	锻模
2	锻造	模锻成形，切边	切边模
3	热处理	正火处理	
4	清理	清除毛刺、飞边、涂漆	
5	划线	划杆身中心线，大、小头孔中心线（中心距加大 3 mm 以留出连杆体与连杆上盖在切开时的加工余量）	
6	铣	按线加工，铣连杆大、小头两大平面，每面留磨量 0.5 mm（加工中要多翻转几次）	X52K
7	磨	以一大平面定位，磨另一大平面，保证中心线的对称，并做标记，定为基准面（下同）	M7130
8	磨	以基面定位，磨另一大平面，保证厚度尺寸 $38_{-0.232}^{-0.170}$ mm	M7130
9	划线	重划大、小头孔线	Z3050
10	钻	以基面定位，钻、扩大、小头孔，大头孔尺寸为 ϕ50 mm，小头孔尺寸为 ϕ25 mm	
11	粗镗	以基面定位，按线找正，粗镗大、小头孔，大头孔尺寸为 ϕ(58±0.05)mm，小头孔尺寸为 ϕ(26±0.05)mm	X52K
12	铣	以基面及大、小头孔定位，装夹工件，铣尺寸(99±0.01)mm 两侧面，保证对称（此平面为工艺用基准面）	X62W 组合夹具或专用工装
13	铣	以基面及大、小头孔定位，装夹工件，按线切开连杆，将杆身及上盖编号，分别打标记字头	W62W 组合夹具或专用工装，锯片铣刀厚 2 mm
14	铣、钻、镗（连杆体）	(1)以基面和一侧面[(99±0.01)mm，下同]定位装夹工件，铣连杆体分割面，保证直径方向测量深度为 27.5 mm； (2)以基面、分割面和一侧面定位，装夹工件，钻连杆体两螺钉孔 $\phi12.22_{0}^{+0.027}$ mm 和底孔 ϕ10 mm，保证中心距(82±0.175)mm； (3)以基面、分割面和一侧面定位，装夹工件，锪平面 $R12_{0}^{+0.3}$ mm，R11 mm，保证尺寸(24±0.26)mm； (4)以基面、分割面和一侧面定位，装夹工件，精镗 $\phi12.22_{0}^{+0.027}$ mm 两螺钉孔至图样尺寸； (5)扩孔 2×ϕ13 mm，深 18 mm	X62W 组合夹具或专用工装； Z3050 组合夹具或专用钻模； Z3050 组合夹具或专用工装； X62W（端铣）组合夹具或专用工装，也可用可调双轴立镗
15	铣、钻、镗（连杆上盖）	(1)以基面和一侧面[指(99±0.01)mm，下同]定位，装夹工件，铣连杆上盖分割面，保证直径方向测量深度为 27.5 mm； (2)以基面、分割面和一侧面定位，装夹工件，钻连杆上盖两螺钉孔 $\phi12.22_{0}^{+0.027}$ mm 和底孔 ϕ10 mm，保证中心距为(82±0.175)mm； (3)以基面、分割面和一侧面定位，装夹工件，锪 2×ϕ28.5 mm 孔，深 1 mm，总厚 26 mm； (4)以基面、分割面和一侧面定位，装夹工件，精镗 $\phi12.22_{0}^{+0.027}$ mm 两螺钉孔至图样尺寸； (5)扩孔 2×ϕ13 mm，深 15 mm，倒角	X62W 组合夹具或专用工装； Z3050 组合夹具或专用钻模； Z3050 组合夹具或专用工装 X62W（端铣）； 组合夹具或专用工装，也可用可调双轴立镗

续表

工序号	工序名称	工序内容	工艺装备
16	钳	用专用连杆螺钉,将连杆体和连杆上盖组装成连杆组件,其扭紧力矩为100～120 N·m	专用连杆;螺钉
17	镗	以基面、一侧面及连杆体螺钉孔面定位,装夹工件,粗、精镗大、小头孔至图样尺寸,中心距为(190±0.08)mm	X62W(端铣)组合夹具或专用工装,也可用可调双轴镗
18	钳	拆开连杆体与上盖	
19	铣	以基面及分割面定位,装夹工件,铣连杆上盖 $5^{+0.10}_{-0.05}$ mm×8 mm斜槽	X62W或X52K,组合夹具或专用工装
20	铣	以基面及分割面定位装夹工件,铣连杆体 $5^{+0.10}_{-0.05}$ mm×8 mm斜槽	X62W或X52K,组合夹具或专用工装
21	钻	钻连杆体大头油孔 ϕ5 mm、ϕ1.5 mm,小头油孔 ϕ4 mm、ϕ8 mm孔	钻Z3050;组合夹具或专用工装
22	钳	按规定值去质量	
23	钳	刮研螺钉孔端面	
24	检	检验各部尺寸及精度	
25	探伤	无损探伤及检验硬度	
26	入库	入库	

拓展提高

定位误差的分析与计算

当采用夹具来加工工件时,一批工件逐个在夹具上定位,由于工件及定位元件存在公差,所以各个工件所占据的位置并不完全一致,加工后形成加工尺寸的变动(加工误差)。这种只与工件定位有关的加工误差称为定位误差,用 Δ_D 表示。

1.定位误差的产生原因

定位误差产生的原因有两个:一是所采用的定位基准与本工序的工序基准不重合,此时产生的定位误差称为基准不重合误差 Δ_B;二是实际的定位副不可避免地存在加工或制造误差,从而引起定位基准偏移其理想位置,造成定位误差,称为基准位移误差 Δ_r。

(1)基准不重合误差 Δ_B

如图4-48所示,在工件上铣通槽,要求保证尺寸 $a_{-\delta_a}^{\ 0}$。图4-48(a)所示方案是以工序基准面 A 为定位基准,刀具是直接按照尺寸 a 来调整的,即工序基准与定位基准重合,基准不重合误差 $\Delta_B=0$。

图4-48(b)所示方案是以工件上的 B 面为定位基准,定位基准与工序基准不重合。此时刀具只能按照 a' 来进行调整,尺寸 a 不是加工中直接获得的,而是间接保证的。对应于一批工件,当刀具按照 B 面调整好位置后,每个工件的 A 面位置却随着定位基准与工序基准之间的联系尺寸 L_d 的变化而,如图4-48(c)所示。若 L_d(定位尺寸)的公差为 ΔL_d,则将引起工序

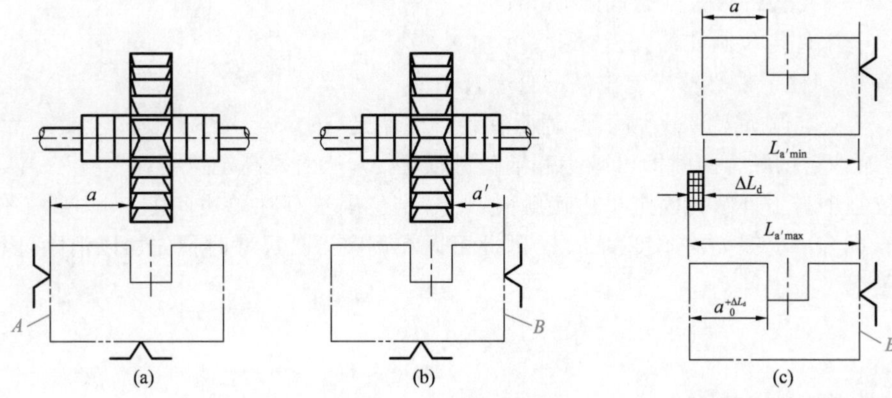

图 4-48　基准不重合误差分析

基准相对于定位基准在加工尺寸方向上发生变动。其变动的最大范围即基准不重合误差值，故 $\Delta_B = L_{d\max} - L_{d\min} = \Delta L_d$。因此，当定位尺寸与工序尺寸方向一致时，定位误差就是定位尺寸的公差。

当定位尺寸与工序尺寸方向不一致时，定位误差等于定位尺寸公差在加工尺寸（工序尺寸）方向的投影。若定位尺寸有两个或两个以上，那么基准不重合误差就是定位尺寸各组成环的尺寸公差在加工尺寸方向上的投影之和。即

$$\Delta_B = \sum_{i=1}^{n} \Delta L_{di} \cos \beta_i \tag{4-2}$$

式中　ΔL_{di}——定位基准与工序基准之间的第 i 个联系尺寸的公差，mm；

β_i——第 i 个联系尺寸与加工尺寸方向之间的夹角，(°)。

(2)基准位移误差 Δ_r

定位方式和定位副结构不同，其基准位移误差 Δ_r 的计算方法显然也不相同。

2. 基准位移误差的计算方法

(1)工件以平面定位

工件以平面定位时的基准位移误差计算比较方便。工件以平面定位时，定位基准面的位置可以看成是不变动的，因此基准位移误差为零，即工件以平面定位时 $\Delta_r = 0$。

(2)工件以圆孔定位

工件以圆孔在不同的定位元件上定位时，所产生的基准位移误差是不同的，主要取决于其配合性质和配合间隙方向。

①工件以圆孔在过盈配合圆柱心轴(定位销)上定位

此时定位副之间无径向间隙，也就不存在定位副不准确所引起的基准位移误差，即 $\Delta_r = 0$。

②工件以圆孔在间隙配合圆柱心轴(定位销)上定位

根据心轴(圆柱销)与工件圆孔的接触位置不同，又有以下两种情况：

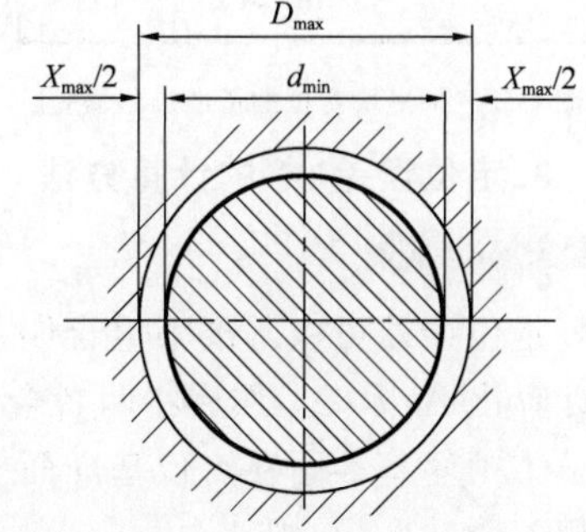

图 4-49　工件圆柱孔在圆柱销、圆柱心轴上的定位误差分析

- 定位心轴与工件圆孔任意位置接触时：如图 4-49 所示，配合间隙使工件的中心发生偏移，其偏移量就是基准位移误差(最大配合间隙)，其计算公式为

$$\Delta_r = X_{\max} = \delta_D + \delta_{d0} + X_{\min} \tag{4-3}$$

式中 X_{max}——定位的最大配合间隙,mm;

δ_D——工件定位圆孔的公差,mm;

δ_{d0}——圆柱定位心轴或定位销的公差,mm;

X_{min}——定位所需的最小间隙,通常在设计时给定,mm。

由此可见,缩小定位配合间隙即可减小基准位移误差 Δ_r,从而提高定位精度。

- 定位心轴与工件圆孔固定单边接触时:此时定位副只存在单边间隙,对一批工件而言,其最小配合间隙 X_{min} 是始终不变的常量,因此可以在调整刀具尺寸时预先加以消除,因此其基准位移误差为

$$\Delta_r = \frac{\delta_D + \delta_{d0}}{2} \tag{4-4}$$

(3)工件以外圆用圆柱套定位

基准位移误差 Δ_r 的分析和计算方法与工件以圆孔定位时相同。

①过盈配合

$$\Delta_r = 0 \tag{4-5}$$

②间隙配合

- 接触位置为任意位置时:

$$\Delta_r = X_{max} = \delta_{D0} + \delta_d + X_{min} \tag{4-6}$$

式中 X_{max}——定位的最大配合间隙,mm;

δ_{D0}——定位套孔的公差,mm;

δ_d——工件外圆柱面的公差,mm;

X_{min}——定位所需的最小间隙,通常在设计时给定,mm。

- 接触位置为固定单边位置时:

$$\Delta_r = \frac{\delta_{D0} + \delta_d}{2} \tag{4-7}$$

(4)工件以外圆用 V 形块定位

如图 4-50 所示,工件以外圆柱面在 V 形块中定位,由于工件定位面外圆直径有公差 δ_d,所以对一批工件而言,当直径由最大 d 变到最小 $d-\delta_d$ 时,工件中心(定位基准)将在 V 形块的对称中心平面内上下偏移,左右不发生偏移,即工件中心由 O_1 变到 O_2,其变化量 O_1O_2(Δ_r)为

$$\Delta_r = O_1O_2 = OO_1 - OO_2 = \frac{O_1E}{\sin\frac{\alpha}{2}} - \frac{O_2E}{\sin\frac{\alpha}{2}} = \frac{\delta_d}{2\sin\frac{\alpha}{2}} \tag{4-8}$$

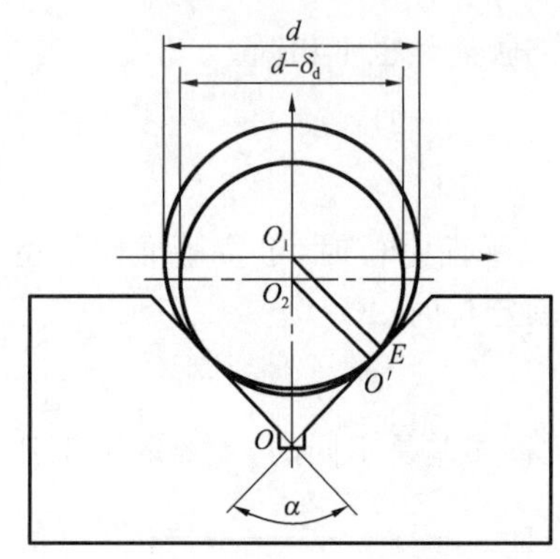

图 4-50 V 形块定位的基准位移误差

3. 定位误差 Δ_D 的计算方法

(1)合成法

定位误差可由基准不重合误差 Δ_B 与基准位移误差 Δ_r 合成,因此计算定位误差时,应先分别计算出 Δ_B 和 Δ_r,然后将两者合成而得 Δ_D。

①工序基准不在定位基准面上(工序基准与定位基准面为两个独立的表面) 即 Δ_B 和 Δ_r 无相关公共变量,则

$$\Delta_D = \Delta_r + \Delta_B \tag{4-9}$$

②若工序基准在定位基准面上 即 Δ_B 和 Δ_r 有相关的公共变量,则

$$\Delta_D=\Delta_r\pm\Delta_B \tag{4-10}$$

在定位基准面尺寸变动方向一定(由大变小,或由小变大)的条件下,Δ_r 或定位基准与 Δ_B 或工序基准的变动方向相同时,取"+"号;变动方向相反时,取"−"号。

例 4-1

如图 4-51 所示,以 A 面定位加工 ϕ20H8 孔,求加工尺寸(40±0.1)mm 的定位误差。

解　①加工尺寸(40±0.1)mm 的工序基准为 B 面,定位基准是 A 面,所以基准不重合。基准不重合误差为

$$\Delta_B=0.05+0.1\ \text{mm}=0.15\ \text{mm}$$

②工件的定位基准为平面,所以 $\Delta_r=0$。

③工序基准不在定位基面上,所以加工尺寸(40±0.1)mm 的定位误差为

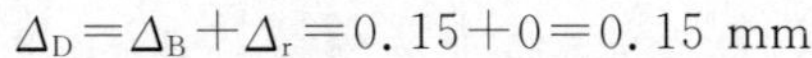

$$\Delta_D=\Delta_B+\Delta_r=0.15+0=0.15\ \text{mm}$$

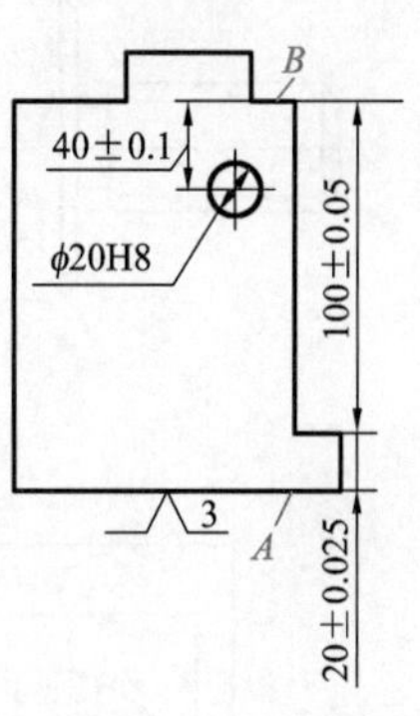

图 4-51　平面上加工孔

例 4-2

如图 4-52 所示,工件以 $\phi60^{+0.15}_{0}$ mm 定位加工 $\phi10^{+0.1}_{0}$ mm 内孔,定位销的直径为 $\phi60^{-0.03}_{-0.06}$ mm,要求保证尺寸(40±0.1)mm,试计算其定位误差。

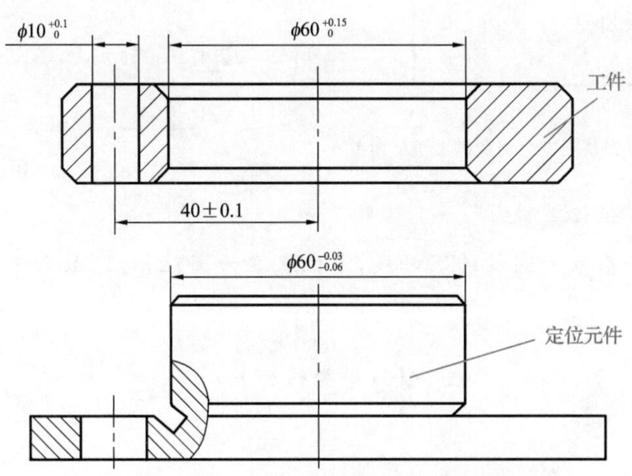

图 4-52　工件以短圆柱销定位的定位误差

解　①$\phi10^{+0.1}_{0}$ mm 内孔的工序基准为 $\phi60^{+0.15}_{0}$ mm 大孔轴线,定位基准也为 $\phi60^{+0.15}_{0}$ mm 大孔轴线,所以基准重合。因此,基准不重合误差为

$$\Delta_B=0$$

②该定位方式为工件内孔与短圆柱销间隙配合定位,配合方向任意。根据式(4-3)可得

$$\Delta_r=X_{max}=\delta_D+\delta_{d0}+X_{min}=0.15+0.03+0.03=0.21\ \text{mm}$$

③因为工序基准不在定位基准面上,所以加工 $\phi10^{+0.1}_{0}$ mm 内孔的定位误差为

$$\Delta_D=\Delta_B+\Delta_r=0+0.21=0.21\ \text{mm}$$

例 4-3

图 4-53 所示为在工件上铣削键槽，以圆柱面 $d_{-\delta_d}^{\ 0}$ 在 $\alpha=90^\circ$ 的 V 形块上定位，如图 4-54 所示，试求加工尺寸分别为 A_1、A_2、A_3 时的定位误差。

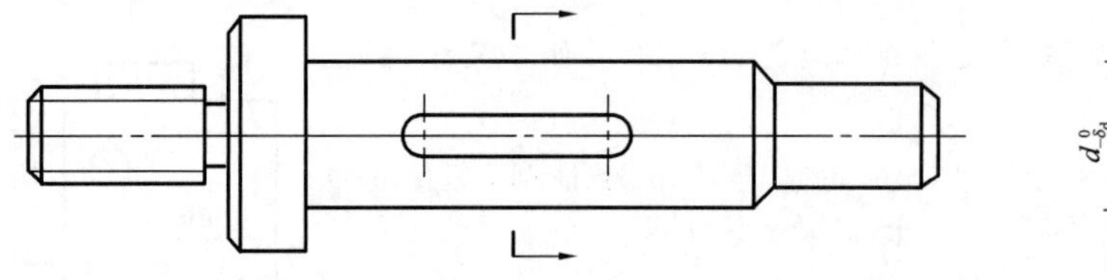

图 4-53 铣削键槽

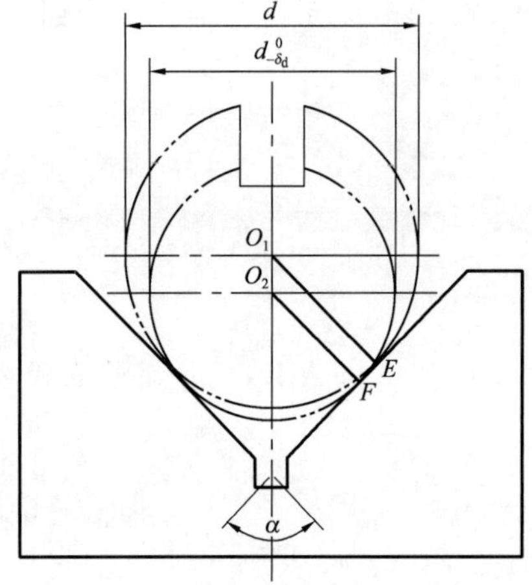

图 4-54 工件以外圆在 V 形块上定位时的基准位移误差

解 ①尺寸 A_1 的定位误差计算

尺寸 A_1 的工序基准为圆柱轴线，定位基准也为圆柱轴线，故基准重合，所以基准不重合误差为

$$\Delta_B=0$$

由式(4-8)可得

$$\Delta_r=\frac{\delta_d}{2\sin\frac{\alpha}{2}}$$

所以，尺寸 A_1 的定位误差为

$$\Delta_D=\Delta_r+\Delta_B=\frac{\delta_d}{2\sin\frac{\alpha}{2}}$$

②尺寸 A_2 的定位误差计算

尺寸 A_2 的工序基准为圆柱的下母线，定位基准为圆柱轴线，故基准不重合，基准不重合误差为

$$\Delta_B=\frac{\delta_d}{2}\text{（半径的公差）}$$

由式(4-8)可得

$$\Delta_r=\frac{\delta_d}{2\sin\frac{\alpha}{2}}$$

尺寸 A_2 的工序基准在定位基准面上。当工件的直径由大变小时，假定工序基准的位置不变，则定位基准向下变动；如假定定位基准的位置不变，则工序基准向上变动，两者的变动方向相反，故取"－"号。因此，尺寸 A_2 的定位误差为

$$\Delta_D=\Delta_r-\Delta_B=\frac{\delta_d}{2\sin\frac{\alpha}{2}}-\frac{\delta_d}{2}=\frac{\delta_d}{2}\left(\frac{1}{\sin\frac{\alpha}{2}}-1\right)$$

③尺寸 A_3 的定位误差计算

尺寸 A_3 的工序基准为圆柱的上母线，定位基准为圆柱轴线，故基准不重合，基准不重合误差为

$$\Delta_B = \frac{\delta_d}{2}\text{（半径的公差）}$$

由式(4-8)可得

$$\Delta_r = \frac{\delta_d}{2\sin\frac{\alpha}{2}}$$

尺寸 A_3 的工序基准在定位基准面上。当工件的直径由大变小时，假定工序基准的位置不变，则定位基准向下变动；如假定定位基准的位置不变，则工序基准向下变动，两者的变动方向相同，故取"+"号。因此，尺寸 A_3 的定位误差为

$$\Delta_D = \Delta_r + \Delta_B = \frac{\delta_d}{2\sin\frac{\alpha}{2}} + \frac{\delta_d}{2} = \frac{\delta_d}{2}\left(\frac{1}{\sin\frac{\alpha}{2}} + 1\right)$$

(2)极限位置法

极限位置法是直接计算出定位引起的加工尺寸的最大变动范围。计算定位误差时，需先画出工件定位时加工尺寸变动的几何图形，直接按照几何关系确定加工尺寸的最大变动范围，即定位误差。该法可与合成法相互印证，在此不再赘述。

任务小结

生产中一般将形状不规则的零件统统划入异形件范畴。根据零件的作用不同，会有不同的技术条件，并无统一的规律可循。

1. 机床夹具的基础知识

机床夹具通常由定位元件、夹紧装置、连接元件、对刀与导向装置、夹具体和其他装置等组成。

工件在夹具中的定位符合 6 点定位原理，即在夹具中采用合理布置的 6 个定位支承点与工件的定位基准相接触，来限制工件的 6 个自由度，使工件在夹具中保持唯一确定的位置。定位支承点的作用通常由定位各种元件来实现。

采用夹具来装夹工件时，工件及定位元件存在的公差使一批工件中每个工件所占据的位置并不完全一致，加工后形成加工尺寸的变动（加工误差）。这种只与工件定位有关的加工误差称为定位误差。定位误差由基准不重合误差和基准位移误差两部分组成。

工件的夹紧通过夹紧装置来完成，常用的夹紧装置有斜楔夹紧机构、螺旋夹紧机构、偏心夹紧机构、联动夹紧机构和定心夹紧机构等。工件夹紧时必须全面考虑工件的结构特点、工艺方法、定位元件的结构和布置等多种因素，才能最后确定并具体设计出较为理想的夹紧机构。

机床夹具的对刀、连接、分度装置等也是夹具的重要组成部分,需要根据工件的加工要求来合理选用。

2. 专用夹具的设计方法和步骤

(1)研究原始资料,明确设计任务

首先应分析研究工件的结构特点、材料、生产类型和本道工序加工的技术要求以及前、后道工序的联系;然后了解加工所用设备、辅助工具中与设计夹具有关的技术性能和规格;了解工具车间的技术水平等。

(2)确定夹具的结构方案,绘制结构草图

拟定夹具的结构方案时,主要解决如下问题:

①根据 6 点定则确定工件的定位方式,并设计相应的定位装置。

②确定刀具的对刀或引导方法,并设计对刀装置或引导元件。

③确定工件的夹紧方式和夹紧装置。

④确定其他元件或装置的结构形式,如定位键、分度装置等。

⑤考虑各种装置、元件的布局,确定具体和总体结构。

(3)绘制夹具总装图

绘制夹具总装图的顺序是:先用双点画线绘出工件的主要部分及轮廓外形,并显示出加工余量;工件视为透明体,尽量清楚表明夹具的定位原理及各元件间的位置关系。然后按照工件的形状及位置依次绘出定位、导向、夹紧及其他元件或装置的具体结构;最后绘制夹具体。

(4)绘制夹具零件图

夹具中的非标准零件都必须绘制零件图。在确定这些零件的尺寸、公差或技术要求时,应注意使其满足夹具总装图的要求。

3. 连杆和拨叉的机械加工工艺过程

(1)连杆的机械加工工艺过程

锻造毛坯→热处理→划线→铣平面→磨平面→划线→钻孔→粗镗→铣削→铣、钻、镗连杆体和上盖→镗大、小头孔→铣削斜槽→钻油孔→检验、探伤

(2)拨叉的机械加工工艺过程

铸造毛坯→热处理→车→铣端面→钻、扩、铰孔→划线→铣削→钻削→检验

任务自测

1. 简述机床夹具的定义、组成及各个部分所起的作用。

2. 为什么说夹紧不等于定位?

3. 什么是 6 点定位原理? 什么是完全定位? 什么是过重复定位? 是否允许存在欠定位和重复定位? 试举例说明?

4. 工件在夹具中定位时,下列说法是否正确? 为什么?

(1)凡是有 6 个定位支承点的,均为完全定位。

(2)凡是定位支承点数目超过 6 个的,就是重复定位。

(3)定位支承点数目不超过 6 个的,就不会出现重复定位。

5. 试分析图 4-55 中各个工件在加工图示表面时，需要限制哪些自由度。

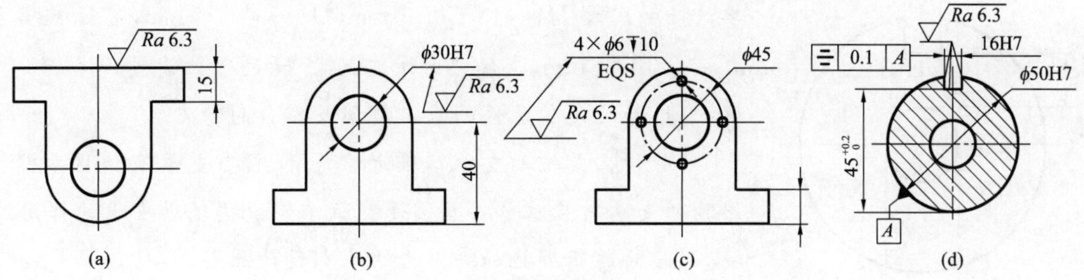

图 4-55　题 5 图

6. 造成定位误差的原因是什么？若在夹具中对工件进行试切法加工，是否还有定位误差？为什么？

7. 铣削连杆小端的两侧面时，若采用图 4-56 所示定位方式，试计算加工尺寸$12^{+0.3}_{0}$ mm 的定位误差。

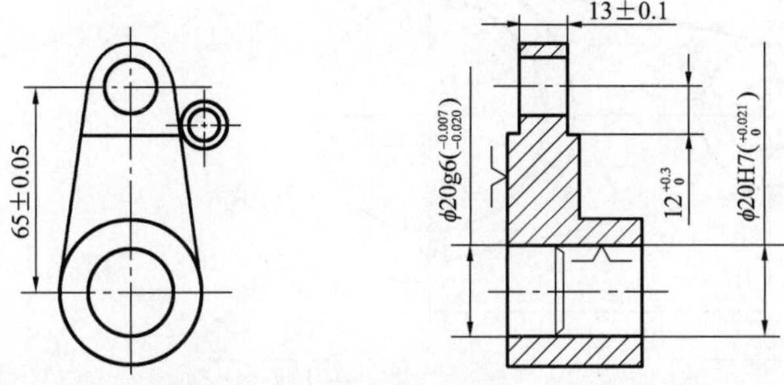

图 4-56　题 7 图

8. 试根据 6 点定位原理分析图 4-57 所示各定位元件所消除的自由度。

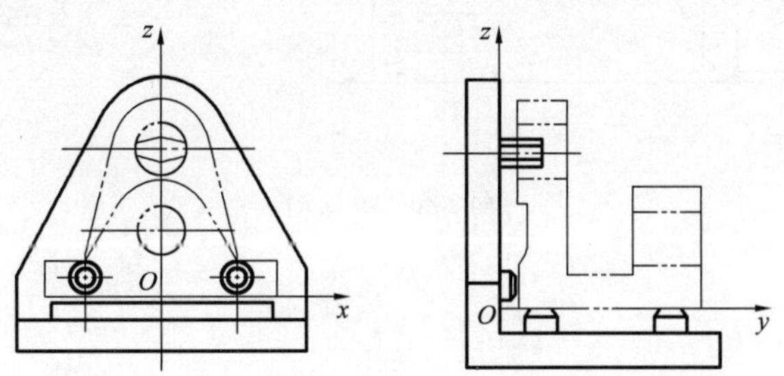

图 4-57　题 8 图

9. 图 4-58 所示为在圆柱工件上钻孔 ϕD，分别采用图示两种定位方案，工序尺寸为 $H \pm T_H$，试计算其定位误差。

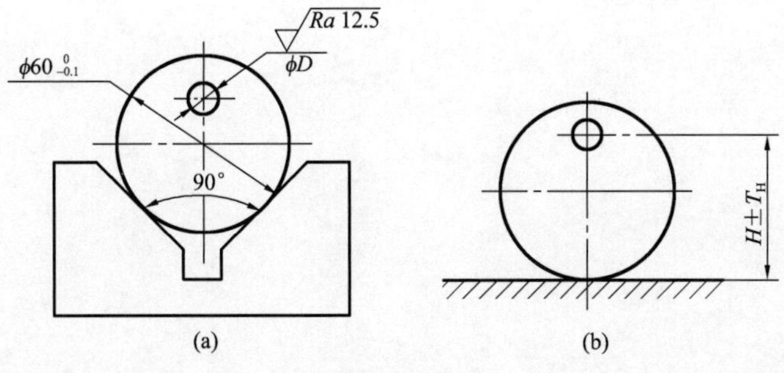

图 4-58　题 9 图

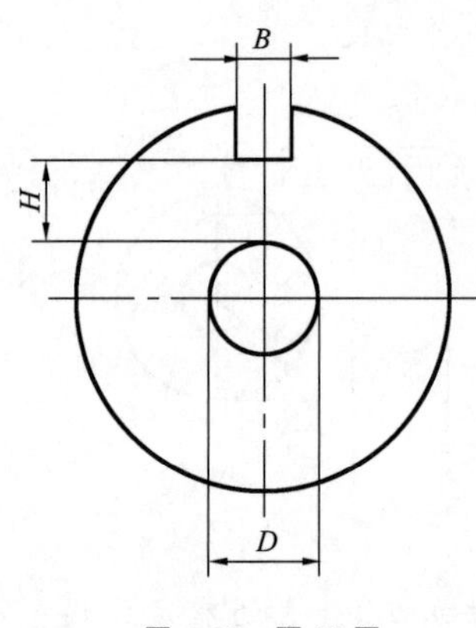

图 4-59 题 10 图

10. 如图 4-59 所示工件内孔以定位销定位(假如在外力作用下单边接触),设 $H=(15\pm0.1)$ mm,$D=\phi50^{+0.03}_{0}$ mm,定位销直径 $d_0=\phi50^{-0.01}_{-0.04}$ mm,求铣槽时加工尺寸 H 的定位误差。

11. 简述定位元件的基本类型及各自的特点。

12. 什么是辅助支承? 辅助支承和主要支承有何区别? 使用辅助支承时应注意哪些问题? 试举例说明辅助支承的作用。

13. 简述正确施加夹紧力的基本设计原则。

14. 试分析、比较斜楔夹紧机构、螺旋夹紧机构、圆偏心夹紧机构、联动夹紧机构的优缺点,举例说明它们的应用范围。

15. 试编制图 4-60 所示零件的机械加工工艺过程。

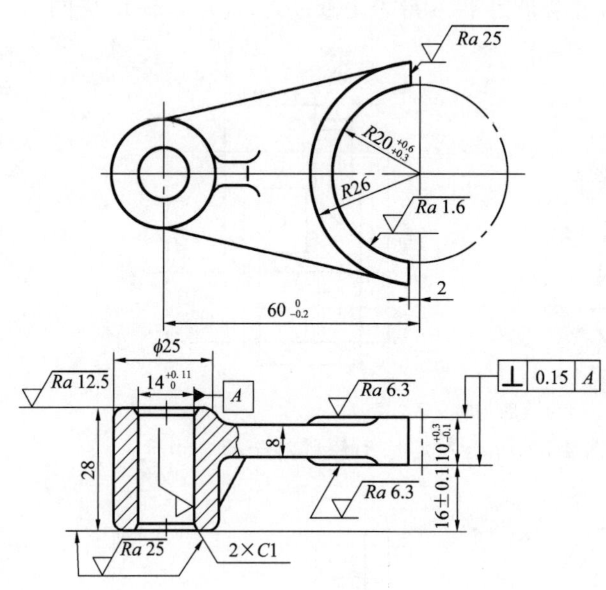

图 4-60 题 16 图

学习情境五
圆柱齿轮机械加工工艺规程制定

学习目标

1. 掌握常见零件毛坯的选择方法。
2. 能正确选用各种齿面的加工方法。
3. 培养学生团结协作、严谨求实、绿色环保、爱岗敬业、安全意识、创新意识等职业素养。
4. 能够编制中等复杂的齿轮类零件的机械加工工艺规程。

任务 直齿圆柱齿轮的机械加工工艺规程制定

任务描述

图 5-1 所示为成批生产，材料为 40Cr，精度为 7 级的双联圆柱齿轮；图 5-2 所示为小批生产，材料为 40Cr，精度为 6-5-5 级的高精度单齿圆柱齿轮。试编制其机械加工工艺规程。

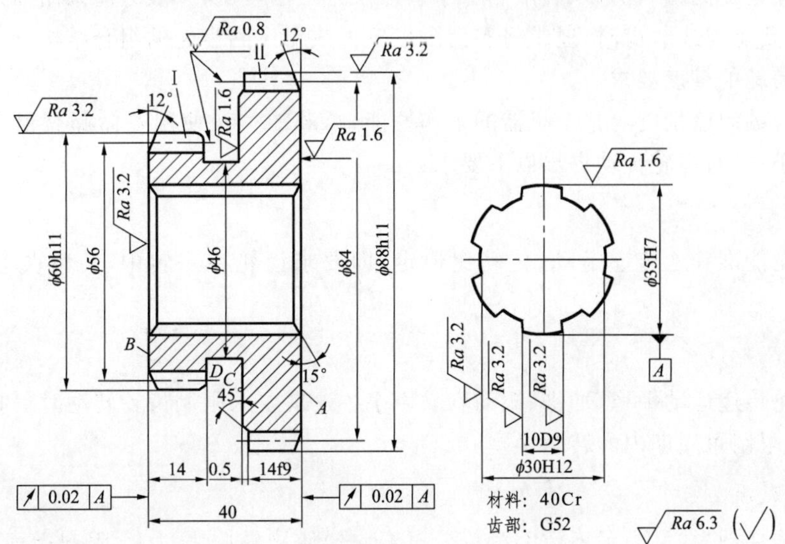

图 5-1 双联圆柱齿轮

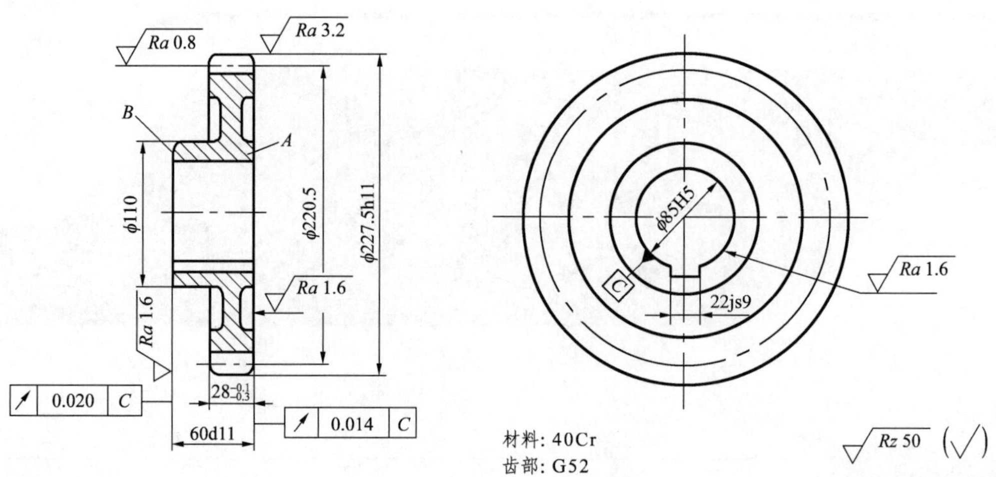

图 5-2 高精度单齿圆柱齿轮

任务分析

1. 圆柱齿轮的功用与结构特点

齿轮是机械传动中应用极为广泛的传动零件之一，其功用是按照一定的速比传递运动和动力。

齿轮因其使用要求不同而具有各种不同的形状和尺寸，但从工艺观点出发，大体上可以把它们分为齿圈和轮体两部分。按照齿圈上轮齿的分布形式，可分为直齿齿轮、斜齿齿轮和人字齿齿轮等；按照轮体的结构特点，齿轮可大致分为盘形齿轮、套筒齿轮、轴齿轮和齿条，如图 5-3 所示，其中以盘形齿轮应用最广。

一个圆柱齿轮可以有一个或多个齿圈。普通的单齿圈齿轮工艺性好；而双联或三联齿轮的小齿圈往往会受到台肩的影响，限制了某些加工方法的使用，一般只能采用插齿。当齿轮精度要求高，需要剃齿或磨齿时，通常将多齿圈齿轮做成单齿圈齿轮的组合结构。

2. 圆柱齿轮的精度要求

齿轮本身的制造精度对整个机器的工作性能、承载能力及使用寿命都有很大影响。根据齿轮的使用条件，对齿轮传动提出以下要求：

(1)运动精度

要求齿轮能准确地传递运动，传动比恒定，即要求齿轮在一转中，转角误差不超过一定范围。

(2)工作平稳性

要求齿轮传递运动平稳，冲击、振动和噪声小。这就要求限制齿轮转动时瞬时速比的变化小，也就是要限制短周期内的转角误差。

(3)接触精度

齿轮在传递动力时，为了不致因载荷分布不均匀使接触应力过大，引起齿面过早磨损，要求齿轮工作时齿面接触应均匀，并保证有一定的接触面积和符合要求的接触位置。

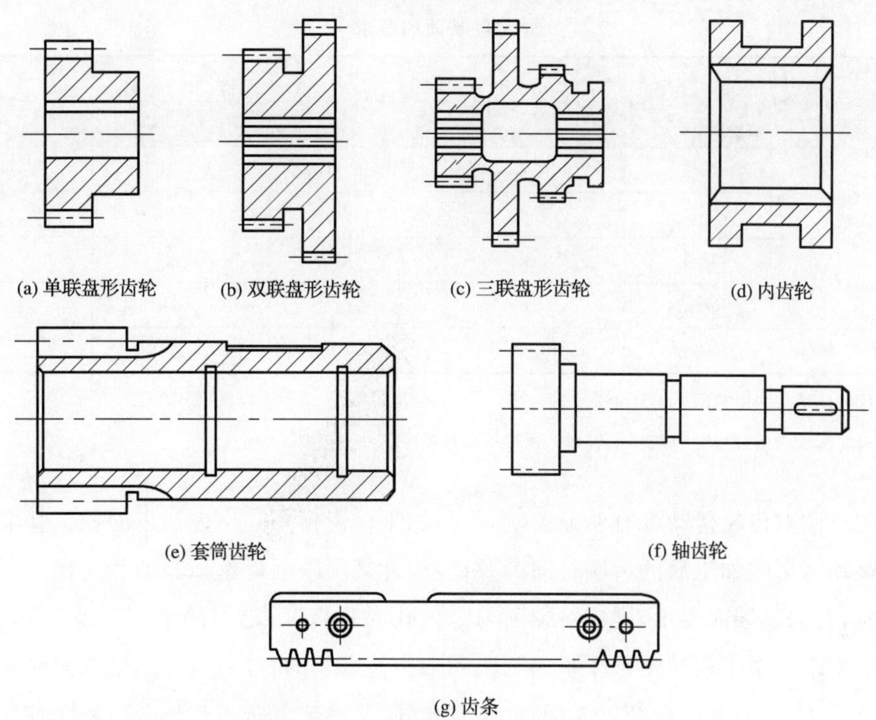

(a) 单联盘形齿轮　(b) 双联盘形齿轮　(c) 三联盘形齿轮　(d) 内齿轮

(e) 套筒齿轮　(f) 轴齿轮

(g) 齿条

图 5-3　圆柱齿轮的结构形式

(4)齿侧间隙

要求齿轮传动时，非工作齿面间留有一定间隙，以储存润滑油，补偿因温度、弹性变形所引起的尺寸变化和加工、装配时的一些误差。

GB/T 10095.1—2008《圆柱齿轮 精度制 第 1 部分：轮齿同侧齿面偏差的定义和允许值》中对齿轮及齿轮副规定了 13 个精度等级，从 0～12 顺次降低。其中 0～2 级是有待发展的精度等级，3～5 级为高精度等级，6～8 级为中等精度等级，9 级以下为低级精度等级。每个精度等级都有 3 个公差组，分别规定出各项公差和偏差项目。具体见表 5-1。

表 5-1　齿轮公差组对传动性能的主要影响

公差组	公差与极限偏差项目	误差特性	对传动性能的主要影响
Ⅰ	F_i'、F_p、F_{pk}、F_i''、F_γ、F_w	以齿轮一转为周期的误差	传递运动的准确性
Ⅱ	F_i'、F_i''、F_f、$\pm F_{pt}$、$\pm F_{pb}$、F_{fB}	在齿轮一转内，多次周期性重复出现的误差	传递运动的平稳性、噪声、振动
Ⅲ	F_β、F_b、$\pm F_{px}$	齿向、接触线的误差	载荷分布的均匀性

3. 齿坯的技术要求

齿坯的技术条件包括对定位基面的技术要求，对齿顶外圆的要求和对齿坯支承端面的要求。齿坯的内孔和端面是加工齿轮时的定位基准和测量基准，在装配中它是装配基准，所以它的尺寸精度、形状精度及位置精度要求较高。定位基面的形状误差和尺寸误差将引起安装间隙，造成齿轮几何偏心。表面粗糙度值过高时，经过加工过程中定位和测量的反复使用容易引起磨损，将影响定位基面的精度。不同精度等级齿轮的定位基面要求不同，见表 5-2。

表 5-2 对定位基面的要求

基准类型		齿轮精度等级/级			
		5	6	7	8
定位孔	精度	H6、K6	H6、K6 或 H7、K7	H7、K7	H8
	$Ra/\mu m$	0.8	1.6	1.6(3.2)	3.2
定位轴颈	精度	h4、k4	h5、k5	h6、k6	h7
	$Ra/\mu m$	0.8	1.6	1.6(3.2)	3.2
中心孔和 60°锥体	$Ra/\mu m$	0.4	0.8	1.6	3.2

注:1. 定位基面的形状误差不大于尺寸公差的一半;

2. 当齿轮精度为组合精度(如 8-7-7 级)时,则按运动精度(如 8 级)选取。

齿轮的外圆对齿轮传动没有明显影响,但是如果以齿顶外圆作为切齿的校正基准,齿顶圆的径向圆跳动将影响加工后的齿圈径向圆跳动,因此必须限制齿轮顶圆的径向跳动。

切齿时,若需要端面支承,则应对端面与定位孔的垂直度、端面的平直度及两端面的平行度有一定的要求。由于齿坯定位支承面圆跳动会引起安装的歪斜,从而产生齿向误差,所以端面圆跳动公差 E_r 一般取齿向公差 δ_{Bx} 的一半。此外,考虑到齿向公差与齿圈宽度有关,而端面圆跳动量与支承端面直径 D 有关,因此取为

$$E_r = \frac{D}{2B}\delta_{Bx} \tag{5-1}$$

4. 齿轮的材料及热处理

齿轮的材料及热处理对齿轮的加工质量和使用性能都有很大的影响,选择时主要应考虑齿轮的工作条件(如速度与载荷)和失效形式(如点蚀、剥落或折断等)。

(1)中碳结构钢(如 45 钢)进行调质或表面淬火

中碳结构钢经热处理后,综合力学性能较好,主要适用于低速、轻载或中载的一般用途的齿轮。

(2)中碳合金结构钢(如 40Cr 钢)进行调质或表面淬火

中碳合金结构钢经热处理后综合力学性能较 45 钢好,且热处理变形小,适于速度较高、载荷大及精度较高的齿轮。为提高某些高速齿轮齿面的耐磨性,减少热处理后的变形现象,不再进行磨齿,可选用氮化钢(如 38CrMoAlA 钢)进行氮化处理。

(3)渗碳钢(如 20Cr 和 20CrMnTi 钢等)进行渗碳或碳氮共渗

渗碳钢经渗碳淬火后,齿面硬度可达 58～63HRC,而芯部又有较高的韧性,既耐磨又能承受冲击载荷,适用于高速、中载或有冲击载荷的齿轮。

(4)铸铁及其他非金属材料(如夹布胶木与尼龙等)

铸铁及其他非金属材料强度低,容易加工,适用于一些较轻载荷下的齿轮传动。

任务准备

知识点一：毛坯的选择

在制定工艺规程时，正确地选择毛坯有重要的技术、经济意义。毛坯种类的选择不仅影响着毛坯的制造工艺、设备及制造费用，而且对零件机械加工工艺、设备和工具的消耗以及工时定额也都有很大的影响。因此，为正确选择毛坯，既要考虑热加工方面的因素，也要兼顾冷加工方面的要求，以便在确定毛坯这一环节中降低零件的制造成本。

1. 常见毛坯的种类

(1)铸件

铸件适用于形状复杂的零件毛坯。其铸造方法有砂型铸造、金属型铸造、压力铸造等。目前铸件大多用砂型铸造。木模手工造型铸件精度低，加工表面加工余量大，生产率低，适用于单件小批生产或大型零件的铸造。金属模机器造型生产率高，铸件精度高，但设备费用高，铸件的质量也受到限制，适用于大批量生产的中小型铸件。其次，少量质量要求较高的小型铸件可采用特种铸造(如压力铸造、离心铸造、熔模铸造等)。

(2)锻件

锻件适用于强度要求高、形状比较简单的零件毛坯。锻件有自由锻造锻件和模锻件两种。自由锻造锻件加工余量较大，锻件精度低，生产率不高，而且锻件的结构简单，适用于单件小批生产以及制造大型锻件。

模锻件的精度和表面质量都比自由锻件好，而且锻件的形状也较复杂，减少了机械加工余量。模锻的生产率比自由锻高得多，但需要特殊的设备和锻模，故适用于批量较大的中小型锻件。

(3)型材

型材有热轧和冷拉两类。型材按截面形状可分为圆钢、方钢、六角钢、扁钢、角钢、槽钢及其他特殊截面的型材。热轧型材精度低，但价格低廉，用于一般零件的毛坯；冷拉型材尺寸较小、精度高，易于实现自动送料，但价格较高，多用于批量较大的生产，适用于自动机床加工。

(4)焊接件

焊接件是用焊接方法获得的结合件，其优点是制造简单、周期短、节省材料，缺点是抗振性差、变形大，需经时效处理后才能进行机械加工。

此外，还有冲压件、冷挤压件、粉末冶金件等其他毛坯。

2. 毛坯的选择原则

(1)零件的材料及其力学性能

零件的材料大致决定了毛坯的种类。例如材料为铸铁和青铜的零件应选择铸件毛坯；当钢质零件形状不复杂、力学性能要求不太高时可选用型材毛坯；重要的钢质零件为保证其力学性能，应选择锻件毛坯。

(2)结构形状与外形尺寸

形状复杂的毛坯常用铸造方法。薄壁零件不能用砂型铸造来成形;尺寸大的零件宜用砂型铸造;中小型零件可选用较先进的铸造方法。一般用途的阶梯轴,若各阶梯直径相差不大,则可用圆棒料;若各阶梯直径相差较大,为减少材料消耗和机械加工量,则宜选择锻件毛坯。

(3)生产类型

当零件的生产批量较大时,应选用精度和生产率均较高的毛坯制造方法,如锻造、金属型铸造和精密铸造等。当单件小批生产时,则应选用木模手工造型或自由锻造。

(4)现有生产条件

确定毛坯的种类及制造方法时,必须考虑具体的生产条件,如毛坯制造的工艺水平、设备状况以及对外协作的可能性等。

(5)充分考虑利用新工艺、新技术和新材料

为节约材料和能源,提高机械加工生产率,应充分考虑精炼、精锻、冷轧、冷挤压、粉末冶金和工程塑料等在机械中的应用,这样可大大减少机械加工量,甚至不需要进行加工,大幅度提高经济效益。

知识点二:实现机械零件加工精度的方法

1. 试切法

试切法即先加工出很小的一部分表面,测量试切所得的尺寸,然后调整、试切,再测量;如此循环往复,直到达到图纸要求的尺寸后,再切削出整个待加工表面。

2. 定尺寸刀具法

用刀具(如麻花钻、扩孔钻、铰刀等)的相应尺寸来保证工件被加工部位尺寸精度的方法称为定尺寸刀具法。在孔加工中,使用麻花钻、扩孔钻、铰刀等刀具,其尺寸具有一定的精度范围,因此所加工出来的孔的精度也保持在一定的范围内。

3. 调整法

利用机床上的定程装置或对刀装置或预先调整好的刀架,使刀具相对于机床或夹具达到一定的位置精度,然后加工出一批工件。

4. 自动控制法

采用一定的装置使工件在达到图样要求的尺寸时,自动停止加工。具体方法主要有两种:自动测量和数字控制。

任务实施

一、圆柱齿轮加工工艺过程

表 5-3 和表 5-4 分别为双联圆柱齿轮和高精度齿轮的加工工艺过程。

表 5-3　双联圆柱齿轮的加工工艺过程

工序号	工序名称	工序内容	定位基准	设　备
1	毛坯	锻造毛坯		
2	热处理	正火		
3	粗车	粗车外圆和端面(留精车加工余量 1～1.5 mm)，钻、镗花键底孔至尺寸 ϕ28H12	外圆及端面	转塔车床
4	拉削	拉削花键孔	ϕ28H12 孔及端面	拉床
5	精车	精车外圆、端面及槽至图样要求	花键孔及端面	卧式车床
6	检	检验		
7	滚齿	滚齿(z＝39)留剃齿余量 0.06～0.08 mm	花键孔及端面	滚齿机
8	插齿	插齿(z＝34)留剃齿余量 0.03～0.05 mm	花键孔及端面	插齿机
9	倒角	Ⅰ、Ⅱ齿端面倒 12°圆角	花键孔及端面	倒角机
10	钳	去毛刺		
11	剃	剃齿(z＝39)公法线长度至上限	花键孔及端面	剃齿机
12	剃	剃齿(z＝34)采用螺旋角为 5°的剃齿刀，剃齿后公法线长度至上限	花键孔及端面	剃齿机
13	热处理	齿部高频淬火 G52		
14	推孔	修正花键底孔	花键孔及端面	压床
15	珩	珩齿	花键孔及端面	珩齿机
16	检	终结检验		

表 5-4　高精度齿轮的加工工艺过程

工序号	工序名称	工序内容	定位基准	设　备
1	毛坯	锻造毛坯		
2	热处理	正火		
3	粗车	粗车外形、各部留加工余量 2 mm	外圆及端面 A	卧式车床
4	精车	精车各部、内孔至 ϕ84.8H7，总长留加工余量 0.2 mm，其余至尺寸	外圆及端面 A	卧式车床
5	滚齿	滚齿(z＝39)留剃量 0.06～0.08 mm	内孔及端面 A	滚齿机
6	倒角	端面倒 10°圆角	内孔及端面 A	倒角机
7	钳	去毛刺		
8	热处理	齿部高频淬火 G52		
9	插	插键槽	内孔及端面 A	插床
10	磨	磨大端面 A	内孔	万能外圆磨床
11	磨	平面磨削 B 面，总长至尺寸	端面 A	万能外圆磨床
12	磨	磨内孔 ϕ85H5 至尺寸	内孔及端面 A	万能外圆磨床
13	磨	磨齿	内孔及端面 A	磨齿机
14	检	终结检验		

二、圆柱齿轮加工工艺分析

从表5-3和表5-4所列的工艺过程中可以看出，对于精度较高的齿轮，其工艺路线可大致归纳如下：毛坯制造及热处理→齿坯加工→齿形加工→齿端加工→轮齿热处理→精基准修正→齿形精加工→终结检验。

1. 加工工艺过程

(1)齿轮加工的第一阶段是齿坯最初进入机械加工的阶段

由于齿轮的传动精度主要决定于齿形精度和齿距分布均匀性，而这与切齿时采用的定位基准(孔和端面)的精度有着直接的关系，所以这个阶段主要是为下一阶段加工齿形准备精基准，使齿轮的内孔和端面的精度基本达到规定的技术要求。除了加工出基准外，对于齿形以外的次要表面的加工，也应尽量在这一阶段的后期完成。

(2)加工的第二阶段是齿形的加工

对于不需要淬火的齿轮，一般来说这个阶段也就是齿轮的最后加工阶段，经过这个阶段就应当加工出完全符合图样要求的齿轮来。对于需要淬硬的齿轮，必须在这个阶段中加工出能满足齿形的最后精加工所要求的齿形精度，所以这个阶段的加工是保证齿轮加工精度的关键阶段，应予以特别关注。

(3)加工的第三阶段是热处理阶段

在热处理阶段中主要对齿面进行淬火处理，使齿面达到规定的硬度要求。加工的最后阶段是齿形的精加工阶段，这个阶段的目的在于修正齿轮经过淬火后所引起的齿形变形，进一步提高齿形精度和降低表面粗糙度，使之达到最终的精度要求。在这个阶段中首先应对定位基准面(孔和端面)进行修整，因为淬火以后齿轮的内孔和端面均会产生变形，如直接采用这样的孔和端面作为基准进行齿形精加工，很难达到齿轮的精度要求。以修整过的基准面定位进行齿形精加工，可以使定位准确可靠，加工余量分布也比较均匀，从而达到精加工的目的。

2. 齿轮的热处理

齿轮加工中根据不同的要求，常安排两种热处理工序。

(1)齿坯热处理

在齿坯粗加工前、后常安排预备热处理——正火或调质。正火安排在齿坯加工前，目的是消除锻造内应力，改善材料的加工性能，使拉孔和切齿加工中刀具磨损较慢，表面粗糙度较小，生产中应用较多。调质一般安排在齿坯粗加工之后，可消除锻造内应力和粗加工引起的残余应力，提高材料的综合力学性能，但齿坯硬度稍高，不易切削，所以生产中应用较少。

(2)齿面热处理

齿形加工后，为提高齿面的硬度及耐磨性，根据材料与技术要求，常选用渗碳淬火、高频感应加热淬火及液体碳氮共渗等热处理工序。经渗碳淬火的齿轮变形较大，对高精度齿轮尚需进行磨齿加工。经高频感应加热淬火的齿轮变形小，但内孔直径一般会缩小0.01～0.05 mm，淬火后应予以修正。有键槽的齿轮，淬火后内孔常出现椭圆形现象，为此键槽加工应安排在齿轮淬火之后。

3. 定位基准的选择

为保证齿轮的加工质量，齿形加工时应根据“基准重合”原则，选择齿轮的设计基准、装配基准和测量基准作为定位基准，而且尽可能在整个加工过程中保持基准统一。

对于带孔齿轮，一般选择内孔和一个端面定位，基准端面相对于内孔的端面跳动应符合标准规定。当批量较小不采用专用心轴以内孔定位时，也可选择外圆作为找正基准，但外圆相对于内孔的径向跳动应有严格的要求。

对于直径较小的轴齿轮，一般选择顶尖孔定位，但对于直径或模数较大的轴齿轮，由于自重和切削力较大，所以不宜再选择顶尖孔定位，而多选择轴径和一端面跳动较小的端面定位。

(1)以内孔和端面定位

以内孔和端面定位如图 5-4 所示，即依靠齿坯内孔与夹具心轴之间的配合确定中心位置，以一个端面作为轴向定位基准，并通过相对的另一端面压紧齿轮坯。这种装夹方法使定位、测量和装配的基准重合，定位精度高，不需要找正，生产率高，但需要专用心轴夹具，故适用于成批及大量生产。

(2)以外圆和端面定位

以外圆和端面定位如图 5-5 所示，即将齿坯套在夹具心轴上，内孔和心轴配合间隙较大，需要用千分表找正外圆以确定中心位置，再进行压紧。与以内孔和端面定位相比较，这种方法需要找正，生产率低，对外圆与内孔的同轴度要求高，但对夹具要求不高，故适用于单件小批生产。

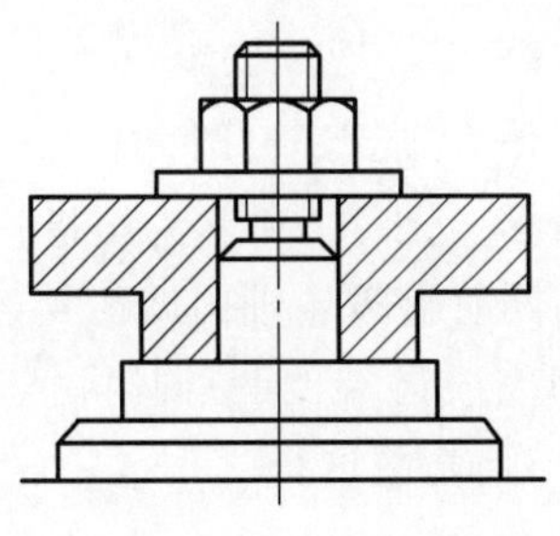

图 5-4　以内孔和端面定位

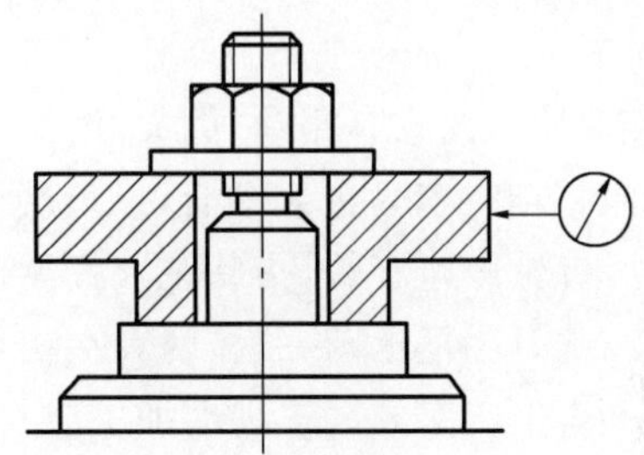

图 5-5　以外圆和端面定位

4. 齿坯加工方案的选择

对于轴齿轮和套筒齿轮的齿坯，其加工过程和一般轴、套基本相似，现主要讨论盘类齿轮齿坯的加工过程。

齿坯的加工工艺方案主要取决于齿轮的轮体结构和生产类型。

(1)大批大量生产的齿坯加工

大批大量加工中等尺寸齿坯时，多采用"钻→拉→多刀车"的工艺方案：

①以毛坯外圆及端面定位进行钻孔或扩孔。

②拉孔。

③以孔定位在多刀半自动车床上粗、精车外圆、端面、切槽及倒角等。

这种工艺方案由于采用高效机床可以组成流水线或自动线，所以生产率高。

(2)成批生产的齿坯加工

成批生产齿坯时，常采用"车→拉→车"的工艺方案：

①以齿坯外圆或轮毂定位，精车外圆、端面和内孔。

②以端面支承拉孔或花键孔。

③以孔定位精车外圆及端面等。

这种方案可由卧式车床或转塔车床及拉床来实现。它的特点是加工质量稳定，生产率较高。当齿坯孔有台阶或端面有槽时，可以充分利用转塔车床上的多刀来进行多工位加工，在转塔车床上一次完成齿坯的加工。

5. 齿形的加工

齿形加工方案的选择，主要取决于齿轮的精度等级、生产批量和齿轮的热处理方法等。具体确定齿形加工方案时，主要视齿形的精度要求而定。常见的齿轮一般选择如下四种方案：

(1)滚齿或插齿→齿端加工→渗碳淬火→修正基准→磨齿。适用于较小批量、精度要求为3～6级淬硬齿轮。

(2)滚齿或插齿→齿端加工→剃齿→表面淬火→修正基准→珩齿。适用于较大批量、并且精度要求为6～8级的淬硬齿轮。

(3)滚齿或插齿→剃齿(冷挤)。适用于较大批量、精度要求中等、不淬硬的齿轮。

(4)对8级精度以下的齿轮，用滚齿或插齿就能满足要求。当需要淬火时，在淬火前应将精度提高一级或在淬火后珩齿，即滚齿或插齿→齿端加工→热处理(淬火)→修正内孔；或滚齿或插齿→齿端加工→热处理(淬火)→修正基准→珩齿。

以上仅是比较典型的四种方案，实际生产中，由于生产条件和工艺水平的不同，仍会有一定的变化。

6. 齿端加工

齿轮的齿端加工方式有倒圆、倒尖、倒棱和去毛刺四种方式。经倒圆、倒尖、倒棱后的齿轮(图5-6)沿轴向移动时容易进入啮合，以齿端倒圆应用最多。图5-7所示为用指状铣刀倒圆的原理。倒圆时，齿轮慢速旋转，指状铣刀在高速度旋转的同时沿齿轮轴向做往复直线运动。齿轮每转过一齿，铣刀往复运动一次，两者在相对运动中即完成齿端倒圆；同时由齿轮的旋转运动实现连续分齿，生产率较高。齿端加工应安排在齿面淬火之前进行。

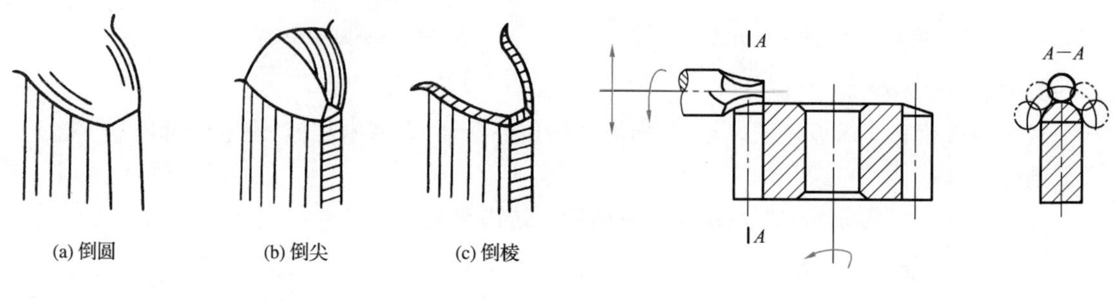

图5-6 齿端加工

图5-7 齿端倒圆

7. 精基准的修正

齿轮淬火后基准孔常发生变形，孔径可缩小0.01～0.05 mm，为确保齿形加工质量，对基准孔必须予以修正。修正方法常采用推孔或磨孔。推孔生产率高，常用于内孔未淬硬的齿轮；磨孔生产率低，但加工精度高，特别对于整体淬火后内孔较硬的齿轮，或内孔较大，齿厚较薄的齿轮，均以磨削为宜。磨孔时应以齿轮分度圆定心，这样可使磨孔后齿圈径向跳动较小，对以后进行剃齿和珩齿都比较有利。为提高生产率，有的工厂以金刚镗代替磨孔也取得了较好的效果。采用磨孔或金刚镗孔修正基准时，齿坯加工阶段的内孔应留有加工余量。采用推孔修正时，一般可不留加工余量。

8. 齿轮的检验

齿轮的检验项目比较多，其检验通常可分为终结检验和中间检验两种。中间检验的目的是及时发现加工中出现的一些质量问题，避免造成批量报废，以首检和抽检为主。齿轮的终结检验是综合检测齿轮的各项精度指标，以判定成品的质量及其是否合格，通常需要一些专用仪器。

拓展提高

齿形的加工方法及其应用

齿轮在机械产品中的应用十分广泛，其主要部分——轮齿的齿面是特定形状的成形面。符合此要求的有摆线形面、渐开线形面等，最常见的是渐开线形面。齿面的加工方法有成形法和展成法两大类。

成形法是指采用与被加工齿轮齿槽形状相同的成形刀具加工齿形的方法，主要包括铣齿、成形磨齿等。成形法加工齿轮时，通常采用单齿廓成形刀具加工。其优点是机床较简单，可利用通用机床加工；缺点是加工同一模数的齿轮，齿数不同，齿廓形状就不相同，需采用不同的成形刀具。

展成法是指应用齿轮啮合原理进行齿形加工的方法，即以保持刀具和齿坯之间按渐开线齿轮啮合的运动关系来实现齿形加工，该法主要有滚齿、插齿、剃齿、珩齿和磨齿等。用展成法加工齿轮的优点是，所用刀具切削刃的形状相当于齿条或齿轮的齿廓，只要刀具与被加工齿轮的模数和压力角相同，一把刀具就可以加工同一模数、不同齿数的齿轮。而且生产率和加工精度都比较高。在齿轮加工中，展成法应用最广泛。

一、铣齿和拉齿

1. 铣齿

(1)铣齿的方法

铣齿时，齿坯装夹在分度头的卡盘和尾座顶尖之间，在卧式铣床上用专用齿轮铣刀铣出一个个齿槽，如图 5-8 所示。每铣完一个齿槽，按齿轮齿数对工件进行分度，再继续铣下一个齿槽，直至加工完所有齿槽。

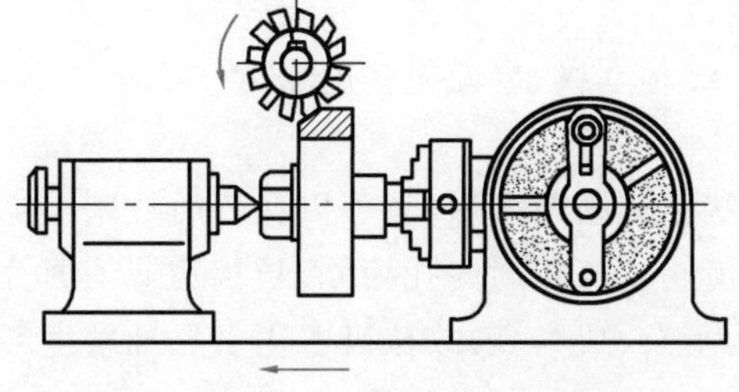

图 5-8　铣齿的方法

(2)铣齿用刀具

加工直齿和螺旋齿(斜齿)圆柱齿轮的成形模数铣刀有盘状模数铣刀和指状模数铣刀两种(图 5-9),其中指状模数铣刀适用于加工模数 $m \geqslant 8$ 的齿轮;盘状模数铣刀适用于加工模数 $m<8$ 的齿轮。

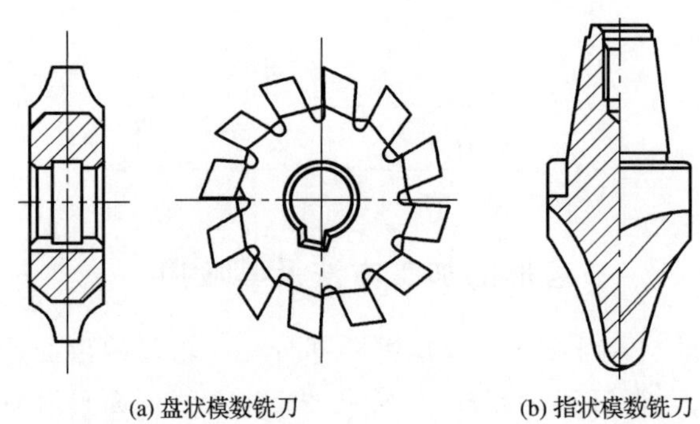

(a) 盘状模数铣刀　　(b) 指状模数铣刀

图 5-9　成形模数铣刀

为便于刀具的制造和管理,在实际生产中,一般将铣削模数相同而齿数不同的齿轮所用的铣刀制成一组,分 8 个或 15 个刀号,分别加工一定齿数范围的齿轮,见表 5-5。

表 5-5　形成模数铣刀的刀号及其加工齿数的范围

刀 号	1	2	3	4	5	6	7	8
加工齿数/齿	12～13	14～16	17～20	21～25	26～34	35～54	55～134	135 以上及齿条

(3)铣齿的工艺特点

①成本较低　齿轮铣刀结构简单,在普通的铣床上即可完成铣齿工作,铣齿的设备和刀具的费用较低。

②生产率低　铣齿过程不是连续的,每铣一个齿,都要重复消耗切入、切出、退刀和分度的时间。

③加工精度低　为了保证铣出的齿轮在啮合时不致卡住,各刀号铣刀的齿形是按其范围内最小齿数齿轮的齿槽轮廓制作的。因此,各刀号铣刀加工范围内的齿轮除最小齿数的外,其他齿数的齿轮只能获得近似齿形,即产生一定的齿形误差。此外,铣床所用分度头是通用附件,分度精度不高。因此,加工的齿形精度不高。

(4)铣齿的应用

铣齿适用于单件小批生产或维修工作中加工精度不高的低速齿轮;不但可以加工直齿、斜齿和人字齿圆柱齿轮,还可以加工齿条、锥齿轮及蜗轮等。

铣齿的加工精度为 11 级至 9 级,齿面粗糙度为 Ra 6.3～3.2 μm。

2. 拉齿

将拉刀刀齿的截面形状制成渐开线形,就可以在普通拉床上拉削齿形。目前,拉齿主要用来加工直径不大的直齿内齿轮。与拉削内孔相同,拉齿也具有加工精度高、表面粗糙度低、生产率高等优点;但刀具结构复杂、成本高,故拉齿多用于大批量生产中。

二、滚齿

1. 滚齿的原理

按照展成法的原理，在滚齿机上用齿轮滚刀来加工齿轮、蜗轮等齿面的方法就是滚齿。滚齿加工过程中，刀具与工件模拟一对交错轴螺旋齿轮的啮合传动，如图 5-10 所示。只是其中一个斜齿轮的齿数很少，其分度圆上的螺旋升角也很小，所以它便成为蜗杆形状。将蜗杆开槽、铲背、淬火、刃磨等，便成为齿轮滚刀。当齿轮滚刀按给定的切削速度旋转时，便在工件上逐渐切出渐开线形齿形。齿形的形成是由滚刀在连续旋转中依次对工件切削的若干条包络线包络而成的。

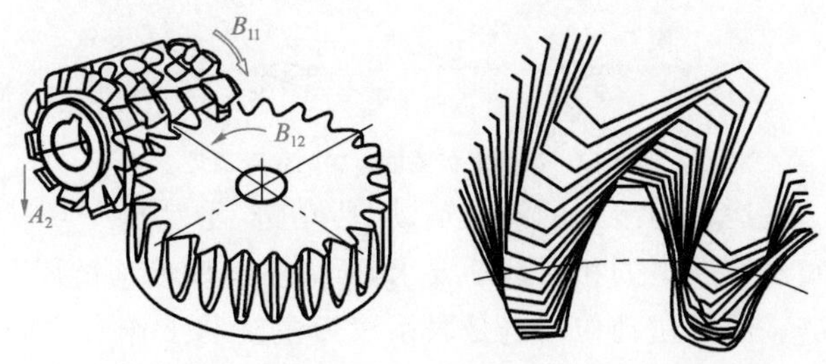

图 5-10 滚齿的原理

如图 5-10 所示滚齿的成形运动是由滚刀的旋转运动和工件的旋转运动组成的复合运动 ($B_{11}+B_{12}$)，为了滚切出全齿宽，滚刀还应有沿工件轴向的进给运动 A_2。

2. 滚齿机及其调整

滚齿机按工件的安装方式不同，可分为卧式和立式两种形式。卧式滚齿机适用于加工小模数齿轮和连轴齿轮，工件轴线为水平安装；立式滚齿机适用于加工轴向尺寸较小而径向尺寸较大的齿轮。图 5-11 所示为常见滚齿机的外形及其组成。

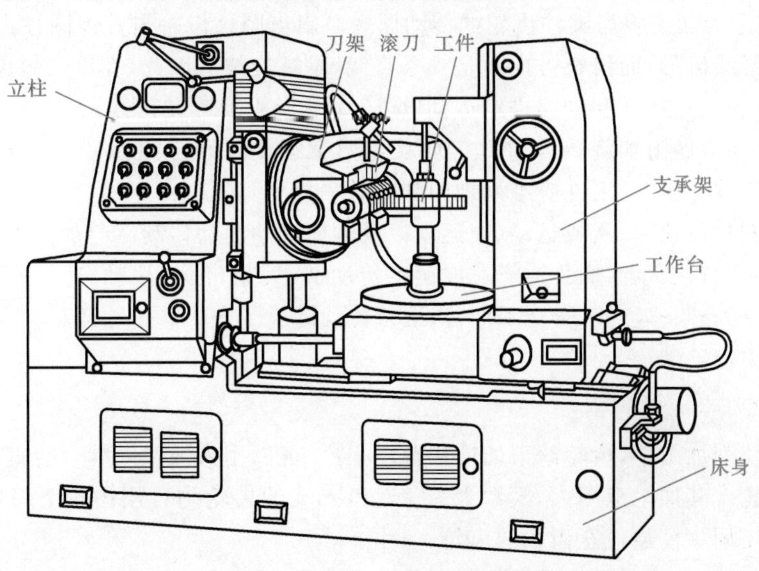

图 5-11 常见滚齿机的外形及其组成

(1)加工直齿圆柱齿轮时的传动分析及调整

图 5-12 所示为滚切直齿圆柱齿轮的传动原理。从中可知,加工直齿圆柱齿轮时需要滚刀旋转主运动 B_{11}、形成渐开线的展成运动 B_{12} 和滚刀的垂直进给运动 A 三条传动链。

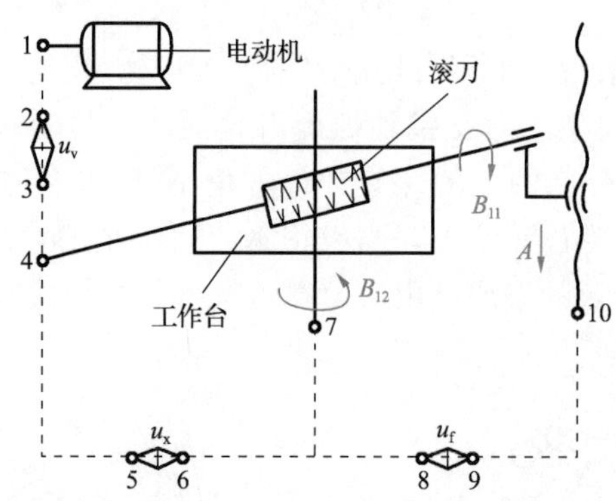

图 5-12　滚切直齿圆柱齿轮的传动原理

①主运动传动链　主运动为滚刀的旋转运动,传动链:电动机→1→2→u_v→3→4→滚刀。由于滚刀和动力源之间没有严格的相对运动要求,所以主运动传动链属于外联系传动链。

②展成运动传动链　展成运动传动链是联系滚刀主轴和工作台之间的传动链,由它决定齿轮齿廓的形状(渐开线),属于内联系传动链,通过分齿交换齿轮的选择而得到的传动比必须准确。根据滚齿的原理,当滚刀转过 $1/k$ 转(k 为滚刀头数)时,工件必须转过 $1/z$ 转(z 为工件齿数)。展成运动传动链:滚刀→4→5→u_x→6→7→工作台。

③垂直进给运动传动链　垂直进给运动传动链是联系工作台与刀架间的传动链。该传动链只影响形成齿线的快慢而不影响齿线(直线)的轨迹,属于外联系传动链。垂直进给运动传动链:7→8→u_f→9→10。垂直进给量可根据工件材料、加工精度和表面粗糙度等条件选取。

(2)滚切斜齿圆柱齿轮的传动分析及调整

图 5-13 所示为加工斜齿圆柱齿轮的传动原理。斜齿圆柱齿轮与直齿圆柱齿轮相比,其端面上齿廓是渐开线齿形,而齿长方向不是一条直线,是螺旋线。因此,在滚切斜齿圆柱齿轮时,除需要有展成运动、主运动和轴向进给运动以外,为了形成螺旋线齿线,在滚刀做轴向进给运动的同时,工件还应做附加旋转运动 B_{22},而且这两个运动之间必须保持确定的关系:滚刀移动一个工件螺旋线导程时,工件应准确地附加旋转一周。

滚切斜齿圆柱齿轮时,展成运动、主运动以及轴向进给运动传动链与加工直齿圆柱齿轮相同,只是刀架与工件之间增加了一条附加运动传动链:刀架(滚刀移动 A_{21})→12→13→u_y→14→15→合成→6→7→u_x→8→9→工作台;这条传动链属于内联系传动链。

3. 齿轮滚刀与安装

(1)齿轮滚刀

在齿面的切削加工中,齿轮滚刀的应用范围很广,可以用来加工外啮合的直齿轮、斜齿轮、标准及变位齿轮。其加工范围大,模数为 0.1～40 mm 的齿轮均可用齿轮滚刀加工。用一把滚刀就可以加工同一模数任意齿数的齿轮。

从滚齿原理可知,滚刀是一个蜗杆形刀具。滚刀的基本蜗杆有渐开线蜗杆、阿基米德蜗杆和法向直廓蜗杆三种。理论上讲,加工渐开线齿轮应用渐开线蜗杆,但其制造困难,而阿基米德蜗杆轴向剖面的齿形为直线,容易制造,生产中常用阿基米德蜗杆代替渐开线蜗杆。为了形

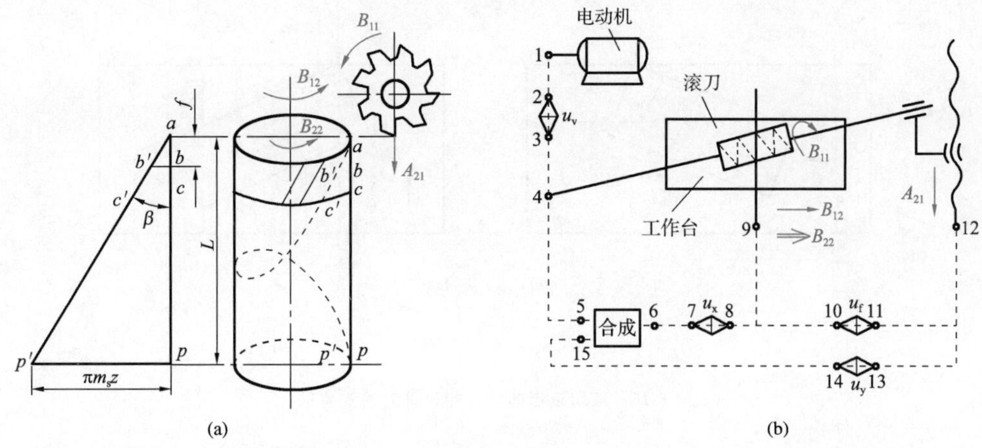

图 5-13　加工斜齿圆柱齿轮的传动原理

成切削刃的前角和后角，在蜗杆上开出了容屑槽，并经铲背形成滚刀。图 5-14 所示为整体式齿轮滚刀。

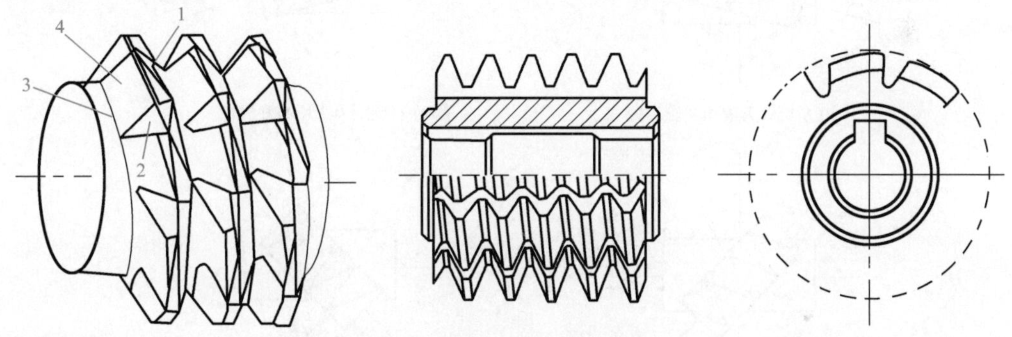

图 5-14　整体式齿轮滚刀

1—顶刃后刀面；2—前刀面；3—切削刃；4—侧后刀面

标准齿轮滚刀精度分为四级：AA、A、B、C 级。加工时应按齿轮要求的精度，选用相应的齿轮滚刀。一般情况下，AA 级滚刀可加工 6～7 级精度齿轮；A 级可加工 7～8 级精度齿轮；B 级可加工 8～9 级精度齿轮；C 级可加工 9～10 级精度齿轮。

(2)齿轮滚刀的安装

滚齿时，为了切出准确的齿廓，应当使滚刀的螺旋线方向与被加工齿轮的齿面线方向一致，滚刀和工件处于正确的啮合位置。这一点无论对直齿圆柱齿轮还是对斜齿圆柱齿轮都是一样的。因此，需将滚刀轴线与被切齿轮端面安装成一定的角度，称为安装角 δ。当加工直齿圆柱齿轮时，滚刀的安装角 δ 等于滚刀的螺旋升角 γ。图 5-15(a)所示是用右旋滚刀加工直齿圆柱齿轮的安装角，图 5-15(b)所示是用左旋滚刀加工直齿圆柱齿轮的安装角，其中虚线表示滚刀与齿坯接触一侧的滚刀螺旋线方向。当加工斜齿圆柱齿轮时，滚刀的安装角不仅与滚刀螺旋线方向及螺旋升角 γ 有关，而且还与被加工齿轮的螺旋方向及螺旋角 β 有关。当滚刀与被加工齿轮的螺旋线方向相同(都是左旋或都是右旋)时，滚刀的安装角 $\delta=\beta-\gamma$；当滚刀与被加工齿轮的螺旋线方向相反时，滚刀的安装角 $\delta=\beta+\gamma$(图 5-16)。

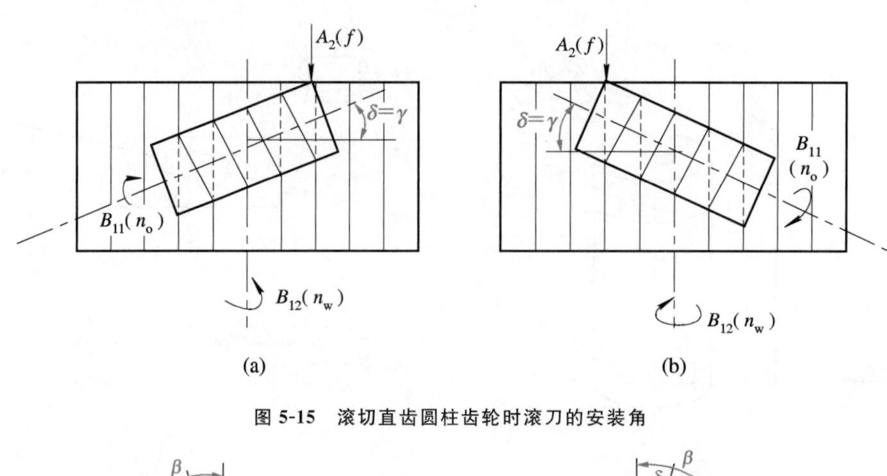

图 5-15 滚切直齿圆柱齿轮时滚刀的安装角

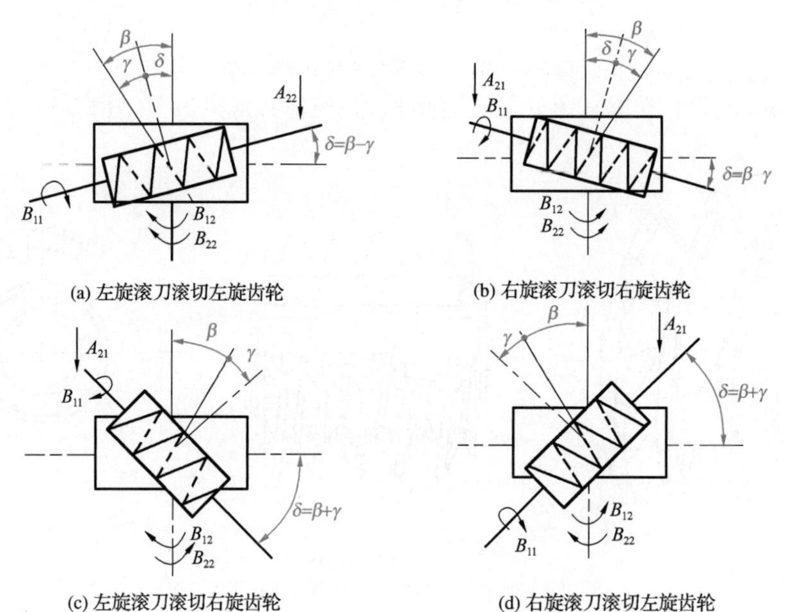

图 5-16 滚切直齿圆柱齿轮时滚刀的安装角

4. 滚齿的工艺特点与应用

(1)适应性好

由于滚齿加工采用展成法，因而一把滚刀可以加工与其模数和齿形角相同的不同齿数的齿轮。

(2)生产率高

滚齿为连续切削，无空行程；可用多头滚刀来提高粗滚效率，所以滚齿生产率一般比插齿高。

(3)被加工齿轮的分齿精度高

滚齿时，一般都只是滚刀的一周多一点的刀齿参与切削，工件上所有齿槽都是由这些刀齿切出来的，所以被切齿轮的齿距偏差小。

(4)存在理论误差

滚齿加工中，理论上滚刀齿法向截面齿形应为直线(相当于齿条)，而实际上，滚齿的端面齿形为直线，法面齿形并非直线，所以滚齿存在理论误差。

(5)适用场合

滚齿加工适于加工直齿、斜齿圆柱齿轮和蜗轮，但不能加工内齿轮、扇形齿轮和相距很近的多联齿轮。

三、插齿

1. 插齿的原理

插齿和滚齿一样，是利用展成法原理来加工齿轮的。插齿刀实质上是一个端面磨有前角，齿顶及齿侧均磨有后角的齿轮。插齿时，刀具沿工件轴线方向做高速往复直线运动，形成切削加工的主运动，同时还与工件做无间隙的啮合运动，在工件上加工出全部轮齿齿廓。在加工过程中，刀具每往复一次仅切出工件齿槽的很小一部分，工件齿槽的齿面曲线是由插齿刀切削刃多次切削的包络线所形成的，如图 5-17 所示。

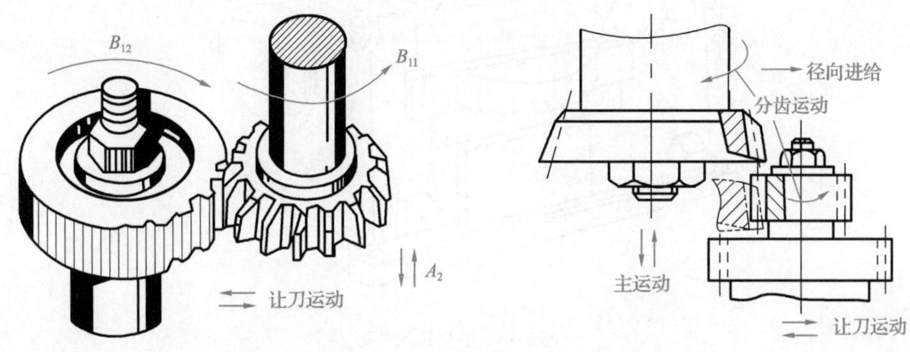

图 5-17　插齿的原理与切削运动

2. 插齿机

插齿机是用插齿刀采用展成法插削内、外圆柱齿轮齿面的齿轮加工机床。这种机床特别适于加工在滚齿机上不能加工的内齿轮和多联齿轮。装上附件，插齿机还能加工齿条，但插齿机不能加工蜗轮。图 5-18 所示为一种插齿机的外形。这种插齿机主要由床身、刀架、插齿刀、工作台、横梁等组成。插齿刀安装在主轴上，在做旋转运动的同时做上下往复移动，刀架可带动刀具沿工件径向切入；工件装夹在工作台上做旋转运动，刀具回程时，工件随工作台水平摆动让刀。

3. 插齿刀

标准插齿刀分为三种类型，如图 5-19 所示。其中如图 5-19(a)所示盘形插齿刀主要用于加工模数为 1～12 mm 的直齿外齿轮及大直径内齿轮，如图 5-19(b)所示碗形直齿插齿刀主要用于加工模数为 1～8 mm 的多联齿轮和带有凸肩的齿轮，如图 5-19(c)所示锥柄插齿刀主要用于加工模数为 1～3.75 mm 的内齿轮。

插齿刀有三个精度等级：AA 级适用于加工 6 级精度的齿轮，A 级适用于加工 7 级精度的齿轮，B 级适用于加工 8 级精度的齿轮，应根据被加工齿轮的传动平稳性精度等级选用。

4. 插齿的工艺特点与应用

与滚齿相比，插齿有以下工艺特点：

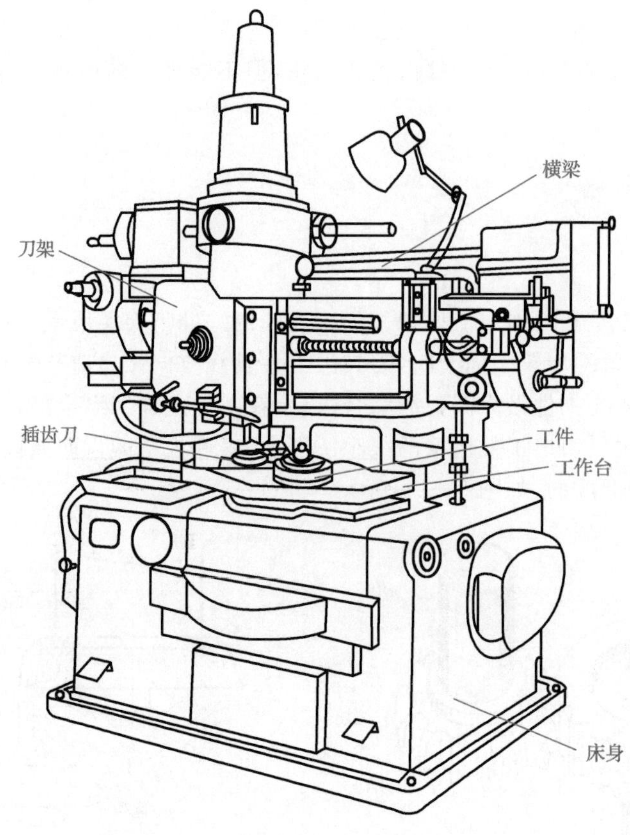

图 5-18　插齿机的外形

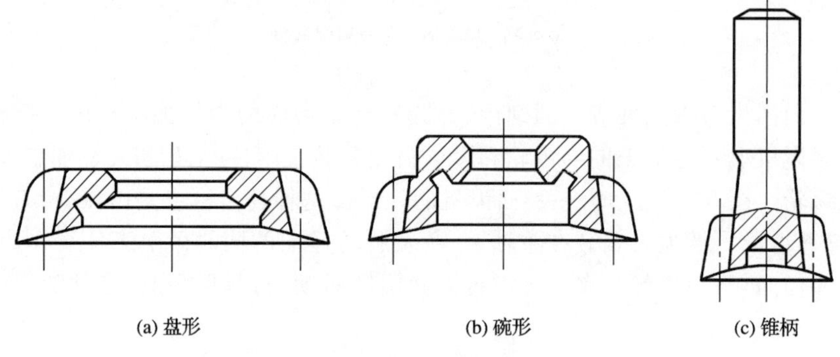

图 5-19　标准插齿刀

(1)齿形精度比滚齿高

这是由于插齿刀在设计时没有滚刀那种近似造型误差，加之在制造时可通过高精度磨齿机获得精确的渐开线齿形。

(2)齿面的表面粗糙度值小

这主要是由于插齿过程中参与包络的刀刃数远比滚齿时多。

(3)运动精度低于滚齿

由于插齿时，插齿刀上各个刀齿顺次切削工件的各个齿槽，所以刀具的齿距累积误差将直接传递给被加工齿轮，从而影响被加工齿轮的运动精度。

(4)齿向偏差比滚齿大

这是因为插齿的齿向偏差取决于插齿机主轴回转轴线与工作台回转轴线的平行度误差。由于插齿刀往复运动频繁,主轴与套筒容易磨损,所以齿向偏差常比滚齿加工时要大。

(5)插齿的生产率比滚齿低

这是因为插齿刀的切削速度受往复运动惯性限制难以提高,目前插齿刀每分钟往复行程次数一般只有几百次。此外,插齿有空行程损失,其实际切削长度只有其总行程长度的 1/3 左右。

(6)插齿适应范围广

插齿非常适于加工内齿轮、双联或多联齿轮、齿条、扇形齿轮等,而滚齿则无法加工这些齿轮。

(7)插齿既可用于齿形的粗加工,也可用于精加工

插齿通常能加工 7～9 级精度齿轮,最高可达 6 级。

四、齿面的精加工

1. 剃齿

剃齿一般可达到 6～7 级精度,齿面表面粗糙度为 Ra 0.8～0.4 μm,剃齿的生产率高,在成批生产中主要用于滚齿或插齿加工后、淬火前的齿面精加工。

(1)剃齿的原理

剃齿加工根据一对螺旋角不等的螺旋齿轮的啮合原理工作,加工时剃齿刀与被切齿轮的轴线空间交叉一个角度。如图 5-20(a)所示,剃齿刀实质上是一个高精度的螺旋齿轮,并且在齿面上沿齿向开了很多刀刃槽,如图 5-20(b)所示。剃齿刀为主动轮,而被切齿轮为从动轮,其加工过程就是剃齿刀带动工件做双面无侧隙的对滚,并对剃齿刀和工件施加一定压力。在对滚过程中,二者沿齿向和齿形方向均产生相对滑移,利用剃齿刀沿齿向开出的锯齿刀槽沿工件齿向切去一层很薄的金属,如图 5-20(c)所示。在工件的齿面方向因剃齿刀无刃槽,故虽有相对滑动,但不起切削作用。

(2)剃齿的工艺特点及应用

剃齿机床结构简单,调整方便,但是由于剃齿刀与被加工齿轮没有强制啮合运动,所以对齿轮切向误差的修正能力差。

剃齿加工精度主要取决于剃齿刀。只要剃齿刀本身的精度高、刃磨好,就能剃出表面粗糙度为 Ra 1.6～0.32 μm、精度为 6～8 级的齿轮。

剃齿加工效率高,剃齿刀寿命长,因此加工成本低。但剃齿刀的制造比较困难,而且剃齿工件的齿面容易产生畸变。

剃齿主要应用于大批大量生产中,对调质和淬火前的直、斜齿圆柱齿轮进行精加工,在汽车、拖拉机及机床制造等行业中应用很广泛。

2. 珩齿

珩齿是指用珩磨轮在珩齿机上进行齿形精加工的方法,其原理和方法与剃齿相同。珩齿时,珩磨轮高速(1 000～2 000 r/min)旋转,同时沿齿向和渐开线方向产生滑动进行切削,珩齿

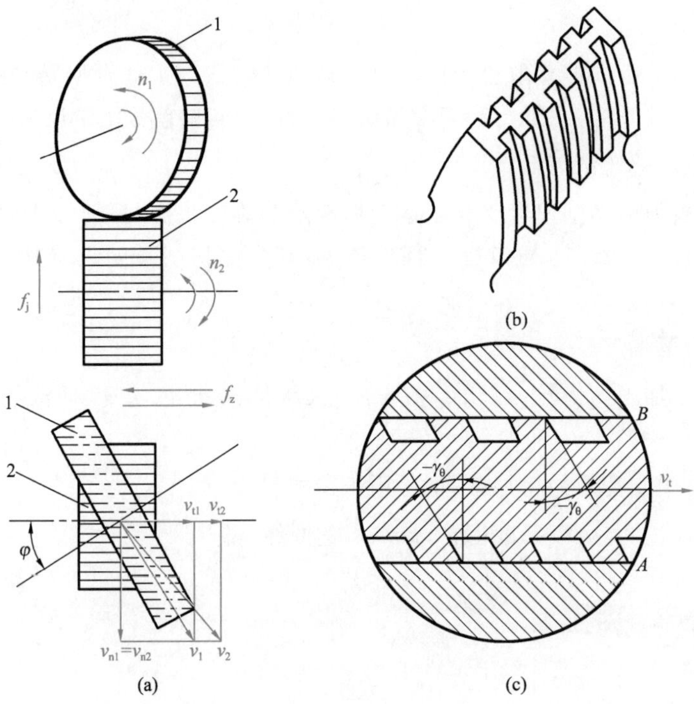

图 5-20 剃齿的原理与运动

1—剃齿刀；2—从动轮

过程具有剃削、磨削和抛光等精加工的综合作用，刀痕复杂、细密。

(1)珩磨轮

根据珩齿的加工原理，珩磨轮可以做成齿轮式的，直接加工直齿和斜齿圆柱齿轮，如图 5-21 所示。珩磨轮的轮坯采用钢坯，其轮齿部分是用磨料与环氧树脂等经浇铸或热压而成的斜齿，具有较高的精度。

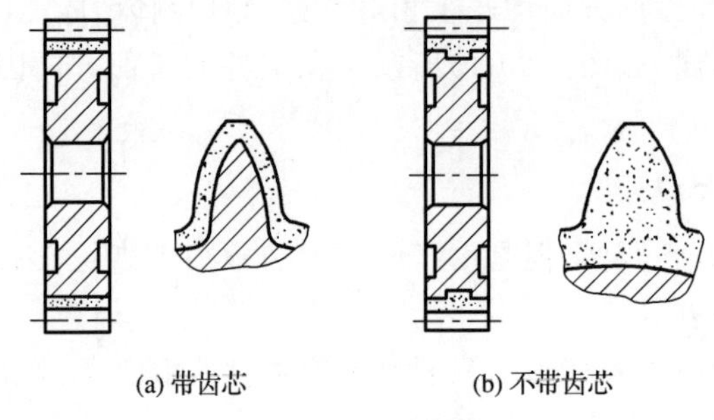

图 5-21 珩磨轮

(2)珩齿的工艺特点及应用

①与剃齿相比，由于珩磨轮表面有磨料，所以珩齿可以精加工淬硬齿轮，可得到较小的表面粗糙度和较高的齿面精度。

②由于珩齿与剃齿同属齿轮自由啮合，修正齿轮的切向误差能力有限，所以应在珩齿前的齿面加工中尽可能采用滚齿来提高齿轮的运动精度。

③蜗杆形珩磨轮的齿面比剃齿刀简单，且易于修磨，珩磨轮精度可高于剃齿刀的精度。采

用这种珩磨方式对齿轮的各项误差能够较好地修正，因此可以省去珩齿前的剃齿工序，缩短生产周期，节约费用。

④因珩齿加工余量很小，为 0.01～0.02 mm，且多为一次切除，故生产率很高，一般珩磨一个齿轮只需 1 min 左右。

⑤珩齿适用于消除淬火后的氧化皮和轻微磕碰而产生的齿面毛刺与压痕，可有效地降低表面粗糙度和齿轮啮合噪声，但对齿形精度改善不大。珩齿后表面粗糙度为 *Ra* 0.4～0.2 μm。在成批和大量生产中得到了广泛应用。

3. 磨齿

磨齿是指用砂轮在磨齿机上对齿轮进行精加工的方法。按照磨齿的原理，可分为成形法和展成法两种。

(1)成形法磨齿

如图 5-22 所示，将砂轮靠外圆处的两侧修整成与工件齿间相吻合的形状，对已切削过的齿间进行磨削。每磨完一齿后，进行分度，再磨下一个齿。

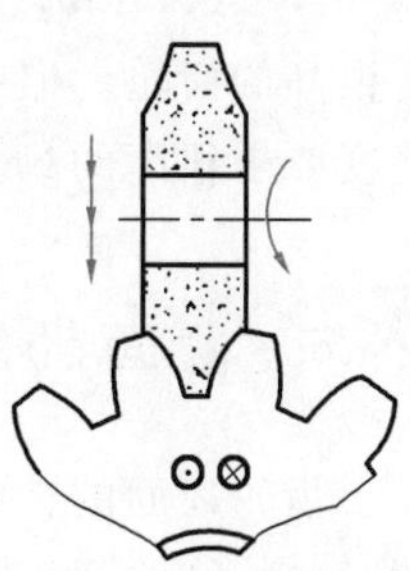

图 5-22　成形法磨齿

成形法磨齿的主要特点是：

①可在花键磨床或工具磨床上进行，设备费用较低。

②生产率较高，比展成法磨齿高近 10 倍。

③砂轮修整较复杂，且存在一定的误差。在磨齿过程中受砂轮磨损不均以及机床的分度误差的影响，它的加工精度只能达到 6 级。

(2)展成法磨齿

展成法磨齿生产率低，但加工精度高，一般可达 4 级，表面粗糙度为 *Ra* 0.4～0.2 μm。因此在实际生产中，它是齿面要求淬火的高精度齿轮常采用的一种加工方法。

展成法磨齿可分为锥形砂轮磨齿、双碟形砂轮磨齿和蜗杆砂轮磨齿三种方式。

①锥形砂轮磨齿　如图 5-23(a)所示，把砂轮修整成锥形，以构成假想齿条的齿形。其原理是使砂轮与被磨齿轮强制保持齿条和齿轮的啮合关系，且使被磨齿轮沿假想的固定齿条做往复纯滚动的运动，边转动，边移动，砂轮的磨削部分即可包络出渐开线齿形。

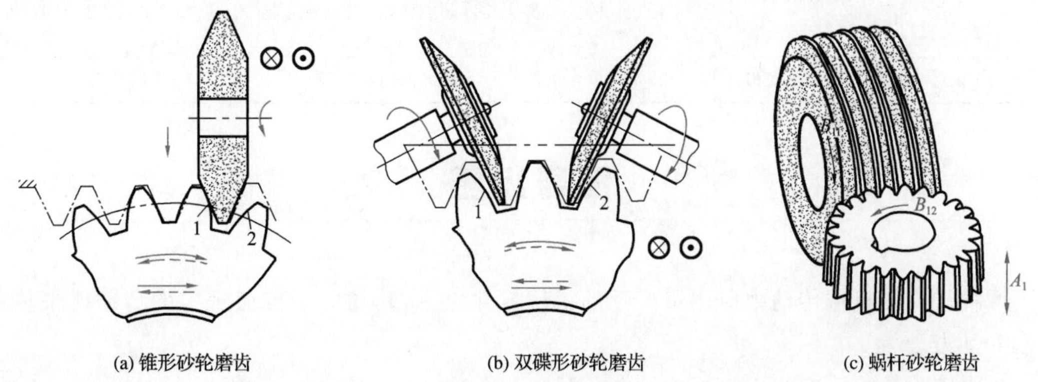

图 5-23　展成法磨齿

1、2—齿轮齿槽侧面

磨削时，砂轮做高速旋转，同时沿工件轴向做往复直线运动，以便磨出全齿宽。分别磨除齿槽的两个侧面。每磨完一个齿槽，砂轮自动退离工件，工件自动进行分度。

②双碟形砂轮磨齿　如图 5-23(b)所示，两个碟形砂轮倾斜一定角度，其端面构成假想齿条两个或一个齿的两个齿面，同时对齿槽的侧面 1 和侧面 2 进行磨削。工作时，两个砂轮同时磨一个齿间或两个不同齿间的左、右齿面。为了磨出全齿宽，被磨齿轮需沿齿向做往复直线运动。

③蜗杆砂轮磨齿　如图 5-23(c)所示，用蜗杆砂轮磨齿时的运动与滚齿相同，砂轮制成蜗杆形，其直径比滚刀大得多。由于连续分度和很大的砂轮转速(2 000 r/mm)，生产率比前两种方法都高，但蜗杆砂轮的制造和修整较为困难。

(3)磨齿加工的特点及应用

磨齿加工的主要特点是：加工精度高，一般条件下加工精度可达 4～6 级，表面粗糙度为 Ra 0.8～0.2 μm；由于采用强制啮合方式，因此不仅修正误差的能力强，而且可以加工表面硬度很高的齿轮。但磨齿加工的效率低，机床复杂，调整困难，故加工成本较高，主要应用于齿轮精度要求很高的场合。

五、齿面的加工方案选择

齿轮齿面的精度要求大多较高，加工工艺也较复杂，选择加工方案时应综合考虑齿轮的模数、尺寸、结构、材料、精度等级、生产批量、热处理要求和工厂加工条件等。常用齿面加工方案通常可按表 5-6 选择。

表 5-6　常用齿面加工方案

序号	加工方案	加工精度	生产批量	适用范围	备　注
1	铣齿	IT11～IT9	单件小批	机修业、农机业小厂及乡镇企业	靠分度头分齿
2	滚齿或插齿	IT8～IT7	单件小批	很广泛。滚齿常用于外啮合圆柱齿轮及蜗轮；插齿常用于阶梯齿轮、齿条、扇形齿轮、内齿轮	滚齿的运动精度较高；插齿的齿形精度较高
3	滚齿或插齿→剃齿	IT7～IT6	大批大量	无须淬火的调质齿轮	尽量用滚齿后剃齿，双联、三联齿轮插后剃齿
4	滚齿或插齿→剃齿→淬火→珩齿	IT6	成批大量	需淬硬的齿轮、机床制造业	矫正齿形精度及热处理变形能力较差
5	滚齿或插齿→淬火→磨齿	IT6～IT5	单件小批	精度较高的重载齿轮	生产率低、精度高

任务小结

圆柱齿轮是机械传动中应用最广泛的机械零件之一，其功能是按照规定的传动比来传递运动和动力。

1. 圆柱齿轮的结构特点

从结构上来讲，圆柱齿轮通常被分为齿圈和轮体两部分。轮体的结构形状对齿轮的加工工艺过程影响很大；一个圆柱齿轮可以有一个或多个齿圈，以普通单齿圈齿轮的结构工艺性为最好。当齿轮的精度要求高，需要剃齿或磨齿时，通常可将多齿圈齿轮做成单齿圈齿轮的组合结构。

2. 圆柱齿轮传动的精度要求

(1)运动精度

要求齿轮能准确地传递运动，传动比恒定，即要求齿轮在一转中，转角误差不超过一定范围。

(2)工作平稳性

要求齿轮传递运动应平稳，冲击、振动和噪声要小。这就要求限制齿轮转动时瞬时速比的变化要小，即要限制短周期内的转角误差。

(3)接触精度

齿轮在传递动力时，为了不致因载荷分布不均匀而使接触应力过大，引起齿面过早磨损，齿轮工作时齿面接触要均匀，并保证有一定的接触面积和符合要求的接触位置。

(4)齿侧间隙

要求齿轮传动时，非工作齿面间留有一定间隙，以储存润滑油，补偿因温度、弹性变形所引起的尺寸变化和加工、装配时的误差。

3. 齿坯的技术要求

齿坯的内孔和端面是加工齿轮时的定位基准和测量基准，在装配中它是装配基准，所以它的尺寸精度、形状精度及位置精度要求较高。定位基准面的形状误差和尺寸误差将引起安装间隙，造成齿轮几何偏心。表面粗糙度过大时，经过加工过程中定位和测量的反复使用容易引起磨损，将影响定位基准面的精度。

4. 齿轮的材料、热处理与毛坯成形方法

齿轮的材料及热处理对齿轮的加工质量和使用性能都有很大的影响，选择时主要应考虑齿轮的工作条件(如速度与载荷)和失效形式(如点蚀、剥落或折断等)。圆柱齿轮通常可选择锻件或铸件毛坯等。

5. 齿面的加工方法

常用齿面的加工方法见表5-6。

6. 齿坯的加工工艺方案

大批大量生产的齿坯加工，多采用“钻→拉→多刀车”的工艺方案：

(1)以毛坯外圆及端面定位进行钻孔或扩孔。

(2)拉孔。

(3)以孔定位在多刀半自动车床上粗、精车外圆、端面、切槽及倒角等。

成批生产齿坯时，常采用“车→拉→车”的工艺方案：

(1)以齿坯外圆或轮毂定位，精车外圆、端面和内孔。

(2)以端面支承拉孔或花键孔。

(3)以孔定位精车外圆及端面等。

7. 齿形的加工工艺方案

通常选择如下四种方案加工路线：

(1)滚齿或插齿→齿端加工→渗碳淬火→修正基准→磨齿：适于较小批量，精度为3～6级的淬硬齿轮。

(2)滚齿或插齿→齿端加工→剃齿→表面淬火→修正基准→珩齿：适于较大批量，并且精度要求为 6～8 级的淬硬齿轮。

(3)滚齿或插齿→剃齿(冷挤):适用于较大批量,精度要求中等,且不淬硬的齿轮。

(4)对 8 级精度以下的齿轮,用滚齿或插齿就能满足要求。当需要淬火时,在淬火前应将精度提高一级或在淬火后珩齿,即滚齿或插齿→齿端加工→热处理(淬火)→修正内孔;或滚齿或插齿→齿端加工→热处理(淬火)→修正基准→珩齿。

任务自测

1. 齿轮传动的基本要求有哪些?
2. 齿形加工中常用哪些热处理工艺?热处理后如何精修基准?
3. 简述各种齿轮加工方法的原理、工艺特点和应用范围。
4. 齿形加工方案应怎样确定?
5. 对于不同精度的圆柱齿轮,其齿形加工方案应如何选择?
6. 对于圆柱齿轮来说,齿坯加工方案是如何选择的?
7. 对于不同类型的齿轮,定位基准应如何选择?
8. 试编制图 5-24 所示齿轮的机械加工工艺规程。精度等级:8-7-7GK;齿轮基本参数:$m=5$,$z=63$,$\alpha=20°$;技术要求:热处理,190～217HBS;未注倒角 $C1$;材料为 HT200。

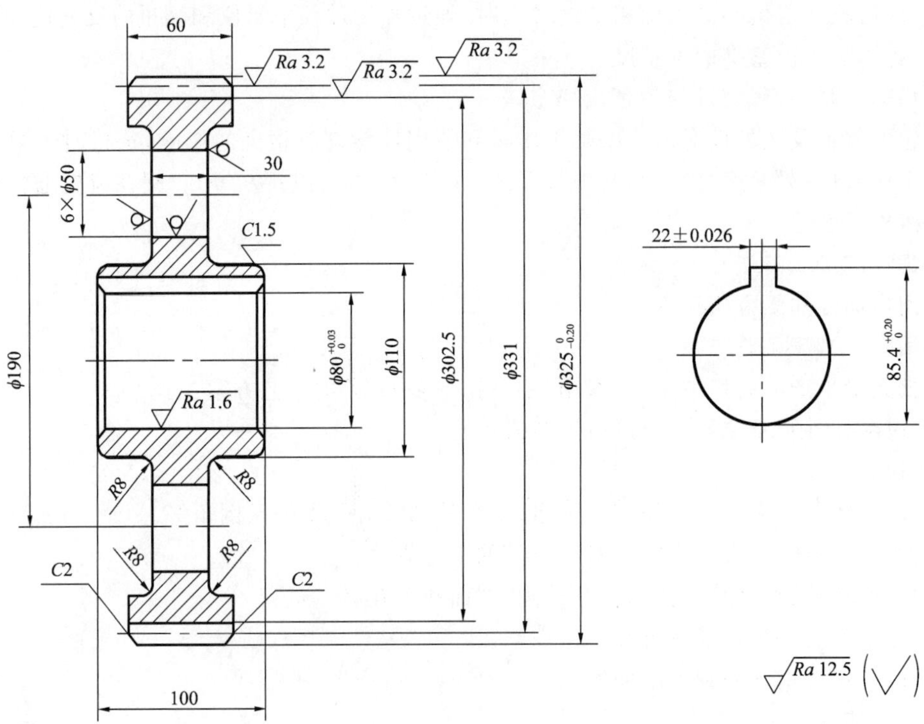

图 5-24 题 8 图

学习情境六
装配工艺规程制定

学习目标

1. 掌握保证装配精度的常用工艺方法及其选用。
2. 了解装配尺寸链的解算方法。
3. 培养学生团结协作、严谨求实、绿色环保、爱岗敬业、安全意识、创新意识等职业素养。
4. 能够设计简单装配体的装配工艺规程。

任务　向心球轴承的自动装配工艺规程制定

任务描述

某企业生产多种型号的滚动轴承，采用自动装配线来装配，年产量都在中批以上，试编制其自动装配的工艺规程。

任务分析

滚动轴承一般采用分组装配法，轴承内、外套圈在检测工位进行内、外径测量后，送入选配合套工位，合套后的内、外套圈一同送到装球机装入钢球和保持架，然后在点焊工位把保持架焊好，再通过退磁、清洗、外观检视和振动检测，最后涂油包装送出。

任务准备

知识点一：机械装配基本概念

1. 装配的概念

所谓装配，是指按规定的技术要求和精度，将构成机器的零件结合成组件、部件或产品的工艺过程。把零件装配成组件,或把零件和组件装配成部件,以及把零件、组件和部件装配成最终产品的过程分别称为组装、部装和总装。

2. 装配单元

一台机械产品往往由上千至上万个零件所组成,为了便于组织装配工作,必须将机械产品分解为若干可以独立进行装配的装配单元,以便于按照单元次序进行装配并有利于缩短装配周期。一般情况下,装配单元可分为五个等级:零件、合件、组件、部件和机器。

(1)零件

是构成机器和参加装配的最基本单元,它是由整块金属或其他材料制成的。大部分零件先装成合件、组件和部件后再进入总装配,直接装入机器的零件并不太多。

(2)合件

是比零件大一级的装配单元。下列情况属于合件:

①若干零件用不可拆卸的连接法(如焊、铆、热装、冷压、合铸等)装配在一起的装配单元。如摩托车汽缸套与散热片合铸件。

②少数零件组合后还需进行加工,如齿轮减速器的箱体与箱盖、曲柄连杆机构的连杆与连杆盖等,都是组合后镗孔。零件应对号入座,不能互换。

③以一个基准件和少数零件组合成的装配单元。

(3)组件

是指若干零件与若干合件组合而成的装配单元。

(4)部件

是指一个基准零件和若干零件、合件和组件组合而成的装配单元。如主轴箱、走刀箱等。

(5)机器

是指由上述各装配单元组合而成的整体。

图 6-1 为装配单元系统图,它表明了各有关装配单元间的从属关系。

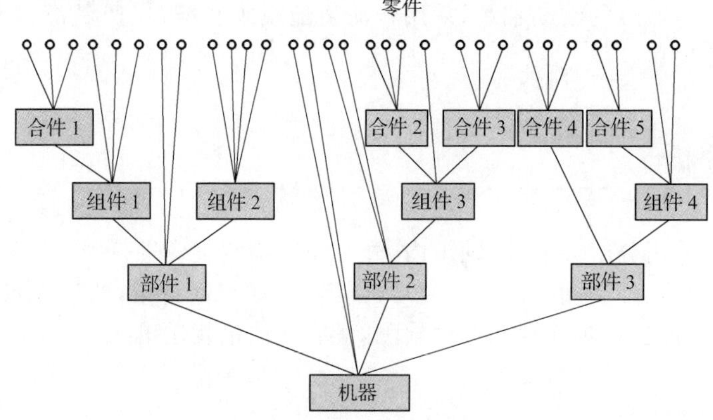

图 6-1 装配单元系统图

装配工作量在机器制造过程中占有很大的比例。尤其在单件小批生产中,因装配工作量大,装配工时往往占机械加工工时的一半左右,即使在大批量生产中,装配工时也占有较大的比例。

目前,在多数工厂中,装配工作大部分靠手工劳动完成,所以装配工作更显重要。选择合适的装配方法、制定合理的装配工艺规程,不仅是保证产品质量的重要手段,也是提高生产率、降低制造成本的有力措施。

知识点二：装配工作的基本内容

装配过程中并非将合格零件简单地连接起来，而是要通过一系列工艺措施，才能最终达到产品质量要求。常见的装配工作如下：

1. 清洗

进入装配的零部件，装配前要经过认真的清洗。因为零件表面所黏附的切屑、油脂和灰尘等均会严重影响总装配质量和机器的使用寿命。对机器的关键零部件，如轴承、密封件、精密零件等，清洗尤为重要；其目的是去除零件表面或部件中的油污及机械杂质。清洗工作必须认真、细致，其工作要点是选择好清洗液及根据不同的情况采用不同的工艺方法，如擦洗、浸洗、喷洗、超声波清洗等。

2. 刮削

刮削可以提高工件的尺寸和形状精度，降低表面粗糙度及提高接触精度。它需要熟练的技巧，劳动强度大，但方便灵活，在装配和修理中仍是一种重要的工艺方法。例如机床导轨面、密封面、轴承或轴瓦、蜗轮齿面等处还较多采用刮削。刮削质量一般用涂色检验，也可用相配零件互研来检验。

3. 平衡

对转速高且对运动平稳性又有较高要求的传动件，必须进行平衡。平衡分为动平衡和静平衡两种，像飞轮、带轮这一类直径大而轴向长度短的零件只需进行静平衡，轴向长度较长的零件则需进行动平衡。平衡要求高时，还必须在总装后用工作转速进行部件或整机平衡。平衡可采用增/减质量或改变在平衡槽中的平衡块的数量或位置等方法来实现。

4. 连接

装配过程中要进行大量的连接。连接的方式一般有两种：可拆连接和不可拆连接。

可拆连接在装配后可以很容易拆卸而不致损坏任何零件，且拆卸后仍能重新装配在一起。例如螺纹连接、键连接等。螺纹连接除受加工精度影响外，还与装配技术有很大关系。要确定好螺纹连接顺序、逐步拧紧的次数和拧紧力矩，预紧力要适度，可使用定力矩扳手来控制。

不可拆连接在装配后一般不再拆卸，如果拆卸，就会损坏其中的某些零件。例如焊接、铆接和过盈连接等。其中过盈连接常用轴向压入法和热胀冷缩法来装配。

5. 校正

校正是指各零件、部件间相互位置的校正、校平及有关的调整工作。校正工作常用的量具和工具有平尺、角尺、水平仪等，也可采用有关的仪器、仪表来校正。

6. 检验和试验

机械产品装配完后，应根据有关技术文件和质量标准，对产品进行较全面的检验和试验，合格后才准出厂。

此外，总装后的油漆及包装等工作也应足够重视，按有关规定及规范进行。

知识点三：装配精度

机械产品的质量标准通常是用技术指标表示的，其中包括几何方面和物理方面的参数。物理方面的参数有转速、质量、平衡、密封、摩擦等；而机械产品装配后几何参数实际达到的精度即装配精度。装配精度既是制定装配工艺规程的基础，也是合理确定零件的尺寸公差和技术条件的主要依据；因此必须正确地规定机器的装配精度。国家有关部门对各类通用机械产品都制定了相应的精度标准，可参考有关机械标准。装配精度一般包括零部件间的距离精度、相互位置精度和相对运动精度以及接触精度。

1. 距离精度

距离精度是指为保证一定的间隙、配合质量、尺寸要求等相关零部件间距离尺寸的准确程度；距离精度也包括配合表面的配合精度，即两个配合零件间的间隙或过盈的精确程度。如车床的床头和尾座两顶尖的等高度，钻模夹具中钻套孔中心到定位元件工作面的距离尺寸等即属此项精度。此外，距离精度还包括配合面之间的配合间隙或过盈量、运动副的间隙要求如导轨间隙、齿侧间隙等。

2. 相互位置精度

相互位置精度是指相关零件间的平行度、垂直度和同轴度等方面的要求。例如台式钻床主轴对工作台面的垂直度。

3. 相对运动精度

相对运动精度是指产品中有相对运动的零部件间在运动方向上和相对速度上的精度。如牛头刨床滑枕往复直线运动对工作台面的平行度、车床主轴轴线对床鞍移动的平行度等。运动速度上的精度是指内传动链的传动精度，即内传动链首、末两端元件的实际运动速度关系与理论值的符合程度。显然，零部件间在运动方向上的相对运动精度的保证是以位置精度为基础的。运动位置上的精度即传动精度，是指联系传动链中始、末两端传动元件间相对运动(转角)精度，如滚齿机主轴(滚刀)与工作台相对运动精度、车床车螺纹时主轴与刀架移动的相对运动精度等。

4. 接触精度

接触精度是指配合表面或连接表面间接触面积的大小和接触斑点分布状况。在机械产品的装配工作中，如何保证和提高装配精度，达到经济高效的目的，是装配工艺要研究的核心问题。

不同的机器具有不同的装配精度要求。例如，CA6140 车床的主轴回转精度要求为 0.01 mm，精密车床的主轴回转精度要求为 0.001 mm，而中国航空精密机械研究所研制的 CTC-1 精密车床的主轴回转精度要求则高达 0.1～0.2 μm，正确地规定机器的装配精度是机械产品设计所要解决的最为重要的问题之一。

5. 装配精度与零件精度的关系

机械、部件、组件等都是由零件装配而成的；因此，零件精度特别是关键零件的加工精度，对装配精度有很大的影响。

对于大批大量生产，为了简化装配工作，便于流水作业，通常采用控制零件的加工误差来保证装配精度。但是，进入装配的合格零件总是存在一定的加工误差，当相关零件装配在一起时，这些误差就有累积的可能。累积误差不超出装配精度要求，当然是很理想的，此时装配就只是简单的连接过程。

但事实并非如此，累积误差往往超过规定范围，给装配带来困难。采用提高零件加工精度来减小累积误差的办法，在零件加工并不十分困难，或者在单件小批生产时还是可行的。这种办法增加了零件的制造成本。当装配精度要求很高，零件加工精度无法满足装配要求，或者提高零件加工精度不经济时，则必须考虑采用合适的装配工艺方法，达到既不提高零件加工精度又能满足装配精度的目的。

例如，如图 6-2 所示，在普通车床主轴和尾座的装配中，必须保证主轴和尾座轴线的等高精度 A_0、与之相关的零件尺寸为主轴中心线至主轴箱的安装基准之间的距离 A_1、尾座套筒孔中心至尾座体的装配基准之间的距离 A_3、尾座体的安装基准至尾座垫板的安装基准之间的距离 A_2。因精度要求很高，仅靠提高 A_1、A_2、A_3 的尺寸精度来保证是很不经济的，甚至在技术上也是困难的。这时，比较合理的办法是首先按经济加工精度来确定各零部件的精度要求，然后对 A_2 进行适当的修配来保证装配精度。

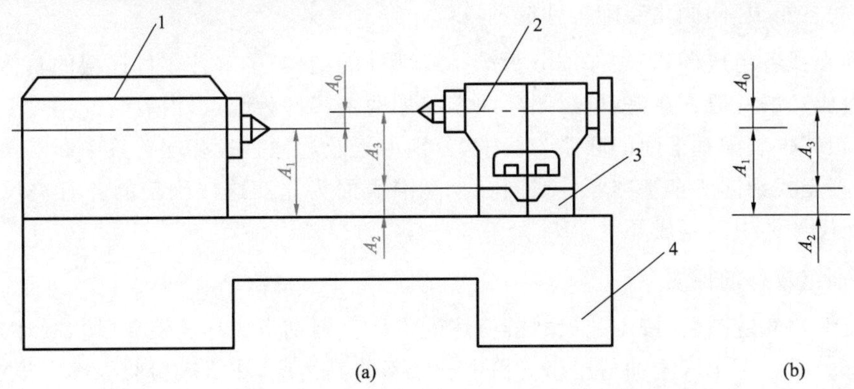

图 6-2　车床主轴与尾座套筒中心线不等高

1—主轴箱；2—尾座；3—底板；4—床身

由此可见，零件加工精度是保证装配精度要求的基础。但装配精度不完全由零件精度来决定，它是由零件的加工精度和合理的装配方法共同来保证的。因此，为保证机械的装配精度，应从产品结构、机械加工以及装配等方面进行综合考虑，选择适当的装配方法并合理地确定零件的加工精度。

知识点四：装配尺寸链

1. 装配尺寸链的基本概念

如前文所述，产品或部件的装配精度与构成产品或部件的零件精度有着密切关系。为了定量地分析这种关系，将装配尺寸链的基本理论应用于装配过程。

装配尺寸链是产品或部件在装配过程中，由相关零件的尺寸或位置关系所组成的封闭的尺寸组。它由一个封闭环和若干个与封闭环关系密切的组成环组成。

2. 装配尺寸链的特点

装配尺寸链是尺寸链的一种。与一般尺寸链相比，它除有共同的特性(封闭性和关联性)外，还具有以下典型特点：

(1)装配尺寸链的封闭环一定是机器产品或部件的某项装配精度；因此，装配尺寸链的封闭环是十分明显的。

(2)装配精度只有机械产品装配后才能测量。因此，封闭环只有在装配后才能形成，不具有独立性。

(3)装配尺寸链中的各组成环不是仅在一个零件上的尺寸，而是在几个零件或部件之间与装配精度有关的尺寸。

(4)装配尺寸链的形式较多，除常见的线性尺寸链外，还有角度尺寸链、平面尺寸链和空间尺寸链等。

3. 装配尺寸链的建立

当运用装配尺寸链的原理分析和解决装配精度问题时，首先要正确地建立装配尺寸链，即正确地确定封闭环，并根据封闭环的要求查明各组成环。

(1)确定封闭环

如前所述，装配尺寸链的封闭环为产品或部件的装配精度。为了正确地确定封闭环，必须深入了解产品的使用要求及各部件的作用，明确设计者对产品及部件提出的装配技术要求。

(2)查找各组成环，画出装配尺寸链图

为正确查找各组成环，必须仔细分析产品或部件的结构，了解各零件连接的具体情况。

查找组成环的一般方法是：取封闭环两端的那两个零件为起点，沿着装配精度要求的位置及方向，以相邻件装配基准间的联系为线索，分别由近及远地查找装配关系中影响装配精度的有关零件，直至找到同一个基准零件或同一个基准表面为止。这样确定的各有关尺寸或位置关系即装配尺寸链中的组成环。

(3)判别组成环的性质

画出装配尺寸链图后，按工艺尺寸链所述的方法去判别组成环的性质(增、减环)。

图 6-2(a)所示为车床主轴与尾座套筒中心线不等高情况，在机床检验标准中规定，在垂直方向上的误差为 0～0.06 mm，且只允许尾座高，这就是封闭环。

分别由封闭环两端那两个零件，即主轴中心线和尾座套筒孔的中心线起，由近及远，沿着垂直方向可以找到三个尺寸(A_1、A_2 和 A_3)直接影响装配精度，为组成环。其中 A_1 是主轴中心线至主轴箱的安装基准之间的距离，A_2 是尾座体的安装基准至尾座垫板的安装基准之间的距离，A_3 是尾座套筒孔中心至尾座体的装配基准之间的距离。A_1 和 A_2 都以导轨平面为共同安装基准，尺寸封闭。图 6-2(b)为尺寸链简图。

(4)建立工艺尺寸链的注意事项

由于装配尺寸链比较复杂，并且同一装配结构中装配精度要求往往有几个，需在不同方向(如垂直方向、水平方向、径向和轴向等)分别查找，容易混淆，因此在查找时要十分细心。

通常，容易将非直接影响封闭环的零件尺寸计入装配尺寸链，使组成环数增加，每个组成环可能分配到的制造公差减小，增加制造难度。为避免出现这种情况，坚持以下两点是十分必要的：

①装配尺寸链的简化原则　机械产品的结构通常都比较复杂，对某项装配精度有影响的因素很多，在查找装配尺寸时，在保证装配要求的前提下，可略去那些影响较小的因素，从而简化装配尺寸链。如图 6-2 所示，在调整车床主轴与尾座中心线等高时，影响该项装配精度的因素除 A_1、A_2 和 A_3 三个尺寸外，还有其他因素，如主轴箱内主轴的滚动轴承外圈与内孔的同轴度误差、尾座套筒锥孔与外圆的同轴度误差、尾座套筒与尾座孔配合间隙引起的向下偏移量、床身上安装床头箱和尾座的平导轨间的尺寸及几何误差等。

由于以上影响因素的误差数值相对于 A_1、A_2、A_3 的误差是较小的，故装配尺寸链可简化。但在精密装配中，应计入对装配精度有影响的所有因素，不可随意简化。

②环数最少原则　所谓环数最少，即装配尺寸链应采用最短路线。由尺寸链的基本理论可知，在装配要求给定的条件下，组成环数目越少，则各组成环所分配到的公差值就越大，零件的加工就越容易和经济。

因此，在查找装配尺寸链时，每个相关的零部件只能有一个尺寸作为组成环列入装配尺寸链，即将连接两个装配基准面间的位置尺寸直接标注在零件图上。这样，组成环的数目就等于有关零部件的数目，即“一件一环”，这就是环数最少（装配尺寸链的最短路线）原则。

技能点一：装配尺寸链的计算

装配尺寸链的计算方法有两种：极值法和概率法。

1. 极值法

极值法的基本公式是

$$T_0 \geqslant \sum_{i=1}^{m} T_i \tag{6-1}$$

有关计算公式用于装配尺寸链时，常有以下情况：

(1)“正计算”

“正计算”用于验算设计图样中某项精度指标是否能够达到要求，即装配尺寸链中的各组成环的公称尺寸和公差定得正确与否，这项工作在制定装配工艺规程时也是必须进行的。

(2)“反计算”

“反计算”就是已知封闭环，求解组成环。用于产品设计阶段，根据装配精度指标来计算和分配各组成环的公称尺寸和公差。这种问题解法多样，需根据零件的经济加工精度和恰当的装配工艺方法来具体确定分配方案。

(3)“中间计算”

“中间计算”常用在结构设计时，将一些难加工的和不宜改变其公差的组成环的公差先确定下来，其公差值应符合国家标准的规定，并按入体原则标注。然后将一个比较容易加工或容易装拆的组成环作为试凑对象，这个环称为协调环，如修配法中的修配环，调整法中的调整环，详见后续内容。

极值法的优点是简单可靠，但其封闭环与组成环的关系是在极端情况下推演出来的，即各项尺寸要么是上极限尺寸，要么是下极限尺寸。这种出发点与批量生产中工件尺寸的分布情况显然不符，因此造成组成环公差带很小，制造困难。在封闭环要求高、组成环数目多时，尤其是这样。

从加工误差的统计分析中可以看出，加工一批零件时，尺寸处于公差中心附近的零件属多数，接近极限尺寸的是极少数。在装配中，碰到极限尺寸零件的机会不多，而在同一装配中的零件恰恰都是极限尺寸的机会就更为少见。

因此，应从统计学角度出发，把各个参与装配的零件尺寸视为随机变量才是合理的、科学的。

2. 概率法

概率法的基本公式是

$$T_0 \geqslant \sqrt{\sum_{i=1}^{m} T_i^2} \tag{6-2}$$

用概率法的好处在于放大了组成环的公差，且仍能保证达到装配精度要求。尚需说明的是：由于应用概率法时需要考虑各环的分布中心，计算起来比较烦琐，所以在实际计算时常将各环改写成平均尺寸，公差按双向等偏差标注。计算完毕后，再按入体原则标注。

3. 装配工艺方法与计算方法的组合

机器装配中所采用的装配工艺方法及解算装配尺寸链所采用的计算方法必须密切配合，才能得到满意的装配效果。装配工艺方法与计算方法常用的匹配有：

(1)采用完全互换法时，应用极值法计算。完全互换且属于大批大量生产或环数较多时，可改用概率法计算。

(2)采用不完全互换法时，可用概率法计算。

(3)采用分组装配法时，一般都按极值法计算。

(4)采用修配法时，一般情况下批量小，应按极值法计算。

(5)采用调整法时，一般用极值法计算。大批大量生产时，可用概率法计算。

技能点二：保证装配精度的工艺方法

我们已经知道，机械产品的精度要求最终是靠装配实现的。为保证装配精度，人们根据产品的性能要求、结构特点和生产类型、生产条件等，创造了许多巧妙的装配工艺方法。这些方法又经过人们长期以来的丰富、发展和完善，已成为有理论指导、有实践基础的科学方法，可以归纳为互换法、选配法、修配法和调整法四大类。

1. 互换法

用控制零件的加工误差来保证装配精度的方法称为互换法。按其程度不同，分为完全互换法与不完全互换法两种。

(1)完全互换法

完全互换法是指机器在装配过程中每个待装配零件无须挑选、修配和调整，就能达到装配精度要求的一种装配方法。

完全互换法的特点：装配工作较为简单，生产率高，有利于组织生产协作和流水作业，且对工人技术要求较低，也有利于机器的维修。

在一般情况下，为了确保装配精度，完全互换装配法的装配尺寸链按极值法计算，即各组成环的公差之和小于或等于封闭环的公差。这样，装配后各相关零件的累积误差变化范围就不会超出装配允许公差范围。这一原则用公式表示即

$$T_0 \geqslant T_1 + T_2 + \cdots + T_m \tag{6-3}$$

式中 T_0——装配允许公差；

T_m——各相关零件的制造公差；

m——组成环数。

当遇到“反计算”形式时，可按等公差原则先求出各组成环的平均公差，再根据生产经验，考虑到各组成环尺寸的大小和加工难易程度进行适当调整。如尺寸大、加工困难的组成环应给以较大公差；反之，尺寸小、加工容易的组成环则给以较小公差。对于组成环是标准件，其尺寸(如轴承尺寸等)则仍按标准确定；当组成环是几个尺寸链中的公共环时，其公差值由要求最严的尺寸链确定。调整后，仍需满足式(6-3)。

除采用上述等公差方法外，也有采用等精度法的。该法使各组成环都按同一公差等级制造，由此求出平均公差等级系数，再按尺寸查出各组成环的公差值，最后仍需适当调整各组成环的公差。由于等精度法计算比较复杂，计算后仍要进行调整，故等精度法用得不多。

确定各组成环的公差后，按入体原则确定极限偏差，即组成环为包容面时，取下极限偏差为零；当组成环为被包容面时，取上极限偏差为零；若组成环是普通长度尺寸，其偏差按对称分布。按上述原则确定偏差后，有利于组成环的加工。

但是，当各组成环都按上述原则确定偏差时，按公式计算的封闭环极限偏差常不符合封闭环的要求值。因此，就需选取一个组成环，它的极限偏差不是事先定好的，而是经过尺寸链计算确定的，以便与其他组成环相协调，最后满足封闭环极限偏差的要求，这个组成环称为协调环。一般协调环不能选取标准件或几个尺寸链的公共组成环。完全互换法的尺寸链计算与工艺尺寸链计算方法相同。

因此，只要制造公差能满足机械加工的经济精度要求，则不论何种生产类型，均应优先采用完全互换法。当装配精度较高、零件加工困难而又不经济时，或在大批量生产中，可考虑采用不完全互换法。

(2)不完全互换法

所谓不完全互换法，是指将各相关零件的制造公差适当放大，使加工容易而经济，又能保证绝大多数产品达到装配要求的方法。

不完全互换法以概率论原理为基础，在零件的生产数量足够大时，加工后的零件尺寸一般在公差带上呈正态分布，而且平均尺寸在公差带中点附近出现的概率最大；在接近上、下极限尺寸处，零件尺寸出现概率很小。在一个产品的装配中，各相关零件的尺寸恰巧都是极限尺寸的概率就更小。当然，出现这种情况时，累积误差可能超出装配允许公差。

因此，可以利用这个规律，将装配中可能出现的废品控制在一个极小的比例之内。对于这一小部分不能满足要求的产品，也需进行经济核算或采取补救措施。

不完全互换法与完全互换法相比，其优点是零件公差可以放大些，从而使零件加工容易、成本低，也能达到互换性装配的目的。其缺点是将会有一部分产品的装配精度超差。这就需要采取补救措施或进行经济论证。

根据概率论原理，装配允许公差必须大于或等于各相关零件公差值平方和的算术平方根，即

$$T_0 \geqslant \sqrt{\sum_{i=1}^{m} T_i^2} \tag{6-4}$$

显然，当装配公差 T_0 一定时，与完全互换法比较，各相关零件的制造公差 T_i 增大，零件的加工也就容易了许多。

2. 选配法

选配法又称分组装配法，适用于在大批大量生产中装配那些精度要求特别高同时又不便于采用调整装置的机器结构。此时，若用完全互换法装配，则组成环的公差过小，加工很困难或很不经济，当组成环不多时可采用分组装配法。

分组装配法先将组成环的公差相对于互换装配法所求之值增大若干倍，使各组成环的公差达到经济加工精度，加工完成后要对组成环的实际尺寸逐一进行测量并按尺寸大小分组，装配时零件按对应组号配对装配，即组内互换、组与组之间不互换。这样，既扩大了零件的制造公差，又能达到很高的装配精度。

图 6-3 所示为活塞孔与活塞销的配合。根据装配技术要求，活塞孔与活塞销在冷态装配时应有 0.002 5～0.007 5 mm 的过盈量。此时，相应的配合公差仅为 0.005 mm。若活塞孔与活塞销采用完全互换法装配，且按“等公差”的原则分配孔与销的直径公差，则各自的公差只有 0.002 5 mm，即 $\phi 28_{-0.0025}^{\ \ 0}$ mm，活塞孔直径为 $\phi 28_{-0.0075}^{-0.0050}$ mm。显然，加工这种精度的零件是困难的，也是不经济的。

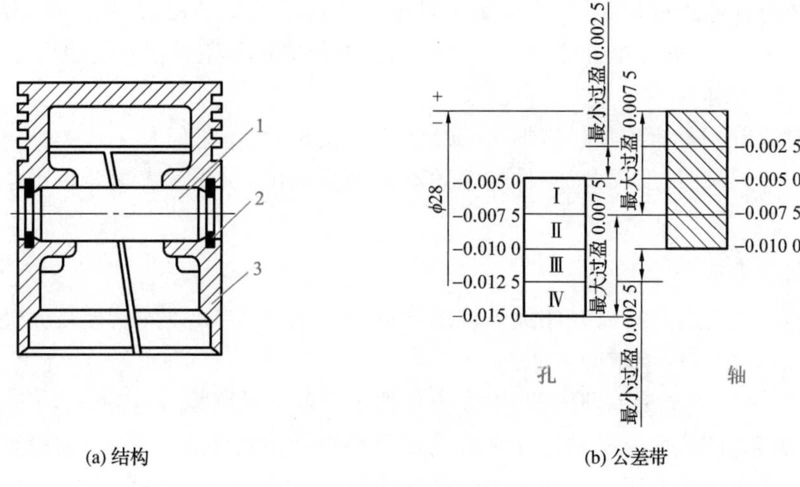

(a) 结构　　(b) 公差带

图 6-3　活塞孔与活塞销的配合

1—活塞销；2—挡圈；3—活塞孔

生产中常用分组装配法来保证上述装配精度要求。先将活塞孔与活塞销的公差同向放大 4 倍，由 0.002 5 mm 放大到 0.01 mm，即活塞销直径为 $\phi 28_{-0.01}^{\ \ 0}$ mm，活塞孔直径为 $\phi 28_{-0.015}^{-0.005}$ mm。这样，活塞销用无心外圆磨床加工，活塞孔用金刚镗床加工。加工好后，用精密量具逐一测量其实际尺寸，按尺寸大小分成 4 组，涂上不同的颜色，以便进行分组装配。

装配时让具有相同颜色的销孔与销子相配，即大销子配大销孔，小销子配小销孔，使之达到产品图样规定的装配精度要求。

采用分组装配法时，要求相配件的尺寸分布曲线具有完全相同的对称分布规律，如果尺寸分布曲线不相同或不对称，将导致各尺寸组相配零件数不等而不能完全配套，造成浪费。当然，这种偏态分布的情况在生产上往往是难以避免的，只能在聚集了相当数量的不配套零件后，再专门加工一批零件来配套。

采用分组装配法时，一般以分成 2～4 组为宜（另一说以分成 3～5 组为宜），分组数过多，会因零件测量、分类和存储工作量的增大而使生产组织工作变得复杂。

分组后零件表面粗糙度及几何公差不能扩大，仍按原设计要求制造。

分组装配法的主要优点是：零件的制造精度不很高，但却可获得很高的装配精度；组内零件可以互换，装配效率高。不足之处是：额外增加了零件测量、分组和存储工作量。

分组装配法适于在大批大量生产中装配那些组成环数少而装配精度又要求特别高的机器结构。

3. 修配法

预先选定某个零件为修配对象，并预留修配量，在装配过程中，根据实测结果，用锉、刮、研等方法，修去多余的金属，使装配精度达到要求，称为修配法。

修配法的优点：能利用较低的制造精度来获得很高的装配精度。

修配法的缺点：修配工作量大，且多为手工劳动，要求较高的操作技术。此法只适用于单件小批生产类型。

采用修配法时应正确地选择修配环，修配环应满足下列要求：便于拆装、易于修配，要选择形状比较简单、修配面较小的零件；尽量不要选择公共环，因为公共环难以同时满足多个装配要求，所以应选只与一项装配精度有关的环。

在生产中，利用修配法原理来达到装配精度的具体方法很多。现将常用的方法介绍如下：

(1)按件修配法

对预定的修配零件，采用去除金属材料的办法改变其尺寸，以达到装配要求的方法称为按件修配法。例如，为保证车床主轴顶尖与尾架顶尖的等高要求，确定尾架垫块为修配对象，预留修配量；装配时通过刮研尾架垫块的平面来达到等高要求。

采用按件修配法，首先要正确选择修配环。要选择只与本项装配要求有关而与其他装配要求无关(尺寸链中的非公共环)且易于拆装、修配面积不太大的零件作为修配环。其次要运用装配尺寸链原理合理确定修配环的尺寸与公差，使修配量既足够又不过大。最后，还要考虑到有利于减少手工操作，尽可能采用电动或气动修配工具，以精刨代刮、精磨代刮等。

修配环确定以后，首先要分析修配环修配后对封闭环的影响。一种情况是，修配环越修，封闭环尺寸越大，简称"越修越大"；另一种情况是，修配环越修，封闭环尺寸越小，简称"越修越小"。

"越修越大"时，为了保证修配量足够且又最小，放大组成环公差后实际封闭环的公差带和设计要求封闭环的公差带之间的相对关系应如图 6-4(a)所示。图中 T_0、$L_{0\max}$ 和 $L_{0\min}$ 分别表示设计要求的封闭环公差、上极限尺寸和下极限尺寸；T'_0、$L'_{0\max}$ 和 $L'_{0\min}$ 表示放大组成环公差后实际封闭环的公差、上极限尺寸和下极限尺寸；$F_{\max}$ 表示最大修配量。由图 6-4(a)可知

$$L'_{0\max}=L_{0\max} \tag{6-5}$$

若 $L'_{0\max}>L_{0\max}$，则修配环修配后 $L'_{0\max}$ 会更大，不能满足设计要求。

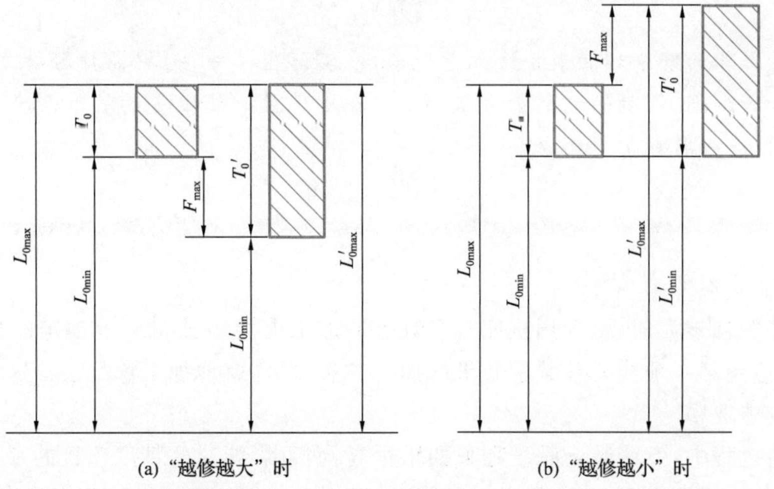

图 6-4　封闭环公差带要求值和实际公差带的相对关系

"越修越小"时，为了保证修配量足够且又最小，应满足

$$L'_{0\min}=L_{0\min} \tag{6-6}$$

上述两种情况下，分别满足式(6-5)和式(6-6)时，最大修配量 $F_{\max}$ 为

$$F_{max} = T'_0 - T_0 = \sum_{i=1}^{m} T_i - T_0 \tag{6-7}$$

下面通过实例介绍修配尺寸链的计算方法和步骤。

例 6-1

车床尾座装配，保证尾座锥孔轴线与主轴轴线等高，其尺寸链如图 6-2 所示。已知 $A_1 = 202$ mm，$A_2 = 46$ mm，$A_3 = 156$ mm，主轴轴线与尾座锥孔中心线的等高要求为 0～0.06 mm，且只允许尾座高。试采用修配法确定装配精度。

解 ①根据前面分析可知，A_0 为封闭环，A_1 为减环，A_2、A_3 为增环。

②根据修配环选择原则，确定 A_2 为修配环，修配后 A_2 减小，使封闭环的尺寸也减小，即“越修越小”。

③确定各组成环的公差。根据各组成环所采用的加工方法的经济精度确定其公差。A_1 和 A_3 采用镗模加工，取 $T_1 = T_3 = 0.1$ mm；底板采用半精刨加工，取 $T_2 = 0.15$ mm。

④计算修配环 A_2 的最大修配量。由式(6 7)可得

$$F_{max} = \sum_{i=1}^{m} T_i - T_0 = 0.1 + 0.15 + 0.1 - 0.06 = 0.29 \text{ mm}$$

⑤确定除修配环以外的各组成环的公差。因 A_1 和 A_3 是一般长度尺寸，故取对称偏差，$A_1 = (202 \pm 0.05)$mm，$A_3 = (156 \pm 0.05)$mm。

⑥计算修配环的尺寸及极限偏差。由式(6-6)推导或根据图 6-2(b)尺寸链简图，用尺寸链计算公式推导，可得

$$A_{2min} = A_{0min} - A_{3min} + A_{1max} = 0 - 155.95 + 202.05 = 46.1 \text{ mm}$$

因为

$$T_2 = 0.15 \text{ mm}$$

所以

$$A_{2max} = A_{2min} + T_2 = 46.1 + 0.15 = 46.25 \text{ mm}$$

即

$$A_2 = 46^{+0.25}_{+0.10} \text{ mm}$$

前面计算出的修配环的最小修配量为零，在实际生产中，为提高接触精度装配时还需对底板进行刮削，此时的刮削量为零，为此，在出现最小修配量的极限情况下，必须留出刮削余量，一般取 0.1 mm，故

$$A_2 = 46^{+0.35}_{+0.20} \text{ mm}$$

(2)就地加工修配法

在机床装配初步完成后，运用机床自身具有的加工能力对该机床上预定的修配对象进行自我加工，以达到某一项或几项装配要求的加工方法，称为就地加工修配法。这种装配方法主要用于机床制造业中。

机床制造过程中，有些装配精度项目要求很高，而且影响这些精度项目的零件数量又往往较多，零件的制造公差受到经济精度的制约，装配时由于误差的累积，装配精度就极难保证。因此，在零件装配结束后，运用自我加工的方法，消除装配累积误差，达到装配要求，具有十分重要的意义。例如，牛头刨床要求滑枕运动方向与工作台面平行，影响这一精度要求的零件很多，就可以通过机床装配后自刨工作台面来达到要求。其他如平面磨床自磨工作台面，龙门刨床自刨工作台面及立式车床自车转盘平面、外圆等均采用这种方法。

(3)合并加工修配法

合并加工修配法将两个或多个零件装配在一起后,进行合并加工修配。合并加工所得的尺寸可视为一个组成环,这样既减少了组成环的环数,从而减小了累积误差,又减少了修配工作量。

例如车床尾架与垫块,可以先进行组装,然后再对尾架套筒孔进行最后的镗孔,于是本来由尾座和垫块两个高度尺寸进入装配尺寸链,变成合件的一个尺寸进入装配尺寸链,从而减小了刮削余量。其他如车床溜板箱中开合螺母部分的装配,万能铣床上为保证工作台面与回转盘底面的平行度而采用工作台和回转盘的组装加工等,均采用合并加工修配法。

合并加工修配法在装配中使用时,要求零件对号入座,给组织生产带来一定的麻烦。因此,单件小批生产中使用较为合适。

4. 调整法

在成批大量生产中,对于装配精度要求较高而组成环数目较多的装配尺寸链,也可以采用调整法进行装配。

用一个可调整零件,装配时调整它在机器中的位置,或者增加一个定尺寸零件如垫片、套筒等,以达到装配精度的方法,称为调整法。用来起调整作用的这两种零件,都具有补偿装配累积误差的作用,称为补偿件。

调整法与修配法在补偿原则上相似,只是它们的具体做法不同。调整法也是按经济加工精度确定零件公差的。由于每一个组成环公差扩大使一部分装配件超差,故在装配时用改变产品中调整零件的位置或选用合适的调整件以达到装配精度。

调整法与修配法的区别是,调整法不是靠去除金属,而是靠改变补偿件的位置或更换补偿件的方法来保证装配精度的。

根据补偿件的调整特征,调整法可分为可动调整法、固定调整法和误差抵消调整法。

(1)可动调整法

可动调整法通过移动调整件位置来保证装配精度。调整过程中无须拆卸调整件,比较方便。实际应用例子很多,图 6-5 所示为常见的轴承间隙调整;图 6-6 所示为滑动丝杠螺母的楔块调整间隙装置,该装置通过调节螺钉使楔块上下移动来调整丝杠与螺母之间的轴向间隙。以上各调整装置分别采用螺钉、楔块作为调整件,是可动调整法的典型结构。

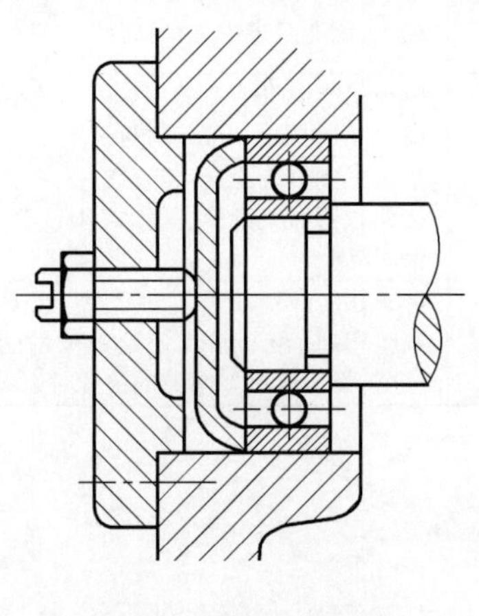

图 6-5　轴承间隙调整

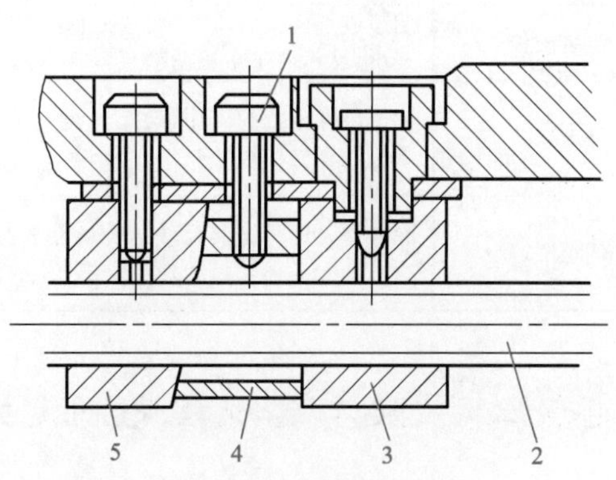

图 6-6　楔块调整间隙装置

1—调节螺钉;2—丝杠;3、5—螺母;4—楔块

(2)固定调整法

固定调整法选定某一零件为调整件，根据装配要求来确定该调整件的尺寸，以达到装配精度。由于调整件尺寸是固定的，故称为固定调整法。

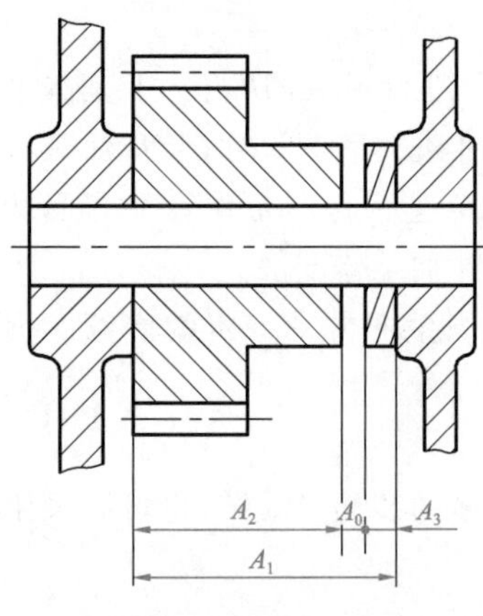

图 6-7 固定调整法实例

图 6-7 所示为固定调整法实例。箱体孔中轴上装有齿轮，齿轮的轴向窜动量 A_0 是装配要求。可以在结构中专门加入一个厚度尺寸为 A_3 的垫圈作为调整件。装配时，根据间隙要求，选择不同厚度的垫圈垫入。垫圈预先按一定的尺寸间隔做出几种，供装配时选用。

调整件尺寸的分级数和各级尺寸的大小，应按装配尺寸链原理进行计算确定。

(3)误差抵消调整法

通过调整某些相关零件误差的大小、方向使误差互相抵消的方法，称为误差抵消调整法。采用这种方法，各相关零件的公差可以扩大，同时又能保证装配精度。下面以镗模装配时运用误差抵消法调整为例来说明其原理。

装配要求镗模的镗套孔中心距为(100±0.01)mm。设镗模板上镗套底孔孔距为(100±0.009)mm，镗套内、外圆的同轴度为0.003 mm，则无论怎样装配均能满足装配精度要求。但其加工相当困难，采用误差抵消调整法进行装配，放大零件的制造公差，装配前先测量各零件的尺寸误差及位置误差，并记下误差的方向，然后按抵消误差的方向进行装配。实质上，本例是利用镗套同轴度误差来抵消镗模板上镗套底孔孔距误差的一个范例，其优点是降低了零件制造精度，通过调整最佳的装配位置来达到满意的装配精度。这个最佳装配位置就是用误差抵消法进行调整得到的。

在选择装配方法时，先要了解各种装配方法的特点及应用范围，见表 6-1。

表 6-1 各种装配方法的适用范围和应用实例

装配方法	适用范围	应用实例
完全互换法	用于零件数较少、批量很大、零件可用经济精度加工时	汽车、拖拉机、缝纫机及小型电机的部分部件
不完全互换法	用于零件数稍多、批量大、零件加工精度需适当放宽时	机床、仪器仪表中某些部件
分组装配法	用于成批或大量生产中，装配精度很高、零件数很少、又不便于采用调整装置时	中小型柴油机的活塞与缸套、活塞孔与活塞销、滚动轴承内、外圈与滚子
修配法	用于单件小批生产中，装配精度要求高且零件数量较多的场合	车床尾座垫板、滚齿机分度蜗轮与工作台装配后精加工齿形、平面磨床砂轮对工作台面自磨
调整法	除必须采用分组装配法选配的精密件外，调整法可用于各种装配场合	机床导轨的楔形镶条、内燃机气门间隙的调整螺钉、滚动轴承调整间隙的间隔套、垫圈、锥齿轮调整间隙的垫片

技能点三：装配工艺规程的制定方法

装配工艺规程就是将合理的装配工艺过程按一定的格式编写成书面文件。它是指导装配工作和保证装配质量的技术文件，是制订装配生产计划和进行装配技术准备的主要技术依据，是设计和改造装配车间的基本文件。

制定装配工艺规程与制定机械加工工艺规程一样，也需要考虑多方面的问题。现就主要问题叙述如下：

1. 装配工艺规程的内容、制定原则及所需资料

(1)装配工艺规程的内容

装配工艺规程的内容一般包括以下方面：

①各零部件的装配顺序及装配方法。

②装配的技术要求和检验方法。

③装配所需的夹具、工具和设备。

④装配的生产组织形式、运输方法和运输工具。

⑤装配工时定额。

(2)装配工艺规程的制定原则

①确保产品的装配质量，并力求进一步提高，以延长产品的使用寿命　装配是机器制造过程的最后一个环节。不准确的装配，即使是高质量的零件，也会装出质量不高的机器。像清洗、去毛刺等辅助工作，看来无关大局，但缺少了这些工序也会危及整个产品。准确细致地按规范进行装配，就能达到预定的质量要求，并且还可以争取得到较大的精度储备，以延长机器使用寿命。

②减少钳工工作量，努力降低手工劳动的比例　钳工装配效率低，工作强度大，应合理安排作业计划与装配顺序，采用机械化、自动化手段进行装配等。

③尽可能缩短装配周期，提高装配效率　最终装配与产品出厂仅一步之差，装配周期拖长，必然阻滞产品出厂，造成半成品的堆积及资金的积压。缩短装配周期对加快工厂资金周转、产品占领市场十分重要。

④节省装配面积，提高面积利用率　例如，在大量生产的汽车工厂中，组织部件、组件平行装配，总装在流水线上按严格的节拍进行，装配效率高，车间布置又极为紧凑，是一个好的典型。

⑤合理安排装配工艺过程的顺序和工序　无论装配什么产品，都应首先确定一个基准件先进入装配线，然后再按先下后上、先内后外、先难后易、先重大后轻小、先精密后一般等原则，使零件或装配单元依次进入装配；还应重视零件或装配单元装配前的准备工作，如清洗、去毛刺、防止碰伤拉毛、防止基准件变形等。此外，对装配中、装配后的检验工作也不可忽视，以便及时发现问题，减少返工。

(3)制定装配工艺规程所需的原始资料

制定装配工艺规程所需的原始资料有：

①机械产品的总装配图和部件装配图，必要时还应有重要零件的零件图。

②产品的验收标准和技术要求，它规定了产品性能的检验、试验工作的内容和方法。

③产品的生产纲领及生产类型。

④现有生产条件，其中包括装配设备、车间作业面积、工人的技术水平等。

2. 制定装配工艺规程的步骤

制定装配工艺规程应按下述步骤进行：

(1)进行产品分析

产品的装配工艺必须满足设计要求,工艺人员应对产品进行分析,必要时会同设计人员共同进行。

①分析产品图样,即所谓读图阶段。通过读图,熟悉装配的技术要求和验收标准。

②对产品的结构进行尺寸分析和工艺分析。所谓尺寸分析,是指进行装配尺寸链的分析和计算。对产品图上装配尺寸链及其精度进行验算,在此基础上,确定保证装配精度的装配工艺方法并进行必要的计算。工艺分析就是对产品装配结构的工艺性进行分析,确定产品结构是否便于装配、拆卸和维修,这就是所谓的审图阶段。在审图过程中,如发现属于设计结构上的问题或有更好的改进设计意见,应及时会同设计人员加以解决,必要时对产品图纸进行工艺会签。

③研究产品分解成"装配单元"的方案,以便组织平行、流水作业。

(2)确定装配的组织形式

目前,装配主要有以下两种组织形式(图 6-8)。

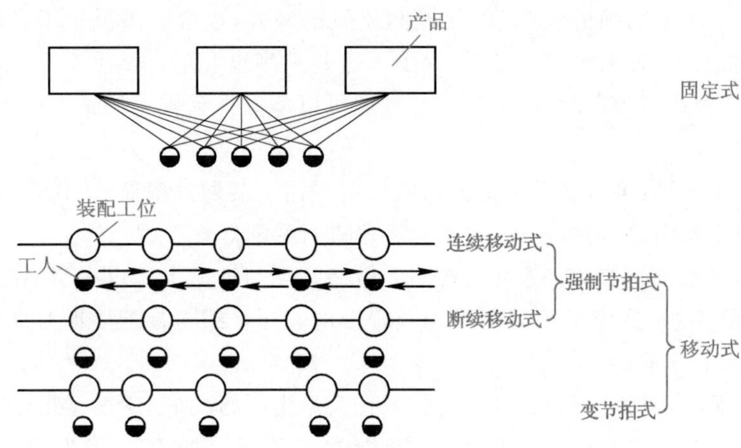

图 6-8 装配的组织形式

①固定式装配　固定式装配即将产品固定在某一工作地进行装配。装配时产品不移动,对时间的限制较松,校正、调整、配作较方便,但产品装配周期较长,效率较低,对工人的技术要求也较高。一般用于单件小批生产的产品、机床等装配精度要求很高的产品、重型而不便移动的产品的装配。

②移动式装配　移动式装配是在装配流水线上进行的,装配时产品在装配线上移动,有连续移动式装配和断续移动式装配两种:连续移动式装配时,工人边装配边随装配线移动,一个工位的装配工作完成后立即返回原地;断续移动式装配时,装配线每隔一定时间往前移动一步,将装配对象带到下一工位。这种方法装配效率高,周期短,对工人的技术要求较低,但对每一工位的装配时间有严格要求,常用于大批大量生产装配流水线和自动线。

移动式装配按移动时节拍变化与否又可分为强制节拍式和变节拍式两种。变节拍式移动比较灵活,有柔性,适用于多品种装配。移动式装配常用于大批大量生产时组成流水作业线或自动线,如汽车、拖拉机、仪器仪表等产品的装配。

(3)划分装配单元

将产品划分为可进行独立装配的单元是制定装配工艺规程中最重要的一个步骤,这在大批大量生产结构复杂的产品时尤为重要。只有划分好装配单元，才能合理安排装配顺序和划分装配工序，组织平行流水作业。

产品或机器是由零件、合件、组件和部件等装配单元组成的。

各装配单元都要选定某一零件或比它低一级的单元作为装配基准件。通常应选择体积或质量较大、有足够支承面、能保证装配时稳定性的零件、组件或部件作为装配基准件。例如，床身零件是床身组件的装配基准件，床身组件是床身部件的装配基准组件，床身部件是机床产品的装配基准部件。

(4)确定装配顺序

划分好装配单元并确定装配基准件后，就可安排装配顺序。确定装配顺序的要求是保证装配精度以及使装配连接、调整、校正和检验工作能顺利进行，前道工序不妨碍后道工序的进行，后道工序不损坏前道工序的质量等。

①一般装配顺序的安排

- 预处理工序先行：如零件的清洗、倒角、清除毛刺与飞边等。
- 先下后上：先装处于机器下方的有关零部件，后装处于机器上方的有关零部件，使机器重心始终处于最稳定状态。
- 先内后外：使先装部分不会成为后续作业的障碍。
- 先难后易：开始装配时，基础件上有较大的安装、调整、检测空间，便于安装较难装配的零部件。
- 先重大后轻小：一般先安装机体等重大的基础件，再将一些轻小的零部件装在基础件上。
- 先精密后一般：先将影响机器精度的零部件安装好，再装一般要求的零部件。
- 安排必要的检验工序：对产品质量和性能有影响的重要工序或易出废品的工序，均应安排检验工序。
- 合理安排电线、液压管等安装工序。

②装配单元系统图　为了清晰地表示装配顺序，常用装配单元系统图来表示产品零部件间相互装配关系及装配流程。图 6-9 是部件的装配单元系统图，图 6-10 是产品的装配单元系统图。比较简单的产品也可把所有部件的装配单元系统图合并在产品的装配单元系统图中，如图 6-11 所示。

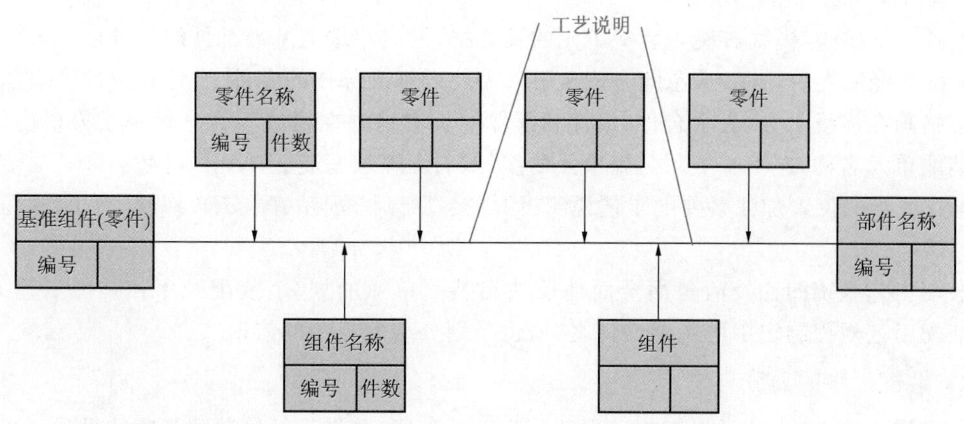

图 6-9　部件的装配单元系统图

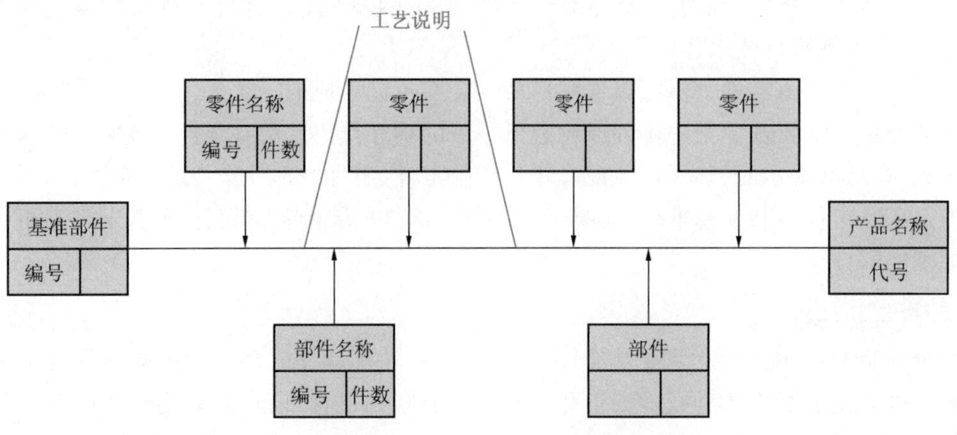

图 6-10　产品的装配单元系统图

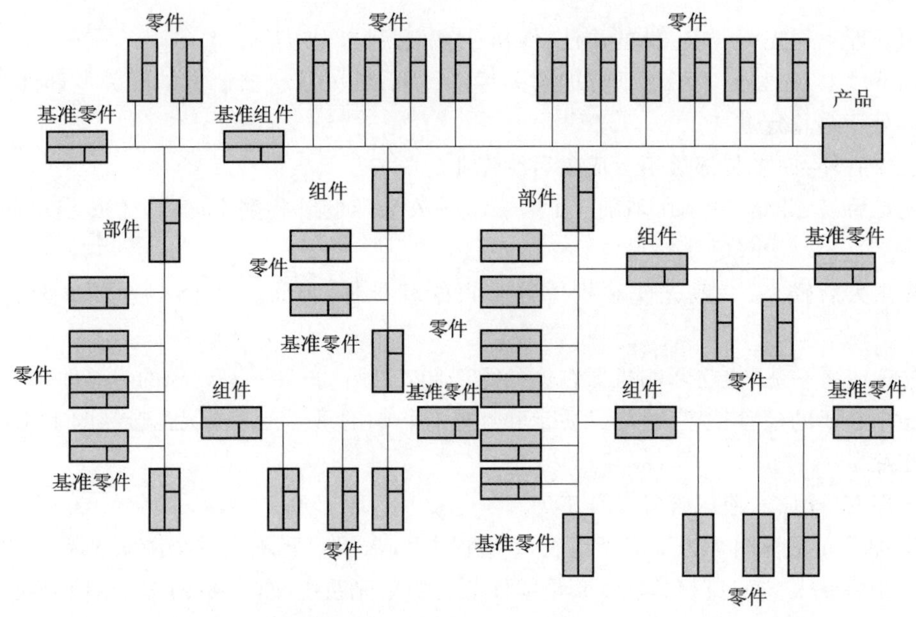

图 6-11　装配单元系统合成图

装配单元系统图的画法是：

● 画一条横线，横线右端为装配单元的长方格，横线左端为基准部件的长方格。

● 按装配的先后顺序，从左向右依次引入需装入基准部件的零件、合件和部件。表示零件的长方格画在横线上方，表示合件、组件和部件的长方格画在横线下方。每一长方格内，上方注明装配单元名称，左下方填写装配单元的编号，右下方填写装配单元的件数。

● 在适当的位置加注必要的工艺说明（如焊接、配刮、配钻、配铰、攻螺纹、冷压、热压和检验等）。

装配工艺系统图比较清楚而全面地反映出装配单元的划分、装配顺序和装配工艺方法。它是装配工艺规程制定中的主要文件之一，也是划分装配工序的依据。

（5）装配工序的划分与设计

装配顺序确定后，就可将工艺过程划分为若干工序，并进行具体装配工序的设计。工序的划分主要是确定工序集中与工序分散的程度，并根据产品的结构和装配精度的要求确定各装配工序的具体内容。工序的划分通常和工序设计一起进行。

工序设计的主要内容有：

①选择合适的装配方法，制定工序的操作规范　例如，过盈配合所需压力、变温装配的温度值、紧固螺栓连接的预紧扭矩、装配环境等。

②选择设备与工艺装备　例如选择装配工作所需的设备、工具、夹具和量具等。若需要专用设备与工艺设备，则应提出设计任务书。

③确定工时定额，并协调各工序内容　目前装配的工时定额都根据实践经验估计。在大批大量生产时，要严格测算平衡工序的节拍，均衡生产，实现流水作业。

(6)编写工艺文件

装配工艺规程设计完成后，以文件的形式将其内容固定下来的工艺文件，称为装配工艺规程。装配工艺规程中的装配工艺过程卡片和装配工序卡片的编写方法与机械加工的工艺过程卡片和工序卡片基本相同。在单件小批生产中，一般只编写工艺过程卡片，对关键工序才编写工序卡片。在生产批量较大时，除编写工艺过程卡片外，还需编写详细的工序卡片及工艺守则。装配工艺过程卡片和装配工序卡片的内容与格式见 JB/Z 187.3－1988。

(7)制定产品检测与试验规范

产品装配完毕之后，应按产品的要求制定检测与试验规范，其内容有：

①检测和试验的项目及检验质量指标。

②检测和试验的方法、条件与环境要求。

③检测和试验所需工装的选择与设计。

任务实施

向心球轴承的装配工艺流程如图 6-12 所示。

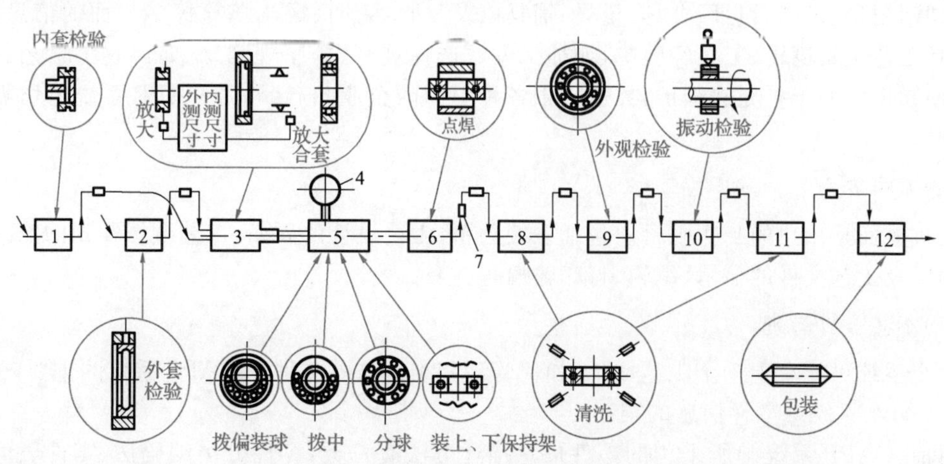

图 6-12　向心球轴承的装配工艺流程

1—内套检验；2—外套检验；3—选配合套；4—钢球料仓；
5—装球(拨偏装球，拨中，分球，装上、下保持架)；6—点焊保持架；
7—退磁；8、11—清洗；9—外观检验；10—振动检验；12—包装

拓展提高

一、计算机辅助工艺规程设计(CAPP)

1. CAPP 的基本概念

20 世纪 60 年代末，人们开始在工艺过程设计领域应用计算机技术，进行计算机辅助工艺规程设计(CAPP)的开发和研究工作。应用 CAPP 技术，可以使工艺人员从烦琐的事务性工作中解脱出来，迅速编制出完整而详尽的工艺文件，缩短生产准备周期，提高产品制造质量，进而缩短整个产品的开发周期。随着集成技术的发展，CAPP 被公认为 CAD/CAM 真正集成的关键，是 FMS 及 CIMS 等现代制造系统的技术基础之一。因此，CAPP 技术逐渐引起越来越多人的重视，世界各国都在大力研究。

尽管 CAPP 系统的种类很多，但其基本结构都离不开零件信息的输入、工艺决策、工艺数据/知识库、人机界面与工艺文件管理等五大部分。

(1)零件信息的输入

计算机目前还不能像人一样识别零件图上的所有信息，所以在计算机内部必须有一个专门的数据结构来对零件信息进行描述。如何描述和输入零件信息是 CAPP 最关键的问题之一。

(2)工艺决策

工艺决策是整个系统的指挥中心。它的作用是以零件信息为依据，按预先规定的顺序或逻辑，调用有关工艺数据或规则，进行必要的比较、计算和决策，生成零件的工艺规程。

(3)工艺数据/知识库

工艺数据/知识库是系统的支撑工具。它包含了工艺设计所需要的所有工艺数据(如加工方法、切削用量、机床、刀具、夹具、量具、辅具以及材料、工时、成本核算等多方面的信息)和规则(包括工艺决策逻辑、工艺经验等，如加工方法选择规则、排序规则)。如何表示工艺数据和知识，使知识库便于扩充和维护，并适用于各种不同的企业和产品，是 CAPP 系统迫切需要解决的问题。

(4)人机界面

人机界面是用户的工作平台。包括系统菜单、工艺设计的界面、工艺数据知识的输入和管理界面以及工艺文件的显示、编辑、打印输出等。

(5)工艺文件管理

一个系统可能有上千个工艺文件，如何管理和维护这些文件是 CAPP 系统的重要内容。

2. CAPP 系统中零件信息的描述

目前，CAPP 系统中所采用的零件信息描述方法有三类:零件分类编码法、零件表面元素描述法和零件特征描述法。

(1)零件分类编码法

零件分类编码法是派生式 CAPP 系统采用的主要方法。其缺点是即使采用较长码位的分类编码系统，也只能达到“分类”的目的。对于一个零件究竟由多少形状要素组成，各个形状要素的本身尺寸及相互位置尺寸、精度要求，零件分类编码法都无法解决。因此，如果需要对零件进行详细描述，就必须采用其他描述方法。

(2)零件表面元素描述法

早期的创成式 CAPP 系统都采用这种方法。在这种方法中，任何一个零件都被视为由一个或若干表面元素所组成，这些表面元素可以是圆柱面、圆锥面、螺纹面……例如，光滑钻套由一个外圆表面、一个内圆表面和两个端面组成。单台阶钻套由两个外圆表面、一个内圆表面和三个端面组成等。

在运用零件表面元素描述法时，首先要确定适用的范围，然后着手统计分析该范围内的零件由哪些表面元素组成，即抽取零件表面元素。对于回转体零件，一般把外圆柱表面、内圆柱表面、外锥面、内锥面等称为基本表面元素；把位于基本表面元素上的沟槽、倒角、辅助孔等表面元素称为附加表面元素。在对具体零件进行描述时，不仅要描述各表面元素本身的尺寸及其公差、形状公差、表面粗糙度等信息，而且需要描述各表面元素之间的位置关系、尺寸关系、公差要求等信息，以满足 CAPP 系统对零件信息的需要。

(3)零件特征描述法

CAPP 系统接收到零件信息以后，系统内部必须用一种合理的数据结构来组织这些信息，这是 CAPP 系统零件信息模型要解决的问题。

在 CAPP 应用中，常常把单个特征表示为以形状特征为核心，由尺寸、公差和其他非几何属性共同构成的信息实体。针对机械加工工艺过程设计，我们可以把零件特征定义为：机械零件上具有特定结构形状和特定工艺属性的几何外形域，它与特定的加工过程集合相对应。

零件信息模型是计算机内部对零件信息的一种描述与表达方式，该模型利用计算机进行零件图绘制、工艺决策和推理、尺寸链计算、工序图生成、刀具路线规划以及仿真等工作。在 CAPP 系统内部如何组织和表达零件信息，使之既便于 CAPP 系统应用，又便于与CAD/CAM 集成，是一个非常重要的课题。目前，CAPP 系统中使用最广泛的一种零件信息建模方法是基于特征的零件信息描述法。这是一种符合工程实际应用的实用方法，它不同于一般 CAD 系统以图形表达为目的的零件模型，它既适用于回转类零件又适用于非回转类零件，而且适用于 CAD/CAPP/CAM 集成系统。一般用以“形状特征二叉树”为主干的数据结构来描述回转类零件，而用以“方位面＋形状特征”为主干的数据结构来描述非回转类零件。

3. CAPP 系统的类型及应用

根据 CAPP 系统的工作原理不同，一般将 CAPP 系统分为三个类型：派生式 CAPP 系统、创成式 CAPP 系统和智能式 CAPP 系统。

(1)派生式 CAPP 系统

派生式 CAPP 系统也称变异式 CAPP 系统，它以成组技术为基础，利用零件的相似性，通过对产品零件的分类归组，把工艺相似的零件汇集成零件组，然后编制每个零件的标准工艺，并将其存入 CAPP 系统的数据库中。这种标准工艺是符合企业生产条件下的最优工艺方案。一个新零件的工艺是通过检索类似零件的工艺并加以筛选或编辑而成的，由此得到了“派生”或“变异”这个术语。

派生式 CAPP 系统的工作原理如图 6-13 所示。将标准工艺分别存放在标准加工文件和工序计划文件中，输入一个新零件的分类代码，系统可以判断该零件属于哪个零件组，并从数据库中检索调用该组的复合工艺。根据输入零件的结构、工艺特征和加工要求，通过对检索出的复合工艺进行自动或交互式的修改和编辑，便可得到该零件的加工工艺。利用其他输入信息，可以计算或选择有关加工参数。

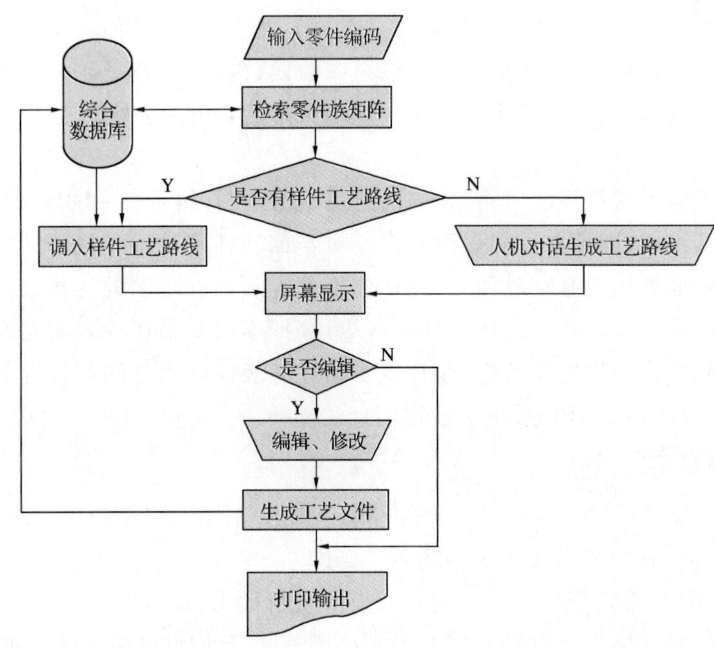

图 6-13　派生式 CAPP 系统的工作原理

(2)创成式 CAPP 系统

创成式 CAPP 系统也称生成式 CAPP 系统，它并非利用相似零件组的复合工艺修改或编辑生成，不需要派生法中的复合工艺文件，而依靠系统中的决策逻辑和制造工艺生成数据信息。这些信息主要是有关各种加工方法的加工能力和对象以及各种设备及刀具的适用范围等的基本知识。工艺决策中的各种决策逻辑存入相对独立的工艺知识库，供主程序调用。

创成式 CAPP 系统的工作原理如图 6-14 所示。系统可按工艺生成步骤划分为若干模块，每个模块的程序是按各功能模块的决策表或决策树来编制的，即决策逻辑是嵌套在程序中的。系统每个模块工作时所需的各种数据都是以数据库文件的形式存储的。图 6-14 中有机床、夹具、刀具、工具以及切削数据文件，有的系统还有标准工时定额文件。CAPP 系统在读取零件制造信息后，能自动识别和分类。此后，系统其他各个模块按决策逻辑生成零件各待加工表面的加工顺序和各处表面的加工链，并为各表面加工选择机床、夹具、刀具、工具和切削参数。最后系统自动输出工艺规程文件，用户无须或略加修改即可。

(3)智能式 CAPP 系统

传统的创成式 CAPP 系统的决策逻辑嵌套在应用程序中，系统结构复杂，不易修改。目前的研究工作主要转向智能式 CAPP 系统。在智能式 CAPP 系统中，工艺专家编制工艺的经验和知识储存在知识库中，可以方便地通过专用模块增删和修改，这就使系统适应性及通用性大大提高。

智能式 CAPP 系统的工作原理如图 6-15 所示。知识库中工艺生成逻辑可以通过查询和解释模块，以树形等方式显示，便于查询和修改。以自然形式存放的工艺知识通过知识编译模块，成为一种直接供推理机使用的数据结构，以加快运行速度。推理机按输入模块从文件库中读取的零件制造特征信息，经过逻辑推理生成工艺文件，由输出模块输出并存入文件库。

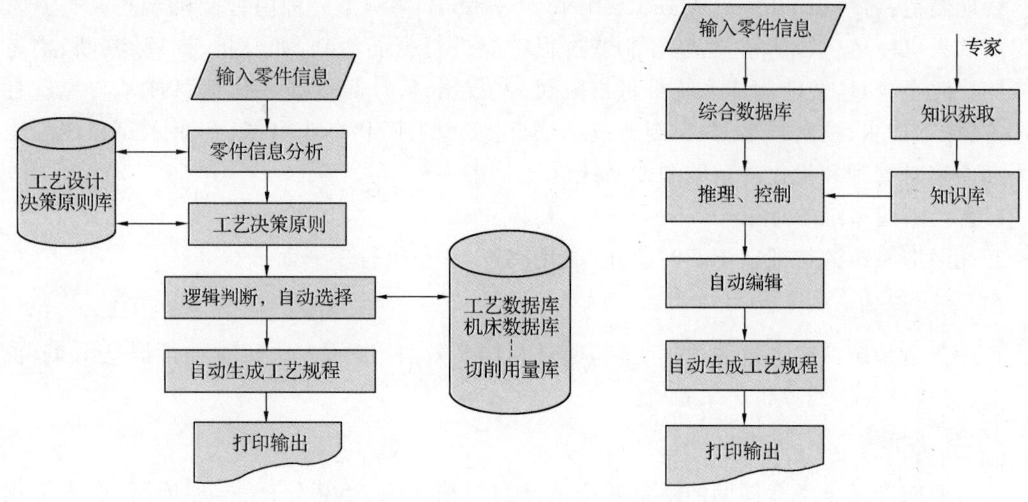

图 6-14　创成式 CAPP 系统的工作原理　　图 6-15　智能式 CAPP 系统的工作原理

以上三种 CAPP 系统中，派生式 CAPP 系统利用了成组技术的原理，必须有复合工艺。因此，它只能针对某些具有相似性的零件产生工艺文件。而对于找不到复合工艺的零件，派生式 CAPP 系统就无法生成零件工艺。创成式系统和智能式样系统都利用了决策算法，自动生成工艺文件，但需要输入全面的零件信息，系统要确定零件的加工路线、定位基准、装夹方法等。从工艺设计的复杂性分析，这些知识的表达和推理无法很好地实现。正是由于知识表达的"瓶颈"与理论推理的"匹配冲突"至今无法很好地解决，所以创成式 CAPP 系统和智能式 CAPP 系统仍停留在理论研究和初步应用阶段。在 CAPP 系统的开发和应用过程中，许多 CAPP 系统既应用派生原理，同时又引入较多的决策算法，人们通常称这类系统为半创成式或混合式 CAPP 系统。例如，零件组的复合工艺只是一个工艺路线（加工方法和加工顺序），而各加工工序的内容（包括机床和夹具的选择、工步顺序和内容、切削参数的确定等），则都是用逻辑决策方式生成的。

目前，国内应用的 CAPP 系统多为派生式。派生式 CAPP 系统开发完成后，工艺人员就可以使用该系统为实际零件编制工艺规程。具体步骤如下：

（1）按照采用的分类编码系统对零件编码。

（2）检索该零件所在的零件族。

（3）调出该零件族的标准工艺规程。

（4）利用系统的交互式修订界面，对标准工艺规程进行筛选、编辑或自动修订。有些系统能提供自动修订功能，但这需要补充输入零件的一些具体信息。

（5）将修订好的工艺规程存储起来，并按给定的格式打印输出。

派生式 CAPP 系统的应用不仅可以减少工艺人员编制工艺规程的工作量，而且相似零件的工艺过程可达到一定程度上的一致性。此外，从技术上讲，派生式 CAPP 系统容易实现。

二、智能制造系统(IMS)

智能制造系统(Intelligent Manufacturing System,IMS)是一种由智能机器和人类专家共同组成的人机一体化智能系统,它在制造过程中能进行智能活动,如分析、推理、判断、构思和决策等。时至今日,智能制造系统是将物联网、大数据、云计算等新一代信息技术与先进自动化技术、传感技术、控制技术、数字制造技术结合,实现工厂和企业内部、企业之间和产品全生命周期的实时管理和优化的新型制造系统。

1. 智能制造系统的特征

智能制造系统的特征在于实时感知、优化决策、动态执行三方面。

(1)实时感知

智能制造系统需要大量的数据支持,通过利用高效、标准的方法实时进行信息采集、自动识别,并将信息传输到分析决策系统。

(2)优化决策

通过面向产品全生命周期的海量异构信息的挖掘提炼、计算分析、推理预测,形成优化制造过程的决策指令。

(3)动态执行

根据决策指令,通过执行系统控制制造过程的状态,实现稳定、安全的运行和动态调整。

2. 智能制造系统的构成

(1)智能装备

智能装备是发展智能制造的基础与前提,由物理部件、智能部件和连接部件构成。智能部件由传感器、微处理器、数据存储装置、控制装置和软件以及内置操作和用户界面等构成;连接部件由接口、有线或无线连接协议等构成;物理部件由机械和电子零件构成。智能部件能加强物理部件的功能和价值,而连接部件进一步强化智能部件的功能和价值,使信息可以在产品、运行系统、制造商和用户之间联通,并让部分价值和功能脱离物理产品本身存在。

智能装备具有监测、控制、优化和自主四方面功能。监测是指通过传感器和外部数据源对产品的状态、运行和外部环境进行全面监测。在数据的帮助下,一旦环境和运行状态发生变化,智能装备就会向用户或相关方发出警告。控制是指可以通过其内置或云中的命令和算法进行远程控制,算法可以让智能装备对条件和环境的特定变化做出反应。优化是指对实时数据或历史记录进行分析,植入算法,从而大幅提高产品的产出比、利用率和生产效率。自主是指将检测、控制和优化功能融合到一起,能实现前所未有的自动化程度。

(2)智能生产

智能生产是指以智能制造系统为核心,以智能工厂为载体,通过在工厂和企业内部、企业之间以及产品全生命周期形成以数据互联、互通为特征的制造网络,实现生产过程的实时管理和优化。智能生产涵盖产品、工艺设计、工厂规划的数字设计与仿真,底层智能装备,制造单元,自动化生产线,制造执行系统,物流自动化与管理等企业管理系统。

(3)智能服务

智能服务指通过采集设备运行数据,并上传至企业数据中心(企业云),利用系统软件对设备实时在线监测、控制，经过数据分析判定设备运行状态，并提早进行设备维护。例如，在风机的机舱、轮毂、叶片、塔筒及地面控制箱内安装传感器、存储器、处理器以及 SCADA 系统，可实现对风机运行的实时监控；在风力发电涡轮中内置微型控制器，可以在每一次旋转中控制扇叶的角度，从而最大限度捕捉风能，还可以控制每一台涡轮，在能效最大化的同时，减小对邻近涡轮的影响。

3. 智能制造系统的作用

智能制造的核心是提高企业生产效率、拓展企业价值增值空间，主要表现在以下几个方面：

(1)缩短产品的研制周期

通过智能制造，产品从研发到上市、从下订单到配送时间可以得以缩短。通过远程监控和预测性维护为机器和工厂减少高昂的停机时间，生产中断时间也得以不断减少。

(2)提高生产的灵活性

通过采用数字化、互联和虚拟工艺规划，智能制造开启了大规模批量定制生产乃至个性化小批量生产的大门。

(3)创造新价值

通过发展智能制造，企业将实现从传统的“以产品为中心”向“以集成服务为中心”转变，将重心放在解决方案和系统层面上，利用服务在整个产品生命周期中实现新价值。

4. 智能制造系统的关键技术

(1)射频识别技术

射频识别(Radio Frequency Identification，RFID)技术又称为无线射频识别技术，是一种无线通信技术，可以通过无线电信号识别特定目标并读写相关数据，而识别系统与特定目标之间不需要进行机械或光学接触。

(2)实时定位系统

实时定位系统(Real Time Location System，RTLS)由无线信号接收传感器和标签无线信号发射器等组成。在实际生产制造现场，需要对多种材料、零件、工具、设备等资产进行实时跟踪管理；在制造的某个阶段，材料、零件、工具等需要及时到位和撤离；生产过程中，需要监视在制品的位置，以及材料、零件、工具的存放位置等。这样，在生产系统中需要建立一个实时定位网络系统，以完成生产全程中角色的实时位置跟踪。

(3)无线传感器网络

无线传感器网络(Wireless Sensor Network，WSN)是由许多在空间分布的自动装置组成的无线通信计算机网络，这些装置使用传感器监控不同位置的物理或环境状况(如温度、声音、振动、压力、运动或污染物等)。在生产系统中，要合理利用无线网络，根据任务的实时性、数据吞吐量大小、数据传输速率、可靠性等特点实施不同的无线网络技术。

(4)信息物理融合系统

信息物理融合系统(Cyber-Physical System，CPS)，也称为赛博物理系统，将彻底改变传统制造业逻辑。CPS 是一个综合计算、网络和物理环境的多维复杂系统，通过 3C(Computation、Communication、Control)技术的有机融合与深度协作，实现大型工程系统的实时感知、动态控制和信息服务。CPS实现计算、通信与物理系统的一体化设计,可使系统更加可靠、高效、实时协同,具有重要而广泛的应用前景。

(5)人工智能

人工智能(Artificial Intelligence,AI)是研究、开发用于模拟、延伸和扩展人的智能的理论、方法、技术及应用系统。它企图了解智能的实质,并生产出一种新的能用与人类相似的方式做出反应的智能机器。该领域的研究包括机器人、语言识别、图像识别、自然语言处理和专家系统等。

(6)增强现实技术

增强现实技术(Augmented Reality,AR)是一种将真实世界信息和虚拟世界信息"无缝"集成的新技术,是把原本在现实世界的一定时间、空间范围内很难体验到的实体信息(视觉、声音、味道、触觉等信息)通过计算机等科学技术,模拟仿真后再叠加,将虚拟的信息应用到真实世界,被人类感官所感知,从而达到超越现实的感官体验。

(7)基于模型的企业

基于模型的企业(Model-Based Enterprise,MBE)是一种制造实体,它采用建模与仿真技术对其设计、制造、产品支持的全部技术和业务流程进行彻底改进、无缝集成以及战略管理。利用产品和过程模型来定义、执行、控制和管理企业的全部过程,并采用科学的模拟与分析工具,在产品生命周期(PLM)的每一步做出最佳决策,从根本上减少产品创新、开发、制造和支持的时间和成本。

(8)物联网

物联网(Internet of Things,IOT)是物物相连的互联网,其核心和基础仍然是互联网,是在互联网基础上的延伸和扩展的网络,其用户端延伸和扩展到了任何物品与物品之间,进行信息交换和通信。因此,物联网的定义是通过射频识别(RFID)、红外感应器、全球定位系统、激光扫描器等信息传感设备,按约定的协议把任何物品与互联网相连接,进行信息交换和通信,以实现对物品的智能化识别、定位、跟踪、监控和管理的一种网络。

(9)云计算

云计算(Cloud Computing,CC)是一种按使用量付费的模式,这种模式提供可用的、便捷的、按需的网络访问,进入可配置的计算资源共享池(资源包括网络、服务器、存储、应用软件、服务),这些资源能够被快速提供,只需投入很少的管理工作,或与服务供应商进行很少的交互。

(10)工业大数据

工业大数据(Industrial Big Data,IBD)是将大数据理念应用于工业领域,将设备数据、活动数据、环境数据、服务数据、经营数据、市场数据和上下游产业链数据等原本孤立、海量、多样性的数据相互连接,实现人与人、物与物、人与物之间的连接,尤其是实现终端用户与制造、服务过程的连接。通过新的处理模式,根据业务场景对时序性的要求,实现数据、信息与知识的相互转换,使其具有更强的决策力、洞察发现力和流程优化能力。

(11)工厂信息安全

工厂信息安全是将信息安全理念应用于工业领域,实现对工厂及产品使用维护环节所涵盖的系统及终端进行安全防护。所涉及的终端设备及系统包括工业以太网、数据采集与监控(SCADA)、分布式控制系统(DCS)、过程控制系统(PCS)、可编程逻辑控制器(PLC)、远程监控系统等网络设备及工业控制系统的运行安全,确保工业以太网及工业系统不被未经授权地访问、使用、泄露、中断、修改和破坏,为企业正常生产和产品正常使用提供信息服务。

任务小结

机器是由许多零件和部件装配而成的,装配是整个机械制造过程的最后一个阶段,它包括零件的固定、连接、调整、检验和试验等。

1. 装配工作与装配精度

装配工作主要包括清洗、刮削、平衡、连接、检验和试验等。

机器的装配精度包括距离精度、相互位置精度、相对运动精度和接触精度等,零件加工精度是保证装配精度要求的基础。但装配精度不完全由零件精度来决定,它是由零件的加工精度和合理的装配方法共同来保证的。

2. 保证装配精度的工艺方法

保证装配精度的工艺方法主要包括互换法、选配法、修配法和调整法四大类。

完全互换法的装配工作较为简单,生产率高,有利于组织生产协作和流水作业,且对工人技术要求较低,也有利于机器的维修。

不完全互换法的优点是零件公差可以放大些,从而使零件加工容易、成本低,也能达到互换性装配的目的。其缺点是将会有一部分产品的装配精度超差。

分组装配法的零件制造精度不很高,但却可获得很高的装配精度;组内零件可以互换,装配效率高。不足之处是:额外增加了零件测量、分组和存储工作量。适于在大批大量生产中装配那些组成环数少而装配精度又要求特别高的机器结构。

修配法的优点:能利用较低的制造精度来获得很高的装配精度。其缺点是修配工作量大,且多为手工劳动,要求较高的操作技术。修配法只适用于单件小批生产。

在成批大量生产中,对于装配精度要求较高而组成环数目较多的尺寸链,也可以采用调整法进行装配。

3. 制定装配工艺规程的步骤

(1)进行产品分析,主要包括图样分析和工艺分析。

(2)确定装配的组织形式。

(3)划分装配单元。

(4)确定装配顺序。

(5)划分与设计装配工序。

(6)编写工艺文件。

(7)制定产品检测与试验规范。

任务自测

1. 什么是装配单元？为什么要把机器划分成许多独立装配单元？

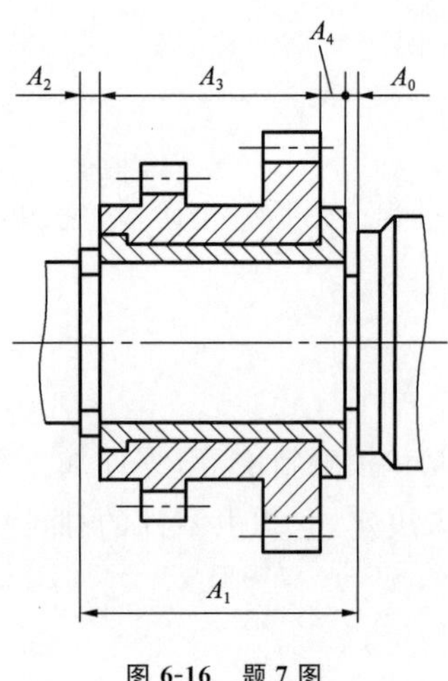

图 6-16　题 7 图

2. 装配工作的基本内容有哪些？

3. 装配精度包括哪些项目？举例说明装配精度与零件精度的关系。

4. 保证产品装配精度的方法有哪些？如何选择装配方法？

5. 装配顺序安排原则有哪些？简述理由。

6. 装配工艺规程制定的原则主要有哪些？

7. 图 6-16 所示为车床主轴上一双联齿轮的部件装配图。为了使双联齿轮正常工作，需保证轴向间隙量 $A_0=0.05\sim0.2$ mm。此结构中采用垫片 A_4 作为调整件来保证轴向间隙要求。试计算调整垫片的组数及各组垫片尺寸。各零件的经济加工精度要求如下：$A_1=115^{+0.12}_{0}$ mm，$A_2=2.5^{0}_{-0.12}$ mm，$A_3=104^{0}_{-0.12}$ mm，$A_4=8.5$ mm，$T_4=$mm。

8. 画出图 6-17 所示 3 个装配图的装配尺寸链。

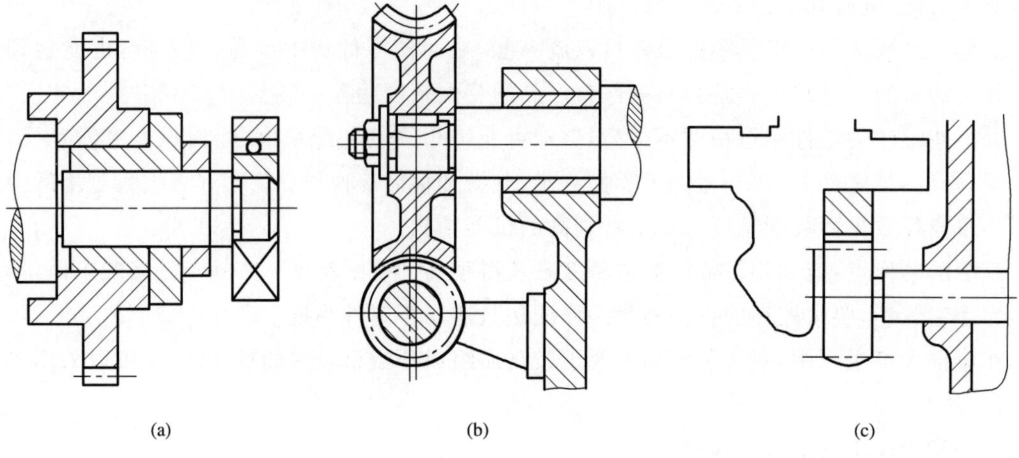

图 6-17　题 8 图

参考文献

[1] 张俊生.金属切削机床与数控机床.北京:机械工业出版社,2002

[2] 王建峰.机械制造技术.北京:电子工业出版社,2002

[3] 贾亚洲.金属切削机床概论.北京:机械工业出版社,2002

[4] 张德泉.机械制造装备及其设计.天津:天津大学出版社,2003

[5] 倪森寿.机械制造工艺与装备.北京:化学工业出版社,2003

[6] 王杰,李方信,肖素梅.机械制造工程学.北京:北京邮电大学出版社,2003

[7] 陈福恒,孔凡杰.机械制造工艺学基础.济南:山东大学出版社,2004

[8] 张木青,于兆勤.机械制造工程训练教材.广州:华南理工大学出版社,2004

[9] 杨昂岳,邹湘军,吴石林,等.机械制造工程学.长沙:国防科技大学出版社,2004

[10] 谷春瑞,韩广利,曹文杰.机械制造工程实践.天津:天津大学出版社,2004

[11] 周旭光.特种加工技术.西安:西安电子科技大学出版社,2004

[12] 陈宏钧.车工操作技能手册.北京:机械工业出版社,2004

[13] 赵长发.机械制造工艺学.北京:中央广播电视大学出版社,2005

[14] 刘长青.机械制造技术.武汉:华中科技大学出版社,2005

[15] 张国军.机械制造技术实训指导.北京:电子工业出版社,2005

[16] 王彩霞,魏康民.机械制造基础.西安:西北工业大学出版社,2005

[17] 航空工业高等职业技术教育学会.金属切削刀具实训教程.北京:学苑出版社,2005

[18] 王金凤.机械制造工程概论.北京:航空工业出版社,2005

[19] 何建民,寇立平.铣工基本技术.北京:金盾出版社,2005

[20] 王平嶂.机械制造工艺与刀具.北京:清华大学出版社,2005

[21] 张秀中.机械制造基础.北京:北京大学出版社,2005

[22] 牟林,胡建华.冲压工艺与模具设计.北京:中国林业出版社;北京大学出版社,2006

[23] 王先逵.机械加工工艺手册(第2卷,加工技术卷).北京:机械工业出版社,2006

[24] 王先逵.机械加工工艺手册(第3卷,系统技术卷).北京:机械工业出版社,2007

[25] 熊良山,严晓光,张福润.机械制造技术基础.武汉:华中科技大学出版社,2007

[26] 乔世民.机械制造基础.北京:高等教育出版社,2008

[27] 李永敏.机械制造技术.北京:黄河水利出版社,2008

[28] 王泓.机械制造基础.北京:北京理工大学出版社,2009

[29] 李向东,郭彩萍.机械制造技术基础.北京:中国电力出版社,2009

[30] 于骏一,邹青.机械制造技术基础.北京:机械工业出版社,2009

[31] 施梅仙.机械制造基础.北京:人民邮电出版社,2009

[32] 牛同训.现代制造技术.北京:化学工业出版社,2010

[33] 李凯岭.机械制造技术基础.北京:清华大学出版社,2010

附　录

零件的结构工艺性分析

一、分析研究产品的零件图和装配图

通过认真分析与研究产品的零件图与装配图，可以熟悉产品的用途、性能及工作条件，明确零件在产品中的位置和功用，搞清各项技术条件的确定依据，找出主要技术要求与技术关键，以便在制定工艺规程时，采取适当的工艺措施加以保证。

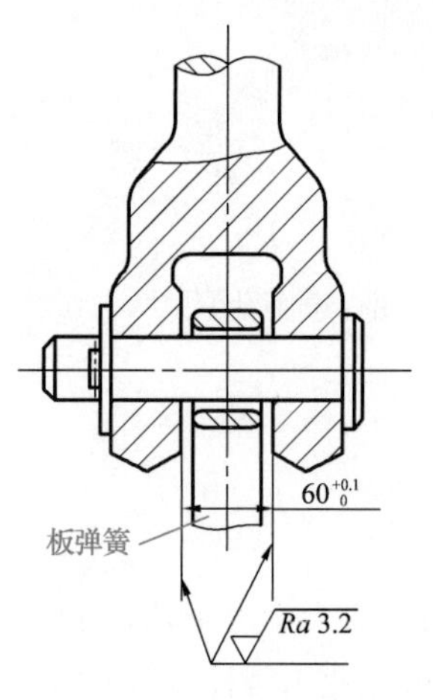

附图 1　汽车弹簧板与吊耳的装配简图

如附图 1 所示的汽车弹簧板与吊耳的装配简图，两个零件的对应侧面并不接触，所以可将吊耳槽的表面粗糙度要求降低些，由原设计的 Ra 3.2 μm 改为 Ra 12.5 μm，从而可增大铣削加工时的进给量，提高生产率。

零件图是设计工艺过程的依据，因此，必须仔细地分析、研究零件图。

(1)首先应通过图纸了解零件的形状、结构并检查图纸的完整性。

(2)分析图纸上规定的尺寸及其公差、表面粗糙度、形状和位置公差等技术要求，并审查其合理性，必要时应参阅部件、组件装配图或总装图。

(3)分析零件材料及热处理。其目的，一是审查零件材料及热处理选用是否合适，了解零件材料加工的难易程度；二是初步考虑热处理工序的安排。

(4)找出主要加工表面和某些特殊的工艺要求，分析其可行性，以确保其最终能顺利实现。

分析这些要求在保证使用性能的前提下是否经济合理，在现有生产条件下能否实现。特别要分析主要表面的技术要求，因为主要表面的加工确定了零件工艺过程的大致轮廓。

二、零件的结构工艺性分析

1. 零件的结构工艺性分析

零件的结构工艺性是指所设计的零件在能满足使用要求的前提下制造的可行性和经济性。结构工艺性的问题比较复杂，它涉及毛坯制造、机械加工、热处理和装配等各方面的要求。附表 1 给出了零件局部结构工艺性分析实例。

附表 1 零件局部结构工艺性分析实例

序号	结构工艺性不好	结构工艺性好	说 明
1	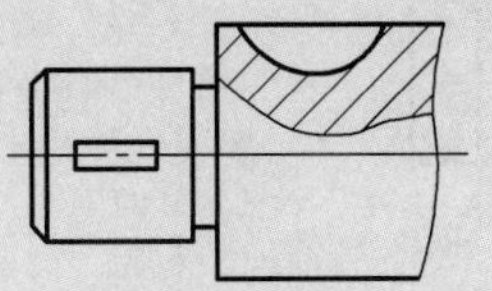	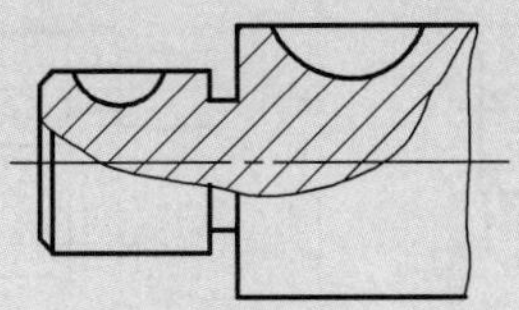	键槽的尺寸、方位相同，则可在一次装夹中加工出全部键槽，以提高生产率
2	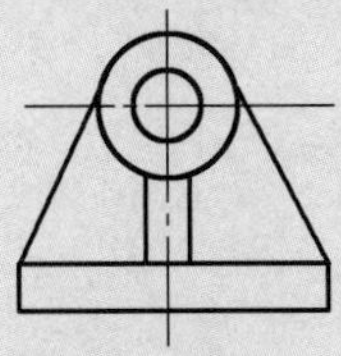	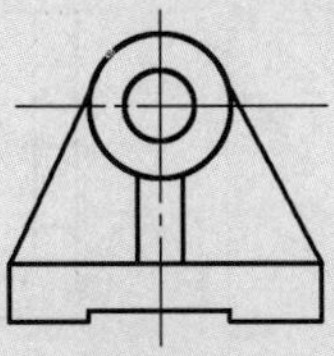	结构工艺性好的零件的底面接触面积小，加工量小，稳定性好
3	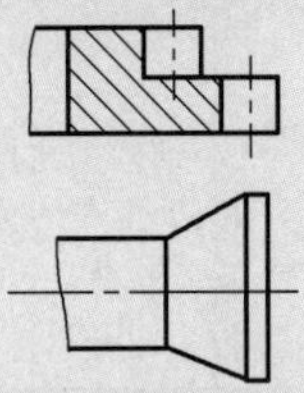	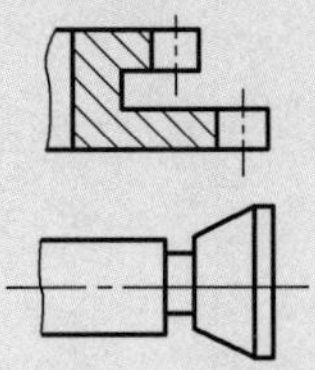	结构工艺性好的零件有退刀槽，保证了加工的可行性，减轻了刀具(砂轮)的磨损
4	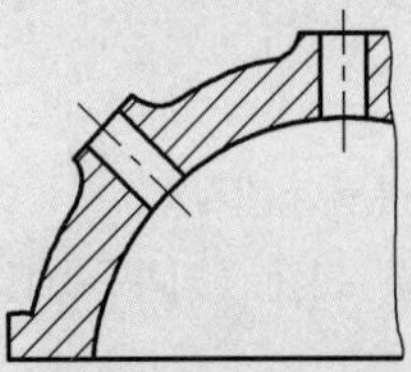	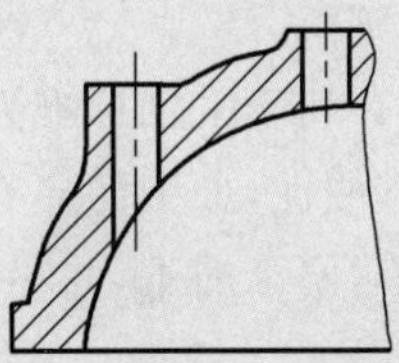	被加工表面的方向一致，可以在一次装夹中进行加工
5	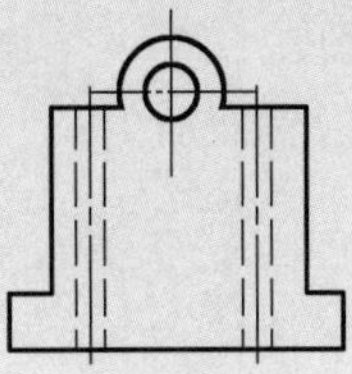		结构工艺性好的零件避免了深孔加工，节约了零件材料
6	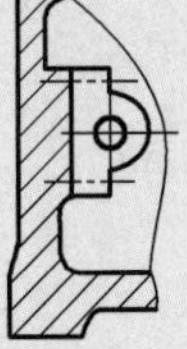	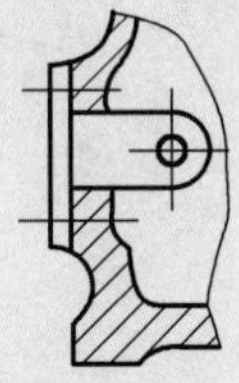	箱体类零件的外表面比内表面容易加工，应以外部连接表面代替内部连接表面
7	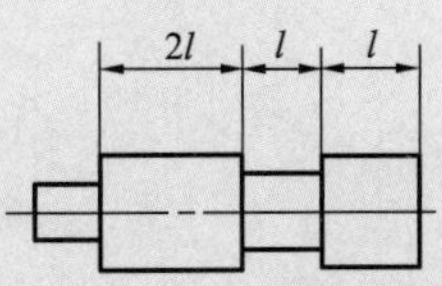 2l l l	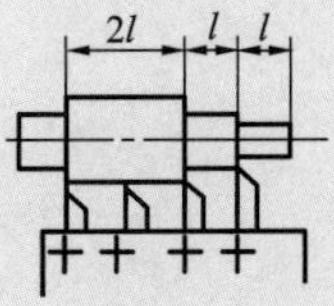 2l l l	加工表面长度相等或成整数倍，直径尺寸沿一个方向递减，便于布置刀具，可在多刀半自动车床上加工，如结构工艺性好的零件

续表

序号	结构工艺性不好	结构工艺性好	说明
8	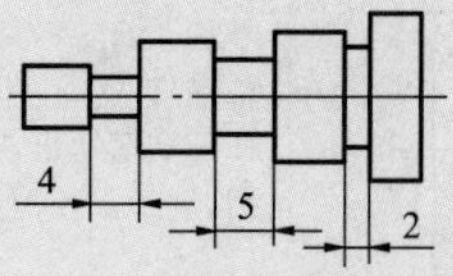 4 5 2	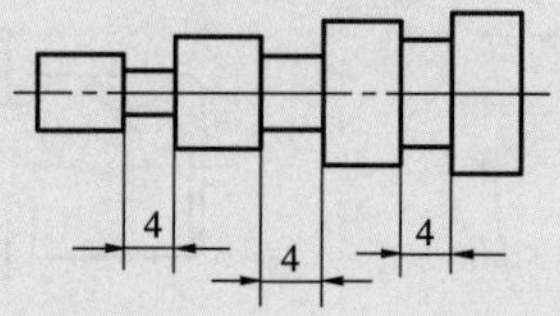 4 4 4	凹槽尺寸相同,可减少刀具种类,减少换刀时间,如结构工艺性好的零件
9	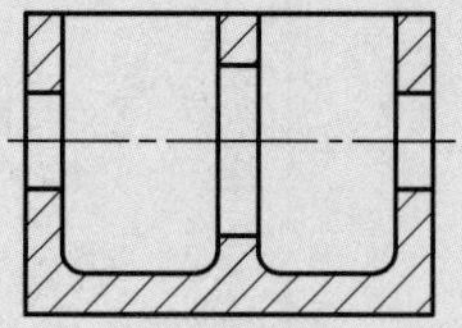	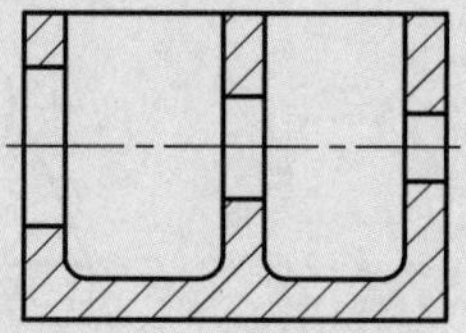	同轴孔的孔径应向同一方向递减或递增
10	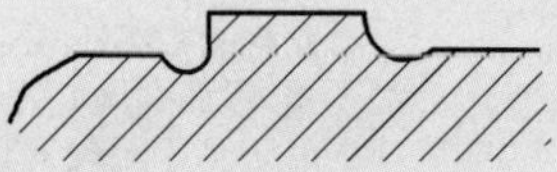	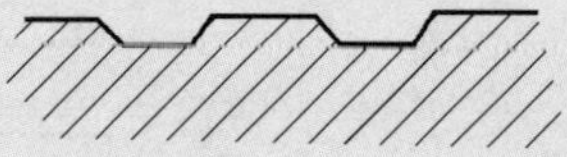	结构工艺性好的三个凸台表面可在一次走刀中加工完毕

2. 零件结构设计应遵循的原则

(1)尽可能采用标准化参数,有利于采用标准刀具和量具。

(2)要保证加工的可能性和方便性,加工面应有利于刀具的进入和退出。

(3)加工表面形状应尽量简单,便于加工,并尽可能布置在同一表面或同一轴线上,减少工件装夹、刀具调整及走刀次数。

(4)零件结构应便于工件装夹,并有利于增强工件或刀具的钢皮。

(5)应尽可能减轻零件质量,减小加工表面面积,并尽量减少内表面加工。

(6)零件的结构应与先进的加工工艺方法相适应。